できる®
Word & Excel 2019

Office 2019 / Office 365 両対応

田中 亘・小舘由典 & できるシリーズ編集部

インプレス

できるシリーズは読者サービスが充実！

わからない操作が解決 できるサポート

本書購入のお客様なら**無料**です！

書籍で解説している内容について、電話などで質問を受け付けています。無料で利用できるので、分からないことがあっても安心です。なお、ご利用にあたっては508ページを必ずご覧ください。

詳しい情報は **508ページへ**

ご利用は3ステップで完了！

ステップ1 書籍サポート番号のご確認 → **ステップ2** ご質問に関する情報の準備 → **ステップ3** できるサポート電話窓口へ

対象書籍の裏表紙にある6けたの「書籍サポート番号」をご確認ください。

あらかじめ、問い合わせたい紙面のページ番号と手順番号などをご確認ください。

● 電話番号（全国共通）
0570-000-078

※月～金　10:00～18:00
　土・日・祝休み
※通話料はお客様負担となります

以下の方法でも受付中！
▼
インターネット
FAX
封書

操作を見てすぐに理解

できるネット解説動画

レッスンで解説している操作を動画で確認できます。画面の動きがそのまま見られるので、より理解が深まります。動画を見るには紙面のQRコードをスマートフォンで読み取るか、以下のURLから表示できます。

本書籍の動画一覧ページ
https://dekiru.net/we2019

スマホで見る！

パソコンで見る！

最新の役立つ情報がわかる！

できるネット
新たな一歩を応援するメディア

「できるシリーズ」のWebメディア「できるネット」では、本書で紹介しきれなかった最新機能や便利な使い方を数多く掲載。コンテンツは日々更新です！

● 主な掲載コンテンツ

- Apple/Mac/iOS
- Windows/Office
- Facebook/Instagram/LINE
- Googleサービス
- サイト制作・運営
- スマホ・デバイス

https://dekiru.net

パソコンはもちろん
スマートフォンでも読みやすい

ご利用の前に必ずお読みください

本書は、2018年12月現在の情報をもとに「Microsoft Word 2019」「Microsoft Excel 2019」の操作方法について解説しています。本書の発行後に「Microsoft Word 2019」「Microsoft Excel 2019」の機能や操作方法、画面などが変更された場合、本書の掲載内容通りに操作できなくなる可能性があります。本書発行後の情報については、弊社のWebページ（https://book.impress.co.jp/）などで可能な限りお知らせいたしますが、すべての情報の即時掲載ならびに、確実な解決をお約束することはできかねます。また本書の運用により生じる、直接的、または間接的な損害について、著者ならびに弊社では一切の責任を負いかねます。あらかじめご理解、ご了承ください。

本書で紹介している内容のご質問につきましては、できるシリーズの無償電話サポート「できるサポート」にて受け付けております。ただし、本書の発行後に発生した利用手順やサービスの変更に関しては、お答えしかねる場合があります。また、本書の奥付に記載されている初版発行日から3年が経過した場合、もしくは解説する製品やサービスの提供会社がサポートを終了した場合にも、ご質問にお答えしかねる場合があります。できるサポートのサービス内容については508ページの「できるサポートのご案内」をご覧ください。なお、都合により「できるサポート」のサービス内容の変更や「できるサポート」のサービスを終了させていただく場合があります。あらかじめご了承ください。

練習用ファイルについて

本書で使用する練習用ファイルは、弊社Webサイトからダウンロードできます。
練習用ファイルと書籍を併用することで、より理解が深まります。

▼練習用ファイルのダウンロードページ
https://book.impress.co.jp/books/1118101128

●用語の使い方

　本文中では、「Microsoft Windows 10」のことを「Windows 10」または「Windows」と記述しています。また、「Microsoft Office 2019」のことを「Office 2019」または「Office」、「Microsoft Office Word 2019」のことを「Word 2019」または「Word」、「Microsoft Office Excel 2019」のことを「Excel 2019」または「Excel」と記述しています。また、本文中で使用している用語は、基本的に実際の画面に表示される名称に則っています。

●本書の前提

　本書では、「Windows 10」に「Office Professional Plus 2019」がインストールされているパソコンで、インターネットに常時接続されている環境を前提に画面を再現しています。お使いの環境と画面解像度が異なることもありますが、基本的に同じ要領で進めることができます。

「できる」「できるシリーズ」は、株式会社インプレスの登録商標です。
Microsoft、Windowsは、米国Microsoft Corporationの米国およびそのほかの国における登録商標または商標です。
その他、本書に記載されている会社名、製品名、サービス名は、一般に各開発メーカーおよびサービス提供元の登録商標または商標です。
なお、本文中には™および®マークは明記していません。

Copyright © 2019 YUNTO Corporation, Yoshinori Kotate and Impress Corporation. All rights reserved.
本書の内容はすべて、著作権法によって保護されています。著者および発行者の許可を得ず、転載、複写、複製等の利用はできません。

まえがき

WordとExcelは、パソコンに欠かせない二大アプリとして20年以上も活用されてきました。多くの人たちが、パソコンで文書を作るためのワープロソフトとしてWordを使っています。企画書や契約書、レポート、資料など、さまざまな文書作りにおいて、Wordはパソコンに欠かせないツールになっています。

文書の中には、見積書や請求書に台帳や一覧表など、文字と数字を扱う情報が数多くあります。そうした「表」を中心とした書類の作成には、表計算ソフトのExcelが便利です。Excelは、簡単な表から関数を使った複雑な計算まで、さまざまな情報処理の目的に合わせて、多彩な編集と高度な演算機能を備えています。また、グラフや図形に装飾など、表と数字を見やすくするための機能も豊富です。

本書で解説している最新版となるWord 2019とExcel 2019では、文書と表の間で柔軟にデータをやり取りできるだけではなく、クラウドを活用した編集や計算の共同作業が便利になりました。クラウドを使うことで、パソコンだけではなくスマートフォンやタブレットからも、WordやExcelで作成した書類の閲覧や編集ができます。働き方改革が求められる現在、WordとExcelをクラウドで活用することは、働く人たちの業務の効率化やワークライフバランスに貢献します。本書では、そうした最新の機能や使い方を分かりやすく解説するとともに、これからWord 2019とExcel 2019を使い始める人のために、日本語の入力方法や装飾に罫線、作表や計算にグラフの描き方などの操作も丁寧に説明しています。そして、以前からWordやExcelを使っている方に役立つ「テクニック」も充実しています。さらに、本書ではWord 2019とExcel 2019だけではなく、Office 365のWordとExcelを利用する人たちのために、巻末にリボンの違いなども解説しています。各章のレッスンでは、Word 2019とExcel 2019の画面例を掲載していますが、基本的な操作などはOffice 365のWordとExcelにも共通しています。

思い通りの文書や表を編集できるWordとExcelは、とても機能が豊富です。しかし、すべてを一度に覚える必要はありません。本書で紹介する基本的な操作を順番に理解していくと、最後には多くの機能を使いこなせるようになります。もしも、操作で分からないことがあったら本書を開いてください。さらには「できるサポート」を利用すれば、電話やメールなどで問い合わせができ、一部のレッスンでは操作を動画で確認できます。

本書を通して少しでも多くの人が、WordとExcelの操作を覚えて、パソコンによる文書作りや情報の整理を楽しいとか便利だと感じてもらえたら幸いです。

最後に、本書の制作に携わった多くの方々と、ご愛読いただく皆さまに深い感謝の意を表します。

2018年12月　著者を代表して　田中　亘

できるシリーズの読み方

レッスン

見開き完結を基本に、やりたいことを簡潔に解説

やりたいことが見つけやすいレッスンタイトル
各レッスンには、「○○をするには」や「○○って何?」など、"やりたいこと"や"知りたいこと"がすぐに見つけられるタイトルが付いています。

機能名で引けるサブタイトル
「あの機能を使うにはどうするんだっけ?」そんなときに便利。機能名やサービス名などで調べやすくなっています。

キーワード

そのレッスンで覚えておきたい用語の一覧です。巻末の用語集の該当ページも掲載しているので、意味もすぐに調べられます。

左ページのつめでは、章タイトルでページを探せます。

手 順

必要な手順を、すべての画面とすべての操作を掲載して解説

手順見出し
「○○を表示する」など、1つの手順ごとに内容の見出しを付けています。番号順に読み進めてください。

解説
操作の前提や意味、操作結果に関して解説しています。

操作説明
「○○をクリック」など、それぞれの手順での実際の操作です。番号順に操作してください。

HINT!

レッスンに関連したさまざまな機能や、一歩進んだ使いこなしのテクニックなどを解説しています。

動画で見る
レッスンで解説している操作を動画で見られます。詳しくは3ページを参照してください。

練習用ファイル
手順をすぐに試せる練習用ファイルを用意しています。章の途中からレッスンを読み進めるときに便利です。

テクニック 終了した位置が保存される

Wordは、終了したときのカーソルの位置を記録していて、Microsoftアカウントでサインインしている場合は、次にその文書を開くと、同じカーソルの位置から編集や閲覧の再開をするか確認のポップアップメッセージが表示されます。ポップアップメッセージをクリックすると、保存時にカーソルがあった位置に自動的に移動します。

文書を開いたときに[再開]のポップアップメッセージが表示された

ポップアップメッセージをクリックすると、保存時にカーソルがあった位置が表示される

HINT!
クイックアクセスツールバーからでも実行できる

上書き保存を実行するボタンは、クイックアクセスツールバーにも用意されています。Wordの操作に慣れてきたら、[ファイル]タブから操作せず、クイックアクセスツールバーやショートカットキーを利用して保存を実行するといいでしょう。

クイックアクセスツールバーにある[上書き保存]をクリックしても上書き保存ができる

右ページのつめでは、知りたい機能でページを探せます。

テクニック
レッスンの内容を応用した、ワンランク上の使いこなしワザを解説しています。身に付ければパソコンがより便利になります。

③ 上書き保存された
文書を上書き保存できた

Point
編集の途中でも上書き保存で文書を残す

Wordでは、パソコンなどにトラブルが発生して、編集中の文書が失われてしまうことがないように、10分ごとに回復用データを自動的に保存しています。何らかの原因でWordが応答しなくなってしまったときは、Wordの再起動後に回復用データの自動読み込みが実行されます。しかし、直前まで編集していた文書の内容が完全に復元されるとは限りません。一番確実なのは、文書に手を加えた後に自分で上書き保存を実行することです。上書き保存は、編集の途中でも実行できるので、気が付いたときにこまめに保存しておけば、文書の内容が失われる可能性が低くなります。

ショートカットキー
知っておくと何かと便利。キーボードを組み合わせて押すだけで、簡単に操作できます。

Point
各レッスンの末尾で、レッスン内容や操作の要点を丁寧に解説。レッスンで解説している内容をより深く理解することで、確実に使いこなせるようになります。

間違った場合は？
手順の画面と違うときには、まずここを見てください。操作を間違った場合の対処法を解説してあるので安心です。

※ここに掲載している紙面はイメージです。実際のレッスンページとは異なります。

ここが新しくなったWord&Excel 2019

Office 2019では、さまざまな新機能が追加されています。Excelでは表計算には欠かすことができない関数で、新たに6つの関数が加えられました。また、WordとExcelでは文書やブックの見た目を彩る機能として「アイコン」が利用できるようになっています。ここでは新たに加わった機能の中から主なものをピックアップして解説していきます。

Excelに新しい関数が追加された！

表計算を効率よく行うために役立つのが関数です。Excel 2019では6つの関数が新たに加わりました。それぞれの関数の簡単な機能は以下の通りです。

関数名	機能の概要
CONCAT	複数のセル範囲を指定し、セルに入力された文字を結合して表示できる
IFS	複数の条件を指定し、条件に一致した結果を表示できる。指定された条件の順番どおりに結果を表示できるのが特徴
MAXIFS	指定された条件の中で、最大値を表示する。複数の条件を指定でき、最大で126まで条件を指定できる
MINIFS	指定された条件の中で、条件に一致する最小値を表示する。最大で126の条件を指定できる
SWITCH	条件に一致する場合に、指定された値を表示できる。さらに一致しなかった場合に表示する値を指定できる
TEXTJOIN	複数のセル範囲から、セルに入力された文字列を結合して表示できる。結合される文字列の間に区切り記号を挿入できるのが特徴

ほかにもさまざまな機能が追加された！

▼Office 2019の新機能

Office 2019では多数の新機能が追加されています。新機能の詳細は左のWebページで紹介されています。

文書を彩るアイコンやイラストが使える！

以前のOfficeには「クリップアート」というイラストなどの素材集が提供されていましたが、提供が終了していました。今回のOffice 2019ではクリップアートに匹敵する「アイコン」が利用できるようになりました。

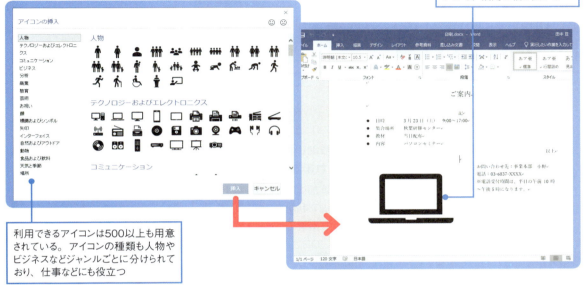

文書に挿入されたアイコンは自由に大きさが変えられる。大きくしても画像が荒くなったりしないので、活用の幅が広がる

利用できるアイコンは500以上も用意されている。アイコンの種類も人物やビジネスなどジャンルごとに分けられており、仕事などにも役立つ

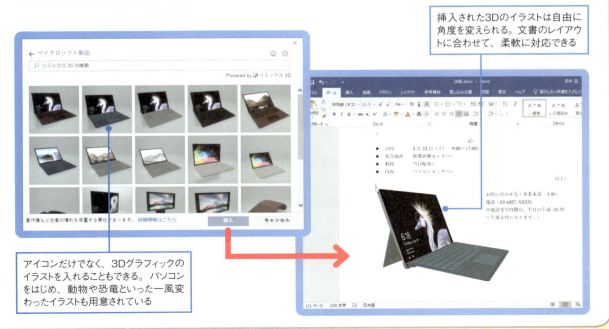

挿入された3Dのイラストは自由に角度を変えられる。文書のレイアウトに合わせて、柔軟に対応できる

アイコンだけでなく、3Dグラフィックのイラストを入れることもできる。パソコンをはじめ、動物や恐竜といった一風変わったイラストも用意されている

Office 2019とOffice 365 Soloの違いを知ろう

Officeは、さまざまな形態で提供されています。ここではパソコンにはじめからインストールされているOfficeと、店頭やダウンロードで購入できるOfficeについて紹介します。月や年単位で契約をするタイプと、一度の買い切りで契約が不要なタイプがあることを覚えておきましょう。

買い切りで追加の支払いなし、使い勝手が変わらない
Office 2019

どうやって利用するの？

A 購入するかプリインストール版を利用します

ダウンロード用カードを家電量販店やオンラインストアで購入するか、Office 2019がプリインストールされたパソコンを購入することで利用できます。

機能の特徴は？

A 変わらない使い勝手で使い続けられます

新機能の追加は行われず、ずっと同じ環境で利用できます。また、ネット接続のない環境でも使えます。OSはWindows 10のみに対応しています。

利用できる期間は？

A 無期限で利用できます

Office 2019はOffice 365のような期間での契約ではなく、買い切りなので、購入したライセンスはパソコンが故障などで使えなくなるまで無期限で利用できます。

月や年単位の契約で最新機能が使える
Office 365 Solo　　https://products.office.com/ja-JP/

どうやって利用するの？

A 月や年単位で契約します

1ヶ月または1年間の期間で契約することで利用できます。支払いにはクレジットカードかダウンロード用カードを購入して利用します。

機能の特徴は？

A 最新機能が利用できます

新機能の追加や更新がこまめに行われており、契約期間中は常に最新版の状態で利用できます。新しいバージョンが提供されたときはすぐにアップデートできます。

対応するOSは？

A 様々な環境で利用できます

Windows 10、8.1、7の3バージョンに対応しているほか、macOSやタブレット向けのアプリも利用できます。1契約でも、利用シーンに合わせて複数の端末で使えます。

目　次

できるシリーズ読者サービスのご案内 …2

ご利用の前に …………………………4

まえがき ………………………………5

できるシリーズの読み方 ……………6

ここが新しくなったWord&Excel 2019………8

Office 2019とOffice 365 Soloの違いを知ろう … 10

パソコンの基本操作……………………… 22

練習用ファイルの使い方 ………………… 30

Word・第1章　Word 2019を使い始める　31

❶ Wordの特徴を知ろう　　＜ワープロソフト＞ …………………………………… 32

❷ Wordを使うには　　＜起動、終了＞ ………………………………………… 34

　テクニック　タッチパネルを搭載した機器の場合は…………………………… 37

❸ Word 2019の画面を確認しよう　　＜各部の名称、役割＞ …………………… 38

この章のまとめ………… 40

Word・第2章　文字を入力して文書を作成する　41

❹ 文書を作ってみよう　　＜文書作成の基本＞ ………………………………… 42

❺ キーボードの操作を覚えよう　　＜キーの配置、押し方＞ ……………………… 44

　テクニック　キーと指の配置を覚えておこう ………………………………… 44

❻ 入力方式を選ぶには　　＜入力方式、入力モード＞ …………………………… 46

❼ ひらがなを入力するにはⅠ　　＜ローマ字入力＞ …………………………… 48

　テクニック　ローマ字入力で利用するキーを覚えよう ……………………… 50

❽ ひらがなを入力するにはⅡ　　＜かな入力＞ ………………………………… 52

　テクニック　かな入力で利用するキーを覚えよう …………………………… 54

❾ 漢字を入力するには　　＜漢字変換＞ ………………………………………… 56

❿ カタカナを入力するには　　＜カタカナへの変換＞ …………………………… 58

⓫ 「しゃ」を入力するには　　＜拗音の入力＞ …………………………………… 60

⓬ 次の行に移動するには　　＜改行＞ …………………………………………… 62

　テクニック　ダブルクリックで目的の行にカーソルを移動できる……………… 62

　テクニック　改ページを活用しよう …………………………………………… 63

⓭ 「ん」を入力するには　　＜撥音の入力＞ ……………………………………… 64

⑭ 結語の「以上」を自動的に入力するには　＜オートコレクト＞ ········· 66
　テクニック　オートコレクトの設定内容を確認する ······················ 69
　テクニック　単語登録で変換の手間を省こう ·························· 69
⑮ 日付を入力するには　＜半角数字の入力＞ ··················· 70
⑯ アルファベットを入力するには　＜半角英字の入力＞ ········· 72
⑰ 記号を入力するには　＜記号の入力＞ ··················· 74
⑱ 文書を保存するには　＜名前を付けて保存＞ ··············· 78
　テクニック　保存方法の違いをマスターしよう ···················· 78

この章のまとめ ··········· 80
練習問題 ················· 81　　　解答 ················· 82

Word・第3章　見栄えのする文書を作る　83

⑲ 文書の体裁を整えて印刷しよう　＜文書の装飾と印刷＞ ··········· 84
⑳ 保存した文書を開くには　＜ドキュメント＞ ··············· 86
　テクニック　タスクバーからファイルを検索できる ···················· 86
㉑ 文字を左右中央や行末に配置するには　＜文字の配置＞ ········· 88
㉒ 文字を大きくするには　＜フォントサイズ＞ ··············· 90
　テクニック　ミニツールバーで素早く操作できる ···················· 90
㉓ 文字のデザインを変えるには　＜下線、太字＞ ············· 92
㉔ 文字の種類を変えるには　＜フォント＞ ················· 94
　テクニック　［フォント］ダイアログボックスで詳細に設定する ············· 94
　テクニック　BIZ UDフォントとは ························ 95
㉕ 箇条書き項目の文頭をそろえるには　＜箇条書き、タブ＞ ········· 96
㉖ 段落を字下げするには　＜ルーラー、インデント＞ ··········· 98
㉗ 文書にアイコンを挿入するには　＜アイコン＞ ············· 100
　テクニック　フリーハンドで自由に図形を描画できる ················· 103
　テクニック　3Dモデルを挿入して、より見栄えのする文書を作成できる ····· 105
㉘ 文書を上書き保存するには　＜上書き保存＞ ············· 106
　テクニック　終了した位置が保存される ···················· 107
㉙ 文書を印刷するには　＜印刷＞ ····················· 108

この章のまとめ ··········· 110
練習問題 ················· 111　　　解答 ················· 112

Word・第4章　入力した文章を修正する　113

③⓪ 以前に作成した文書を利用しよう　＜文書の再利用＞ ················114
③① 文書の一部を書き直すには　＜範囲選択、上書き＞ ··················116
③② 特定の語句をまとめて修正するには　＜置換＞ ····················118
③③ 同じ文字を挿入するには　＜コピー、貼り付け＞ ·················122
③④ 文字を別の場所に移動するには　＜切り取り、貼り付け＞ ··········124

この章のまとめ···········126
練習問題 ················127　　　解答 ·····························128

Word・第5章　表を使った文書を作成する　129

③⑤ 罫線で表を作ろう　＜枠や表の作成＞ ···························130
③⑥ ドラッグして表を作るには　＜罫線を引く＞ ···················132
③⑦ 表の中に文字を入力するには　＜セルへの入力＞ ···············136
③⑧ 列数と行数を指定して表を作るには　＜表の挿入＞ ·············138
　テクニック 文字数に合わせて伸縮する表を作る ····················138
③⑨ 列の幅を変えるには　＜列の変更＞ ·························140
　テクニック ほかの列の幅は変えずに表の幅を調整する ···············141
④⓪ 行を挿入するには　＜上に行を挿入＞ ·······················142
④① 不要な罫線を削除するには　＜線種とページ罫線と網かけの設定＞ ········144
④② 罫線の太さや種類を変えるには　＜ペンの太さ、ペンのスタイル＞ ·······148
　テクニック 表のデザインをまとめて変更できる！ ··················150
④③ 表の中で計算するには　＜計算式＞ ························152
④④ 合計値を計算するには　＜関数の利用＞ ·····················154

この章のまとめ···········156
練習問題 ················157　　　解答 ·····························158

Word・第6章　年賀状を素早く作成する　159

45 はがきに印刷する文書を作ろう　＜はがき印刷＞ ……………………………… 160
46 はがきサイズの文書を作るには　＜サイズ、余白＞ …………………………… 162
47 カラフルなデザインの文字を挿入するには　＜ワードアート＞ ………………… 164
　テクニック 内容や雰囲気に応じて文字を装飾しよう ………………………………… 166
48 縦書きの文字を自由に配置するには　＜縦書きテキストボックス＞ …………… 168
49 写真を挿入するには　＜画像、前面＞ …………………………………………… 172
　テクニック 写真と文字の配置方法を覚えておこう ……………………………………… 175
50 写真の一部を切り取るには　＜トリミング＞ …………………………………… 176
　テクニック 写真の背景だけを削除できる ………………………………………………… 179
51 はがきのあて名を作成するには　＜はがき宛名面印刷ウィザード＞ …………… 180
　テクニック Excelのブックに作成した住所録を読み込める ……………………………… 185

　この章のまとめ ………… 186
　練習問題 ……………… 186　　　解答 ……………………… 188

Word・第7章　文書のレイアウトを整える　189

52 読みやすい文書を作ろう　＜段組みの利用＞ …………………………………… 190
53 文書を2段組みにするには　＜段組み＞ ………………………………………… 192
54 設定済みの書式をコピーして使うには　＜書式のコピー／貼り付け＞ ………… 194
55 文字と文字の間に「……」を入れるには　＜タブとリーダー＞ ……………… 198
56 ページの余白に文字や図形を入れるには　＜ヘッダー、フッター＞ …………… 202
　テクニック ヘッダーやフッターにファイル名を挿入する ……………………………… 204
57 ページ全体を罫線で囲むには　＜ページ罫線＞ ………………………………… 206
58 文字を縦書きに変更するには　＜縦書き＞ ……………………………………… 208

　この章のまとめ ………… 212
　練習問題 ……………… 213　　　解答 ……………………… 214

Excel・第1章　Excel 2019を使い始める　215

1. Excelの特徴を知ろう　＜表計算ソフト＞ ·· 216
2. Excelを使うには　＜起動、終了＞ ··· 218
3. Excel 2019の画面を確認しよう　＜各部の名称、役割＞ ························· 222
4. ブックとワークシート、セルの関係を覚えよう　＜ブック、ワークシート、セル＞ ···· 224

この章のまとめ··········226

Excel・第2章　データ入力の基本を覚える　227

5. データ入力の基本を知ろう　＜データ入力＞ ·· 228
6. 文字や数値をセルに入力するには　＜入力モード＞ ·································· 230
7. 入力した文字を修正するには　＜編集モード＞ ·· 232
   テクニック ステータスバーで「モード」を確認しよう ·································· 232
8. 入力した文字を削除するには　＜データの削除＞ ····································· 234
9. ひらがなを変換して漢字を入力するには　＜漢字変換＞ ···························· 236
10. 日付を入力するには　＜日付の入力＞ ··· 238
    テクニック 「12/1」と入力した内容をそのまま表示させるには ···················· 238
11. 連続したデータを入力するには　＜オートフィル＞ ·································· 240
12. 同じデータを簡単に入力するには　＜オートコンプリート＞ ····················· 242
13. ブックを保存するには　＜名前を付けて保存＞ ·· 246

この章のまとめ··········248
練習問題 ···············249　　　解答 ···············250

Excel・第3章　セルやワークシートの操作を覚える　251

⑭ セルやワークシートの操作を覚えよう　＜セルとワークシートの操作＞ ··············· 252
⑮ 保存したブックを開くには　＜ドキュメント＞ ·············· 254
⑯ 新しい列を増やすには　＜挿入＞ ·············· 256
⑰ セルや列をコピーするには　＜コピー、貼り付け＞ ·············· 258
　テクニック 後から貼り付け内容を変更できる ·············· 261
⑱ ワークシートの全体を表示するには　＜ズーム＞ ·············· 262
　テクニック 表示の倍率を数値で指定できる ·············· 262
　テクニック 選択した範囲に合わせて拡大できる ·············· 263
⑲ 列の幅や行の高さを変えるには　＜列の幅、行の高さ＞ ·············· 264
⑳ セルを削除するには　＜セルの削除＞ ·············· 270
㉑ ワークシートに名前を付けるには　＜シート見出し＞ ·············· 272
　テクニック 一度にたくさんのシート見出しを表示するには ·············· 272
㉒ ワークシートをコピーするには　＜ワークシートのコピー＞ ·············· 274
　テクニック ワークシートをほかのブックにコピーできる ·············· 274
㉓ ブックを上書き保存するには　＜上書き保存＞ ·············· 276

この章のまとめ ·············· 278
練習問題 ·············· 279　　　解答 ·············· 280

Excel・第4章　数式や関数を使って計算する　281

㉔ 数式や関数を使って表を作成しよう　＜数式や関数を使った表＞ ·············· 282
㉕ セルを使って計算するには　＜セル参照を使った数式＞ ·············· 284
㉖ 数式をコピーするには　＜数式のコピー＞ ·············· 286
　テクニック ダブルクリックでも数式をコピーできる ·············· 287
㉗ 常に特定のセルを参照する数式を作るにはⅠ　＜セル参照範囲のエラー＞ ·············· 288
㉘ 常に特定のセルを参照する数式を作るにはⅡ　＜絶対参照＞ ·············· 290
　テクニック ドラッグしてセル参照を修正できる ·············· 294
　テクニック 絶対参照はどんなときに使う？ ·············· 295
㉙ 自動的に合計を求めるには　＜合計＞ ·············· 296
　テクニック セル範囲を選択してから合計を求めてもいい ·············· 298
　テクニック セル範囲を修正するには ·············· 299

㉚ 自動的に平均を求めるには　＜平均＞ ……………………………………………… 300
　テクニック　キーワードから関数を検索してみよう ……………………………… 301
　テクニック　便利な関数を覚えておこう ………………………………………… 303

この章のまとめ ………… 304
練習問題 ……………… 305　　　解答 …………………………… 306

Excel・第5章　表のレイアウトを整える　307

㉛ 見やすい表を作ろう　＜表作成と書式変更＞ ………………………………… 308
㉜ フォントの種類やサイズを変えるには　＜フォント、フォントサイズ＞ ……… 310
㉝ 文字をセルの中央に配置するには　＜中央揃え＞ …………………………… 312
　テクニック　文字を均等に割り付けてそろえる ……………………………… 315
　テクニック　空白を入力せずに字下げができる ……………………………… 315
㉞ 特定の文字やセルに色を付けるには　＜塗りつぶしの色、フォントの色＞ ……… 316
㉟ 複数のセルを1つにつなげるには　＜セルを結合して中央揃え＞ …………… 318
　テクニック　結合の方向を指定する …………………………………………… 318
㊱ 特定のセルに罫線を引くには　＜罫線＞ ……………………………………… 320
　テクニック　列の幅を変えずにセルの内容を表示する ……………………… 323
　テクニック　セルに縦書きする …………………………………………………… 323
㊲ 表の内側にまとめて罫線を引くには　＜セルの書式設定＞ ………………… 324
㊳ 表の左上に斜線を引くには　＜斜線＞ ………………………………………… 328

この章のまとめ ………… 330
練習問題 ……………… 331　　　解答 …………………………… 332

Excel・第6章　用途に合わせて印刷する　333

㊴ 作成した表を印刷してみよう　　＜印刷の設定＞ ････････････････････････････ 334
㊵ 印刷結果を画面で確認するには　　＜［印刷］の画面＞ ･･･････････････････････ 336
㊶ ページを用紙に収めるには　　＜印刷の向き＞ ･･････････････････････････････ 340
㊷ 用紙の中央に表を印刷するには　　＜余白＞ ･･････････････････････････････････ 342
㊸ ページ下部にページ数を表示するには　　＜ヘッダー／フッター＞ ･･････････ 344
㊹ ブックを印刷するには　　＜印刷＞ ･･ 346
　テクニック　ページを指定して印刷する ･･･ 346

　この章のまとめ ･･････････ 348
　練習問題 ･･･････････････ 349　　　解答 ･･･････････････････ 350

Excel・第7章　表をさらに見やすく整える　351

㊺ 書式を利用して表を整えよう　　＜表示形式＞ ････････････････････････････････ 352
㊻ 金額の形式で表示するには　　＜通貨表示形式＞ ････････････････････････････ 354
　テクニック　負の数の表示形式を変更する ･････････････････････････････････････ 354
㊼ ％で表示するには　　＜パーセントスタイル＞ ････････････････････････････････ 356
㊽ ユーザー定義書式を設定するには　　＜ユーザー定義書式＞ ･････････････････ 358
㊾ 設定済みの書式をほかのセルでも使うには　　＜書式のコピー／貼り付け＞ ･･････ 360
㊿ 条件によって書式を変更するには　　＜条件付き書式＞ ･････････････････････ 362
51 セルの値の変化をバーや矢印で表すには　　＜データバー、アイコンセット＞ ･･････ 364
52 セルの中にグラフを表示するには　　＜スパークライン＞ ･･････････････････････ 366
53 条件付き書式を素早く設定するには　　＜クイック分析＞ ･････････････････････ 368

　この章のまとめ ･･････････ 370
　練習問題 ･･･････････････ 371　　　解答 ･･･････････････････ 372

Excel・第8章　グラフを作成する　　　373

54 見やすいグラフを作成しよう　＜グラフ作成と書式設定＞ ……………………374
55 グラフを作成するには　＜折れ線＞ ………………………………………………376
　　テクニック　データに応じて最適なグラフを選べる ……………………………376
56 グラフの位置と大きさを変えるには　＜位置、サイズの変更＞ ………………378
57 グラフの種類を変えるには　＜グラフの種類の変更＞ …………………………380
　　テクニック　第2軸の軸ラベルを追加する ………………………………………382
58 グラフの体裁を整えるには　＜クイックレイアウト＞ …………………………384
59 目盛りの間隔を変えるには　＜軸の書式設定＞ …………………………………388
60 グラフ対象データの範囲を広げるには　＜系列の追加＞ ………………………390
61 グラフを印刷するには　＜グラフの印刷＞ ………………………………………392

　　この章のまとめ…………394
　　練習問題………………395　　　解答……………………396

Word&Excel・第1章　ファイルやフォルダーの操作を覚える　397

① 文書やブックをコピーするには　＜ファイルのコピー、貼り付け＞ ………………… 398

② 文書やブックの名前を変えるには　＜名前の変更＞ ………………………………… 400

③ 文書やブックを整理するには　＜新しいフォルダー＞ ……………………………… 402

　テクニック　ファイル名やファイルの内容を検索する ……………………………… 404

④ フォルダーの内容を見やすくするには　＜レイアウト＞ …………………………… 406

　この章のまとめ…………408

Word&Excel・第2章　Officeの機能を使いこなす　409

⑤ ExcelのグラフをWord文書に貼り付けるには

　　　　　　　　＜［クリップボード］作業ウィンドウ＞ ……………………………… 410

⑥ 地図を文書やブックに貼り付けるには　＜Bingマップ＞ ………………………… 416

　テクニック　　キー＋　Shift　キー＋　S　キーで画面を切り取れる …………………… 416

⑦ 2つの文書やブックを並べて比較するには　＜並べて比較＞ ……………………… 420

　テクニック　ブックを左右に並べて表示できる ……………………………………… 421

⑧ よく使う機能をタブに登録するには　＜リボンのユーザー設定＞ ………………… 422

⑨ よく使う機能のボタンを登録するには

　　　　　　　　＜クイックアクセスツールバーのユーザー設定＞ …………………… 426

⑩ 文書やブックの安全性を高めるには　＜文書の保護＞ ……………………………… 428

　テクニック　ワークシートやブックの編集を制限できる …………………………… 431

⑪ 文書やブックをPDF形式で保存するには　＜エクスポート＞ ……………………… 432

　この章のまとめ…………434
　練習問題………………435　　　解答 ……………………436

Word&Excel・第3章　WordとExcelをクラウドで使いこなす　437

⑫ 文書やブックをクラウドで活用しよう　＜クラウドの仕組み＞ ················438

⑬ 文書やブックをOneDriveに保存するには　＜OneDriveへの保存＞ ········440

⑭ OneDriveに保存した文書やブックを開くには　＜OneDriveから開く＞ ·······442

⑮ ブラウザーを使って文書やブックを開くには　＜Word Online＞ ···········444

⑯ スマートフォンを使って文書やブックを開くには　＜モバイルアプリ＞ ·······446

　　テクニック）外出先でも文書を編集できる ···448

⑰ 文書やブックを共有するには　＜共有＞ ···450

　　テクニック）Webブラウザーを使って文書を共有する ····························451

　　テクニック）OneDriveのフォルダーを活用すると便利 ·························453

⑱ 共有された文書やブックを開くには　＜共有された文書＞ ······················454

⑲ 共有された文書やブックを編集するには　＜Word Onlineで編集＞ ···········456

　　テクニック）共有された文書をパソコンに保存する ·······························458

　　テクニック）Skypeでチャットしながら編集できる ·····························460

　　この章のまとめ··········· 462
　　練習問題 ·················463　　　解答 ·····························464

付録1　Excel Onlineのアンケートを利用してみよう ···························465

付録2　Officeのモバイルアプリをインストールするには ····················467

付録3　Office 365リボン対応表 ··472

付録4　ファイルの拡張子を表示するには ··478

付録5　ショートカットキー一覧 ··479

用語集 ··481

索引 ··499

できるサポートのご案内 ···508

本書を読み終えた方へ ··509

読者アンケートのお願い ···510

パソコンの基本操作

パソコンを使うには、操作を指示するための「マウス」や文字を入力するための「キーボード」の扱い方、それにWindowsの画面内容と基本操作について知っておく必要があります。実際にレッスンを読み進める前に、それぞれの名称と操作方法を理解しておきましょう。

マウス・タッチパッド・スティックの動かし方

◆マウスポインター
操作する対象を指し示すもの。指の動きやマウスの動きに合わせて画面上を移動する

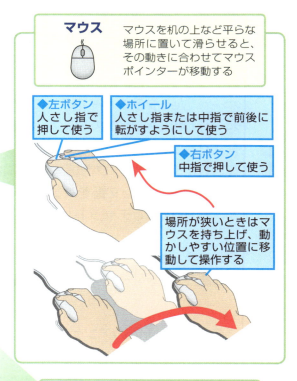

マウス マウスを机の上など平らな場所に置いて滑らせると、その動きに合わせてマウスポインターが移動する

◆左ボタン
人さし指で押して使う

◆ホイール
人さし指または中指で前後に転がすようにして使う

◆右ボタン
中指で押して使う

場所が狭いときはマウスを持ち上げ、動かしやすい位置に移動して操作する

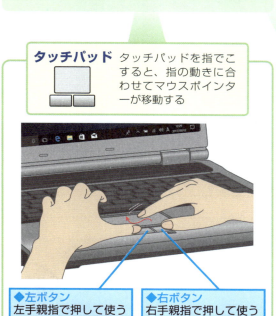

タッチパッド タッチパッドを指でこすると、指の動きに合わせてマウスポインターが移動する

◆左ボタン
左手親指で押して使う

◆右ボタン
右手親指で押して使う

スティック スティックを前後左右斜めに傾けると、その方向にマウスポインターが移動する

◆左ボタン
左手親指で押して使う

◆右ボタン
右手親指で押して使う

マウス・タッチパッド・スティックの使い方

◆マウスポインターを合わせる
マウスやタッチパッド、スティックを動かして、マウスポインターを目的の位置に合わせること

マウス	タッチパッド	スティック

1 アイコンにマウスポインターを合わせる

アイコンの説明が表示された

◆ダブルクリック
マウスポインターを目的の位置に合わせて、左ボタンを2回連続で押して、指を離すこと

マウス	タッチパッド	スティック

 1 アイコンをダブルクリック

アイコンの内容が表示された

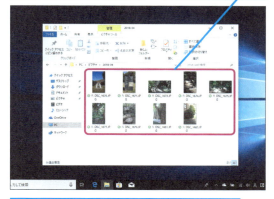

◆クリック
マウスポインターを目的の位置に合わせて、左ボタンを1回押して指を離すこと

マウス	タッチパッド	スティック

1 アイコンをクリック

アイコンが選択された

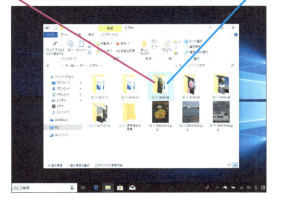

◆右クリック
マウスポインターを目的の位置に合わせて、右ボタンを1回押して指を離すこと

マウス	タッチパッド	スティック

1 アイコンを右クリック

ショートカットメニューが表示された

◆ドラッグ
左ボタンを押したままマウスポインターを動かし、目的の位置で指を離すこと

マウス

タッチパッド

スティック

●ドラッグしてウィンドウの大きさを変える方法

1 ウィンドウの端にマウスポインターを合わせる

マウスポインターの形が変わった

2 ここまでドラッグ

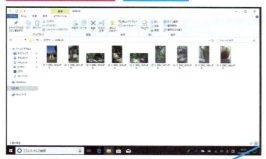

ボタンから指を離した位置まで、ウィンドウの大きさが広がった

●ドラッグしてファイルを移動する方法

1 アイコンにマウスポインターを合わせる

2 ここまでドラッグ

ドラッグ中はアイコンが薄い色で表示される

ボタンから指を離すと、ウィンドウにアイコンが移動する

Windows 10の主なタッチ操作

●タップ

指でトンと1回たたく

●ダブルタップ

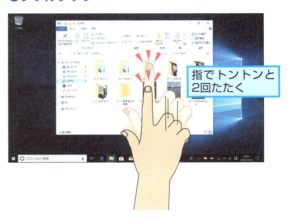

指でトントンと2回たたく

●長押し

項目などを1秒以上タッチし続ける

●スライド

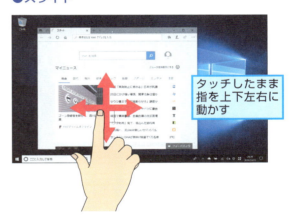

タッチしたまま指を上下左右に動かす

●ストレッチ

2本の指を合わせた状態から広げる

●ピンチ

2本の指を拡げた状態から合わせる

●スワイプ

Windows 10のデスクトップで使うタッチ操作

●アクションセンターの表示方法

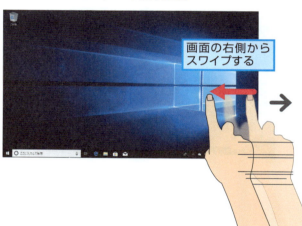

●タスクビューの表示方法

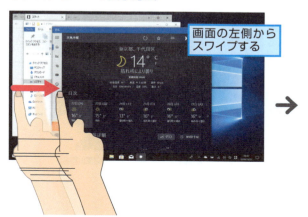

デスクトップの主な画面の名前

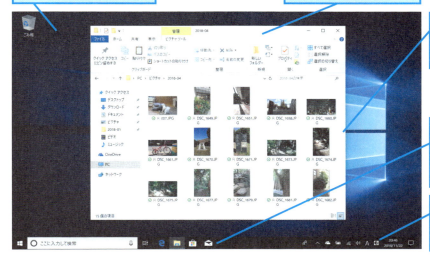

- ◆デスクトップ
  Windowsの作業画面全体
- ◆ウィンドウ
  デスクトップ上に表示される四角い作業領域
- ◆スクロールバー
  上下にドラッグすれば、隠れている部分を表示できる
- ◆タスクバー
  はじめから登録されているソフトウェアや起動中のソフトウェアなどがボタンで表示される
- ◆通知領域
  パソコンの状態を表わすアイコンやメッセージが表示される

スタートメニューの主な名称

- インストールされているアプリのアイコンが表示される
- ◆スクロールバー
  スタートメニューでマウスを動かすと表示される
- ◆タイル
  Windowsアプリなどが四角い画像で表示される
- ◆検索ボックス
  パソコンにあるファイルや設定項目、インターネット上の情報を検索できる

ウィンドウの表示方法

ウィンドウ右上のボタンを使ってウィンドウを操作する

◆[最小化] ◆[最大化] ◆[閉じる]

ウィンドウが開かれているときは、タスクバーのボタンに下線が表示される

複数のウィンドウを表示すると、タスクバーのボタンが重なって表示される

●ウィンドウを最大化する

1 [最大化]をクリック

ウィンドウが最大化した

ウィンドウが最大化すると、[最大化]は[元に戻す(縮小)]に変わる

●ウィンドウを最小化する

1 [最小化]をクリック

ウィンドウが最小化した

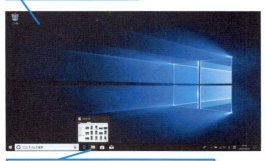

タスクバーのボタンをクリックすれば、ウィンドウのサムネイルが表示される

●ウィンドウを閉じる

1 [閉じる]をクリック

ウィンドウが閉じた

ウィンドウを閉じると、タスクバーのボタンの表示が元に戻る

28 できる

キーボードの主なキーの名前

文字入力での主なキーの使い方

※Windowsに搭載されているMicrosoft IMEの場合

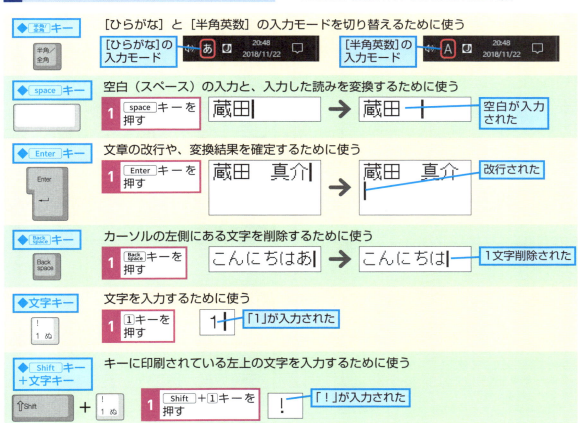

練習用ファイルの使い方

本書では、レッスンの操作をすぐに試せる無料の練習用ファイルを用意しています。Word 2019とExcel 2019の初期設定では、ダウンロードした練習用ファイルを開くと、保護ビューで表示される仕様になっています。本書の練習用ファイルは安全ですが、練習用ファイルを開くときは以下の手順で操作してください。

▼ **練習用ファイルのダウンロードページ**
http://book.impress.co.jp/books/1118101128

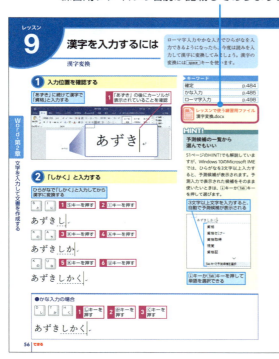

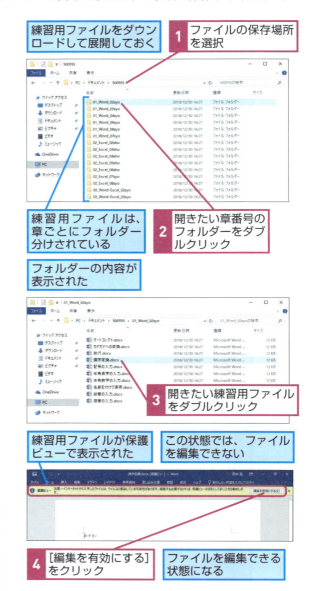

HINT!
何で警告が表示されるの？

Word 2019とExcel 2019では、インターネットを経由してダウンロードしたファイルを開くと、保護ビューで表示されます。ウイルスやスパイウェアなど、セキュリティ上問題があるファイルをすぐに開いてしまわないようにするためです。ファイルの入手時に配布元をよく確認して、安全と判断できた場合は、[編集を有効にする]ボタンをクリックしてください。[編集を有効にする]ボタンをクリックすると、次回以降同じファイルを開いたときに保護ビューが表示されません。

注意 本書は「できるWord 2019 Office 2019/Office 365両対応」「できるExcel 2019 Office 2019/Office 365両対応」の一部を再編集して構成しています。そのため、画面写真内に記載された練習用ファイルのフォルダー名が、実際に提供されているフォルダー名と異なっておりますが操作は同じなので、適宜読み替えてご利用ください。

Word

第1章

Word 2019を使い始める

初めてWordを使う人のために、その特徴や起動と終了の基本操作、そして画面の使い方について解説します。まずはこの章でWordを使う前に押さえておくべき操作と知識を理解しておきましょう。

●この章の内容
❶ Wordの特徴を知ろう ……………………………………………… 32
❷ Wordを使うには ………………………………………………… 34
❸ Word 2019の画面を確認しよう ……………………………… 38

レッスン
1
Wordの特徴を知ろう
ワープロソフト

Wordを利用すれば、目的に合わせてさまざまな文書を作成できます。仕事や個人で利用する文書など、作成する文書に応じた数多くの機能が用意されています。

見栄えのする文書の作成

Wordを使うと、文字にきれいな装飾を施したり、図形などを挿入したりすることで、見栄えのする文書を作成できます。

キーワード	
Microsoft Office	p.481
インストール	p.483
罫線	p.486
テンプレート	p.493
プリンター	p.496
ワードアート	p.498

パソコンにWordがインストールされていれば、目的に合わせてさまざまなレイアウトの文書を作成できる

プリンターがあれば、さまざまなサイズの用紙に作成した文書を印刷できる

ビジネスに利用する書類や個人で利用する印刷物など、目的に合わせた文書を作成できる

表や罫線を利用した体裁のいい文書の作成

文字や数字が見やすくなるように、罫線を引いたり、表を挿入したりして、文書の体裁を整えられます。

さまざまな方法で表の挿入や編集・書式の設定ができる

はがきへの印刷も簡単

さまざまなサイズの用紙に自由に文字や図形をレイアウトできるので、オリジナル性に富んだはがきやグリーティングカードを作成できます。ほかのソフトウェアを使わなくてもWordだけであて名や原稿用紙などの印刷もできます。

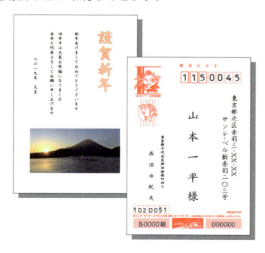

HINT!
長文の作成や校正ができる

Wordには、文章全体の構成を整理するときに便利なアウトライン機能や、用語の統一を容易にする校正機能など、レポートや論文などの長文を作成するための機能がそろっています。

HINT!
デザイン性の高い文書を作成できる

あらかじめデザインが設定されているテンプレートや、装飾性の高い文字を入力できるワードアートに、きれいな図形を描けるSmartArtなどを活用すると、デザイン性の高い文書を手早く簡単に作成できます。

デザイン性の高い文書作成に役立つ機能が数多く用意されている

レッスン 2

Wordを使うには

起動、終了

> Wordを起動すると、スタート画面が表示されます。新しい文書を作成するには、スタート画面で［白紙の文書］をクリックして編集画面を表示しましょう。

キーワード

Microsoftアカウント	p.481
スタート画面	p.489
テンプレート	p.493

ショートカットキー

⊞ ／ Ctrl + Esc
……………… スタート画面の表示
Alt + F4 ‥ ソフトウェアの終了

Wordの起動

1 すべてのアプリを表示する

1 ［スタート］をクリック

2 Wordを起動する

［W］のグループを表示して、Wordを起動する

1 ここを下にドラッグしてスクロール

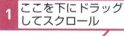

2 ［Word］をクリック

HINT!

キーワードを入力してWordを起動するには

Windows 10でWordを［スタート］メニューから見つけるのが面倒なときは、検索ボックスを使いましょう。以下の手順で簡単にWordを探せます。キーワードを入力して、ホームページやパソコンの中のファイルなども探せるのが便利です。

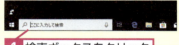

1 検索ボックスをクリック

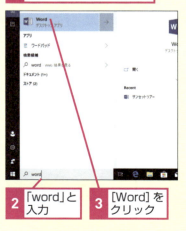

2 「word」と入力

3 ［Word］をクリック

③ Wordの起動画面が表示された

Wordの起動画面が表示された

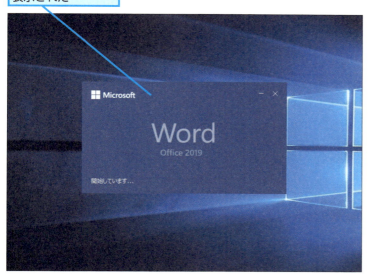

④ Wordが起動した

Wordが起動し、Wordのスタート画面が表示された

スタート画面に表示される背景画像は、環境によって異なる

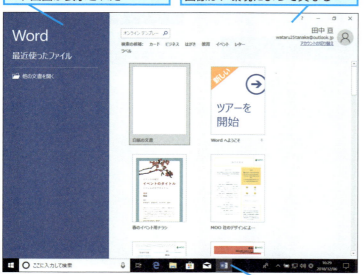

タスクバーにWordのボタンが表示された

HINT!
Windows 10のサインインと連動する

Windows 10にMicrosoftアカウントでサインインできるようにしておくと、Wordも同じアカウントで自動的にサインインできます。そして、OneDriveやメールなどのクラウドサービスをすぐに利用できます。

HINT!
Wordのスタート画面には何が表示されるの？

Wordのスタート画面には、テンプレートと呼ばれる文書のひな型が表示されます。この中から、作りたい文書のテンプレートを選ぶことができます。またインターネットに接続していると、マイクロソフトのWebページにあるテンプレートをダウンロードできます。

HINT!
初期設定の画面が表示されたときは

Wordを初めて起動すると、初期設定に関する画面が表示される場合があります。その場合は[同意してWordを開始する]ボタンをクリックしましょう。Office製品の更新ファイルが公開されたとき、パソコンにインストールされるようになります。

1 [同意してWordを開始する]をクリック

次のページに続く

文書ファイルの作成

⑤ [白紙の文書]を選択する

Wordを起動しておく

1 [白紙の文書]をクリック

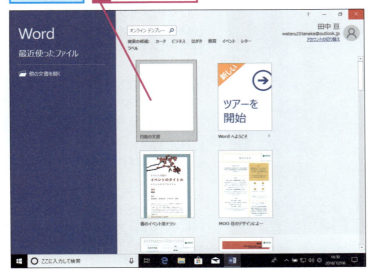

⑥ 白紙の文書が表示された

Wordの編集画面に白紙の文書が表示された

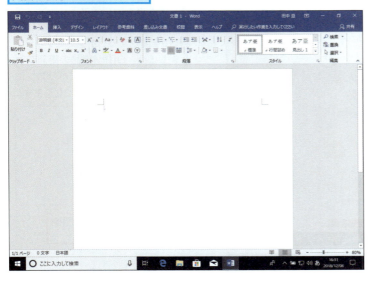

HINT!
Wordをデスクトップから起動できるようにするには

以下の手順でWordのボタンをタスクバーに登録すれば、すぐにWordを起動できます。また、タスクバーからWordのボタンを削除するには、タスクバーのボタンを右クリックして、[タスクバーからピン留めを外す]を選びます。

アプリの一覧を表示しておく

1 [Word]を右クリック
2 [その他]をクリック

3 [タスクバーにピン留めする]をクリック

タスクバーにWordのボタンが表示された

ボタンをクリックすればWordを起動できる

⚠ 間違った場合は？

間違って[白紙の文書]以外を選択してしまった場合は、手順7を参考にいったんWordを終了し、手順1から操作をやり直しましょう。

テクニック　タッチパネルを搭載した機器の場合は

タブレットや一部のノートパソコンなど、タッチパネルが利用できる機器であれば、画面を直接タッチしてWordを起動したり、メニューを選択できます。また、タッチ操作のできるタブレットなどでWordを利用すると、メニューなどがタッチしやすいサイズで表示されます。

マウスで操作すると、フォントの一覧の間隔が狭い

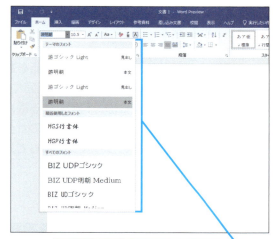

タッチパネルで操作すると、フォントの一覧の間隔が広がる

Wordの終了

7　Wordを終了する

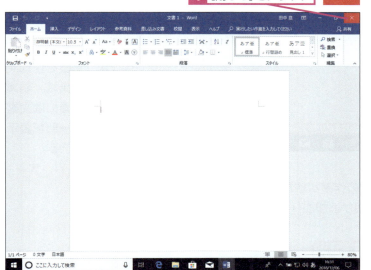

1 ［閉じる］をクリック

Point

使うときに起動して、使い終わったら閉じる

Wordを使うには、「起動」という操作が必要です。Wordを起動すると、テンプレートや過去に使った文書を開くためのスタート画面が表示されます。スタート画面で作成する文書や編集する文書を選んでから編集画面を表示します。そして、必要な編集作業を終えたら、［閉じる］ボタン（ ✕ ）をクリックして、Wordを終了します。Wordを終了するときに、編集中の文書があると、「"文書1"に対する変更を保存しますか？」というメッセージが表示されます。このレッスンでは、起動と終了だけの操作をしているので、もしメッセージが表示されたときは、［保存しない］ボタンをクリックして、そのままWordを終了してください。

レッスン 3

Word 2019の画面を確認しよう

各部の名称、役割

Wordは文書を作るために必要な情報をすべて画面に表示します。はじめからすべての情報を覚える必要はないので、まずは、基本的な内容を理解しておきましょう。

Word 2019の画面構成

Wordの画面は、保存や書式設定などの機能を選ぶための操作画面と文字の入力や画像の挿入を行う編集画面に分かれています。リボンと呼ばれる操作画面には、利用できる機能を表すボタンが数多く並んでいますが、はじめからすべてのボタンや機能を覚える必要はありません。本書のレッスンを通して、使う頻度の高い機能から、順番に覚えていけば大丈夫です。

キーワード	
Microsoftアカウント	p.481
共有	p.485
クイックアクセスツールバー	p.485
書式	p.488
スクロール	p.489
操作アシスト	p.490
保存	p.497
リボン	p.498

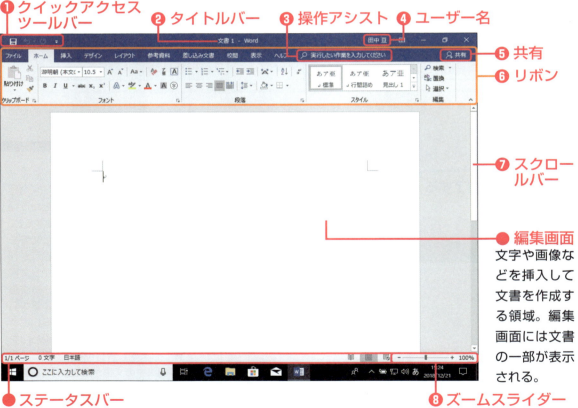

❶ クイックアクセスツールバー
❷ タイトルバー
❸ 操作アシスト
❹ ユーザー名
❺ 共有
❻ リボン
❼ スクロールバー
❽ ズームスライダー

● 編集画面
文字や画像などを挿入して文書を作成する領域。編集画面には文書の一部が表示される。

● ステータスバー
ページ数や入力した文字数など、文書の作業状態が表示される領域。作業内容によって表示項目が追加される。

注意 お使いのパソコンの画面の解像度が違うときは、リボンの表示やウィンドウの大きさが異なります

❶クイックアクセスツールバー
Wordでよく使う機能を小さくまとめて表示できるツールバー。使いたいボタンを自由に追加できる。

❷タイトルバー
ファイル名が表示される領域。保存前のWordファイルには「文書1」や「文書2」のような名前が表示される。

作業中のファイル名が表示される

❸操作アシスト
入力したキーワードに関連する検索やヘルプが表示される機能。使いたい機能のボタンがどこにあるか分からないとき利用する。例えば「罫線」と入力すると、[罫線の削除]や[ページ罫線]などの項目が表示される。

❹ユーザー名
Officeにサインインしているアカウントの情報が表示される。Microsoftアカウントでサインインしていると、マイクロソフトが提供しているオンラインサービスを利用できる。

❺共有
Wordの文書をクラウドに保存して、ほかの人と共有するための機能。共有の機能を利用すると、OneDriveにWordの文書を保存して、ほかのパソコンやスマートフォンなどから文書の閲覧や編集ができるようになる。

❻リボン
作業の種類によって、「タブ」でボタンが分類されている。[ファイル]や[ホーム]タブなど、タブを切り替えて必要な機能のボタンをクリックすることで、目的の作業を行う。

タブを切り替えて、目的の作業を行う

❼スクロールバー
画面をスクロールするために使う。画面表示を拡大しているとステータスバーの下にも表示される。スクロールバーを上下左右にドラッグすれば、表示位置を移動できる。

❽ズームスライダー
画面の表示サイズを変更できるスライダー。左にドラッグすると縮小、右にドラッグすると拡大できる。[拡大]ボタン（＋）や[縮小]ボタン（−）をクリックすると、10%ごとに表示の拡大と縮小ができる。

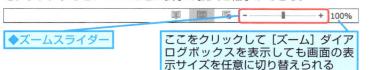

◆ズームスライダー

ここをクリックして[ズーム]ダイアログボックスを表示しても画面の表示サイズを任意に切り替えられる

HINT!
画面の大きさによってリボンの表示が変わる
画面の解像度によっては、リボンに表示されているボタンの並び方や絵柄、大きさが変わることがあります。そのときは、ボタンにマウスポインターを合わせたときに表示されるボタン名などを参考にして読み進めてください。

HINT!
リボンを非表示にするには
ノートパソコンなどで、ディスプレイのサイズが小さい場合は、リボンを一時的に非表示にできます。いずれかのタブをダブルクリックするか、画面右上の[リボンを折りたたむ]ボタン（︿）をクリックすると、リボンが非表示になります。

HINT!
編集画面には文書の一部が表示されている
編集画面に表示されていない部分を見るには、スクロールバーで表示する位置を変更します。

画面に表示されている部分

実際の文書のサイズ

この章のまとめ

●パソコンとWordがあれば自由に文書が作れる

ワープロソフトでの文書作りは、キーボードから文字を入力して編集し、プリンターで用紙に印刷するまでの流れになります。Wordでは、編集画面で文字を入力し、リボンなどにある機能を使って、編集や装飾などの操作を行います。これらの基本となる操作や流れ、起動、終了、入力の基本を理解しておけば、初めてパソコンに触れる人でも、戸惑うことなく、的確に自分が必要としている文書を作れるようになります。

Wordの基本を覚える
Wordの特徴と起動方法、基本画面を覚えて、文書を作成する準備をする

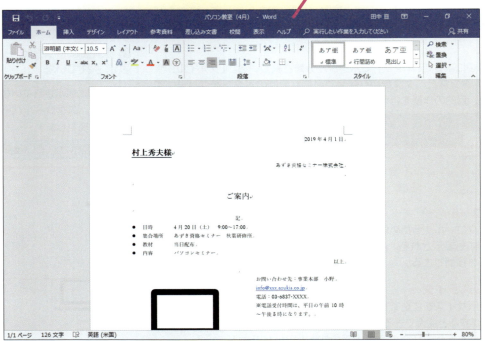

Word

第2章

文字を入力して
文書を作成する

この章では、例文を通して、Wordで文書を作るための基礎となる日本語入力について解説しています。入力した文字を漢字に変換する方法や、カタカナや記号の入力など、文書の作成には欠かせない操作を紹介しています。

●この章の内容

- ❹ 文書を作ってみよう……………………………………42
- ❺ キーボードの操作を覚えよう…………………………44
- ❻ 入力方式を選ぶには……………………………………46
- ❼ ひらがなを入力するにはⅠ……………………………48
- ❽ ひらがなを入力するにはⅡ……………………………52
- ❾ 漢字を入力するには……………………………………56
- ❿ カタカナを入力するには………………………………58
- ⓫ 「しゃ」を入力するには………………………………60
- ⓬ 次の行に移動するには…………………………………62
- ⓭ 「ん」を入力するには…………………………………64
- ⓮ 結語の「以上」を自動的に入力するには………………66
- ⓯ 日付を入力するには……………………………………70
- ⓰ アルファベットを入力するには………………………72
- ⓱ 記号を入力するには……………………………………74
- ⓲ 文書を保存するには……………………………………78

レッスン 4

文書を作ってみよう

文書作成の基本

文書を作るためには、キーボードから文字を入力して変換します。作りたい文章の内容に合わせて、いろいろな種類の文字を組み合わせていきます。

文書作成の流れ

Wordによる文書作成の基本的な流れは、キーボードから文字を入力して文章を作り、「保存」という機能を使って、パソコンの中にファイルとして残します。保存した文書は、文書ファイルとも呼ばれます。作成した文書は、プリンターを使って紙に印刷でき、保存した文書は、後から何度でも開いて再利用できます。

キーワード	
アイコン	p.482
日本語入力システム	p.493
ファイル	p.494
フォルダー	p.495
プリンター	p.496
文書	p.496
保存	p.497

❶文書を作成する

キーボードから文字を入力する

❷作成した文書を保存する

 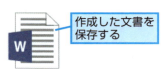

作成した文書を保存する

❸文書を活用する

保存した文書を開いて再利用する

作成した文書を印刷する

文字入力の流れ

キーボードからひらがなや漢字を入力するためには、「日本語入力システム」を使います。キーの押し方と日本語入力システムを使った文字の入力方法は、次のレッスンから詳しく解説していきます。

❶キーボードから文字を入力する

❷漢字の変換候補を選択する

❸選択した変換候補を確定する

HINT!

保存した文書はアイコンで表示される

保存した文書は、[ドキュメント]フォルダーなどに、Wordのアイコンで表示されるようになります。この文書をメールに添付したり、USBメモリーなどにコピーしたりすれば、ほかの人が利用するWordでも同じ文書を利用できます。文書の保存については、Word・レッスン⓮で詳しく解説します。

HINT!

日本語入力システムはIMEと呼ばれている

パソコンで利用する日本語入力システムは、「IME」と呼ばれています。これは、英語のInput Method Editorの略称で「文字を入れる機能」という意味です。IMEは、マイクロソフト以外の会社も開発しています。Windowsに対応するIMEをインストールすれば、日本語入力の精度を強化できます。

Windows 10ではタスクバーにIMEのアイコンが表示される

レッスン 5

キーボードの操作を覚えよう

キーの配置、押し方

> Wordで文書を作るためには、キーボードから文字を入力します。初めてパソコンのキーボードを使うときは、主なキーの役割と、キーの押し方を理解しておきましょう。

入力に使うキー

キーボードには、いろいろなキーがありますが、その用途は大きく2つに分かれています。1つは、文字を入力するためのキーです。文字キーには、アルファベットや数字、かなを入力するためのキーが並んでいます。そしてもう1つは、文字キーの左右や下にある、文字の編集や日本語入力システムなどで利用するための機能キーです。

キーワード	
Num Lock	p.481
カーソル	p.484
テンキー	p.493
日本語入力システム	p.493
入力モード	p.493
文書	p.496

◆[半角/全角]キー
入力モードの[ひらがな]と[半角英数]を切り替える

◆文字キー
文章などの文字を入力するために使うキーの集まり

◆[Backspace]（バックスペース）キー
カーソルの左にある文字を削除する

◆[Num Lock]（ナムロック）キー
テンキーのオンとオフを切り替える

◆テンキー
数字を入力するときに使う

◆[Shift]（シフト）キー
大文字や記号などを入力するときにほかのキーと組み合わせて使う

◆スペースキー
空白（スペース）の入力と、「読み」を変換するために使う

◆[Enter]（エンター）キー
改行の入力と、「変換」した文字の確定に使う

◆[Delete]（デリート）キー
カーソルの右にある文字を削除する

テクニック キーと指の配置を覚えておこう

キーボードにあるキーをどの指で押すのかは、使う人の自由です。左右の人さし指だけで押しても、必要な文字は入力できます。しかし、キーボードで文字を大量に入力したいと考えているのなら、左右の指ごとに決められている指の配置を覚えておくと便利です。右のイラストのように、左右それぞれの指ごとに、押すキーが決まっています。決まった指でキーを押すようにすれば、結果的に文字の入力が速くなります。なお、ほとんどのキーボードには左右の人さし指の位置である F キーと J キーに突起が設けられています。目で確認せずに位置が分かるので、覚えておくと便利です。

左右それぞれの指ごとに押すキーが決まっている

キーの押し方

キーを押すときは、ポンと叩くように押します。長く押し続けると同じ文字が連続して入力されてしまうので、押したらすぐに離します。[Shift]（シフト）や[Ctrl]（コントロール）と書かれたキーは、必ずほかのキーと組み合わせて使います。そのため、これらのキーを押したら、指を離さないようにしたまま、組み合わせて使うキーを押します。本書では、こうしたキーの操作を「[Alt]+[カタカナひらがな]キーを押す」「[Ctrl]+[S]キーを押す」のように表記しています。

●正しい文字キーの押し方

1 「ポン」と軽く押してすぐに離す

 →

文字が1文字入力できた

●間違った文字キーの押し方

1 キーを押し続ける

 →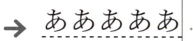

文字が連続して入力されてしまった

●複数のキーを組み合わせた押し方

1 [Shift]キーや[Ctrl]キーを押し続けながらもう1つのキーを押す

大文字の「A」が入力できた

HINT!
タッチキーボードが利用できる機器もある

タッチ操作に対応するタブレットやディスプレイを利用していると、画面に表示されるタッチキーボードを使って文字を入力できます。

HINT!
画面に表示される文字の大きさを拡大するには

Windows 10で画面に表示される文字やアイコンが小さいときは、デスクトップで右クリックし［ディスプレイ設定］を選択します。［テキスト、アプリ、その他の項目のサイズを変更する］から、［150％］や［200％］などを選びます。変更後は、サインアウト（ログオフ）の必要があるので、ファイルを編集中のときは名前を付けて保存しておきましょう。

Point
基本的なキー操作は多くのパソコンで共通

キーボードに用意されているキーの種類は、パソコンの機種によって細かい違いがあります。しかし、文書を作成するために必要となる基本的なキーは、すべての機種で共通です。したがって、文書を作成するにあたっては、WindowsとWordが利用できるパソコンであれば、基本的なキー操作はすべて共通です。本書では、標準的なキーボードを基準にして、キーの種類と操作方法を解説しています。

レッスン 6 入力方式を選ぶには

入力方式、入力モード

Wordで日本語を入力するときに、「ローマ字入力」と「かな入力」という2つの方式を選べます。2つの入力方式は、キーボードやマウスの操作で切り替えられます。

ローマ字入力とかな入力の確かめ方

Wordを起動した直後は、自動的に入力モードが［ひらがな］になっています。このときの入力方式が、［ローマ字入力］か［かな入力］かは、Aなどのキーを押せば確かめられます。

●ローマ字入力

日本語の読みをA（あ）、I（い）、U（う）のようにローマ字で表現して入力する方法。

 1 Aキーを押す 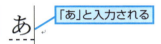 「あ」と入力される

●かな入力

日本語の読みをあ、い、うのように、キーに刻印されたひらがなの通りに押して入力する方法。

1 あキーを押す 「あ」と入力される
2 Aキーを押す ［かな入力］でAキーを押すと、「ち」と入力される

入力方式の切り替え方法

［ローマ字入力］と［かな入力］を切り替えるには、Alt＋カタカナひらがなキーを押します。HINT!の方法で入力方式を確認するか、Aなどのキーを押して試しに文字を入力して確認しましょう。

1 Alt＋カタカナひらがなキーを押す

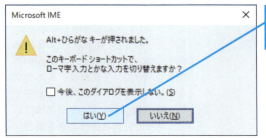

［はい］をクリックすると入力方式が切り替わる

キーワード

かな入力	p.485
日本語入力システム	p.493
入力モード	p.493
ローマ字入力	p.498

ショートカットキー

Alt ＋ カタカナひらがな ……［かな入力］への切り替え
半角/全角 …… 入力モードの切り替え

HINT!

マウスの操作でも入力方式の確認や切り替えができる

入力方式が、［ローマ字入力］か［かな入力］かは、以下の手順で確かめられます。このメニューを使うと、マウスの操作でも［ローマ字入力］と［かな入力］を切り替えられます。

1 言語バーのボタンを右クリック

2 ［ローマ字入力/かな入力］にマウスポインターを合わせる

3 入力方式をクリックして選択

入力モードの種類と切り替え方法

Microsoft IMEには、5つの入力モードがあります。入力モードは、マウスの操作で切り替えられます。よく使う［ひらがな］と［半角英数］は、［半角/全角］キーや［英数］キーでも簡単に切り替えられます。

● ［ひらがな］の入力モード

あ ◆ひらがな　　あ ◆漢字

あいうえお　　春夏秋冬

● ［全角カタカナ］の入力モード

カ ◆全角カタカナ

アイウエオ

● ［全角英数］の入力モード

A ◆アルファベット（全角）

ＡＢＣａｂｃ

● ［半角カタカナ］の入力モード

ｶ ◆半角カタカナ

ｱｲｳｴｵ

● ［半角英数］の入力モード

A ◆数字（半角）　　A ◆アルファベット（半角）

12345　　ABCabc

● 入力モードの切り替え方法

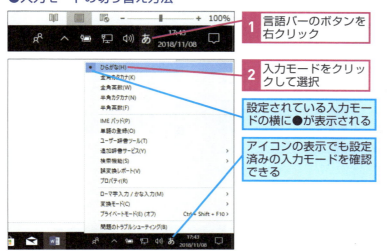

1 言語バーのボタンを右クリック
2 入力モードをクリックして選択

設定されている入力モードの横に●が表示される

アイコンの表示でも設定済みの入力モードを確認できる

HINT!

変換モードって何？

変換モードは、キーボードから入力した文字を漢字などに変換するかどうかを選ぶ機能です。通常は［一般］に設定されていますが、［無変換］を選ぶと、押したキーの文字がそのまま画面に入力されます。

1 言語バーのボタンを右クリック
2 ［変換モード］にマウスポインターを合わせる

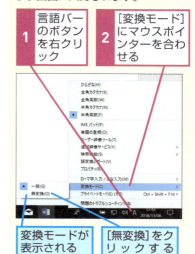

変換モードが表示される

［無変換］をクリックすると、文字が変換されなくなる

Point

自分に合った入力方式を選ぶ

日本語を入力するときに、［ローマ字入力］か［かな入力］を使うかは、自由に決めて構いません。一般的には、［ローマ字入力］の方が、覚えるキーの数が少ないので、日本語の入力が容易になると考えられています。一方で、［A］［I］［U］［E］［O］などの英文字を頭の中で置き換えるのが面倒だと感じるなら、キーに表示されている文字をそのまま入力できる［かな入力］が便利です。

レッスン 7

ひらがなを入力するにはⅠ
ローマ字入力

このレッスンでは、「ローマ字入力」を使って、ひらがなを入力します。入力モードと入力方式を確認して、例文を入力していきましょう。

1 入力位置を確認する

Word・レッスン❷を参考に、Wordを起動しておく

「かな入力」で文字を入力したい場合は、Word・レッスン❽を参考にする

1 カーソルの位置を確認

入力した文字は、カーソルが点滅しているところに表示される

キーワード

カーソル	p.485
入力モード	p.493
半角	p.493
ローマ字入力	p.498

HINT!
入力モードによって入力される文字が異なる

キーを押したときに入力される文字は、入力モードが［ひらがな］か［半角英数］かによって異なります。入力モードが［ひらがな］の場合、キーに表記されているアルファベットの読みに対応する日本語が入力されます。［半角英数］の場合は、キーに表記されている英数字や記号が入力されます。

●入力モードが
　［ひらがな］の場合

 1 Aキーを押す

 「あ」が入力された

●入力モードが
　［半角英数］の場合

 1 Aキーを押す

 「a」が入力された

2 入力モードを確認する

ここでは、文書の頭にひらがなで「あずき」と入力する

1 言語バーのボタンを右クリック

2 入力モードが［ひらがな］になっていることを確認

3 ［ローマ字入力/かな入力］にマウスポインターを合わせる

4 入力モードが［ローマ字入力］になっていることを確認

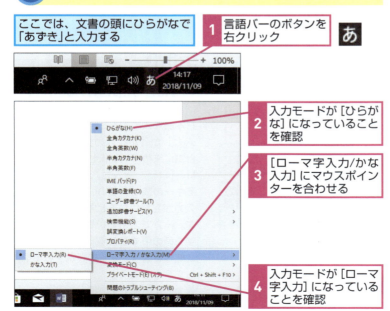

48 できる

③ 「あ」と入力する

ローマ字入力で「あ」と入力するときは
Aキーを押す

1 Aキーを押す

画面上に「あ」と表示された

入力中の文字は、下に点線が表示される

④ 「ず」と入力する

ローマ字入力で「ず」と入力するときは
Zキーを押した後にUキーを押す

1 Zキーを押す

画面上に「z」と表示された

2 Uキーを押す

画面上に「ず」と表示された

HINT! 入力の途中で文字を削除するには

入力する文字を間違えてしまったときは、Back spaceキーを押して不要な文字を削除します。Back spaceキーは、押した数だけカーソルの左側（手前）に表示されている文字を削除します。削除する文字の数だけBack spaceキーを押しましょう。

間違った文字を入力したので文字を削除する

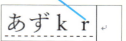

1 Back spaceキーを押す

カーソルの左側に入力されていた文字が削除された

HINT! 入力途中の文字をまとめて削除するには

入力中の文字は、下に点線が表示されます。点線が表示されている状態でEscキーを押すと、入力途中の文字をまとめて削除できます。

間違って入力してしまった文字をすべて削除する

1 Escキーを押す

入力途中の文字がすべて削除された

次のページに続く

7 ローマ字入力

⑤ 「き」と入力する

ローマ字入力で「き」と入力するときは Kキーを押した後に Iキーを押す

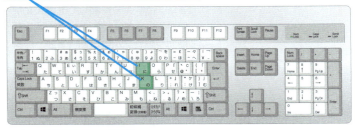

1 Kキーを押す

画面上に「k」と表示された

あずk

2 Iキーを押す

画面上に「き」と表示された

あずき

HINT!
ローマ字変換表を見ておこう

ローマ字入力では、「a」「i」「u」「e」「o」の母音と、「k」「s」「t」「n」「h」「m」「y」「r」「w」などの子音を組み合わせてひらがなを入力します。

HINT!
ローマ字入力には いくつかの種類がある

ローマ字入力では、ひらがなを入力するアルファベットの組み合わせに、いくつかの種類があります。例えば、「ち」は「t」「i」でも「c」「h」「i」でも入力できます。

⚠ 間違った場合は？

入力するキーを間違えたときは、Backspaceキーを押して間違えた文字を消し、正しい文字を入力します。

👆 テクニック ローマ字入力で利用するキーを覚えよう

ローマ字入力では、キーの左側に刻印されている英数字や記号を使います。「A」～「Z」までの英字は、キーの左上にアルファベットが表示されています。数字と記号は、キーの上下2段で表示されています。上に表示されている文字を入力するときは、Shiftキーを押しながら、該当するキーを押します。

なお、キーを押したときに入力される文字は、入力モードが［ひらがな］か［半角英数］かによって異なります。ローマ字入力では、入力モードが［ひらがな］の場合には、アルファベットの読みに対応したローマ字が画面に表示されます。入力モードが［半角英数］の場合は、キーの左側に表示されている英数字や記号が入力されます。右のイラストを参考にして、入力される文字の違いを確認してください。

●ひらがなの入力方法

このキーを押すと「あ」と入力される

かな入力のときに、このキーを押すと「ち」と入力される

●数字や記号の入力方法

Shiftキーを押しながらこのキーを押すと「#」と入力される

かな入力のときに、このキーを押すと「あ」と入力される

このキーを押すと「3」と入力される

❻ 入力を確定する

文字の下に点線が表示されているときは、まだ入力が確定していない

入力を確定するときは Enter キーを押す

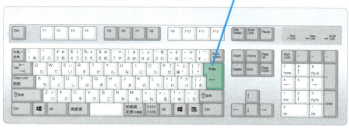

 1 Enter キーを押す

❼ ひらがなを入力できた

ひらがなで「あずき」と入力できた

入力が確定すると、文字の下の点線が消える

続いてWord・レッスン❾へ進む

HINT!
予測入力を活用しよう

Windows 10に搭載されているMS-IMEでは、ひらがなを入力すると予測候補が表示されます。これは、MS-IMEに搭載されている予測入力という機能です。表示された予測候補で↓キーか Tab キーを押して入力する単語を選んでも構いません。予測入力の機能で入力した単語は、辞書に記録され、次に同じ文字を入力したときに予測候補に自動で表示されます。

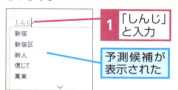

1「しんじ」と入力

予測候補が表示された

2 ↓キーを押す

「新宿」が選択された

Enter キーを押すか、次の文字を入力すると、「新宿」の変換が確定する

Point
母音と子音を組み合わせて入力する

ひらがなの入力は、読みに対応したキーを押します。ローマ字入力では、「あいうえお」の母音に対応した「a」「i」「u」「e」「o」に子音に対応する英字を組み合わせて、ひらがなを入力します。
例えば「か」行であれば、「ka」「ki」「ku」「ke」「ko」のように、「k」と母音を組み合わせて入力します。ローマ字入力はかな入力に比べ、使うキーの数が少ない入力方法です。

レッスン 8

ひらがなを入力するにはⅡ
かな入力

「かな入力」では、入力したいひらがなが書かれているキーをそのまま押して、ひらがなを入力できます。このレッスンでは、かな入力の基本について説明します。

① 入力位置を確認する

Word・レッスン❷を参考に、Wordを起動しておく

「ローマ字入力」で文字を入力したい場合は、Word・レッスン❼を参考にする

1 カーソルの位置を確認

入力した文字は、カーソルが点滅しているところに表示される

▶キーワード

かな入力	p.485
濁音	p.491
半濁音	p.494

🖮 ショートカットキー

[Alt] + [カタカナひらがな]
………… [かな入力] への切り替え

HINT!
入力モードによって入力される文字が異なる

キーを押したときに入力される文字は、入力モードが [ひらがな] か [半角英数] かによって異なります。入力モードが [ひらがな] の場合、キーに表記されているひらがなが入力されます。入力モードが [半角英数] の場合は、キーに表記されている英数字や記号が入力されます。

●入力モードが [ひらがな] の場合

 1 Aキーを押す

 「ち」が入力された

●入力モードが [半角英数] の場合

 1 Aキーを押す

 「a」が入力された

② 入力方式をかな入力に切り替える

ここでは、文書の頭にひらがなで「あずき」と入力する

1 言語バーのボタンを右クリック

入力方式をかな入力に切り替える

2 [ローマ字入力/かな入力] にマウスポインターを合わせる

3 [かな入力] をクリック 　 入力方式が切り替わる

③ 「あ」と入力する

かな入力で「あ」と入力するときは
あキーを押す

1 あキーを押す

画面上に「あ」と表示された

入力中の文字は、下に
点線が表示される

④ 「ず」と入力する

かな入力で「ず」と入力するときはすキーを
押した後に゛キーを押す

1 すキーを押す

画面上に「す」と表示された

1 ゛キーを押す

画面上に「ず」と表示された

HINT!
入力の途中で文字を削除するには

間違った文字を入力した場合は、Back spaceキーを押して不要な文字を削除します。Back spaceキーを押すと、押した数だけカーソルの左側（手前）に表示されている文字が削除されます。削除する文字の数だけBack spaceキーを押しましょう。

間違った文字を入力したので
文字を削除する

あずは

1 Back spaceキーを押す

カーソルの左側に入力されて
いた文字が削除された

あず

HINT!
入力途中の文字をまとめて削除するには

入力中の文字は、下に点線が表示されます。文字の下に点線が表示されている状態でEscキーを押すと、入力途中の文字をまとめて削除できます。

間違って入力してしまった
文字をすべて削除する

おがけ

1 Escキーを押す

入力途中の文字が
すべて削除された

次のページに続く

⑤ 「き」と入力する

かな入力で「き」と入力するときは
⑤キーを押す

1 ⑤キーを押す

画面上に「き」と表示された

あずき

HINT!
誤変換に関するメッセージが表示されることがある

Microsoft IMEを利用して文字を入力していると、IMEの変換エラーの報告に協力してください、というメッセージが表示されることがあります。これは、入力内容や最初の変換結果に、選ばれた候補や使用しているIMEに関する情報などをマイクロソフトに送信するかどうかを判断するメッセージです。マイクロソフトでは、IMEの変換精度を向上させるために、これらの情報を収集しています。送信するデータには、個人情報などは含まれないので、変換エラーの報告に協力しても、個人が特定される心配はありません。

 間違った場合は？

入力する文字を間違えたときは、Back spaceキーを押して間違えた文字を消し、正しい文字を入力します。

テクニック　かな入力で利用するキーを覚えよう

かな入力では、キーの右側にひらがなが刻印されているキーを使います。「あ」〜「ん」のひらがなは、キーの右下に表示されています。「ぁ」「ぃ」「ぅ」「ぇ」「ぉ」などの小さなひらがな文字は、キーの右上に表示されています。「ぁ」などのキー右上に表示されている文字を入力するときは、Shiftキーを押しながら、そのキーを押します。

なお、キーを押したときに入力される文字は、入力モードが［ひらがな］か［半角英数］かによって異なります。かな入力では、入力モードが［ひらがな］の場合、ひらがなに対応した文字が画面に表示されます。入力モードが［半角英数］の場合は、キーの左側に表示されている英数字や記号が入力されます。

●ひらがなの入力方法

ローマ字入力のときに、このキーを押すと、「あ」と入力される

かな入力でこのキーを押すと、「ち」と入力される

●数字や記号の入力方法

半角英数やローマ字入力のときに利用する

かな入力でShiftキーを押しながらこのキーを押すと、「ぁ」と入力される

かな入力でこのキーを押すと、「あ」と入力される

❻ 入力を確定する

文字の下に点線が表示されているときは、まだ入力が確定していない

入力を確定するときは Enter キーを押す

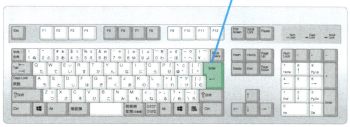

1 Enter キーを押す

❼ ひらがなを入力できた

ひらがなで「あずき」と入力できた

入力が確定すると、文字の下の点線が消える

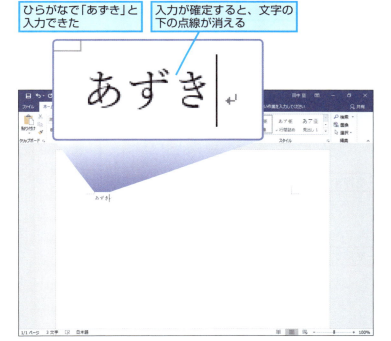

HINT!

「゛」や「゜」のある文字を入力するには

「だ」「ぢ」「づ」や「ぱ」「ぴ」のように、濁音や半濁音の文字を入力するときは、「た」や「は」の文字を入力した後で、゛キーや゜キーを押します。文字の下に点線が表示され、入力が確定してない状態で゛キーや゜キーを押すのがポイントです。

●濁音の入力

　1 たキーを押す

　2 ゛キーを押す

　文字に濁点が付いた

●半濁音の入力

　1 はキーを押す

は

　2 ゜キーを押す

ぱ　文字に半濁点が付いた

Point

かな入力を使うときは切り替えが必要

かな入力はかなが明記された目的のキーをそのまま押せばいいので、ローマ字のように母音と子音を組み合わせた「読み」を考える必要がありません。ローマ字入力が苦手な人は、かな入力を試してみましょう。ただし、パソコンやWordの初期設定では、標準の入力方式がローマ字入力になっています。そのため、言語バーのボタンや Alt + カタカナひらがな キーでかな入力にする必要があります。

8 かな入力

レッスン 9

漢字を入力するには

漢字変換

ローマ字入力やかな入力でひらがなを入力できるようになったら、今度は読みを入力して漢字に変換してみましょう。漢字の変換には space キーを使います。

1 入力位置を確認する

「あずき」に続けて漢字で「資格」と入力する

1 「あずき」の後にカーソルが表示されていることを確認

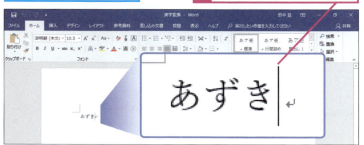

2 「しかく」と入力する

ひらがなで「しかく」と入力してから漢字に変換する

 1 Sキーを押す 2 Iキーを押す

あずきし

 3 Kキーを押す 4 Aキーを押す

あずきしか

 5 Kキーを押す 6 Uキーを押す

あずきしかく

●かな入力の場合

   1 しキーを押す 2 かキーを押す 3 くキーを押す

あずきしかく

キーワード

確定	p.484
かな入力	p.485
ローマ字入力	p.498

📄 **レッスンで使う練習用ファイル**
漢字変換.docx

HINT!

予測候補の一覧から選んでもいい

51ページのHINT!でも解説していますが、Windows 10のMicrosoft IMEでは、ひらがなを3文字以上入力すると、予測候補が表示されます。予測入力で表示された候補をそのまま使いたいときは、↓キーか Tab キーを押して選びます。

3文字以上文字を入力すると、自動で予測候補が表示される

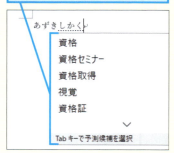

↓キーか Tab キーを押して単語を選択できる

❸ 漢字に変換する

「資格」という漢字に変換する

ひらがなを漢字に変換するときは space キーを使う

1 space キーを押す

あずき資格

「資格」という漢字に変換された

文字に下線が表示されているときは、まだ入力が確定していない

❹ 入力を確定する

変換された漢字を確定する

1 Enter キーを押す

❺ 漢字を入力できた

漢字で「資格」と入力できた

入力が確定すると、文字の下線が消える

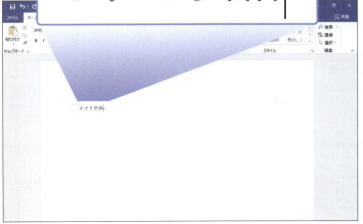

HINT!

入力したい漢字が一度で表示されないこともある

space キーを押しても、目的の漢字に変換されなかったときは、もう一度 space キーを押します。すると、同じ読みで違う単語の一覧が表示されます。

目的の漢字に変換されないので、もう一度 space キーを押す

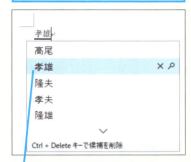

同じ読みの別の漢字が表示された

⚠ 間違った場合は？

space キー以外のキーを押してしまったら、間違えて入力した文字を Backspace キーを押して削除して、あらためて space キーで変換し直します。

Point

読みを入力してから変換する

漢字の入力は、ひらがなで読みを入力し、「変換」で漢字にします。変換には space キーを使い、変換候補から漢字を選びます。変換した漢字は、 Enter キーで入力を確定して編集画面に入力します。基本操作は、「読みの入力→漢字への変換→確定」です。複数の単語や文節も一度にまとめて変換できますが、キーボードの操作に慣れないうちは、単語や文節などの短い単位で変換するようにしましょう。

レッスン 10 カタカナを入力するには
カタカナへの変換

カタカナは、漢字と同じように「読み」を入力して space キーで変換します。カタカナに変換する単語の読みを入力して、カタカナへの変換方法を理解しましょう。

1 入力位置を確認する

「あずき資格」に続けてカタカナで「セミナー」と入力する

1 「あずき資格」の後にカーソルが表示されていることを確認

▶キーワード	
かな入力	p.485
スペース	p.489
長音	p.492
テンキー	p.493

レッスンで使う練習用ファイル
カタカナへの変換.docx

HINT!
長音とハイフンのキー配置を覚えておこう

カタカナでは、伸ばす文字である長音（ー）がよく使われます。長音を入力するキーは、ローマ字とかな入力では異なります。キーボードのイラストを見て、それぞれのキー配置を覚えておいてください。また、長音とは別に、ハイフン（-）という全角のマイナス記号があります。テンキーにある - キーを使うと、長音ではなくハイフンが入力されてしまうので、注意しましょう。

ローマ字入力で「長音」（ー）を入力するときに使うキー

かな入力で「長音」（ー）を入力するときに使うキー

2 「せみなー」と入力する

まずひらがなで「せみなー」と入力してからカタカナに変換する

1 Sキーを押す **2** Eキーを押す **3** Mキーを押す **4** Iキーを押す

あずき資格せみ

5 Nキーを押す **6** Aキーを押す

あずき資格せみな

= £
- ほ

「ー」を入力するときは、- キーを押す **7** - キーを押す

あずき資格せみなー

●かな入力の場合

1 せキーを押す **2** みキーを押す **3** なキーを押す 「ー」を入力するときは - キーを押す **4** - キーを押す

あずき資格セミナー

❸ カタカナに変換する

「セミナー」に変換する

漢字と同様に、space キーを使って変換する　　　１ space キーを押す

あずき資格セミナー

「セミナー」と変換された　　文字に下線が表示されているときは、まだ入力が確定していない

❹ 入力を確定する

変換されたカタカナを確定する

　１ Enter キーを押す

❺ カタカナを入力できた

カタカナで「セミナー」と入力できた　　入力が確定すると、文字の下線が消える

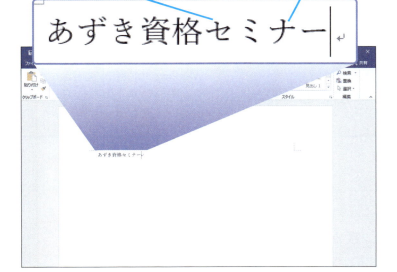

HINT!

カタカナに変換できなかったときは

space キーを押しても一度でカタカナに変換できない読みは、F7 キーを押してカタカナに変換します。一度 F7 キーで変換したカタカナは、次回からは space キーでも変換できるようになります。なお、F10 キーなど、特別な機能がある F1 〜 F10 のキーのことを、「ファンクションキー」といいます。

１ ひらがなで入力

ちりこんかん

２ F7 キーを押す

チリコンカン

カタカナに変換された

 間違った場合は？

space キーを押し過ぎて、カタカナ以外の単語が表示されてしまったときは、space キーをさらに押して、目的のカタカナを表示してから、確定しましょう。

Point

カタカナも漢字のように変換できる

Wordの日本語入力では、一般的なカタカナも space キーで変換できます。space キーでカタカナに変換できない場合は、キーボード上部にある F7 キーを押すといいでしょう。また、読みを何も入力せずに space キーを押すと、全角1文字分の空白が入力されます。スペースは、空白の文字なので、画面には何も表示されず、印刷もされません。文字と文字の間隔を空けたいときなどに利用しましょう。

10 カタカナへの変換

レッスン 11

「しゃ」を入力するには

拗音の入力

小さな「ゃゅょ」や「ぁぃぅぇぉ」などの拗音は、ローマ字とかな入力では、入力方法が異なります。自分の入力方式に合わせた使い方を理解しましょう。

1 入力位置を確認する

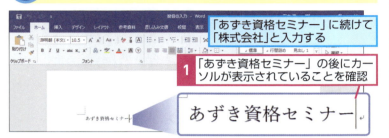

「あずき資格セミナー」に続けて「株式会社」と入力する

1 「あずき資格セミナー」の後にカーソルが表示されていることを確認

▶キーワード

かな入力	p.485
促音	p.490
拗音	p.497
ローマ字入力	p.498

📄 **レッスンで使う練習用ファイル**
拗音の入力.docx

2 「かぶしきがいしゃ」と入力する

1 以下の順にキーを押す

K A B U S I K I G A I
の ち こ な と に の に き ち に

あずき資格セミナーかぶしきがい

「しゃ」は「sha」と入力する

2 Sキーを押す 3 Hキーを押す

あずき資格セミナーかぶしきがい s h

 4 Aキーを押す

あずき資格セミナーかぶしきがいしゃ

HINT!
ローマ字入力で小さい「っ」を入力するには

「とった」や「かっぱ」などの促音の「っ」を入力するときには、「totta」や「kappa」のように子音を続けて入力します。また、「xtu」や「ltu」などでも小さな「っ」だけを入力できます。

HINT!
以前のWordと文字の形が違うのはなぜ？

Word 2019が標準で使用するフォントは、以前のWordとは違います。Windows 10に標準で搭載されている「游明朝」と「游ゴシック」というフォントが使われています。

●かな入力の場合

1 以下の順にキーを押す

T " 、 D G T 、 E D
か 2ふ @° し き か @° い し

あずき資格セミナーかぶしきがいし

 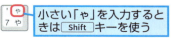 2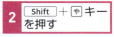

小さい「ゃ」を入力するときはShiftキーを使う Shift+ゃキーを押す

あずき資格セミナーかぶしきがいしゃ

③ 漢字に変換する

1 [space] キーを押す

あずき資格セミナー株式会社

「株式会社」と変換された

④ 入力を確定する

変換された漢字を確定する

1 [Enter] キーを押す

⑤ 「株式会社」と入力できた

小さい「ゃ」を含む漢字を正しく入力できた

入力が確定すると、文字の下線が消える

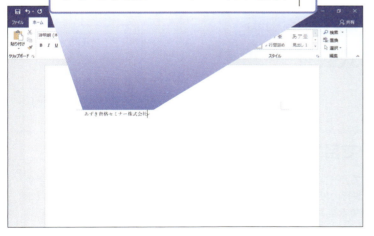

HINT!
ローマ字入力で拗音だけを入力するには

ローマ字入力で、拗音だけを入力したいときは、[L]キーや[X]キーを使います。これらのキーを押してから、拗音に対応したローマ字を入力すると、画面には小さな文字が表示されます。

手順2を参考に「かぶしきがいし」と入力しておく

1 [X]キーを押す　**2** [Y]キーを押す

あずき資格セミナーかぶしきがいしｘｙ

3 [A]キーを押す

あずき資格セミナーかぶしきがいしゃ

拗音の「ゃ」を入力できた

⚠ 間違った場合は？

ローマ字入力で「ゃ」の入力を間違えたときは、間違えた文字を[Back space]キーを押して削除してから、[X][Y][A]キーまたは[L][Y][A]キーを押します。

Point
キーの組み合わせとキーの表示内容に注目する

ローマ字で拗音を入力するときは、「h」や「y」を使います。例えば、「さ」(sa) は、間に「h」を入れると「しゃ」(sha) になります。「た」(ta) は「y」で「ちゃ」(tya) に、「ち」(ti) は「h」で「てぃ」(thi) になります。拗音のローマ字読みが分からなくなったときは、取りあえず「y」や「h」を入れてみるといいでしょう。また、かな入力では文字キーの表示に注意してください。拗音が入力できるキーには、必ず[Shift]キーを押した状態で入力できる文字が明記されています。

レッスン 12 次の行に移動するには

改行

Enterキーを使えば、変換した漢字を確定できるだけでなく、「改行」の入力もできます。ここでは、Enterキーを2回押してカーソルを2行下に移動させます。

1 改行位置を確認する

「あずき資格セミナー株式会社」の2行下から、次の文字を入力する

1 「あずき資格セミナー株式会社」の後にカーソルが表示されていることを確認

キーワード

改行	p.484
行間	p.485
段落	p.491

レッスンで使う練習用ファイル
改行.docx

HINT!

改行の段落記号を削除するには

編集画面に表示される改行の段落記号（↵）は、行にある文字をすべて削除するか、段落記号が選択された状態でBack spaceキーかDeleteキーを押すと削除されます。以下のように文字が入力されていない状態でBack spaceキーかDeleteキーを押すと段落記号が削除され、行が1行減ります。

1 Back spaceキーを押す

あずき資格セミナー株式会社↵
↵

改行の段落記号が削除される

2 改行する

次の行にカーソルを移動する

1 Enterキーを押す

改行の段落記号が挿入された

あずき資格セミナー株式会社↵

次の行にカーソルが移動した
↵

テクニック ダブルクリックで目的の行にカーソルを移動できる

改行で行を送らずに、目的の位置にマウスでカーソルを移動し、ダブルクリックすると自動的に改行の段落記号が挿入され、その位置から文字が入力できるようになります。複数の改行をまとめて入力したいときや、離れた位置に文字を入力するときなどに利用すると便利です。

1 目的の位置をダブルクリック

あずき資格セミナー株式会社↵

改行の段落記号が自動的に挿入された

カーソルが移動した

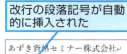

テクニック　改ページを活用しよう

複数ページにわたる文書を作成するとき、文章が1ページに収まらず、数行だけ2ページ目に入力されていると文章が読みにくくなってしまいます。また、文章によっては、ページいっぱいに文字を入力せず、見出しのある行から段落を次のページに送った方が読みやすくなることもあります。

このようなときは、改ページを活用しましょう。改ページは、文書の任意の位置でページを改めて次に送る機能です。改ページを挿入すると、カーソルが自動的に次のページの先頭に移動して、文字を入力できるようになります。

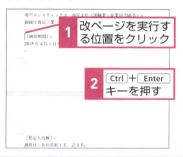
1 改ページを実行する位置をクリック
2 Ctrl + Enter キーを押す

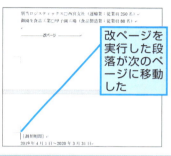
改ページを実行した段落が次のページに移動した

3 さらに改行する

ここではもう1行下にカーソルを移動させるために、さらに改行する

1 Enter キーを押す

4 カーソルが移動した

カーソルが2行下に移動した

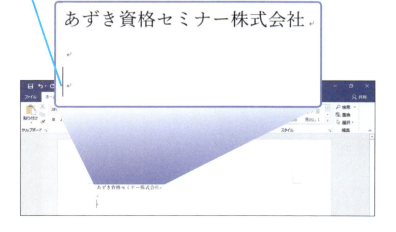

HINT!

改行の段落記号は印刷されない

Enter キーを押して表示される改行の段落記号は、編集画面だけに表示される特別な記号です。そのため印刷を実行しても紙には出力されません。なお、69ページのテクニックで紹介している［Wordのオプション］ダイアログボックスで［表示］をクリックし、［段落記号］の項目のチェックマークをはずすと編集画面に段落記号が表示されなくなります。段落記号を非表示にしてしまうと、どこで改行されているか分かりにくくなってしまうので、通常は設定を変更しない方がいいでしょう。

 間違った場合は？

間違った位置で改行してしまったときは、Back space キーを押して改行を取り消しましょう。

Point

文章の区切りや内容の転換で改行を実行する

Wordの編集画面では、入力した文字が画面の右端まで来ると、自動的に次の行に折り返されるようになっています。そのため、長い文章を入力していけば、文章は自動的に右の端で折り返されて、次の行の左端から文字が表示されます。もし、任意の場所で次の行にカーソルを移動したいときは、Enter キーを使って改行を入力します。改行すると、編集画面に改行の段落記号が表示されます。空白などで文字を送らなくても、任意の行に空白の行を挿入して、文章を読みやすくしたり、前の話題と別の内容を示す「区切り」を設けたりすることができます。

12 改行

レッスン
13 「ん」を入力するには
撥音の入力

ローマ字入力で「ん」を入力するには、Nキーを使います。Nキーは「な行」の入力にも使うので、確実に「ん」を入力するにはNNとNを2回押します。

1 入力位置を確認する

ここから「ご案内」と入力する

1 ここにカーソルが表示されていることを確認

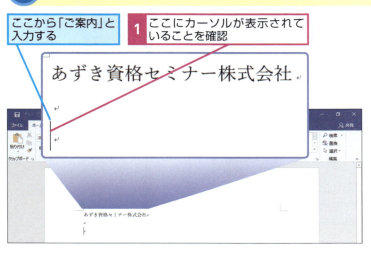

キーワード

改行	p.484
確定	p.484
かな入力	p.485
入力モード	p.493
撥音	p.494
ローマ字入力	p.498

📄 **レッスンで使う練習用ファイル**
撥音の入力.docx

HINT!
Nキーを1回だけ押しても「ん」と入力されることがある

Nキーは「な行」の子音なので、続けて母音を入力すると、「ん」ではなく「な行」の文字になります。Nキーの後に母音ではなく子音を入力すると、「n」が自動的に「ん」として入力されます。

2 「ごあんない」と入力する

G き / O ら / A ち / N み　**1** 左の順にキーを押す

ごあn　「ごあn」と入力された

Nキーを2回押すと「ん」と入力できる　　**2** Nキーを押す

ごあん

⚠️ **間違った場合は？**

ローマ字入力で、Nキーを押した後に母音を入力して「な行」の文字になってしまったときは、Back spaceキーを押して削除し、入力し直しましょう。

●かな入力の場合

B こ / ＠ ・ / 3 あ / Y ん / U な / E い　**1** 左の順にキーを押す

ごあんない

64 できる

③ 漢字に変換する

1 以下の順にキーを押す

「ご案内」に変換する

2 spaceキーを押す

「ご案内」と変換された

④ 入力を確定する

変換された漢字を確定する

1 Enterキーを押す

入力が確定された

⑤ 改行する

2行分改行して、次の入力位置にカーソルを移動しておく

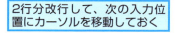

1 Enterキーを2回押す

カーソルが2行下に移動した

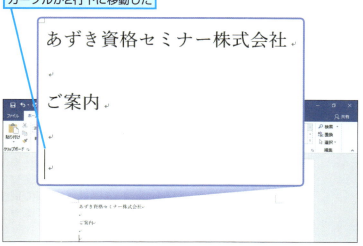

HINT!
句読点を入力するには

ローマ字とかな入力では、「、」や「。」を入力するキーの操作が異なります。ローマ字入力で「、」を入力するには、入力モードが［ひらがな］の状態で⌒キーを押します。「。」を入力するときは⌒キーを押しましょう。
かな入力で⌒キーや⌒キーを押すと「ね」と「る」が入力されてしまうので、Shiftキーを押しながら⌒キーや⌒キーを押します。

●⌒キーの刻印と入力の違い

ローマ字入力でこのキーを押すと、「、」と入力される

かな入力でこのキーを押すと、「ね」と入力される

●⌒キーの刻印と入力の違い

ローマ字入力でこのキーを押すと、「。」と入力される

かな入力でこのキーを押すと、「る」と入力される

Point
ローマ字入力では「nn」と入力する

キーボードに表示されている文字をそのまま入力するかな入力と比べて、ローマ字入力ではアルファベットを日本語に置き換えて入力する必要があります。そのため、「ん」などの特殊な読みでは、ローマ字入力に固有のキー操作を覚えておく必要があります。「n」による「ん」の入力では、「n」の後に母音（aiueo）以外のアルファベットが入力されると、そのまま「ん」になりますが、母音が来ると「な行」の文字になってしまいます。そのため、慣れないうちは「nn」と「n」を2回入力する方が、確実に「ん」と入力できます。

レッスン **14**

結語の「以上」を自動的に入力するには

オートコレクト

Wordでは、あらかじめ設定されている「頭語」が入力されると、「オートコレクト」という機能により、対応する「結語」の挿入と配置が自動的に行われます。

1 入力位置を確認する

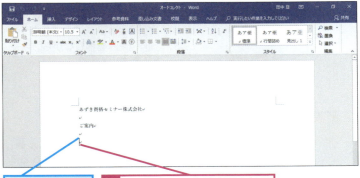

ここから「記」と入力する

1 ここにカーソルが表示されていることを確認

動画で見る 詳細は3ページへ

キーワード

オートコレクト	p.484
結語	p.487
再変換	p.487

レッスンで使う練習用ファイル
オートコレクト.docx

2 「き」と入力する

「記」と入力したいので、ひらがなで「き」と入力して変換する

1 「き」と入力

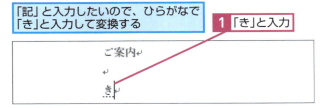

HINT!

変換候補の意味を確認できる

変換候補によっては、手順4のように変換候補に辞書のアイコン（）が表示されるときがあります。辞書のアイコンにマウスポインターを合わせると、標準辞書が表示され、同じ読みの変換候補の意味や使い方をすぐに確認できます。

ここにマウスポインターを合わせる

変換候補の意味や使い方が表示される

3 漢字に変換する

1 space キーを押す 「木」と変換された

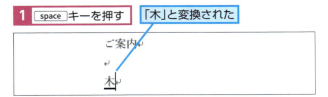

注意 変換候補の表示内容や並び順はお使いのパソコンによって異なります

⚠ 間違った場合は？

変換候補を選び間違えたときは、確定直後であれば Ctrl + Back space キーを押すと手順2の文字入力後の状態に戻るので、正しい変換候補を選び直しましょう。次ページのHINT!を参考に再変換しても構いません。

❹ ほかの変換候補を表示する

「木」ではなく「記」と入力したいので、ほかの変換候補を表示する

ほかの変換候補を表示するには、もう一度 space キーを押す

1 もう一度 space キーを押す

変換候補の一覧が表示された

❺ 変換候補を選択する

1 space キーを6回押す

「記」が選択された

2 Enter キーを押す

「記」と入力された

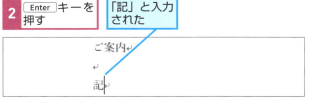

HINT!
確定した漢字を再変換するには

一度確定した漢字も、キーボードにある 変換 キーを使えば、再変換できます。再変換したい漢字の先頭にカーソルを合わせて、変換 キーを押します。すると、再変換の候補が表示されます。

1 再変換する漢字の前をクリックしてカーソルを表示

変換を確定した漢字をドラッグして選択してもいい

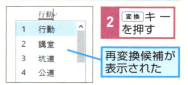

2 変換 キーを押す

再変換候補が表示された

HINT!
すべての変換候補を表示するには

変換候補の中から目的の漢字をすぐに見つけられないときには、[表示を切り替えます]をクリックすると、すべての変換候補を一度に表示できるので、探しやすくなります。

1 [表示を切り替えます]をクリック

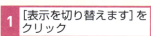

入力した文字に該当する変換候補がすべて表示される

次のページに続く

14 オートコレクト

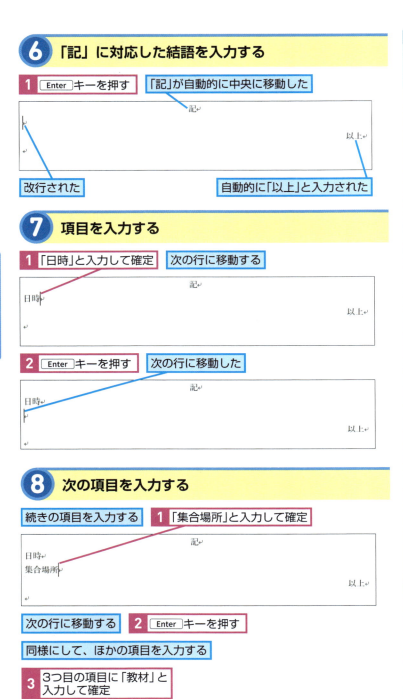

HINT!
「以上」が自動的に入力されたのはなぜ？

Wordには、文字の入力や修正を自動的に行うオートコレクトという機能があります。オートコレクトの機能によって、項目を列記するために「記」と入力すると、結語として「以上」が自動的に入力されます。以下の表のような単語を入力して改行すると、頭語として認識し、自動的に対応する結語が入力されます。オートコレクトについては、次ページのテクニックでも紹介しますが、設定項目をクリックしてチェックマークをはずすと、設定をオフにできます。

●主な頭語と結語

頭語	結語
前略	草々
拝啓	敬具
謹啓	謹白

●オートコレクトの設定項目

［'記'などに対応する '以上'を挿入する］をクリックしてチェックマークをはずすと、結語が入力されなくなる

Point
入力の補助機能を活用する

一般的な文書では、「頭語」と「結語」は一対のセットとして使われます。Wordには、利用頻度の高い単語に対して、「オートコレクト」という文字の入力を補助する機能が搭載されています。オートコレクトを活用すると、入力の手間を軽減できるだけではなく、文字を配置する作業も省力化できるので、より手早く文書を作れるようになります。

テクニック　オートコレクトの設定内容を確認する

標準の設定では、あらかじめオートコレクトが利用できるようになっています。オートコレクトが正しく動作しているかを確認するには、以下の手順で操作しましょう。

1 [ファイル]タブをクリック

[情報]の画面が表示された

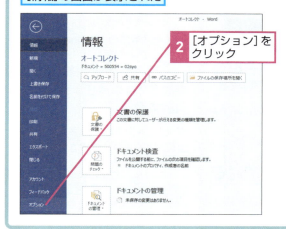

2 [オプション]をクリック

[Wordのオプション]ダイアログボックスが表示された

3 [文章校正]をクリック

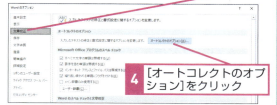

4 [オートコレクトのオプション]をクリック

[オートコレクト]ダイアログボックスが表示された

5 [入力オートフォーマット]タブをクリック

6 ここにチェックマークが付いていることを確認

7 [OK]をクリック

テクニック　単語登録で変換の手間を省こう

通常の変換操作では漢字にならない特殊な用語や、長い会社名、頻繁に利用する固有名詞などに「読みがな」を付けて単語として登録しておくと、日本語入力がより便利になります。新しい単語として登録するときに、品詞を適切に指定しておくと、文法などの解析が的確に行われるので、変換精度が向上します。

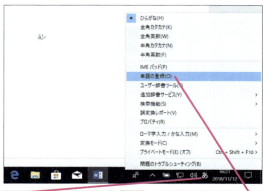

1 言語バーのボタンを右クリック

2 [単語の登録]をクリック

[単語の登録]ダイアログボックスが表示された

3 単語を入力　**4** 読みがなを入力

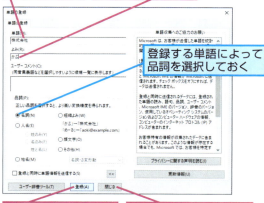

登録する単語によって品詞を選択しておく

5 [登録]をクリック　**6** [閉じる]をクリック

[よみ]に入力した文字を変換すると[単語]に入力した単語が変換候補に表示される

レッスン 15 日付を入力するには

半角数字の入力

日付の入力で数字と漢字を別々に変換する必要はありません。ただし、日付の数字を全角と半角のどちらの文字にするか、目的の変換候補をきちんと選択しましょう。

1 入力位置を指定する

「日時」の後に、日付を入力する　　**1** ここをクリック

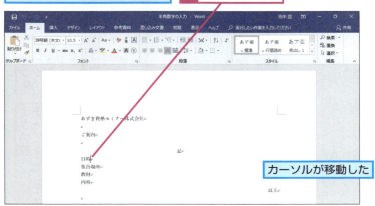

カーソルが移動した

キーワード	
全角	p.490
半角	p.494

📄 **レッスンで使う練習用ファイル**
半角数字の入力.docx

HINT!

横書きでは半角数字を利用する

Wordで入力できる数字には半角と全角があります。横書きでは半角数字を使いましょう。

◆半角数字　　◆全角数字

HINT!

入力モードを切り替えれば数字を確実に入力できる

［半角/全角］キーなどで入力モードを［半角英数］に切り替えて数字を入力すると、半角で確実に入力できます。

［半角/全角］キーで入力モードを切り替える

［A］と表示されていれば
［半角英数］で入力できる

2 空白を入力する

［space］キーを使って空白を入力する　　**1** ［space］キーを押す

日時
集合場所

空白が入力された

3 月を入力する

ここでは、「3月23日」と入力する　　まず月を入力する

1 「さんがつ」と入力

⚠️ **間違った場合は？**

間違った数字を入力してしまったときは、［Back space］キーを押して削除してから、正しく入力し直しましょう。

④ 変換する

1 space キーを押す　　「三月」と変換された

```
日時　三月
集合場所
```

⑤ ほかの変換候補を表示する

ここでは「3月」と入力するので、ほかの変換候補を表示する

1 space キーを5回押す

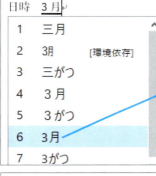

変換候補の一覧が表示され、「3」が半角の変換候補が選択された

入力を確定する

2 Enter キーを押す

```
日時　3月
集合場所
```

入力が確定した

⑥ 日を入力する

次に日を入力する　　**1** 「にじゅうさんにち」と入力

```
日時　3月にじゅうさんにち
集合場所
    23日　　　× 🔍
```

変換する　　**2** space キーを押す

```
日時　3月 23 日
集合場所
```

「23日」と変換された

「23」が全角で変換されたときは、手順5を参考に半角に変換する

入力を確定する　　**3** Enter キーを押す

```
日時　3月 23 日
集合場所
```

HINT!
数字キーと F8 キーを使うと素早く入力できる

F8 キーは、入力した文字を半角に変換します。このレッスンのように、半角の数字を入力したいときには、数字のキーを押した後、すぐに F8 キーを使って変換すると便利です。

HINT!
元号を入力すると入力時の日付が表示される

「平成」と入力して確定すると、入力時の日付が表示されます。ここで Enter キーを押すと、入力時の日付が自動的に入力されます。入力時の日付を入力しないときは、そのまま入力を続けましょう。

1 「平成」と入力　　入力時の日付が表示された

```
平成30年11月12日（Enterを押すと挿入します）
平成
```

2 Enter キーを押す

```
平成 30 年 11 月 12 日
```

入力時の日付が自動的に入力された

Point
数字はなるべく半角文字を使う

Wordで入力できる数字には、全角と半角という2種類の文字があります。全角文字は漢字やひらがなと同じ大きさの数字で、半角文字はその半分のサイズになります。横書きでの日付や電話番号などの数字は、一般的に半角の数字を使います。もしも、全角の数字を入力するときは、数字を入力して space キーを押し、全角文字や漢数字などの変換候補を選択しましょう。

15 半角数字の入力

レッスン 16 アルファベットを入力するには

半角英字の入力

Wordで英文字を入力したいときは、入力モードを［半角英数］に切り替えます。すると、キーボードから「A」「B」「C」などの英文字を入力できます。

1 入力位置を指定する

会社名の下にメールアドレスを入力する

1 ここをクリックしてカーソルを表示

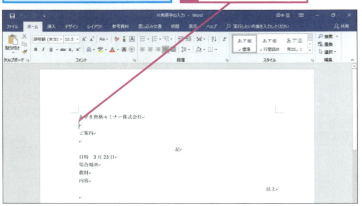

キーワード
入力モード	p.493
半角	p.494
ファンクションキー	p.494

レッスンで使う練習用ファイル
半角英字の入力.docx

HINT!
大文字を入力するには

大文字を入力したいときは、Shiftキーを押しながら英字のキーを押します。Shift + Caps Lockキーで、大文字の入力を固定できます。

HINT!
文頭の英単語は頭文字が大文字になる

入力した英単語の頭文字は、オートコレクトにより自動的に大文字に変換されます。［オートコレクト］ダイアログボックスの［オートコレクト］タブにある［文の先頭文字を大文字にする］で変更できます。

1 「impress」と入力

2 Enterキーを押す

自動的に「Impress」と変換された

2 入力モードを切り替える

入力モードを［半角英数］に切り替える

1 半角/全角キーを押す

入力モードの表示が［A］に変わった

入力モードが［半角英数］に切り替わった

3 アルファベットを入力する

1 I N F Oキーを続けて押す

あずき資格セミナー株式会社
info

「info」と入力された

⚠ 間違った場合は？

アルファベット以外の文字が入力されたら、F10キーで半角英数字に変換するか、削除してから入力し直しましょう。

72

④ 「@」を入力する

メールアドレスの「@」を入力する

 1 @キーを押す

```
あずき資格セミナー株式会社
info@
```

「@」と入力された

⑤ 残りの文字を入力する

「@」に続けて残りの文字を入力する

1 「xxx」と入力

```
あずき資格セミナー株式会社
info@xxx
```

メールアドレスの中の「.」を入力する

 2 。キーを押す

```
あずき資格セミナー株式会社
info@xxx.
```

「.」と入力された

3 同様にして「azukis.co.jp」と入力

```
あずき資格セミナー株式会社
info@xxx.azukis.co.jp
```

⑥ 改行する

残りの文字を入力できた

1 Enterキーを押す

```
あずき資格セミナー株式会社
info@xxx.azukis.co.jp
```

入力した文字がメールアドレスと認識された

メールアドレスと認識されると、オートコレクトの機能で文字の色が変わり、下線が引かれる

半角/全角キーを押して入力モードを[ひらがな]に戻しておく

HINT!

F10キーで英文字に変換できる

入力モードを[半角英数]に切り替えずに、キーボード上部にあるF10キーを押すと、入力した文字を半角英数字に変換できます。

HINT!

メールアドレスは「ハイパーリンク」と認識される

Wordでは、メールアドレスやホームページのURLのように、クリックしてインターネット関連の機能を実行できる文字を「ハイパーリンク」として自動的に認識します。ハイパーリンクとして認識された文字は、手順6の画面のように青色で表示され、下線が引かれます。

HINT!

ハイパーリンクの設定を解除するには

Wordでは文字列をメールアドレスと認識すると、手順6のようにハイパーリンクの設定を行います。自動的に設定されてしまったハイパーリンクを解除したいときは、ハイパーリンクの文字列を右クリックして、ショートカットメニューから[ハイパーリンクの削除]を選びます。

Point

入力モードを使い分けよう

キーボードからは、日本語と英語の2種類の文字を入力できます。ローマ字入力の場合には、英単語と見なされる文字が入力されると、入力モードが[ひらがな]のままでも、英文を入力できます。かな入力の場合には、かなで入力した後からでも、ファンクションキーで英文に変換できますが、あらかじめ入力モードを[半角英数]に切り替えておいた方が入力が簡単です。

レッスン 17 記号を入力するには

記号の入力

「:」などの記号は、[半角英数]の入力モードで入力します。また、読みの変換でも記号を入力できます。記号を使って時間や曜日を入力してみましょう。

1 入力位置を指定する

日付に続けて、「（土）　9:00〜17:00」と曜日と時刻を入力する

1 ここをクリックしてカーソルを表示

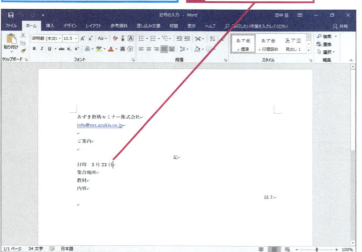

キーワード	
記号	p.485
全角	p.490
入力モード	p.493
半角	p.494

レッスンで使う練習用ファイル
記号の入力.docx

HINT!
「記号」と入力して変換しても記号を入力できる

「きごう」と読みを入力して変換すると、記号の変換候補を表示できます。表示される記号の数が多いので、キーボードのキーや Pg Dn キー、マウスなどを使って表示を上下に移動させると便利です。

1 「きごう」と入力

 **2** space キーを押す

変換候補に記号が表示された

2 「（」を入力する

「（土）」と入力するので、まず「（」を入力する

「（」を入力するときは Shift キーを使う

 1 Shift + 8 キーを押す

日時　3月23日（
集合場所
教材

「（」と入力された

入力を確定する　**2** Enter キーを押す

日時　3月23日（
集合場所
教材

入力が確定された

⚠ 間違った場合は？
「（」を半角で入力してしまったときは、Back space キーで削除してから入力モードを切り替えて、もう一度入力し直しましょう。

③ 「土)」を入力する

1 「ど」と入力して「土」に変換　**2** Enterキーを押して入力を確定

```
日時　3月23日（土|
集合場所↵
教材↵
```

「)」も「(」と同様にShiftキーを使って入力する

3 Shift + 9 キーを押す

```
日時　3月23日（土)|
集合場所↵
教材↵
```

「)」と入力された

入力を確定する　**4** Enterキーを押す

```
日時　3月23日（土）|
集合場所↵
教材↵
```

入力が確定された

④ 空白を入力する

空白を入力する　**1** spaceキーを押す

```
日時　3月23日（土）　|
集合場所↵
教材↵
```

空白が入力された

HINT!
読みから記号に変換できる

「■」や「●」などの記号には、読みが登録されています。そのため、通常の漢字変換と同じ手順で、読みを入力して変換すると、変換候補の記号が一覧で表示されます。

ここでは「★」を入力する

1 「ほし」と入力　**2** spaceキーを押す

3 もう一度spaceキーを押して変換候補を表示

「★」が選択された　**4** Enterキーを押す

●読みで入力できる主な記号一覧

記号	読み
○●◎	まる
■□◆◇	しかく
△▲▽▼	さんかく
☆★	ほし
※	こめ
々〃仝	おなじ
〆	しめ
×	かける
÷	わる
〒	ゆうびん
℡	でんわ
°℃	ど
≠≦≧	ふとうごう

17 記号の入力

次のページに続く

できる | 75

❺ 時間を入力する

空白に続けて半角で「9:00」と入力する

1 [半角/全角]キーを押す　入力モードが切り替わった

17:01 2018/11/12

2 9 : 0 0 キーを続けて押す　「;」（セミコロン）ではなく、「:」（コロン）を入力する

日時　3月23日（土）　9:00　← 半角で「9:00」と入力できた
集合場所

[入力モード]を元に戻す　**3** [半角/全角]キーを押す

17:02 2018/11/12

❻ 「〜」を入力する

時間と時間の間に「〜」を入力する　ひらがなの「から」を変換して入力する　**1**「から」と入力

日時　3月23日（土）　9:00 から
集合場所

2 [space]キーを押す

「から」と表示された　ほかの変換候補を表示する

日時　3月23日（土）　9:00 から
集合場所

3 [space]キーを押す　変換候補の一覧が表示された　**4** 続けて[space]キーを3回押す

変換候補の一覧が表示され、[〜]が選択された

入力を確定する

5 [Enter]キーを押す

日時　3月23日（土）　9:00〜

日時　3月23日（土）　9:00〜
集合場所

入力が確定された

HINT!
総画数や部首から目的の漢字を探すには

IMEパッドを使えば、手書きや画数、部首などから入力したい漢字を探し出せます。目的の文字を画数から探すには、[IMEパッド]ダイアログボックスで[総画数]ボタン（画）をクリックしましょう。へんやつくりから探すには［部首］ボタン（部）が便利です。また、［手書き］ボタン（✎）をクリックすると、マウスで書いた文字から目的の文字を探せます。

1 言語バーのボタンを右クリック

2 [IMEパッド]をクリック

手書きや総画数、部首などから漢字を検索できる

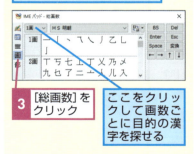

3 [総画数]をクリック

ここをクリックして画数ごとに目的の漢字を探せる

HINT!
〜キーを押しても「〜」を入力できる

手順6では「から」と入力して変換し、「〜」を入力していますが、[Shift]キーを押しながらキーボード右上の〜キーを押しても「〜」を入力できます。

⑦ 時間を入力する

| 「〜」に続けて半角で「17:00」と入力する | **1** [半角/全角]キーを押す | 入力モードが[半角英数]に切り替わった |

[タスクバー表示 17:03 2018/11/12 A]

2 [1][7][:][0][0]キーを続けて押す

```
日時　3月23日（土）　　9:00〜17:00↵
集合場所↵
```

半角で「17:00」と入力できた

| 入力モードを元に戻す | **3** [半角/全角]キーを押す |

[タスクバー表示 17:03 2018/11/12 あ]

入力モードが[ひらがな]に切り替わった

⑧ ほかの項目を入力する

1 続けて、ほかの項目にも以下の文章を入力

```
集合場所□秋葉研修センター
教材□当日配布
内容□パソコンセミナー
```

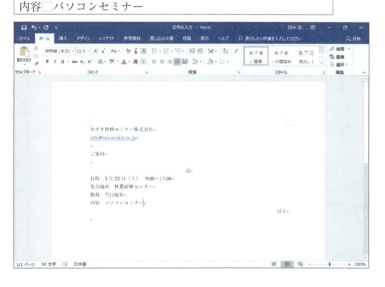

HINT!
一覧を表示して記号を入力するには

変換を利用して記号を入力するのとは別に、［挿入］タブの［記号と特殊文字］ボタンをクリックして記号を挿入する方法もあります。以下のように操作すれば、一覧から記号を選択できます。

1 ［挿入］タブをクリック

2 ［記号と特殊文字］をクリック

3 ［記号と特殊文字］をクリック ／ 一覧から記号を入力できる

Point
記号を組み合わせて読みやすくする

曜日や時間などの情報は、文章としてそのまま入力するよりも、記号を組み合わせて入力した方が読みやすくなります。また、曜日や時間以外にも記号を使った文章は、文面にメリハリが付けやすいので、要点や特徴などを明確にしたいときに使うと便利です。「()」（かっこ）や「:」（コロン）、「〜」（チルダ）などのキーボードから直接入力できる記号のほかにも、「★」「♪」「〒」「≠」など、さまざまな種類の記号が用意されています。こうした記号は、読みで変換して入力できるので試してください。

17 記号の入力

できる 77

レッスン 18 文書を保存するには

名前を付けて保存

必要な文章を入力したら、名前を付けて保存します。保存は、文書をパソコンなどに保管する機能です。保存しておかないと、せっかく作った文書が失われてしまいます。

1 [名前を付けて保存]ダイアログボックスを表示する

作業が終了したので、ここまで作成した文書をファイルに保存する

1 [ファイル]タブをクリック

2 [名前を付けて保存]をクリック

3 [このPC]をクリック

4 [参照]をクリック

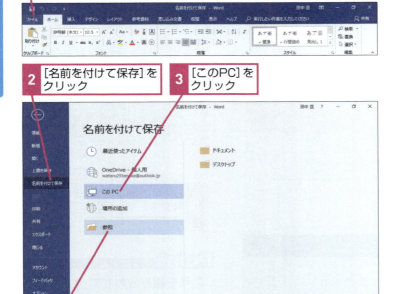

キーワード

アイコン	p.482
上書き保存	p.483
名前を付けて保存	p.493
フォルダー	p.495
文書	p.496
保存	p.497

 レッスンで使う練習用ファイル
名前を付けて保存.docx

 ショートカットキー

Ctrl + S …………… 上書き保存

HINT!

「このPC」って何？

「このPC」とは、Wordを利用しているパソコンを意味しています。「このPC」を選ぶと、パソコンの中にあるドライブに文書を保存します。ちなみに、上にあるOneDriveは、第10章で解説するクラウドに文書を保存したいときに選びます。

間違った場合は？

手順2で、[デスクトップ]や[ピクチャ]を選んでしまったときは、[ドキュメント]を選び直します。

テクニック 保存方法の違いをマスターしよう

文書を保存する方法には、[名前を付けて保存]と[上書き保存]の2種類があります。[名前を付けて保存]は、作成している文書に任意の名前を付けて、新しい文書として保存します。既存の文書を編集した後で[名前を付けて保存]を実行すれば、元の文書は残したままで、もう1つ別の文書を新たに保存できます。

もう一方の[上書き保存]は、編集中の文書を更新して同じ名前のまま保存します。[上書き保存]を実行すると、名前はそのままで文書の内容が新しい内容に入れ替わります。文書を更新したいときには[上書き保存]を、元の文書を残したままで新しい文書を作りたいときには[名前を付けて保存]を使い分けると便利です。

② 文書を保存する

[名前を付けて保存] ダイアログボックスが表示された

1 [ドキュメント] をクリック

2 [ファイル名] に「パソコン教室案内」と入力

[ファイルの種類] をクリックすれば、保存するファイル形式を変更できる

3 [保存] をクリック

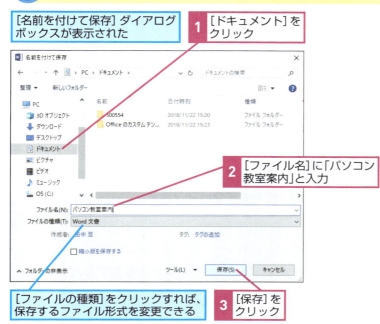

③ 文書が保存された

作成した文書が、ファイルとして保存された

手順2で入力したファイル名が表示される

Word・レッスン❷を参考にWordを終了しておく

HINT!

[ドキュメント] フォルダーって何?

Windowsには、保存するファイルの種類に合わせて、[ドキュメント] や [ピクチャ] [ビデオ] [ミュージック] などのフォルダーがあらかじめ用意されています。Wordの文書をパソコン内に保存するとき、[名前を付けて保存] ダイアログボックスで [ドキュメント] をクリックしておけば、後から文書を探すときにも、[ドキュメント] フォルダーを検索すればいいので便利です。

HINT!

ファイル名に使えない文字がある

ファイル名に使える文字は、日本語や英数字です。ただし、以下の半角英数記号は文書名に使えません。

記号	読み
/	スラッシュ
＞＜	不等記号
?	クエスチョン
:	コロン
"	ダブルクォーテーション
¥	円マーク
*	アスタリスク

Point

分かりやすい名前で保存しよう

作った文書に名前を付けて保存すると、フォルダーの中にWord文書のアイコンが新しく作られます。保存を実行すればWordを終了しても、パソコンの電源を切っても、データが失われることはありません。再び文書を開けば、保存した内容が表示されます。「文書の数が増えて、目的の文書がどれか分からなくなった」ということがないように分かりやすい名前を付けておきましょう。

この章のまとめ

●文書作りの基本は入力から

文書作りの基本は、キーボードから文字を入力することです。入力できる文字には、ひらがなをはじめとして、漢字やカタカナ、英字や数字に記号など、さまざまな種類があります。これらの文字は、入力モードを切り替えてから、対応する文字キーを押して、編集画面に入力します。

また、漢字の入力では、読みをはじめに入力し、space キーで変換候補を選んで Enter キーで確定します。一度変換した漢字も、キーボードにある 変換 キーを押して再変換できます。こうして作成した文書は、名前を付けて保存しておくことにより、何度でも繰り返し使えるようになります。

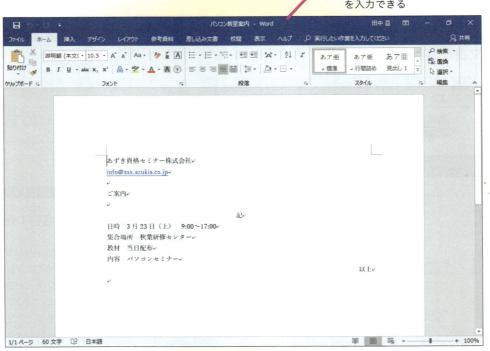

さまざまな文字の入力
ひらがな、漢字、カタカナ、アルファベット、数字、記号などを入力できる

練習問題

1

Wordを起動して、以下の文章を入力してみましょう。

```
日時　2月10日（日）10時から
場所　渋谷LMNホール
```

●ヒント：英字を入力するには入力モードを切り替えます。

> ここでは入力モードを［半角英数］に切り替えて、「2」や「10」を入力する

日時　2月10日（日）10時から
場所　渋谷LMNホール

> 大文字のアルファベットを入力するときは、入力モードを［半角英数］に切り替えて Shift キーを利用する

2

練習問題1で作成した文書に「イベント情報」という名前を付けて保存してください。

●ヒント：Wordで文書を保存するには、［名前を付けて保存］ダイアログボックスで保存先を参照します。ここでは［ドキュメント］フォルダーに文書を保存するので、［名前を付けて保存］ダイアログボックスで［ドキュメント］をクリックします。

作成した文書に名前を付けて保存する

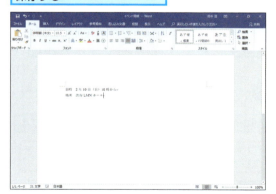

答えは次のページ

解 答

1

1. 「にちじ」と入力し、[space]キーを押して「日時」に変換
2. [Enter]キーを押して確定

日時

3. [space]キーを押して空白を挿入
4. [半角/全角]キーを押す
5. 「2」と入力 — 半角数字が入力された

日時　2

6. [半角/全角]キーを押す
7. 「がつ」と入力し、[space]キーを押して「月」に変換
8. [Enter]キーを押して確定

日時　2月10日（日）10時から

9. 操作4～6を参考に入力モードを切り替えながら「10日（日）10時から」と入力
10. [Enter]キーを押して改行を挿入

「（」は[Shift]キーを押しながら8キーを押して入力する
「）」は[Shift]キーを押しながら9キーを押して入力する

入力モードを確認して、文章を入力します。半角数字や英語を入力するときは、入力モードを［半角英数］に切り替えます。

11. 「場所」と入力
12. [space]キーを押して空白を挿入

日時　2月10日（日）10時から
場所　渋谷

13. 「渋谷」と入力
14. [半角/全角]キーを押す

日時　2月10日（日）10時から
場所　渋谷LMN

15. 「LMN」と入力 — 大文字のアルファベットは[Shift]キーを押しながら各キーを押す

16. [半角/全角]キーを押す

日時　2月10日（日）10時から
場所　渋谷LMNホール

17. 「ほーる」と入力し、[space]キーを押して「ホール」に変換
18. [Enter]キーを押して確定

2

［名前を付けて保存］ダイアログボックスを表示する

1. ［ファイル］タブをクリック
2. ［名前を付けて保存］をクリック

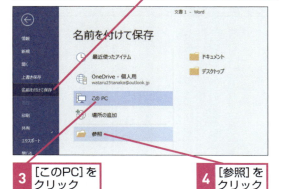

3. ［このPC］をクリック
4. ［参照］をクリック

新しく作成した文書を保存するときは、［ファイル］タブをクリックしてから［名前を付けて保存］を選択します。保存場所には［ドキュメント］フォルダーを指定します。

5. ［ドキュメント］をクリック
6. ［イベント情報］と入力

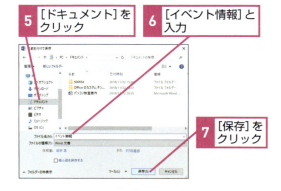

7. ［保存］をクリック

Word・第2章　文字を入力して文書を作成する

82　できる

Word

第3章

見栄えのする
文書を作成する

この章では、Word・第2章で作成した文書を使って、Wordの
装飾機能を学んでいきます。Wordの装飾機能を使って、文字
の大きさや配置を変えることで、より読みやすく、メリハリの
ある文書が作れます。

●この章の内容

- ⑲ 文書の体裁を整えて印刷しよう ……………………………… 84
- ⑳ 保存した文書を開くには ……………………………………… 86
- ㉑ 文字を左右中央や行末に配置するには ……………………… 88
- ㉒ 文字を大きくするには ………………………………………… 90
- ㉓ 文字のデザインを変えるには ………………………………… 92
- ㉔ 文字の種類を変えるには ……………………………………… 94
- ㉕ 箇条書き項目の文頭をそろえるには ………………………… 96
- ㉖ 段落を字下げするには ………………………………………… 98
- ㉗ 文書にアイコンを挿入するには …………………………… 100
- ㉘ 文書を上書き保存するには ………………………………… 106
- ㉙ 文書を印刷するには ………………………………………… 108

レッスン 19

文書の体裁を整えて印刷しよう

文書の装飾と印刷

文書には、題名や相手の名前など、優先的に見てもらいたい項目があります。そうした文字に装飾を付けると、文書全体にメリハリが付き、読みやすくなります。

書式や配置の変更

Wordに用意されている文字の装飾を使うと、文字を大きくしたり、下線を付けたり、配置を変えたりできます。装飾や配置を変えることで、文書の中で伝えたい内容が目立つようになります。また、題名を大きくする、あて名に下線を付ける、自社名を右側に寄せるなど、一般的なビジネス文書の体裁も、Wordの機能ですべて設定できます。さらに、作図でイラストなどを描けば、読む人の興味や理解を促進できます。

キーワード

印刷	p.483
クイックアクセスツールバー	p.485
書式	p.488
図形	p.489
表示モード	p.494
文字列の折り返し	p.497
元に戻す	p.497

Word・第3章 見栄えのする文書を作成する

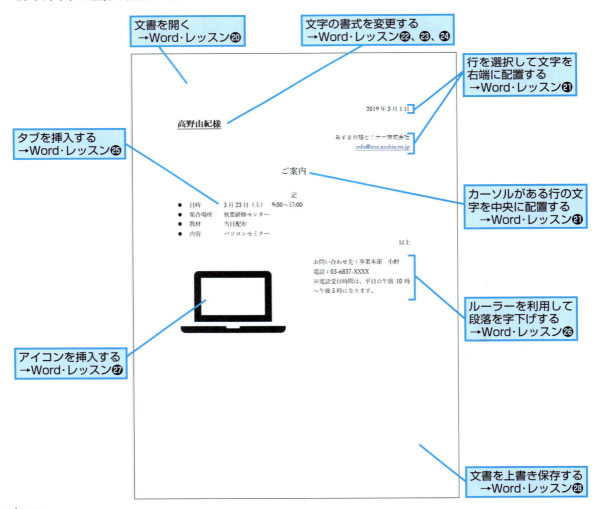

文書を開く →Word・レッスン⑳

文字の書式を変更する →Word・レッスン㉒、㉓、㉔

行を選択して文字を右端に配置する →Word・レッスン㉑

タブを挿入する →Word・レッスン㉕

カーソルがある行の文字を中央に配置する →Word・レッスン㉑

ルーラーを利用して段落を字下げする →Word・レッスン㉖

アイコンを挿入する →Word・レッスン㉗

文書を上書き保存する →Word・レッスン㉘

文書の印刷

編集機能で体裁を整えたら、プリンターを使って紙に印刷しましょう。紙に印刷すれば、パソコンがなくても作った文書をほかの人に見てもらえます。

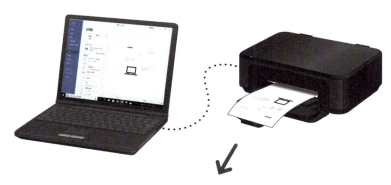

体裁を整えた文書を印刷する

文書を印刷する
→Word・レッスン㉙

HINT!
表示モードを確かめておこう

本章のレッスンでは、Wordの［印刷レイアウト］という表示モードで作業を行います。レッスンを開始する前に、表示モードを確かめておきましょう。

1 ［印刷レイアウト］にマウスポインターを合わせる

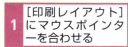

表示モードがポップヒントで表示された

HINT!
操作結果を取り消して元に戻すには

クイックアクセスツールバーにある［元に戻す］ボタン（ ）をクリックすると、直前の操作をやり直せます。手順を間違って、意図しない装飾をしてしまったり、必要な文字などを削除してしまったりしたときには、［元に戻す］ボタン（ ）をクリックしましょう。ただし、文書の保存直後は取り消せる操作がないので、操作のやり直しができません。

1つ前の操作に戻したい

1 ［元に戻す］をクリック

戻し過ぎてしまったときは、［やり直し］をクリックする

19 文書の装飾と印刷

レッスン 20 保存した文書を開くには

ドキュメント

Word・第2章で保存した文書を開きましょう。文書を開く方法はいくつかありますが、このレッスンでは［エクスプローラー］を利用する方法を解説します。

1 ファイルの保存場所を開く

エクスプローラーを起動して、フォルダーウィンドウを表示する

1 ［エクスプローラー］をクリック

2 ［PC］をクリック

3 ［ドキュメント］をダブルクリック

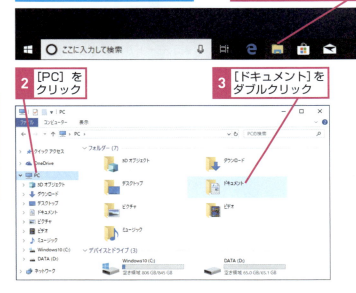

キーワード

検索	p.487
最近使ったアイテム	p.487
履歴	p.498

レッスンで使う練習用ファイル
ドキュメント.docx

ショートカットキー

`⊞` / `Ctrl`+`Esc`
……………［スタート］メニューの表示
`⊞`+`E`…エクスプローラーの起動
`F3`………エクスプローラーでのファイルの検索

間違った場合は？

手順1で、［ドキュメント］以外をダブルクリックしてしまったときは、フォルダーウィンドウ左上にある［戻る］ボタン（）をクリックして、［ドキュメント］をクリックし直しましょう。

テクニック タスクバーからファイルを検索できる

Windows 10のタスクバーにある検索ボックスを使ってWordを起動する方法については、Word・レッスン❷のHINT!で解説していますが、同様の操作でエクスプローラーを開かなくてもファイルを探し出せます。以下の手順のように、探したい文書名の一部を入力するだけで、該当するファイルの一覧が表示されるので、マウスでクリックしてファイルを開きましょう。なお、検索ボックスからWindows 10の設定項目などを開くこともできます。

1 検索ボックスをクリック

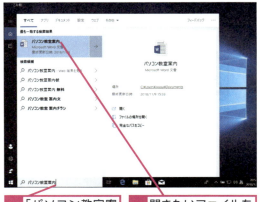

2 「パソコン教室案内」と入力

3 開きたいファイルをクリック

② ファイルを開く

ここではWord・第2章で保存した文書を開く

[ドキュメント]が表示された

1 ファイルをダブルクリック

③ 目的の文書が開いた

Wordが起動し、文書が開いた

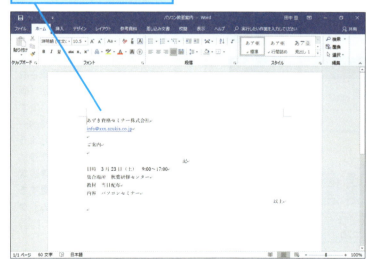

HINT!
Wordを起動してから文書を開くには

Wordの起動後に文書を開くには、Wordのスタート画面から操作します。[他の文書を開く]をクリックして表示された画面で[このPC]、続いて[参照]をクリックして[ファイルを開く]ダイアログボックスで文書を選択します。

HINT!
最近使った文書は履歴に残る

Wordの起動後に[ファイル]タブから[開く]-[最近使ったアイテム]をクリックすれば、編集した文書の履歴が一覧で表示されます。

1 [ファイル]タブをクリック

2 [開く]をクリック

3 [最近使ったアイテム]をクリック

ここに最近使った文書が表示される

Point
保存した文書は何度でも開いて編集できる

フォルダーに保存した文書は、Wordで開いて何度でも編集できます。編集した文書を保存するときに、新しい名前を付けて保存すれば、元の文書を残したまま、新しい文書を保存できます。「保存」と「開く」を上手に活用すれば、少ない手間で新しい文書を作れるようになります。

レッスン 21 文字を左右中央や行末に配置するには
文字の配置

ビジネス文書では、日付や社名などを右端に表記します。文字を右端や中央に配置するときは、空白を入力するのではなく、配置を変更する機能を使いましょう。

1 行を指定する

ここでは練習用ファイルの[文字の配置.docx]を開いて操作を進める

日付を右端に配置する　　配置を変更する行にカーソルを移動する

1　ここをクリックしてカーソルを表示

2 配置を変更する

カーソルがある行の文字を右端に配置する

1　[ホーム]タブをクリック
2　[右揃え]をクリック

3 複数の行を指定する

日付が右端に配置された　　会社名とメールアドレスの文字を右端に配置する　　配置を変更する行をまとめて選択する

1　ここにマウスポインターを合わせる　　マウスポインターの形が変わった

2　ここまでドラッグ　　選択した行が反転した

キーワード

カーソル	p.484
行	p.485
マウスポインター	p.497
余白	p.497
両端揃え	p.498

レッスンで使う練習用ファイル
文字の配置.docx

ショートカットキー
Ctrl + E …… 中央揃え
Ctrl + J …… 両端揃え
Ctrl + R …… 右揃え

HINT!

文字の配置は標準で[両端揃え]に設定されている

Wordの標準の設定では文字が[両端揃え]の設定になっています。この設定では、文字が左側に配置されます。数文字では[左揃え]と[両端揃え]の違いが分かりにくいですが、[両端揃え]で改行せずに1ページの文字数以上の文字を入力しようとすると、余白以外の幅ぴったりに文字が配置されます。行の配置設定を元に戻すときは、配置を変更する行にカーソルを移動し、[ホーム]タブにある[両端揃え]ボタン（≡）をクリックしましょう。

⚠ 間違った場合は？

違うボタンをクリックして思い通りに文字が配置されなかったときは、再度正しいボタンをクリックして配置をやり直しましょう。

④ 複数行の配置を変更する

選択した行の文字を右端に配置する

1 [右揃え]を クリック

⑤ 行を指定する

会社名とメールアドレスの文字がまとめて右に配置された

続けて、「ご案内」の文字を中央に配置する

1 ここをクリックしてカーソルを表示

⑥ 配置を変更する

カーソルがある行の文字を中央に配置する

1 [ホーム]タブをクリック

2 [中央揃え]をクリック

⑦ 文字の配置が変更された

「ご案内」の文字が中央に配置された

HINT!
文字の配置を決めてから入力するには

文字を中央や右に配置したいときは、配置したい位置でマウスをダブルクリックします。編集画面で文章の中央や右端にマウスポインターを移動すると、マウスポインターの形が変わります。この状態でダブルクリックすると、カーソルが移動すると同時に、配置も変更されます。

ここでは日付の行の右端にカーソルを移動する

1 日付の行をクリック

2 日付の行の右端にマウスポインターを移動

マウスポインターの形が変わった

3 ここをダブルクリック

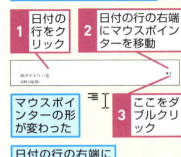

日付の行の右端に文字を入力できる

Point
ボタン1つで文字の配置を変更できる

[ホーム]タブにある文字をそろえる機能を使うと、空白などを挿入せずに、文字を中央や右端に配置できます。文字ぞろえの設定では、左右の端は文書に設定されている余白を基準にしています。余白は、編集画面の上下左右にある空白部分です。余白の大きさは、自由に変更できますが、余白が変更されても、文字ぞろえを設定した行は、自動的に左右の幅を計算して、正しい位置に文字を配置します。そのため、行ごとに設定する文字の配置は、空白などを挿入して調節せずに、文字ぞろえの機能を使うようにしましょう。

21 文字の配置

レッスン 22 文字を大きくするには
フォントサイズ

文書の中で強調して見せたい文字は、フォントサイズを大きくすると目立ちます。あて名や題名のフォントサイズを変更して、文字を大きくしてみましょう。

1 文字を選択する

あて名のフォントサイズを変更する

サイズを変更する文字をドラッグで選択する

1 ここにマウスポインターを合わせる
2 ここまでドラッグ
文字が選択される

キーワード	
フォント	p.495
フォントサイズ	p.495
ポイント	p.497
リアルタイムプレビュー	p.498

レッスンで使う練習用ファイル
フォントサイズ.docx

ショートカットキー
Ctrl +]
…… 文字を1ポイント大きくする
Ctrl + [
…… 文字を1ポイント小さくする
Ctrl + Shift + F ／ P
……［フォント］ダイアログボックスの表示

テクニック ミニツールバーで素早く操作できる

文字を選択したときや右クリックしたときに、ミニツールバーが表示されます。ミニツールバーには、次に操作できる機能がまとめられているので、タブをいちいち［ホーム］タブに切り替えずに、素早く書式を変更できます。ミニツールバーでは、このレッスンで解説するフォントサイズのほか、フォントの種類や文字の装飾などを設定できます。ミニツールバーは、マウスの移動やほかの操作をすると消えてしまいます。ミニツールバーを再度表示するには、文字を選択し直すか、目的の文字がある行にカーソルが表示されている状態で右クリックしましょう。

文字の選択や右クリックで、ミニツールバーが表示される

フォントや装飾に関する操作ができる

1 文字をドラッグして選択
ミニツールバーが表示された
◆ミニツールバー

2 ［フォントサイズ］のここをクリック
3 フォントサイズを選択

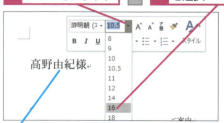

フォントサイズにマウスポインターを合わせると、一時的に文字の大きさが変わり、設定後の状態を確認できる

Word・第3章 見栄えのする文書を作成する

90 できる

❷ 文字を大きくする

選択した文字を大きくする

1 [ホーム]タブをクリック
2 [フォントサイズ]のここをクリック
[フォントサイズ]の一覧が表示された

3 [16]をクリック

フォントサイズにマウスポインターを合わせると、一時的に文字の大きさが変わり、設定後の状態を確認できる

❸ 文字の選択を解除する

文字が大きくなった
文字の選択を解除する
1 ここをクリック

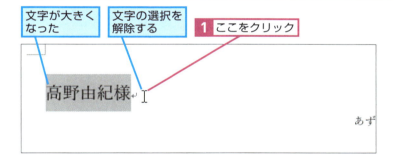

❹ ほかの文字を大きくする

文字の選択が解除された

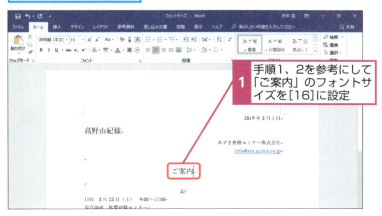

1 手順1、2を参考にして「ご案内」のフォントサイズを[16]に設定

HINT!
一覧にマウスポインターを合わせるだけでイメージが分かる

手順2でフォントサイズにマウスポインターを合わせると、「リアルタイムプレビュー」という機能によって、編集画面にある文字が選んだフォントサイズと同じ大きさで一時的に表示されます。フォントサイズのイメージが分からないときは、画面を見ながらフォントサイズを設定するといいでしょう。

⚠ 間違った場合は？
手順2で間違ったフォントサイズを選んでしまったときは、同様の手順で正しい数字を選び直しましょう。

HINT!
ボタンのクリックで文字の拡大や縮小ができる

[ホーム]タブにある[フォントサイズの拡大]ボタン（A˄）や[フォントサイズの縮小]ボタン（A˅）をクリックすると、段階ごとにフォントサイズを変更できます。少しずつサイズを調整したいときに便利です。

Point
文字の大きさは「ポイント」で指定する

Wordでは、文字の大きさを「ポイント」という数値で指定します。編集画面に入力される文字は、標準で10.5ポイントという大きさです。文字を大きくしたいときは、ポイント数を大きくしましょう。10.5ポイントを基準とすると、16ポイントは約1.5倍、24ポイントは約4倍の大きさになります。Wordで指定できるポイント数は、「1」から「1638」までです。強調する文字の大きさに合わせて、最適なポイント数を指定しましょう。ただし、ポイントの数値が大き過ぎると、文字が用紙に印刷しきれなくなることもあります。

レッスン **23**

文字のデザインを変えるには

下線、太字

文字を目立たせるには、フォントサイズの変更のほか、下線を付けたり太字にしたりするといいでしょう。ここでは、下線と太字の装飾であて名を目立たせます。

1 文字を選択する

あて名に下線を引く　　下線を引く文字を行単位で選択する

1 ここにマウスポインターを合わせる　　マウスポインターの形が変わった

高野由紀様
2019年3月1日
あずき資格セミナー株式会社
info@xxx.azukis.co.jp

2 そのままクリック

2 下線を引く

1行が選択され、文字が反転して色が変わった　　選択した文字に下線を引く

1 [ホーム]タブをクリック　　**2** [下線]をクリック

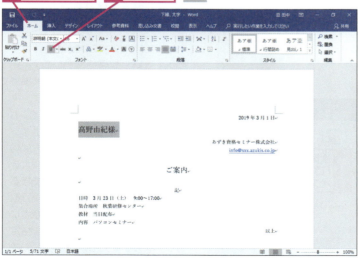

▶キーワード

下線	p.485
太字	p.496
マウスポインター	p.497

📄 レッスンで使う練習用ファイル
下線、太字.docx

⌨ ショートカットキー

[Ctrl]+[B]‥‥太字
[Ctrl]+[I]‥‥斜体
[Ctrl]+[U]‥‥下線

HINT!

1行をまとめて選択できる

手順1のように左余白の行頭にマウスポインターを移動すると、マウスポインターの形が に変わります。この状態でクリックすると、1行をまとめて選択できます。

HINT!

複数の装飾を実行できる

[ホーム]タブにある文字を装飾する機能は、下線や太字のほかにも、[斜体]ボタン（ *I* ）や［文字の網かけ］ボタン（ A ）など、数多く用意されています。ボタンをクリックすれば、1つの文字に複数の装飾をまとめて指定できます。なお、再度ボタンをクリックすると、装飾が解除されて、ボタンの色が戻ります。

92 できる

③ 文字に下線が引かれた

文字に下線が引かれた

続けてあて名を太字にするので選択は解除しない

```
                                    2019 年 3 月 1 日
高野由紀様
                              あずき資格セミナー株式会社
                                   info@xxx.azukis.co.jp
```

④ 太字にする

1 文字が選択されていることを確認

```
                                    2019 年 3 月 1 日
高野由紀様
                              あずき資格セミナー株式会社
                                   info@xxx.azukis.co.jp
```

2 [太字]をクリック

⑤ 文字が太くなった

選択した文字が太くなった

ここをクリックして文字の選択を解除しておく

```
                                    2019 年 3 月 1 日
高野由紀様
                              あずき資格セミナー株式会社
                                   info@xxx.azukis.co.jp
```

HINT!
文字の色を変更するには

文字の色は、[ホーム]タブの[フォントの色]ボタンで設定します。[フォントの色]ボタンをクリックすると、Wordの起動中に最後に設定した色が文字に適用されます。▼をクリックすると、色の一覧が表示され、そこから好きな色を選択できます。▼をクリックすると[テーマの色]と[標準の色]が表示されますが、テーマに合わせて文字の色を変更したくないときは[標準の色]、テーマの変更に合わせて文字の色も変更したいときは[テーマの色]にある色を選択しましょう。

この状態で[フォントの色]をクリックすると、文字が赤くなる

[フォントの色]のここをクリックすると、色の一覧が表示される

⚠ 間違った場合は？

間違えて違うボタンをクリックしてしまったときは、目的のボタンをもう一度クリックし直しましょう。

Point
文字や行を選択して装飾の設定や解除を行う

文字の装飾は、はじめに文字や対象の行を選択して、設定する装飾の機能を[ホーム]タブから選びます。選択を解除するまでは複数の装飾をまとめて設定できます。文字を装飾したいと思ったときは、まずは対象となる文字か行を選択しましょう。

レッスン **24**

文字の種類を変えるには
フォント

文字の装飾の1つに、フォントの種類を変更して書体を変える方法があります。書体を変えて文字を強調したり、反対に目立たせなくすることもできます。

1 文字を選択する

会社名の文字の種類を変えて、目立たせる

フォントを変える文字をドラッグで選択する

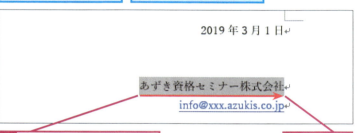

1 ここにマウスポインターを合わせる

2 ここまでドラッグ

キーワード

全角	p.490
ダイアログボックス	p.491
半角	p.494
フォント	p.495
マウスポインター	p.497

レッスンで使う練習用ファイル
フォント.docx

ショートカットキー

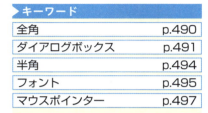

Ctrl + Shift + F / P
……[フォント]ダイアログボックスの表示

HINT!

英文と和文のフォントがある

フォントには、英文専用のものと和文用のものがあります。英文専用のフォントは半角英数字にのみ有効で、日本語には設定できません。和文用のフォントは、全角にも半角にも有効です。

 テクニック [フォント]ダイアログボックスで詳細に設定する

Word・レッスン㉒〜㉔では、フォントの設定を行っていますが、フォントに関する設定項目はほかにもいろいろあります。以下の手順で操作すると、[フォント]ダイアログボックスが表示されます。二重取り消し線や傍点など、リボンから設定できない項目もあるので試してみてください。

1 [ホーム]タブをクリック

2 [フォント]のここをクリック

[フォント]ダイアログボックスが表示された

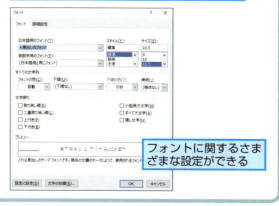

フォントに関するさまざまな設定ができる

❷ 文字の種類を変更する

選択した文字の種類を変更する

1 [ホーム]タブをクリック
2 [フォント]のここをクリック
[フォント]の一覧が表示された

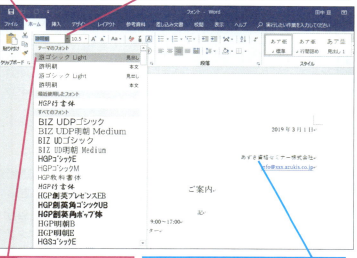

3 [游ゴシックLight]をクリック

フォントにマウスポインターを合わせると、一時的に文字の種類が変わり、設定後の状態を確認できる

❸ 文字の種類が変更された

会社名の文字が游ゴシックLightになった

ここをクリックして選択を解除しておく

テクニック BIZ UDフォントとは

2018年11月以降の「Windows 10 October 2018 Update」で更新されたWindows 10では、手順2の画面でBIZ UDフォントが表示されます。BIZ UDフォントは、ビジネス文書の見やすさ、読みやすさ、間違えにくさに配慮したデザインの書体です。提供される書体はゴシックと明朝の組み合わせで6書体です。

HINT!
設定されているフォントを確認するには

設定したフォントの種類を確認するには、文字をドラッグして選択するか文字をクリックしましょう。[ホーム]タブの[フォント]に設定されているフォント名が表示されます。

1 フォントを確認する文字をクリック

カーソル位置のフォント名が表示される

⚠ 間違った場合は？

手順2で間違ったフォントを選んでしまったときは、もう一度手順1から操作をやり直して正しいフォントを選びましょう。

Point
「フォント」を変えると文書の印象が変わる

本や雑誌などの印刷物では、文字のデザインを変えて、紙面にメリハリを出しています。この文字のデザインのことを「書体」といい、Wordでは「フォント」と呼びます。Wordでは、[ホーム]タブの[フォント]の一覧から、文字の書体を変更できます。通常の文章では、「游明朝」を使います。タイトルや小さな文字には、文字が角張っている「游ゴシックLight」を使います。そのほかにも、和文用のフォントが何種類か用意されています。フォントで文字の印象を変えて、文書にメリハリを付けましょう。

レッスン 25

箇条書き項目の文頭をそろえるには

箇条書き、タブ

段落の中で文字数が異なる項目の左端をそろえるには、タブを利用するといいでしょう。Tabキーを押すだけで簡単に空白を挿入でき、項目が見やすくなります。

1 行を箇条書きに変更する

箇条書きに変更する行をドラッグで選択する

1 ここにマウスポインターを合わせる

マウスポインターの形が変わった

2 ここまでドラッグ

行を選択できた

3 [ホーム]タブをクリック

4 [箇条書き]をクリック

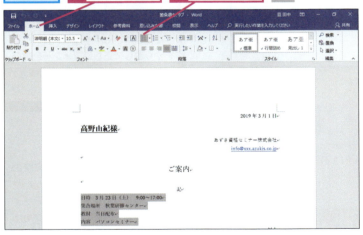

2 箇条書きに変更できた

選択した行に箇条書きの書式が設定された

文字間の空白をタブに置き換える

▶キーワード

ダイアログボックス	p.491
タブ	p.491
段落	p.491
ポイント	p.497

▶レッスンで使う練習用ファイル
箇条書き、タブ.docx

HINT!

タブの位置がそろわないときは

タブを挿入する左の文字が4文字以下の場合は、以下の例のようにタブの位置がそろわないことがあります。その場合はTabキーをもう1回押して配置をそろえましょう。なお、このレッスンのように段落に箇条書きを設定している場合は、「教材」という文字が4文字以下に見なされません。

1 ここをクリック

2 Tabキーを押す

3 もう一度Tabキーを押す

表示位置がそろった

⚠ **間違った場合は？**

タブを多く挿入し過ぎてしまったときは、Back spaceキーを押して不要なタブを削除します。

③ 余計な空白を削除する

空白を削除して、代わりにタブを挿入する

1 ここをクリック
2 [Delete]キーを押す
[Delete]キーを押すと、カーソルの右側にある文字が削除される

```
            記
● 日時 3月23日（土）   9:00〜17:00
● 集合場所　秋葉研修センター
● 教材　当日配布
```

④ タブを挿入する

空白が削除された　　カーソルの位置にタブを挿入する

```
            記
● 日時      3月23日（土）   9:00〜17:00
● 集合場所　秋葉研修センター
● 教材　当日配布
```

1 [Tab]キーを押す

⑤ 2つ目の項目にタブを挿入する

1つ目の項目にタブが挿入された　　2つ目の項目にも1つ目と同様にタブを挿入する

```
            記
● 日時        3月23日（土）   9:00〜17:00
● 集合場所　秋葉研修センター
● 教材　当日配布
```

2つ目の項目の空白を削除する
1 ここをクリック
2 [Delete]キーを押す

空白が削除された
3 [Tab]キーを押す

```
            記
● 日時        3月23日（土）   9:00〜17:00
● 集合場所秋葉研修センター
● 教材　当日配布
```

⑥ 2つ目の項目にタブが挿入された

2つ目の項目にタブが挿入された　　上の項目と表示位置がそろった

```
            記
● 日時        3月23日（土）   9:00〜17:00
● 集合場所　　秋葉研修センター
● 教材　当日配布
● 内容　パソコンセミナー
```

手順4〜5を参考に、3つ目と4つ目の項目にタブを挿入しておく

HINT!
[Tab]キーはどこにあるの？

タブを挿入するのに使う[Tab]キーは、キーボードの以下の位置にあります。覚えておきましょう。

◆[Tab]キー

HINT!
タブの間隔は決まっているの？

標準の設定では、1つのタブは4文字分の空白文字と同じ長さです。タブの間隔は、Word・レッスン㉟で解説する［タブとリーダー］ダイアログボックスにある［既定値］の値によって決められています。

Point
タブを使えば確実に文字の左端がそろう

タブは、[Tab]キーで挿入できる特殊な空白です。[space]キーで入力する空白とは違い、文書の端から一定の幅となる空白を確実に挿入できます。タブで挿入される空白は、通常なら標準の文字サイズ（10.5ポイント）の4文字分になりますが、カーソルの左にある文字数によって間隔が変わります。

[space]キーで空白を入力して位置をそろえると、文字の大きさを変更したときに、左端がきれいにそろわなくなります。それに対して、タブを入力して位置をそろえた場合には、確実に文字の左端がそろうようになるので、見ためが整ってきれいです。

レッスン 26

段落を字下げするには
ルーラー、インデント

文字を行単位で右側に寄せるときには、「左インデント」を使うと便利です。左インデントは、右ぞろえやタブとは違い、行や段落を任意の位置に設定できます。

① ルーラーを表示する

文字の位置を確かめるための目盛りを表示する	スクロールバーを下にドラッグしておく

1 [表示] タブをクリック

2 [ルーラー] をクリックしてチェックマークを付ける

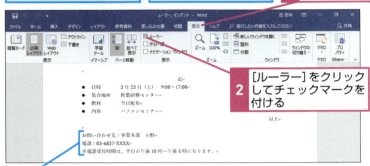

この段落を字下げして、右端に移動する

② 字下げをする行を選択する

ルーラーが表示された

1 ここにマウスポインターを合わせる

マウスポインターの形が変わった

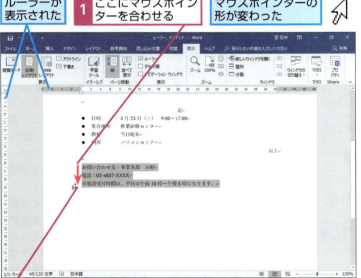

2 ここまでドラッグ　　複数の行が選択された

キーワード

インデント	p.483
段落	p.491
ルーラー	p.498

📄 レッスンで使う練習用ファイル
ルーラー、インデント.docx

HINT!
ルーラーを表示しておくと便利

「ルーラー」とは、文字の位置を確かめるための目盛りです。ルーラーを表示すると、左右のインデントの位置を確認できるほか、字下げの設定や文字数の目安を確認できます。

◆ルーラー

HINT!
段落は改行の段落記号で区切られている

行の先頭から改行によって区切られるまでの文字の集まりを段落と呼びます。

> Wordの段落は、改行の段落記号で区切られている

◆改行の段落記号

③ 字下げの位置を設定する

1 ［左インデント］と表示されるところにマウスポインターを合わせる

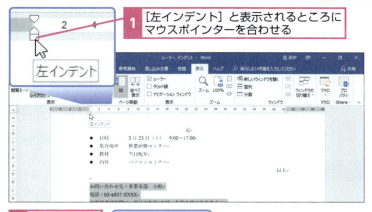

2 ［24］の左側までドラッグ

字下げの位置が点線で表示される

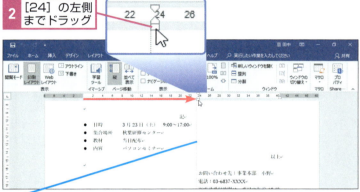

④ 段落が字下げされた

選択した段落が字下げされ、右端に移動した

ここをクリックして選択を解除しておく

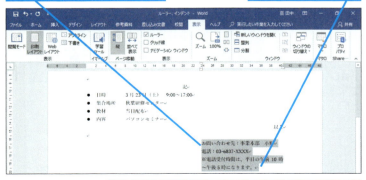

リボン内の［ルーラー］をクリックしてチェックマークをはずし、ルーラーを非表示にしておく

HINT!

インデントの位置で文字がきれいに折り返される

先頭に空白を入れても文字の左端を移動できますが、インデントを使えば2行目以降も同じ位置に字下げされるようになります。改行だけではなく、文字が右端まで入力されて折り返された場合にも、インデントの位置で文字が字下げされます。

左インデントから余白までの範囲に収まらない文字は、次の行に折り返される

間違った場合は？

手順3で［ぶら下げインデント］（△）をドラッグしてしまったときは、クイックアクセスツールバーの［元に戻す］ボタン（⤺）をクリックして、操作をやり直します。

Point

左インデントは文字の左端を変える

編集画面に文字を入力したときに、その左端と右端の折り返し位置は、左右のインデントによって決められています。通常の編集画面では、用紙の左右余白と左右のインデントは、同じ位置に設定されています。従って、左インデントの位置を右に移動すると、文字の左端の位置が変わり、結果として文字が右に寄せられます。インデントによる字下げは、行や段落に対して行われます。そのため、Word・レッスン㉑で紹介した［右揃え］ボタン（≡）を使った右ぞろえとは違い、折り返された次の行の開始位置がきちんと整列した状態になるので、複数の行にわたる字下げが可能になります。

レッスン **27**

文書にアイコンを挿入するには

アイコン

あらかじめ用意されているアイコンを使うだけで、文書のアクセントとなるイラストを挿入できます。アイコンの中からパソコンを選んで挿入してみましょう。

1 アイコンの挿入位置を指定する

ここでは、問い合わせ先の左にアイコンを挿入する

1 ここを下にドラッグしてスクロール

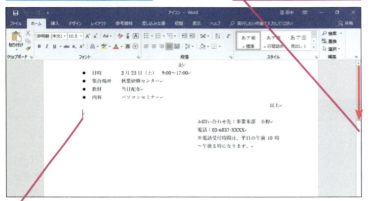

2 アイコンの挿入位置をクリックしてカーソルを表示

2 [アイコンの挿入] ダイアログボックスを表示する

1 [挿入] タブをクリック

2 [アイコン] をクリック

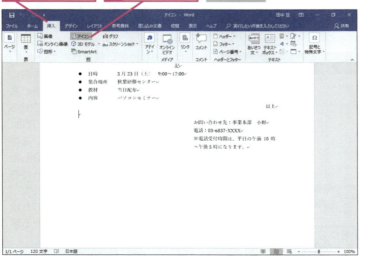

キーワード

アイコン	p.482
図形	p.489
スタイル	p.489
テーマ	p.492

レッスンで使う練習用ファイル
アイコン.docx

HINT!

簡単な図形を描画するには

図形の描画を使うと、四角形や円形などの形を組み合わせて、オリジナルのイラストを描けます。

手順2を参考に、[挿入]タブを表示しておく

1 [図形]をクリック

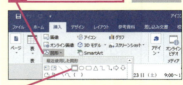

2 [正方形/長方形]を クリック

3 描画の開始位置にマウスポインターを合わせる

マウスポインターの形が変わった

4 ここまでドラッグ

図形が描画された

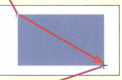

100 できる

3 アイコンのカテゴリーを選択する

［アイコンの挿入］ダイアログ
ボックスが表示された

1 ［テクノロジーおよびエレクトロニクス］を
クリック

4 挿入するアイコンを選択する

ここでは、ノートパソコンの
アイコンを挿入する

1 挿入するアイコンをクリック
してチェックマークを付ける

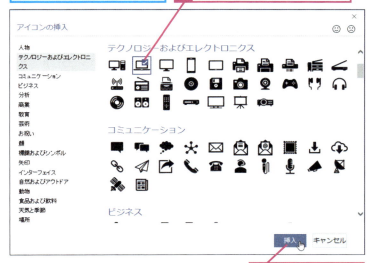

2 ［挿入］をクリック

HINT!
「アイコン」って何？

情報を視覚的に伝えるイラストの集まりがアイコンです。アイコンは、拡大しても画像が荒くなりません。手順4の画面で続けてクリックすると、まとめてアイコンを選択して挿入できます。

HINT!
図形の大きさを
後から変更するには

一度描いた図形は、ハンドル（○）をマウスでドラッグすると、大きさを変えられます。また、図形の中にカーソルを重ねてマウスポインターが の形になったら、ドラッグで移動できます。

1 ここにマウスポインターを
合わせる

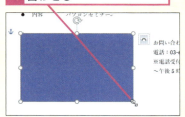

ドラッグすれば図形の拡大や
縮小ができる

 間違った場合は？

アイコンを間違えて選択した場合は、再度クリックするとチェックマークがはずれて選択し直しましょう。

次のページに続く

⑤ アイコンが挿入された

| ノートパソコンのアイコンが挿入された | アイコンを拡大する |

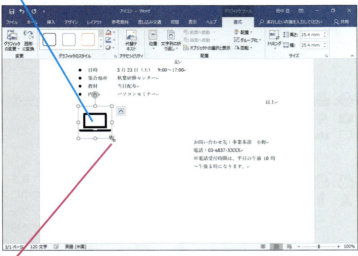

| 1 | 右下のハンドル（○）にマウスポインターを合わせる |
| マウスポインターの形が変わった |

⑥ アイコンの大きさを変更する

| 1 | ここまでドラッグ |

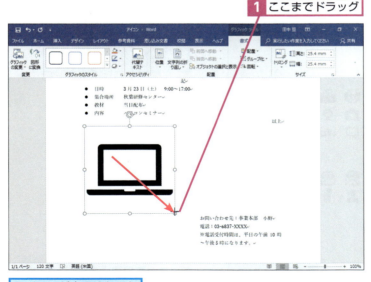

アイコンが大きくなった

HINT!
アイコンや図形は回転できる

図形の回転ハンドル（ ⟲ ）をマウスでドラッグすると、自由に回転できます。回転するときに Shift キーを押したままにすると、15度ずつ回転できます。

HINT!
アイコンの色を変えるには

挿入したアイコンは、右クリックして［塗りつぶし］を選んで色を変更できます。

| 1 | アイコンを右クリック |
| 2 | ［塗りつぶし］をクリック |

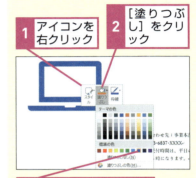

| 3 | 変更する色をクリック |

HINT!
図形を組み合わせれば簡単なイラストを描画できる

図形には四角や円、三角など、あらかじめ基本的な形がいくつか用意されています。これらの図形を組み合わせていけば、簡単なイラストを描けるようになります。また、基本図形のほかにも、吹き出しやブロック矢印などを使って、文書の注目度や装飾性を高められます。

［正方形/長方形］と［四角形: 角を丸くする］でパソコンのモニターを作画する

［台形］でキーボードを作画する

Word・第3章　見栄えのする文書を作成する

102　できる

テクニック フリーハンドで自由に図形を描画できる

図形にあるフリーハンドを使うと、マウスの操作で自由な図形を描画できます。フリーハンドによる描画では、書き始めの線までペンのアイコンを移動すると、自動的に線で囲まれた領域が塗りつぶされます。始点と終点を重ねずに、途中でマウスのボタンを離すと、自由な線として描かれます。

1 [挿入]タブをクリック
2 [図形]をクリック

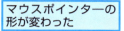

4 好きな図形を描画する

マウスポインターの形が変わった

3 [フリーフォーム: フリーハンド]をクリック

描画が終わったら、マウスから指を離す

---

7 文字列の折り返しを変更する

文字列の折り返しを変更する

[グラフィックツール]の[書式]タブが選択されていない場合は、クリックして表示しておく

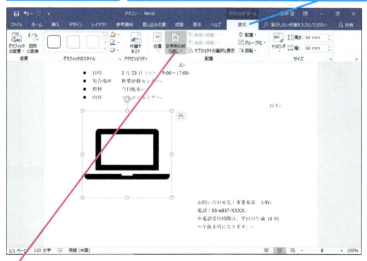

1 [文字列の折り返し]をクリック

HINT!
図形をきれいに並べるには

複数の図形を整然と並べたいときは、[オブジェクトの配置]の機能を使うと便利です。また、複数の図形があるとき、図形をドラッグで移動すると緑色のガイドが表示されます。ガイドに合わせてドラッグし、配置をそろえてもいいでしょう。

1 Ctrlキーを押しながらクリックして複数の図形を選択

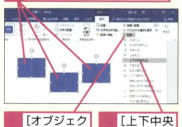

2 [オブジェクトの配置]をクリック
3 [上下中央揃え]をクリック

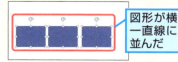

図形が横一直線に並んだ

次のページに続く

❽ [四角形] を選択する

ここでは、アイコンの周囲に文字列が入るように設定する

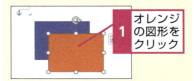

1 [四角形] をクリック

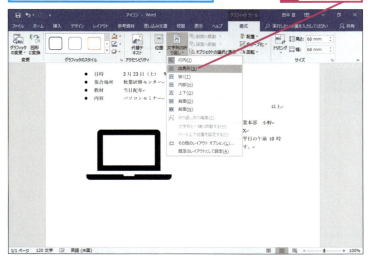

❾ 文字の折り返しが変更された

アイコンの右側に問い合わせが表示された

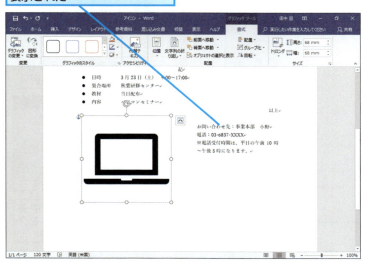

HINT!

図形の重なりを変更するには

後から描いた図形は、前に描いた図形の上に重なるように挿入されます。図形の重なり方を変更したいときは、前面や背面への移動を使って、希望する順序に整えましょう。前面を選ぶと、図形は上に重なります。

ここではオレンジの図形を青の図形の背面に移動する

1 オレンジの図形をクリック

2 [背面へ移動] をクリック

オレンジの図形が背面に移動した

Point

アイコンを使って伝えたい情報を強調する

文書の中にイラストなどが描かれていると、読み手の興味や注目度は高くなります。Wordでは、アイコンとして人物や動物に乗り物など、500以上のイラストやマークが用意されています。文書のテーマに合ったアイコンを組み合わせると、伝えたい情報を強調したり、読み取ってもらいたい内容を的確に伝えられます。

テクニック 3Dモデルを挿入して、より見栄えのする文書を作成できる

3Dモデルは3次元グラフィックで描かれたイラストです。3Dモデルには、あらかじめファイルとして用意されている3D図形と、オンラインで取得するリミックス3Dがあります。挿入した3Dモデルは、サイズを変えるだけではなく、角度や回転によって立体的な表現を工夫できます。またパンとズームを使って、図形の全体ではなく一部分だけを表示できます。

1 [3D モデル] を選択する

3Dモデルを挿入する位置にカーソルを移動しておく

1 [挿入] タブをクリック
2 [3Dモデル] をクリック

2 3D モデルを挿入する

1 [エレクトロニクスとガジェット]をクリック

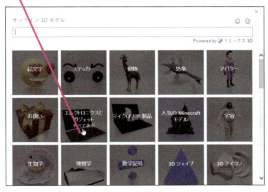

2 挿入する3Dモデルをクリックしてチェックマークを付ける
3 [挿入] をクリック

3 3D モデルの角度を変更する

1 ここにマウスポインターを合わせる
マウスポインターの形が変わった

2 そのまま上下左右にドラッグ
3Dモデルの角度が変わった

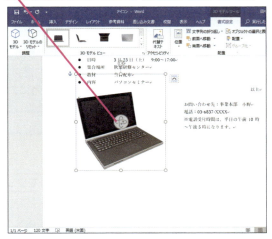

[3Dモデルツール] の [書式設定] タブにある [3Dモデルのリセット] をクリックすると、挿入直後の状態にリセットされる

レッスン
28 文書を上書き保存するには

上書き保存

上書き保存を実行すると、編集中の文書が同じ名前で保存されます。万が一、Wordが動かなくなっても保存を実行しておけば文書が失われることがありません。

1 文書の内容を確認する

上書き保存していい文書かどうかを確認する

1 ここを下にドラッグして上書き保存していい文書かどうかを確認

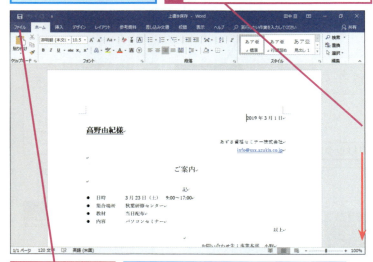

2 [ファイル] タブをクリック

変更した個所を上書きしたくない場合は、Word・レッスン⑱を参考に文書に別の名前を付けて保存しておく

2 文書を上書き保存する

[情報] の画面が表示された　**1** [上書き保存] をクリック

キーワード

上書き保存	p.483
クイックアクセスツールバー	p.485
名前を付けて保存	p.493
文書	p.496
保存	p.497

レッスンで使う練習用ファイル
上書き保存.docx

ショートカットキー

[Ctrl] + [S] ………… 上書き保存

HINT!

上書き保存すると古い文書は失われる

上書き保存すると、古い文書の内容は失われてしまいます。もしも、古い文書の内容を残しておきたいときは、上書き保存を実行せずに、Word・レッスン⑱を参考にして、別の名前を付けて文書を保存しましょう。

 間違った場合は？

手順2で [上書き保存] 以外の項目を選んでしまったときは、あらためて [上書き保存] をクリックし直します。

テクニック 終了した位置が保存される

Wordは、終了したときのカーソルの位置を記録していて、Microsoftアカウントでサインインしている場合は、次にその文書を開くと、同じカーソルの位置から編集や閲覧の再開をするか確認のポップアップメッセージが表示されます。ポップアップメッセージをクリックすると、保存時にカーソルがあった位置に自動的に移動します。

文書を開いたときに［再開］のポップアップメッセージが表示された

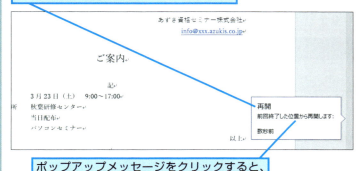

ポップアップメッセージをクリックすると、保存時にカーソルがあった位置が表示される

HINT!
クイックアクセスツールバーからでも実行できる

上書き保存を実行するボタンは、クイックアクセスツールバーにも用意されています。Wordの操作に慣れてきたら、［ファイル］タブから操作せず、クイックアクセスツールバーやショートカットキーを利用して保存を実行するといいでしょう。

クイックアクセスツールバーにある［上書き保存］をクリックしても上書き保存ができる

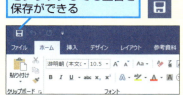

3 上書き保存された

文書を上書き保存できた

Point
編集の途中でも上書き保存で文書を残す

Wordでは、パソコンなどにトラブルが発生して、編集中の文書が失われてしまうことがないように、10分ごとに回復用データを自動的に保存しています。何らかの原因でWordが応答しなくなってしまったときは、Wordの再起動後に回復用データの自動読み込みが実行されます。しかし、直前まで編集していた文書の内容が完全に復元されるとは限りません。一番確実なのは、文書に手を加えた後に自分で上書き保存を実行することです。上書き保存は、編集の途中でも実行できるので、気が付いたときにこまめに保存しておけば、文書の内容が失われる可能性が低くなります。

レッスン 29

文書を印刷するには

印刷

作成した文書は、パソコンに接続したプリンターを使えば、紙に印刷できます。[印刷]の画面で印刷結果や設定項目をよく確認してから印刷を実行しましょう。

1 [印刷]の画面を表示する

文書を印刷する前に、印刷結果をパソコンの画面上で確認する

1 [ファイル]タブをクリック

[情報]の画面が表示された

2 [印刷]をクリック

2 [印刷]の画面が表示された

[印刷]の画面に文書の印刷結果が表示された

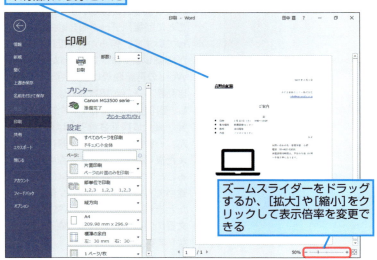

ズームスライダーをドラッグするか、[拡大]や[縮小]をクリックして表示倍率を変更できる

キーワード

| 印刷 | p.483 |
| プリンター | p.496 |

📄 **レッスンで使う練習用ファイル**
印刷.docx

ショートカットキー

[Ctrl]+[P]……[印刷]画面の表示

HINT!
複数部を印刷したいときは

手順2の画面で[印刷]ボタンの右にある[部数]に必要な部数を入力します。

HINT!
1枚の用紙に複数のページを割り付けて印刷するには

手順3で[1ページ/枚]の項目をクリックすると、用紙に何ページ分の文書を印刷するかを設定できます。1枚の用紙に複数のページを印刷できるほか、用紙サイズに合わせたレイアウトを設定できます。

ここをクリックして表示される一覧で、複数ページの割り付け設定ができる

⚠ 間違った場合は？

手順1で[印刷]以外を選んでしまったときは、もう一度正しくクリックし直しましょう。

③ 印刷の設定を確認する

1 印刷部数を確認
2 パソコンに接続したプリンターが表示されていることを確認
3 [すべてのページを印刷]が選択されていることを確認
4 [縦方向]が選択されていることを確認
5 [A4]が選択されていることを確認

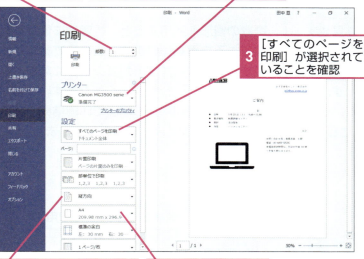

④ 印刷を開始する

印刷の設定が完了したので、文書を印刷する

1 [印刷]をクリック

文書が印刷され、編集画面が表示される

HINT!
印刷範囲を指定するには

複数ページの文書で、特定のページを印刷するには、手順3で[すべてのページを印刷]をクリックします。一覧から[ユーザー指定の範囲]をクリックすると、「2ページから4ページを印刷」もしくは「2ページと4ページを印刷」といった設定ができます。

1 [すべてのページを印刷]をクリック
2 [ユーザー指定の範囲]をクリック

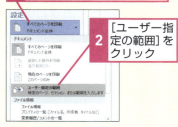

3 印刷範囲を入力

「2-4」と入力すると、2～4ページを印刷できる

「2,4」と入力すると、2ページ目と4ページ目のみを印刷できる

Point
[印刷]の画面で印刷結果や設定項目を確認する

Wordで文書を印刷するときは、パソコンに接続しているプリンターを使って印刷を行います。印刷を開始する前に、印刷部数やページの範囲などを確認しておきましょう。また、何ページにもわたる文書も、[部単位で印刷]の項目で設定すれば、ページの順序がそろった状態で複数部の印刷ができます。パソコンにプリンターが接続されていなかったり、プリンターの電源が入っていなかったりすると、印刷できないので注意しましょう。

この章のまとめ

●見やすく「伝わる」文書を作ろう

文字に適切な装飾を施すことで、より見やすくメリハリのある文書になります。Wordで使える主な装飾は、フォントサイズの変更や、下線に太字、そしてフォントの変更です。また、文字の左端を整列する方法として、タブや左インデントを使うと便利です。さらに、複数の図形を活用すると、視覚的に情報を表現できる文書も作れます。この章で紹介した機能を活用すれば文書が読みやすくなり、見る人に情報が伝わりやすくなります。文書が完成したら［印刷］の画面で印刷結果や印刷設定をよく確認して、印刷を実行しましょう。

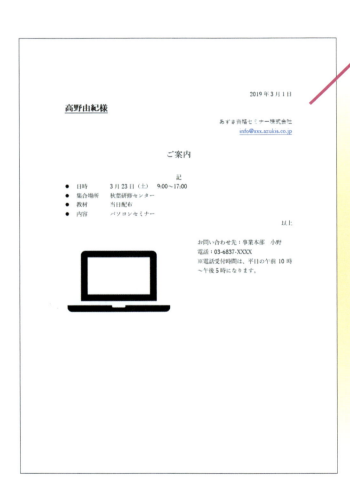

装飾とイラストの活用

Wordに用意されている文字や段落の装飾機能を利用すれば、内容や目的に合わせて文字を目立たせたり、配置を簡単に変更したりすることができる。また、アイコンなどのイラストを入れれば、文書の注目度が高まる

練習問題

1

新しい文書を作成して、以下の文字を入力し、行ごとに配置を設定してください。

```
2019.5.18
春季運動会
総務部
```

2行目の文字を中央に配置する

2019.5.18

春季運動会

総務部

3行目の文字を右端に配置する

●ヒント：行ごとに配置を設定するときは、目的の行をクリックしてカーソルが移動した状態で配置を変更します。

2

次の文章を入力してください。

1. 日時　5月31日（金）10時から
2. 場所　神保町WEBステージ
3. 内容　夏季イベントガイダンス

「1.」「2.」「3.」などと入力せず、ボタンを使って連続する番号を文頭に設定する

1. 日時　5月31日（金）10時から
2. 場所　神保町WEBステージ
3. 内容　夏季イベントガイダンス

●ヒント：連続する番号を使って箇条書きにするには、[ホーム] タブの [段落番号] ボタン（□）を使います

この章のまとめ・練習問題

答えは次のページ

解 答

1

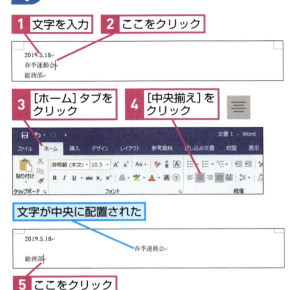

入力した文字の配置は、行単位で変えることができます。目的の行にカーソルを移動し、[ホーム]タブのボタンで配置を設定しましょう。

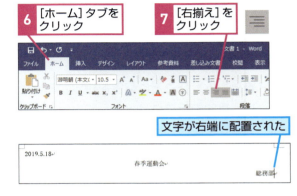

2

段落番号を設定する行を選択し、[ホーム]タブにある[段落番号]ボタン(≣)をクリックすると、それぞれの行に「1.」「2.」「3.」という番号が自動的に挿入されます。

Word

第4章

入力した文章を修正する

この章では、Word・3章で作成した文書を基に、部分的に文字の修正や編集を加えて、新しい文書をもう1つ作ります。すでにある文書を修正して新しい文書を作る方法は、最もパソコンらしくて合理的なやり方です。

●この章の内容
㉚ 以前に作成した文書を利用しよう……………………………… 114
㉛ 文書の一部を書き直すには…………………………………… 116
㉜ 特定の語句をまとめて修正するには………………………… 118
㉝ 同じ文字を挿入するには……………………………………… 122
㉞ 文字を別の場所に移動するには……………………………… 124

レッスン
30 以前に作成した文書を利用しよう

文書の再利用

Wordで作ってパソコンに保存した文書は、何度でもWordで再利用できます。保存した内容を修正するだけで、短時間で新しい文書を作れるようになります。

文書の編集と修正

この章では、文書を編集する方法について解説します。範囲選択や上書き、検索と置換、コピーや貼り付け、切り取りなどの機能を使えば、文書を短時間で正確に修正できるようになります。

▶キーワード

切り取り	p.485
検索	p.487
コピー	p.487
ショートカットメニュー	p.488
書式	p.488
置換	p.492
名前を付けて保存	p.493
貼り付け	p.494
フォルダー	p.495

●あて名の修正

高野由紀様 村上秀夫様

●日時や場所の修正

- 日時　　　3月23日（土）　9:00〜17:00
- 集合場所　秋葉研修センター

- 日時　　　4月20日（土）　9:00〜17:00
- 集合場所　あずき資格セミナー　秋葉研修所

●連絡先の修正

お問い合わせ先：事業本部　小野
電話：03-6837-XXXX

→

お問い合わせ先：事業本部　小野
info@xxx.azukis.co.jp

文字の一部を書き直して修正を行う

文字を書き換えても、設定済みの書式は変わらずに流用できる

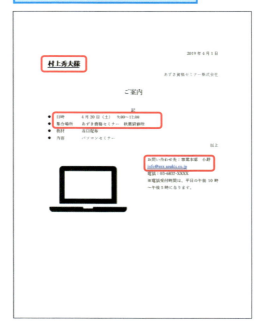

Word・第4章　入力した文章を修正する

114　できる

既存の文書から新しい文書を作成する流れ

保存済みの文書を修正すると、手早く確実に新しい文書を作ることができます。Word・第3章で作成した文書には、文字飾りやフォントに配置などの書式が設定され、作図したイラストも挿入されています。Wordでは、装飾されている文字を修正しても、装飾はそのまま残るので、あらためて装飾する手間を省けます。また、必要な部分だけを修正するので、入力ミスなども減り、作業の効率が上がります。そして、修正を終えた文書に新しい名前を付けて保存すれば、元の文書はそのまま残り、新しい文書が1つ追加されます。

❶既存の文書を開く

保存してある文書を開く

❷内容を修正する

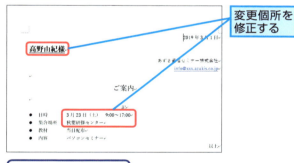

変更個所を修正する

❸別名で保存する

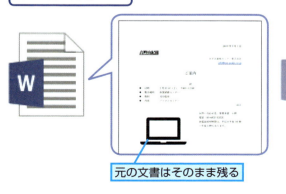

元の文書はそのまま残る

元の文書

新しい文書

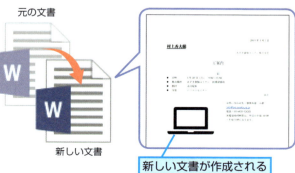

新しい文書が作成される

HINT!
フォルダーの中で文書のファイル名を変更するには

フォルダーに保存した文書の名前は、Wordを使わなくても変更できます。名前を変更したい文書ファイルを右クリックしてショートカットメニューを開き、[名前の変更]をクリックすれば、名前を変更できるようになります。文書が増えてきたときは、フォルダーの中で名前を変更すると便利です。

1 ファイル名を変更する文書ファイルを右クリック

2 [名前の変更]をクリック

名前が編集できる状態になるので、ファイル名を入力して Enter キーを押す

F2 キーを押しても名前を変更できる

レッスン 31 文書の一部を書き直すには

範囲選択、上書き

文字の前後に新しく文字を追加したり、書き換えを実行したりしても、文書に設定済みの装飾は変更されません。名前や日付など、一部の文字を修正してみましょう。

1 あて名を選択する

あて名をほかの人の名前に修正する｜あて名の名前部分だけを選択する

1 ここにマウスポインターを合わせる
2 ここまでドラッグ

2 あて名を入力する

範囲が選択された状態で入力する
1 「むらかみ」と入力

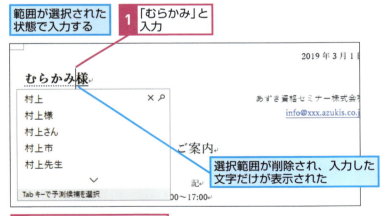

選択範囲が削除され、入力した文字だけが表示された

2 続けて「ひでお」と入力し、「村上秀夫」と変換
3 Enter キーを押す

フォントサイズや装飾はそのままで文字だけが修正された

キーワード

上書き保存	p.483
カーソル	p.484
クイックアクセスツールバー	p.485
書式	p.488
入力モード	p.493
元に戻す	p.497

📄 **レッスンで使う練習用ファイル**
範囲選択、上書き.docx

HINT!

追加する文字に装飾を設定したくないときは

新しく追加する文字に装飾を設定したくないときは、装飾を解除したい文字を選択して、[ホーム]タブにある[すべての書式をクリア]ボタン（）をクリックします。なお、[すべての書式をクリア]ボタンをクリックすると、文字に設定されていた書式がすべて解除されます。

1 [ホーム]タブをクリック

2 [すべての書式をクリア]をクリック

文字の装飾が解除される

⚠ **間違った場合は？**

書き換える文字を間違って削除してしまったら、クイックアクセスツールバーの[元に戻す]ボタン（）をクリックして削除を取り消し、正しい文字を削除し直しましょう。

③ 日付を選択する

続けて、日付を修正する

| 1 | ここにマウスポインターを合わせる | 2 | ここまでドラッグ |

④ 日付を入力する

半角の数字を入力するので、入力モードを[半角英数]に切り替える

| 1 | [半角/全角]キーを押す | 月を入力する | 2 | 「4」と入力 |

選択範囲が削除され、入力した文字だけが表示された

⑤ ほかの部分を修正する

別記の日付を修正する | 1 | ここの日付を「4月20日」に修正

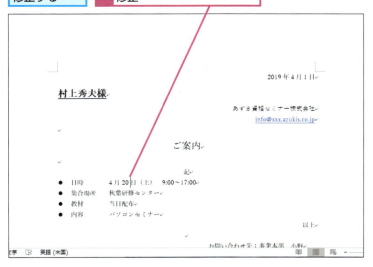

HINT!
キーを押して文字を選択するには

手順1や手順3ではドラッグで文字を選択しましたが、キーボードを使っても文字を選択できます。[Shift]+→キーを押すと、カーソルを移動した分だけ、文字が選択されます。また、方向キー（←→↑↓）でカーソルを移動してから1文字ずつ文字を削除しても構いません。

HINT!
装飾はカーソルの左側が基準になる

手順2であて名を修正したときに、フォントサイズや装飾はそのまま残りました。文字に自動的に設定される装飾は、カーソルの左側にある文字が基準となります。また、行の先頭にカーソルを合わせたときは、カーソルの右側にある装飾と同じ内容になります。

Point
装飾をやり直す手間が省ける

装飾されている文字に新しい文字を追加すると、同じ装飾が設定されます。すでに装飾が完成している文書があれば、変更したい部分の文字を書き換えるだけで、新しい文書を作れます。また、特定の文字を選択して入力すれば、入力と同時に削除が行われるので、編集の手間が省けます。同じ内容で、あて先だけが違う文書を何枚も作る場合など、より効率的に作業を進めることができるようになります。もちろん、それぞれの文書は必要に応じて名前を付けて保存しておくといいでしょう。

レッスン **32**

特定の語句をまとめて修正するには

置換

[検索と置換] ダイアログボックスを使えば、まとめて文字を置き換えられます。同じ単語を複数利用している文書で使えば、効率よく文字を修正できて便利です。

1 カーソルを移動する

カーソルを文書の先頭に移動する

1 ここをクリックしてカーソルを表示

2 [検索と置換] ダイアログボックスを表示する

文字の検索と置換を実行するため、[検索と置換] ダイアログボックスを表示する

1 [ホーム] タブをクリック

2 [置換] をクリック

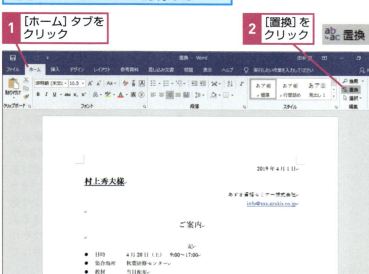

キーワード

カーソル	p.484
検索	p.487
ダイアログボックス	p.491
置換	p.492

レッスンで使う練習用ファイル
置換.docx

ショートカットキー

Ctrl + H ……… 置換

HINT!
初期設定では文書全体が検索対象となる

[検索と置換] ダイアログボックスの初期設定では、カーソルの位置を起点として文書全体が検索されます。検索は、自動的に文書の先頭から元のカーソル位置まで実行されます。そのため、文書を開いていればカーソルはどこにあっても構いません。手順1のように最初からカーソルを文書の先頭に移動しておけば、文書の先頭から末尾まで、確実に検索が実行されます。

HINT!
文字の検索方向を変えるには

手順4の [検索と置換] ダイアログボックスで [オプション] ボタンをクリックすると、検索する方向を変更できます。検索方向は、カーソルの点滅している位置を基準に、文書の先頭（上）へか末尾（下）へか指定できます。

③ [検索と置換]ダイアログボックスが表示された

[検索と置換]ダイアログボックスが表示される位置は、環境によって異なる

④ 検索する文字と置換後の文字を入力する

ここでは、「セミナー」という文字を「教室」に置き換える

検索する文字を入力する　**1**「セミナー」と入力

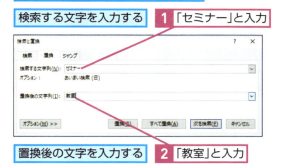

置換後の文字を入力する　**2**「教室」と入力

⑤ 検索を実行する

ここでは、検索対象の文字を確認しながら文字を置き換える　**1** [次を検索]をクリック

HINT!
置換する範囲を指定するには

文書内で特定の段落を対象にして文字を検索するには、ドラッグ操作などで検索対象の範囲を選択しておきます。[検索と置換]ダイアログボックスを表示した後でも特定の段落を選択して検索対象に設定できます。ただし、選択範囲の検索が完了すると、文書全体を再び検索するかどうかを確認するダイアログボックスが表示されます。[いいえ]ボタンをクリックして検索を中止しないと、指定した範囲以外の文字も置換対象となるので、注意してください。

HINT!
検索対象の文字を確認せずにまとめて置換するには

[検索と置換]ダイアログボックスの[すべて置換]ボタンをクリックすると、文書に含まれる文字をまとめて置換できます。置換が完了すると、置換した文字の数が表示されます。ただし、「株」を「株式会社」にまとめて置換してしまうと、「株式会社」が「株式会社式会社」となってしまうこともあるので、注意してください。

1 検索する文字を入力　　**2** 置換後の文字を入力

3 [すべて置換]をクリック

置換した語句の個数が表示された

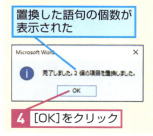

4 [OK]をクリック

次のページに続く

⑥ 文字を置き換えずに次の文字を検索する

「あずき資格セミナー株式会社」の「セミナー」が選択され、灰色で表示された

ここで検索された「セミナー」は「教室」に置き換えず、次の文字を検索する

1 ［次を検索］をクリック

⑦ 文字を置き換える

「パソコンセミナー」の「セミナー」が選択され、灰色で表示された

ここで検索された「セミナー」を「教室」に置き換える

1 ［置換］をクリック

HINT!
置換を使って不要な文字を削除するには

［検索と置換］ダイアログボックスの［置換後の文字列］に何も入力しなければ、［検索する文字列］に入力した文字を削除できます。ただし、［すべて置換］ボタンを利用するときは、本当に削除していいか［検索する文字列］の入力内容をよく確認しましょう。

HINT!
書式もまとめて変更できる

［検索と置換］ダイアログボックスでは、フォントやスタイルなどの書式も検索できます。［検索オプション］で検索する文字と書式を組み合わせた条件を指定すると、同時に置換できて便利です。

1 ［オプション］をクリック

［検索オプション］が表示された

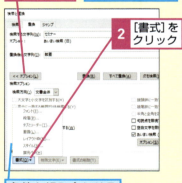

2 ［書式］をクリック

条件と組み合わせる書式を指定できる

⚠ 間違った場合は？

間違えて置換した文字は、［キャンセル］ボタンで、［置換と検索］ダイアログボックスを閉じて、クイックアクセスツールバーの［元に戻す］ボタン（）で、取り消せます。

⑧ 文字が置換された

「セミナー」が「教室」に置き換えられた

文字の置き換えが完了したことを知らせるメッセージが表示された

1 [OK]をクリック

⑨ [検索と置換] ダイアログボックスを閉じる

文字の置き換えが終了したので[検索と置換]ダイアログボックスを閉じる

1 [閉じる]をクリック

必要に応じて文書を保存しておく

HINT!
一度入力した文字列は簡単に再利用できる

以下の手順を実行すれば、[検索と置換]ダイアログボックスに入力した文字をすぐに再入力できます。ただし、Wordを終了すると履歴は消えてしまいます。

1 ここをクリック

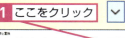

2 入力する文字をクリック

HINT!
文字を検索するには

置換ではなく、検索するには[ホーム]タブにある[検索]ボタンをクリックします。画面左側に[ナビゲーション]作業ウィンドウが表示されるので、キーワードを入力して検索を実行しましょう。[ナビゲーション]作業ウィンドウに、キーワードに一致する文字が強調表示され、画面の文字が黄色く反転します。

Point
置換を使えば一気に修正できる

文字量の多い文書で、修正する文字を探すのは大変です。そんなときは、[検索と置換]ダイアログボックスを利用しましょう。検索する文字と置換後の文字を入力するだけで、該当する文字を探し出して自動的に置き換えてくれます。置換による文字の置き換えでは、元の文字に設定されている装飾がそのまま残ります。対象の文字を確かめながら置き換えができる[置換]ボタンと、文書全体を検索して自動で置換を行う[すべて置換]ボタンをうまく使い分けられるようにしましょう。

レッスン 33 同じ文字を挿入するには

コピー、貼り付け

コピーと貼り付けの機能を利用すれば、キーボードから同じ文字を入力し直す手間を省けます。書式もコピーされるので、貼り付けた後に書式の設定を行います。

1 文字を選択する

コピーする文字をドラッグで選択する

1 ここにマウスポインターを合わせる
2 ここまでドラッグ

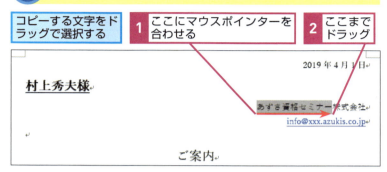

キーワード

クイックアクセスツールバー	p.485
クリップボード	p.486
コピー	p.487
作業ウィンドウ	p.487
貼り付け	p.494
[貼り付けのオプション]ボタン	p.494

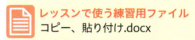
レッスンで使う練習用ファイル
コピー、貼り付け.docx

ショートカットキー

Ctrl + C ……… コピー
Ctrl + V ……… 貼り付け

HINT!

コピーした文字はどこに保存されているの？

コピーを実行すると、文字は「クリップボード」という特別な場所に保存されます。クリップボードは、文字などの情報を一時的に記憶する場所で、通常はその内容を見ることができません。貼り付けを実行すると、クリップボードに記憶されている文字がカーソルのある位置に貼り付けられます。クリップボードの内容を画面で確認するには、Word&Excel・レッスン❺を参考に[クリップボード]作業ウィンドウを表示してください。

2 文字をコピーする

選択した文字をコピーする

1 [ホーム]タブをクリック
2 [コピー]をクリック

選択した文字をコピーできた

3 貼り付ける位置を指定する

コピーした文字を貼り付ける位置を指定する

1 ここをクリックしてカーソルを表示

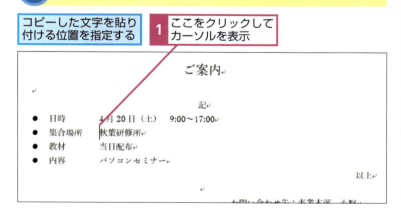

間違った場合は？

貼り付ける位置を間違えてしまったら、クイックアクセスツールバーの[元に戻す]ボタン（ ）をクリックして取り消し、もう一度正しい位置に貼り付けましょう。

④ 文字を貼り付ける

指定した位置にコピーした文字を貼り付ける

1 [貼り付け]をクリック

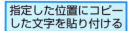 

⑤ 書式を変更する

コピーした文字が貼り付けられた

「あずき資格セミナー」のフォントが[游ゴシック Light]のままなので「秋葉研修所」と同じ[游明朝]に変更する

1 [貼り付けのオプション]をクリック

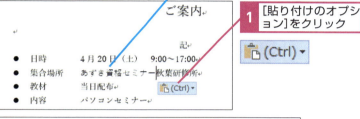

2 [書式を結合]をクリック

⑥ 空白を入力する

「あずき資格セミナー」のフォントが「秋葉研修所」と同じ[游明朝]になった

1 [space]キーを押して空白を入力

   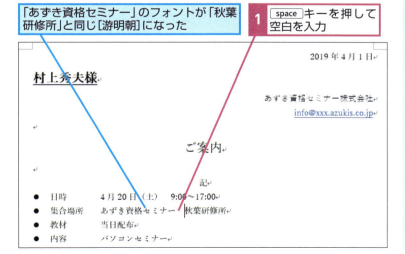

HINT!
貼り付け後に書式を変更できる

Wordでは文字と書式が一緒にコピーされます。このレッスンでは、「あずき資格セミナー」の文字をコピーして別の場所に貼り付けました。しかし、フォントが[游ゴシック Light]のままなので、手順5で[貼り付けのオプション]ボタン（ ）をクリックして「秋葉研修所」に設定されているフォントを「あずき資格セミナー」の文字に設定しました。このように[貼り付けのオプション]ボタンを利用すれば、貼り付け後に文字の書式を変更できます。

HINT!
[貼り付けのオプション]で何が設定できるの？

[貼り付けのオプション]には、コピー元の書式をそのまま利用する[元の書式を保持]（ ）と、貼り付け先の書式に合わせる[書式を結合]（ ）、文字だけを貼り付ける[テキストのみ保持]（ ）の3種類が用意されています。

Point
一度入力した文字を有効に活用しよう

編集機能を使った文字の再利用は、使いたい文字をクリップボードに記憶させる「コピー」と、記憶した内容を目的の位置に入力する「貼り付け」を組み合わせて使います。一度コピーした文字は、何度でも利用できます。そのため、同じ文字を複数の場所で使いたいときは、コピーと貼り付けを使うと便利です。また、コピーと貼り付けは、ショートカットキーでも実行できます。編集機能をよく使うときは、「[Ctrl]+[C]キーでコピー」「[Ctrl]+[V]キーで貼り付け」というショートカットキーの操作を覚えておくと、より便利です。

33 コピー、貼り付け

レッスン 34 文字を別の場所に移動するには

切り取り、貼り付け

入力した文字を「コピー」するだけでなく、文字を別の位置に「移動」することもできます。編集機能を使って、メールアドレスの文字を移動してみましょう。

① 文字を選択する

| メールアドレスを問い合わせ先の下に移動する | 移動する文字をドラッグで選択する |

1 ここにマウスポインターを合わせる
2 ここまでドラッグ

キーワード

切り取り	p.485
クリップボード	p.486
ドラッグ	p.493
貼り付け	p.494
[貼り付けのオプション] ボタン	p.494

レッスンで使う練習用ファイル
切り取り、貼り付け.docx

② 文字を切り取る

選択した文字を切り取る
1 [ホーム] タブをクリック
2 [切り取り] をクリック

ショートカットキー

Ctrl + X ………… 切り取り
Ctrl + V ………… 貼り付け

HINT!
マウスのドラッグでも移動できる

範囲選択した文字は、マウスのドラッグ操作でも移動できます。マウス操作に慣れた人にとっては素早く移動できて便利です。

1 移動する文字を選択
2 選択した文字にマウスポインターを合わせる

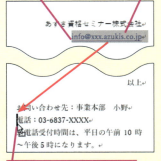

3 移動したい場所までドラッグ

③ 貼り付ける位置を指定する

文字が切り取られた
切り取った文字を貼り付ける位置を指定する
1 スクロールバーを下にドラッグしてスクロール
2 ここをクリックしてカーソルを表示

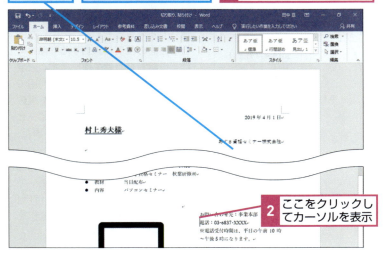

Word・第4章　入力した文章を修正する

124　できる

④ 文字を貼り付ける

指定した位置に切り取った文字を移動する

1 ［貼り付け］をクリック

⑤ 書式を変更する

切り取った文字が貼り付けられた

メールアドレスの配置が［右揃え］のままなので、周りの段落に合わせて字下げを設定する

1 ［貼り付けのオプション］をクリック

2 ［書式を結合］をクリック

⑥ 書式が変更された

メールアドレスの配置が周りの段落と同じになった

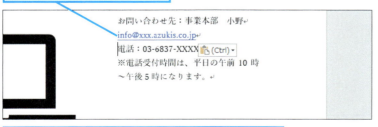

Word・レッスン⑱を参考に「パソコン教室案内（4月）」という名前を付けて文書を保存しておく

HINT!
［貼り付けのオプション］ボタンが消えたときは

［貼り付けのオプション］ボタンは、ほかの操作を行うと消えてしまいます。消えてしまった［貼り付けのオプション］ボタンを再表示することはできません。［貼り付けのオプション］ボタンが消えた後で、貼り付けた文字の書式を変更するときは、クイックアクセスツールバーの［元に戻す］ボタン（ ）をクリックして、もう一度貼り付けの操作を実行しましょう。

間違った場合は？

間違えて別の文字を切り取ってしまったときは、クイックアクセスツールバーの［元に戻す］ボタン（ ）をクリックして操作を取り消し、正しい文字を選んでから切り取りと貼り付けを実行しましょう。

Point
編集の基本はコピーと切り取りと、貼り付け

文字を再利用する編集作業は、このレッスンで紹介した「切り取り」、そして、Word・レッスン㉝で紹介した「コピー」と「貼り付け」という3つの操作を組み合わせて使います。3つの操作では、クリップボードが重要な役割を持っています。コピーや切り取りを行った文字は、必ずクリップボードに保存されます。また、コピーの場合は、元の文字はそのまま編集画面に残ります。切り取りでは元の文字が削除されます。この2つの違いを理解して、コピーと切り取りの操作を使い分けましょう。

この章のまとめ

●文書を修正して効率よく再利用しよう

一度作って保存した文書は、何度でも開いて修正できます。文字の修正では、すでに設定されている装飾をそのまま使えるようになっています。また、コピーや切り取りなどの編集機能を使えば、同じ文字を再び入力しなくても、何度でも繰り返し再利用できます。そして、文書の名前を変更すれば、元の文書を残したまま、新しい文書を保存できます。この章で紹介した方法を覚えておけば、少ない手間で効率よく新しい文書を作れるようになります。パソコンで文書を作る秘訣は、一度入力して保存したものを、できる限り無駄なく、効率よく再利用することです。最小限の修正で最大限の結果を得られるようになれば、Wordを使った文書作りが楽しくて役立つものになるでしょう。

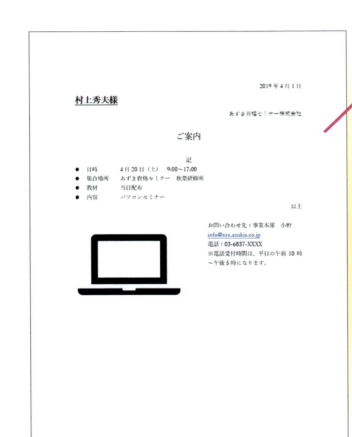

修正と再利用
文字の上書きや置換、コピー、貼り付け、切り取りなどの操作で、新しい文書を簡単に作成できる

練習問題

1

コピーと貼り付けの操作を実行して、右の文字を効率的に入力してください。

●ヒント：文字を修正するときは、「第一」の「一」や「15日」の「15」など、修正したい文字を選択し、文字が灰色に反転した状態で入力します。

コピーと貼り付けを行った上で、必要な個所を修正する

定期健診日程
第一制作室：4 月 15 日
第二制作室：4 月 16 日
第三制作室：4 月 17 日
第三制作室：4 月 18 日

この章のまとめ・練習問題

2

練習問題1で入力した文字を検索と置換の機能を使って、右のように「制作室」を「研究部」へ修正してください。

●ヒント：文字を置換するときは、[検索と置換]ダイアログボックスを利用します。

検索する文字と置換後の文字を何にするかをよく確認する

定期健診日程
第一研究部：4 月 15 日
第二研究部：4 月 16 日
第三研究部：4 月 17 日
第三研究部：4 月 18 日

答えは次のページ

できる 127

解答

1

一度コピーした文字は、次に別の文字をコピーするまで何度でも貼り付けが可能です。同じ文字を続けて使うときに便利です。

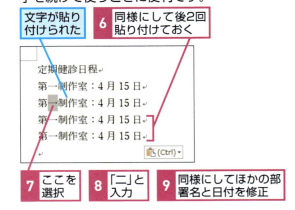

2

[検索と置換]ダイアログボックスで、検索する文字と置換後の文字を入力します。ここでは、「制作室」という文字を「研究部」という文字に置き換えるように設定します。置き換えたい文字が多いほど、利便性を発揮します。

[閉じる]をクリックして[検索と置換]ダイアログボックスを閉じておく

「制作室」の文字がすべて「研究部」になった

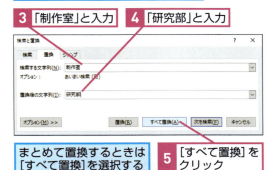

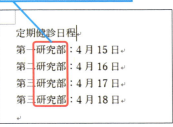

Word

第5章

表を使った文書を作成する

この章では、Wordの罫線を使って表を作ります。仕事で使う文書では、罫線を使って文字や数字を区切ると見やすくなります。Wordの罫線を活用して、表や枠のある文書を作ってみましょう。

●この章の内容

㉟ 罫線で表を作ろう ……………………………………… 130
㊱ ドラッグして表を作るには ……………………………… 132
㊲ 表の中に文字を入力するには ………………………… 136
㊳ 列数と行数を指定して表を作るには ………………… 138
㊴ 列の幅を変えるには …………………………………… 140
㊵ 行を挿入するには ……………………………………… 142
㊶ 不要な罫線を削除するには …………………………… 144
㊷ 罫線の太さや種類を変えるには ……………………… 148
㊸ 表の中で計算するには ………………………………… 152
㊹ 合計値を計算するには ………………………………… 154

レッスン 35 罫線で表を作ろう

枠や表の作成

Wordで枠や表を作るときは、罫線を使います。どのような表が作れるのか、見ていきましょう。また、このレッスンでは表の要素の呼び方についても解説します。

表の作成と編集

この章では、文書に表を入れて、見積書を作っていきます。Wordで表を作成するには、ドラッグして罫線を引く方法と、行数と列数を指定して表を挿入する方法の2つがあります。印鑑をなつ印する枠と見積金額の項目を入力する表をそれぞれの方法で作成してみましょう。また、見積金額を計算する式を表に入力する方法も解説します。

キーワード	
行	p.485
罫線	p.486
セル	p.490
ドラッグ	p.493
文書	p.496
列	p.498

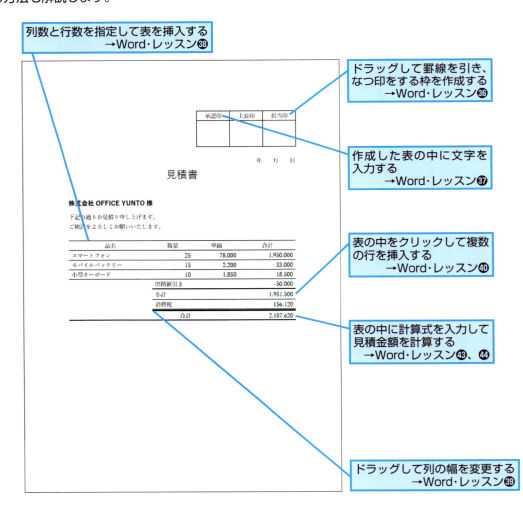

列数と行数を指定して表を挿入する
→Word・レッスン㊳

ドラッグして罫線を引き、なつ印をする枠を作成する
→Word・レッスン㊱

作成した表の中に文字を入力する
→Word・レッスン㊲

表の中をクリックして複数の行を挿入する
→Word・レッスン㊵

表の中に計算式を入力して見積金額を計算する
→Word・レッスン㊸、㊹

ドラッグして列の幅を変更する
→Word・レッスン㊴

Word・第5章　表を使った文書を作成する

HINT!
表を構成する要素を知ろう

罫線で囲まれた表は、1つ1つの枠の中をセルと呼びます。また、縦に並んだセルを列と呼び、横に並んだセルは行と呼びます。

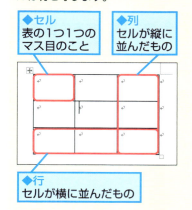

◆セル
表の1つ1つのマス目のこと

◆列
セルが縦に並んだもの

◆行
セルが横に並んだもの

罫線の変更

作成した表に含まれる罫線の種類や太さを変更することで、表内の項目にメリハリが付きます。また、不要な罫線を削除すると、表がスッキリして見やすくなります。表の完成度を高めるためにも罫線の編集作業をマスターしましょう。

表全体を選択して一部の罫線を消す　→Word・レッスン㊶

罫線の太さや種類を変更する　→Word・レッスン㊷

不要な罫線を削除する

罫線の太さを一覧から選択する

罫線の種類を一覧から選択する

35 枠や表の作成

レッスン 36

ドラッグして表を作るには

罫線を引く

Wordでは、マウスの操作で罫線を引けます。項目と項目の区切りを明確にできるほか、手書きで記入してもらう空欄や、印鑑を押す欄などを作成できます。

1 表を挿入する位置を確認する

ここでは、見積書になつ印欄の表を挿入する

1 表を挿入する位置を確認

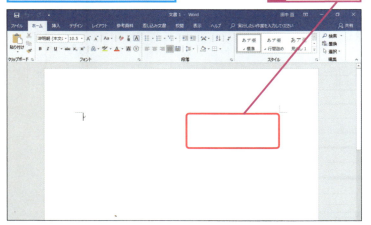

2 罫線を引く準備をする

1 [ホーム]タブをクリック
2 [罫線]のここをクリック

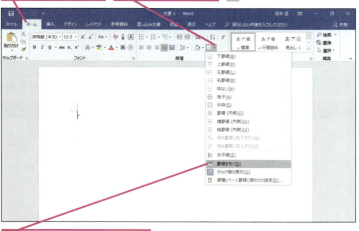

3 [罫線を引く]をクリック

動画で見る
詳細は3ページへ

▶キーワード

行	p.485
罫線	p.486
セル	p.490
ルーラー	p.498
列	p.498

HINT!
［罫線を引く］を使うと思い通りの表を作れる

Wordには罫線を引く方法がいくつか用意されていますが、［罫線を引く］の項目を選択すると、マウスのドラッグ操作で自由に罫線を引けます。なお、セルには改行の段落記号（↵）が必ず表示されます。

HINT!
ルーラーを表示してもいい

Word・レッスン㉖を参考に、表を挿入する前にルーラーを表示しておくと、ドラッグする位置の目安が分かりやすくなります。手順4では、罫線の外枠をドラッグで作成していますが、罫線の幅は後からでも調整できるので、ルーラーの有無にかかわらず、おおよその位置でドラッグして問題はありません。

⚠ 間違った場合は？

間違った線を引いてしまったときは、クイックアクセスツールバーの［元に戻す］ボタン（）をクリックして取り消し、正しい線を引き直しましょう。

③ 罫線を引く準備ができた

マウスポインターの形が変わった

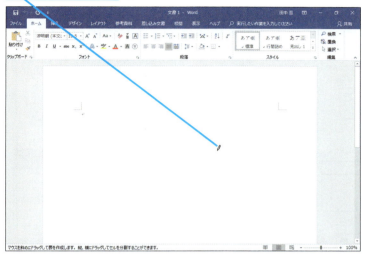

④ 罫線の枠を作成する

手順1で確認した位置に表を挿入する

1 ここにマウスポインターを合わせる

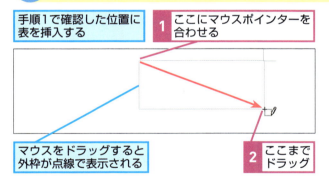

マウスをドラッグすると外枠が点線で表示される

2 ここまでドラッグ

⑤ 横の罫線を引く

外枠を作成できた

外枠の内側に横の罫線を引く

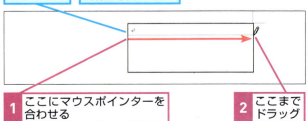

1 ここにマウスポインターを合わせる

2 ここまでドラッグ

HINT!
セルに斜めの線を引くには

手順2の方法でマウスポインターが鉛筆の形（✐）になっていれば、セルの対角線上をドラッグして、斜めに線を引けます。なお、マウスのドラッグ操作中は斜め線が赤く表示されます。

1 ここにマウスポインターを合わせる

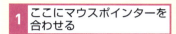

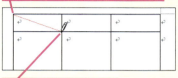

2 ここまでドラッグ

HINT!
いろいろな種類の罫線がある

罫線には、いろいろな種類があります。直線だけではなく、点線や波線に鎖線、そして立体的な線や飾り罫なども用意されています。以下の手順で操作すれば、罫線の種類を変更できます。マウスポインターが鉛筆の形（✐）になっていれば、以下の手順で線種を選び、ドラッグし直すことで作成済みの外枠の種類や太さを変更できます。詳しくは、Word・レッスン㊷を参考にしてください。

1 [表ツール]の[デザイン]タブをクリック

2 [ペンのスタイル]のここをクリック

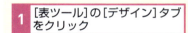

罫線の一覧が表示された

次のページに続く

36 罫線を引く

⑥ 縦の罫線を引く

- 横の罫線を引けた
- 外枠の内側に縦の罫線を2本引く
- 幅は後で調整するので、ドラッグの位置はおおまかでいい

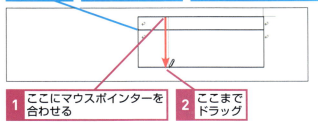

1 ここにマウスポインターを合わせる
2 ここまでドラッグ

- 縦の罫線を引けた

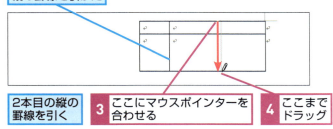

- 2本目の縦の罫線を引く
3 ここにマウスポインターを合わせる
4 ここまでドラッグ

⑦ 罫線の作成を終了する

- 縦の直線を2本引くことで6つのセルに分割された
- マウスポインターの形を元に戻す

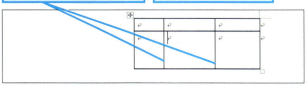

1 [表ツール]の[レイアウト]タブをクリック
◆[表ツール]タブ 表が選択されていると表示される

2 [罫線を引く]をクリック
Escキーを押しても罫線の作成を終了できる

HINT!
表や行、列を削除するには

表を削除するには、[削除]ボタンを使うと便利です。表内のセルをクリックして、[表ツール]の[レイアウト]タブにある[削除]ボタンをクリックすれば、セル、行、列、表全体から削除する対象を選べます。

1 表内のセルをクリックしてカーソルを表示
2 [表ツール]の[レイアウト]タブをクリック

3 [削除]をクリック
4 [表の削除]をクリック

HINT!
特定の列の幅をそろえるには

手順8のように[幅を揃える]ボタンを使えば、特定の列の幅を均等にそろえられます。幅をそろえる列をドラッグしてから操作しましょう。

1 ここにマウスポインターを合わせる

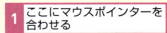

マウスポインターの形が変わった
2 ここまでドラッグ

3 [表ツール]の[レイアウト]タブをクリック

4 [幅を揃える]をクリック

8 列の幅をそろえる

| マウスポインターの形が元に戻った | 1 カーソルが表内に表示されていることを確認 |

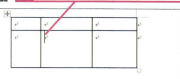

カーソルが表内に表示されていないときは、表内のセルをクリックする

2 [表ツール]の[レイアウト]タブをクリック

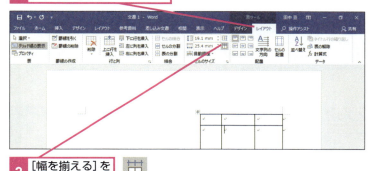

3 [幅を揃える]をクリック

9 列の幅がそろった

列の幅が均等になった

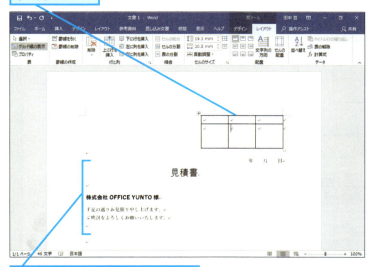

見積書に必要な内容を入力しておく

HINT!
行の高さを均等にそろえるには

[表ツール]の[レイアウト]タブにある[高さを揃える]ボタンを使うと、複数の行の高さを均等にできます。以下の例では、表内の行の高さがすべて同じになります。

1 表内のセルをクリック

2 [表ツール]の[レイアウト]タブをクリック

3 [高さを揃える]をクリック

行の高さがそろった

Point
ドラッグ操作で表を作成できる

罫線を使うと、項目と項目の区切りを明確にできるだけではなく、項目を整理した表やリストなどを作るときに便利です。また、印刷した文書に手書きで記入してもらったり、印鑑を押すための枠として罫線を使うこともあります。日本のビジネス文書では、罫線を使った書類が多く利用されています。罫線を引くことで、横書きの文章が読みやすくなったり、項目の区切りや関係がはっきりするからです。また、セルの中には改行の段落記号（↵）が表示されますが、これはセルごとに文字を入力できることを表しています。

36 罫線を引く

レッスン 37 表の中に文字を入力するには

セルへの入力

罫線を組み合わせて作成した表に、文字を入力しましょう。1つ1つのセルには、必ず改行の段落記号があります。改行の段落記号をクリックして文字を入力します。

① 入力位置を指定する

文字を入力するセルをクリックする / 1 ここをクリックしてカーソルを表示 / セルにカーソルが表示された

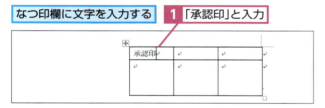

② 文字を入力する

なつ印欄に文字を入力する / 1 「承認印」と入力

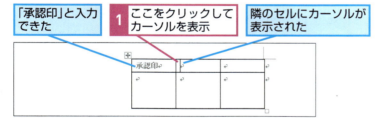

③ 隣のセルに移動する

「承認印」と入力できた / 1 ここをクリックしてカーソルを表示 / 隣のセルにカーソルが表示された

④ ほかのセルに文字を入力する

続けて、ほかのセルに文字を入力する / 1 「上長印」と入力 / 2 「担当印」と入力

キーワード	
改行	p.484
セル	p.490
段落	p.491

レッスンで使う練習用ファイル
セルへの入力.docx

ショートカットキー
Tab …………… 次のセルへ移動
Ctrl + E ………… 中央揃え

HINT!

方向キーや Tab キーで次のセルに移動できる

手順3ではクリックで隣のセルに移動しましたが、方向キーを使うと便利です。また、Tab キーを使うと、順番にセルを移動できます。文字の入力後にすぐ次のセルに移動したいときに使いましょう。

1 キーを押す

カーソルが隣のセルに移動した

 間違った場合は？

手順6で、[上揃え（中央）]ボタンや[下揃え（中央）]ボタンをクリックしてしまったときは、セルが選択された状態で[中央揃え]ボタンをクリックし直します。

⑤ 行全体を選択する

文字の配置を変える行を選択する

1 ここにマウスポインターを合わせる

マウスポインターの形が変わった

2 そのままクリック

行全体が選択された

⑥ 文字を中央に配置する

選択した行の文字をまとめてセルの中央に配置する

1 [表ツール]の[レイアウト]タブをクリック

2 [中央揃え]をクリック

⑦ 文字が中央に配置された

セル内の文字が中央に配置された

HINT!
**クリックする場所で
セルの選択範囲が変わる**

手順5では行を選択しましたが、セルをクリックする位置によって、選択される範囲が変わります。マウスポインターの形に注目すれば、効率よくセルを選択できます。

●セルの選択

1 クリック

●行の選択

1 クリック

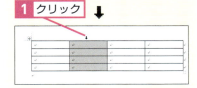

●列の選択

1 クリック

Point
表内の文字も装飾や配置を変更できる

縦横の罫線で区切られた1つ1つのセルの文字も通常の文字と同じように装飾を設定できます。[表ツール]の[レイアウト]タブにあるボタンを使えば、セルの中の文字を左右だけでなく、上下にそろえるのも簡単です。表の中に項目名などの短い文字を入力するときはセルの上下左右中央に、文字数が多いときは、[両端揃え（上）]ボタン（□）がオンになっている状態で文字を入力するといいでしょう。

---

37 セルへの入力

できる | 137

レッスン 38 列数と行数を指定して表を作るには

表の挿入

[表]ボタンの機能を使うと、列数と行数を指定するだけで罫線表を挿入できます。あらかじめ表の項目数が分かっているときは、[表]ボタンを使うといいでしょう。

1 表の挿入位置を指定する

1 スクロールバーを下にドラッグしてスクロール

2 ここをクリックしてカーソルを表示

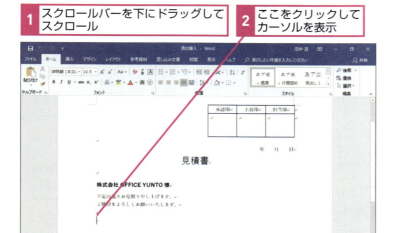

▶キーワード

行	p.485
スクロール	p.489
[表]ボタン	p.494
マウスポインター	p.497
列	p.498

 レッスンで使う練習用ファイル
表の挿入.docx

HINT!
行数と列数の多い表を挿入するには

手順2の操作で挿入できる表は8行×10列までの大きさになります。それ以上の表を挿入するには、[表の挿入]ダイアログボックスで、行数と列数を指定します。[表の挿入]ダイアログボックスの表示方法は、以下のテクニックを参考にしてください。

テクニック 文字数に合わせて伸縮する表を作る

このレッスンで作成した表は、Word・レッスン㊴で列の幅を調整しますが、入力する文字数に応じて列の幅が自動で変わる表を挿入することもできます。[表の挿入]ダイアログボックスで[文字列の幅に合わせる]を忘れずにクリックしましょう。文字が何も入力されていない状態の表が挿入されるので、Word・レッスン㊲の要領でセルに文字を入力します。

1 [挿入]タブをクリック
2 [表]をクリック

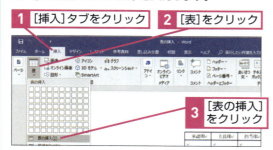

3 [表の挿入]をクリック

[表の挿入]ダイアログボックスが表示された

4 [列数]と[行数]を設定
5 [文字列の幅に合わせる]をクリック
6 [OK]をクリック

列の幅が最小の表が作成された

入力する文字数に応じて列の幅が広がる

138

② 表を挿入する

ここでは5行×4列の表を挿入する

1 [挿入]タブをクリック
2 [表]をクリック

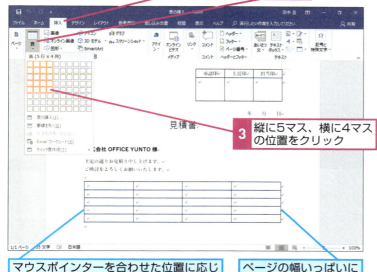

3 縦に5マス、横に4マスの位置をクリック

マウスポインターを合わせた位置に応じて、表の挿入後の状態が表示される

ページの幅いっぱいに表が表示される

③ 項目名を入力する

5行×4列の表がページの幅いっぱいに挿入された

挿入した表に項目名を入力しておく

1 表に項目名を入力
2 Word・レッスン㊲を参考に、文字の配置を[中央揃え]に変更

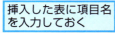
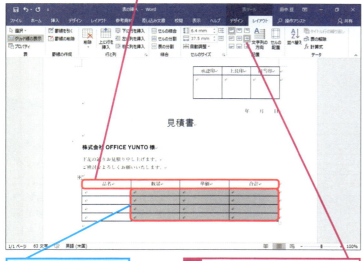

表のこのセルに数字を入力する

3 数字を入力するセルの文字の配置を[中央揃え(右)]に変更

HINT!
表内の文字は Delete キーで削除しよう

セルに入力した文字は、Delete キーで削除するようにします。なぜなら、Back space キーで文字を削除すると、自動で右インデントが設定されることがあるからです。もしも、右インデントが設定されてしまったときは、下のHINT!を参考にして、設定を修正しましょう。

HINT!
表の項目名が中央にそろわないときは

文字や画像をセルに挿入して、中央や右などに配置を設定しても、思い通りにレイアウトされないことがあります。そのときは、[レイアウト]タブの[段落]グループにある[右インデント]を[0字]に設定すると、配置を修正できます。

間違った場合は？

行数や列数を間違えて表を挿入してしまったときは、クイックアクセスツールバーの[元に戻す]ボタン（ ）をクリックして表の挿入を取り消し、手順2を参考に正しい列数と行数を指定して、表を挿入し直しましょう。

Point
集計表や見積書を作るときは[表]ボタンが便利

集計表や一覧表、見積書、請求書など、列数や行数が多い表は[表]ボタンを使って表を作成します。[表]ボタンの一覧で列数と行数を指定するだけで、罫線で仕切られた表を効率よく挿入できます。[表]ボタンで作成する表は、文書の左右幅いっぱいに挿入され、行と列が均等な幅と高さになります。また、行数や列数は後から増減が可能です。

38 表の挿入

レッスン 39 列の幅を変えるには

列の変更

［表］ボタンで挿入した表は、列の幅や行の高さが同じになります。入力する項目に合わせて列の幅を変えてみましょう。列の幅は、罫線をドラッグして変更できます。

1 列の幅を広げる

［品名］の列の幅を広くする

1 ここにマウスポインターを合わせる　マウスポインターの形が変わった

2 ここまでドラッグ

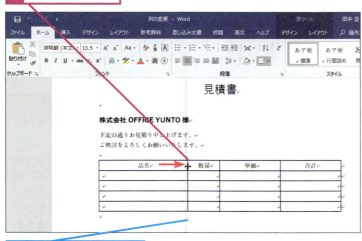

変更後の列の幅が点線で表示される

キーワード

セル	p.490
列	p.498

レッスンで使う練習用ファイル
列の変更.docx

HINT!
1つのセルだけ幅を変更するには

同じ列のほかのセルの幅は変えずに、1つのセルだけ幅を変えたいときは、マウスポインターの形が ➜ になったところをクリックして1つのセルを選択し、罫線をドラッグします。

［品名］の右のセルを選択する　**1** ここをクリック

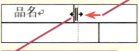

2 ここにマウスポインターを合わせる

3 ここまでドラッグ

HINT!
列の幅を文字数ぴったりにするには

列の幅を調整するときに、ドラッグではなくダブルクリックすると、文字の長さに合わせて列の幅を自動的に調整できます。ただし、文字が多すぎて1行に収まりきらないときには、セル内で文字が折り返されます。

Word・第5章　表を使った文書を作成する

テクニック ほかの列の幅は変えずに表の幅を調整する

通常の列の幅を変更する操作では、表全体の幅は変わらず、幅を変更した列の左右どちらかの列が広くなるか狭くなります。また、表の左右の罫線を内側にドラッグすれば、表全体の幅を調整できますが、左右の列の幅が縮まってしまいます。
そのような場合は、[Shift]キーを押しながら罫線をドラッグしましょう。右の例では［品名］の列の幅だけを狭くします。[Shift]キーを押しながら［品名］と［数量］の間の罫線を左にドラッグすると、［品名］の列だけが狭くなりますが、ほかの3つの列の幅は変わりません。このとき、表全体の幅が狭くなります。

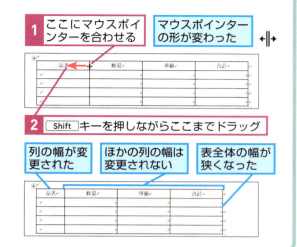

2 列の幅が広がった

［品名］の列の幅が広がった　［数量］の列の幅が狭くなった　ほかの列の幅は変更されない

HINT!
行の高さを変えるには

行の高さも自由に変更できます。手順1と同じように、行と行の間の罫線にマウスポインターを合わせてドラッグします。ただし、文字の大きさより行を低く設定することはできません。

手順1と同じ要領で行の高さを変更できる

3 ほかの列の幅を変更する

［数量］の列幅を広げて、［単価］の列幅を少し狭くする

1 手順1を参考に［数量］の列の幅を調整

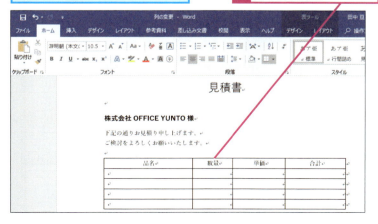

Point
列の幅を調整して表を整える

見積書などでは、品名の欄は文字を多めに入力できるように幅が広く、数字の欄が狭いことが多いでしょう。このレッスンで解説したように罫線をドラッグすれば簡単に列の幅や行の高さを変更できます。列の幅や行の高さは、文字を入力した後でも自由に調整できるので、表の内容に合わせて調整しておきましょう。

39 列の変更

できる 141

レッスン 40 行を挿入するには

上に行を挿入

表の行数や列数は、表の挿入後に変更できます。表を作っている途中で、行や列を増やしたり減らしたりするときは、このレッスンで紹介する方法で操作しましょう。

1 行の挿入位置を指定する

合計欄の上に3行挿入する

カーソルがある行が挿入位置の基準になる

1 ここをクリックしてカーソルを表示

2 行を挿入する

1 合計欄と同じ行にカーソルが表示されていることを確認

2 [表ツール]の[レイアウト]タブをクリック

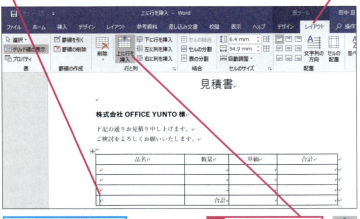

ここでは合計欄の上に行を挿入する

3 [上に行を挿入]をクリック

キーワード

行	p.485
クイックアクセスツールバー	p.485
セル	p.490

レッスンで使う練習用ファイル
上に行を挿入.docx

HINT!
カーソルのある行や列が基準になる

表に行や列を挿入するときは、挿入の基準になるセルをクリックしてカーソルを表示します。カーソルのある行や列から見て、上か下に行、左か右に列が挿入されます。

HINT!
行を簡単に挿入するには

マウスポインターを表の左端に合わせると、⊕が表示されます。この⊕をクリックすると、表に行を挿入できます。そのため、タブレットなどのタッチ対応機器でも直観的に操作できます。ただし、⊕をクリックしたときは、無条件でカーソルがある行の上に新しい行が挿入されます。

1 ここにマウスポインターを合わせる

2 ここをクリック

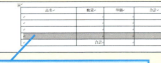

合計欄の上に行が挿入された

③ さらに行を挿入する

合計欄の上に行が1行挿入された

挿入した行は、選択された状態になる

さらに2行挿入する

1 ［上に行を挿入］を2回クリック

④ 各セルに項目を入力する

さらに行が2行挿入された

挿入した行に項目を入力しておく

1 各セルに項目を入力

2 Word・レッスン㊲を参考に文字の配置を［両端揃え（中央）］に変更

HINT!
行や列を削除するには

このレッスンでは行を追加しましたが、行や列を削除するときは以下の手順を実行します。

1 削除する行や列をクリック

2 ［表ツール］の［レイアウト］タブをクリック

3 ［削除］をクリック　削除対象の項目を選択する

⚠ 間違った場合は？

挿入した行数や位置を間違えてしまったら、クイックアクセスツールバーの［元に戻す］ボタン（）をクリックして取り消し、正しい位置をクリックしてから行を挿入し直しましょう。

Point
行や列を増やす前に基準のセルをクリックする

行や列の数は、後から自由に増やしたり、減らしたりすることができます。挿入の基準となる行や列にカーソルを移動してから操作するのがポイントです。行の場合は、［上に行を挿入］ボタンか［下に行を挿入］ボタンで、カーソルがある行の上下に挿入できます。列の場合は、［右に列を挿入］ボタンか［左に列を挿入］ボタンをクリックします。表を作っていて、入力項目が増えて行や列が足りなくなってしまったときは、このレッスンの要領で追加しましょう。逆に、行や列を減らしたいときは、［削除］ボタンをクリックして、一覧から削除項目を選びます。

できる | 143

レッスン 41 不要な罫線を削除するには

線種とページ罫線と網かけの設定

表の構造はそのままに、罫線だけを削除できます。表の内容や項目に応じて一部の罫線を消して見ためをスッキリさせたり、セルを結合したりするといいでしょう。

1 表全体を選択する

① 表内のセルをクリック
② ここにマウスポインターを合わせる

マウスポインターの形が変わった ③ そのままクリック

2 [表のプロパティ]ダイアログボックスを表示する

表全体が選択された
表の設定を変更する
① [表ツール]の[レイアウト]タブをクリック

② [プロパティ]をクリック

キーワード

クイックアクセスツールバー	p.485
罫線	p.486
セル	p.490
ダイアログボックス	p.491
プレビュー	p.496

レッスンで使う練習用ファイル
罫線の削除.docx

HINT!
リボンを使わずに表全体の設定を変更するには

セルや行、列の単位ではなく、表全体の設定をまとめて変更したいときには、[表のプロパティ]ダイアログボックスが便利です。[表のプロパティ]ダイアログボックスは、ショートカットメニューからでも表示できます。

① 表内のセルを右クリック
ショートカットメニューが表示された

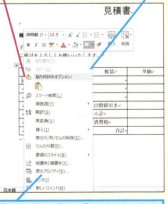

[表のプロパティ]をクリックすると[表のプロパティ]ダイアログボックスが表示される

144 Word・第5章 表を使った文書を作成する

③ ［線種とページ罫線と網かけの設定］ダイアログボックスを表示する

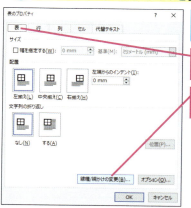

［表のプロパティ］ダイアログボックスが表示された

1 ［表］タブをクリック

2 ［線種/網かけの変更］をクリック

④ 削除する罫線を選択する

［線種とページ罫線と網かけの設定］ダイアログボックスが表示された

1 ［罫線］タブをクリック

現在選択されている罫線の線種が青い線で囲まれている

表の左側の縦の罫線を削除する

2 このボタンをクリック

⑤ さらに削除する罫線を選択する

左側の縦の罫線が消えた　　縦の罫線をすべて消す

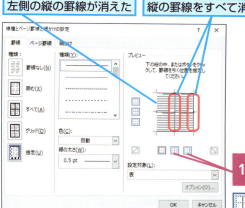

1 この2つのボタンをクリック

HINT!
内側の罫線を削除するには

［線種とページ罫線と網かけの設定］ダイアログボックスに表示される［プレビュー］を確認しながら操作すれば内側の罫線のみを簡単に削除できます。手順5のように をクリックすると、選択しているセルの範囲で、内側に含まれる罫線を削除できます。［プレビュー］の表示を確認すれば、罫線の有無が分かります。

プレビューを確認しながら操作する

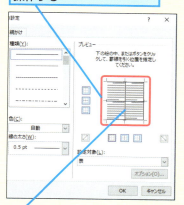

［プレビュー］内をクリックしても、罫線の削除や追加ができる

間違った場合は？

手順4や手順5で削除する罫線を間違えたときには、もう一度、同じボタンをクリックして削除してしまった罫線を表示し、削除する罫線を選び直します。削除した罫線が分からなくなってしまったときは、［キャンセル］ボタンをクリックして、［線種とページ罫線と網かけの設定］ダイアログボックスを閉じ、もう一度手順2から操作をやり直しましょう。

次のページに続く

41 線種とページ罫線と網かけの設定

6 罫線の削除を確定する

縦の罫線がすべて削除された

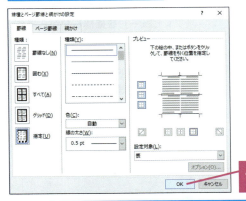

1 [OK] を クリック

[線種とページ罫線と網かけの設定]ダイアログボックスが閉じて、[表のプロパティ]ダイアログボックスが表示された

2 [OK] を クリック

7 縦の罫線が削除されたことを確認する

1 ここをクリックして表の選択を解除

表の選択が解除された

2 縦の罫線が削除されていることを確認

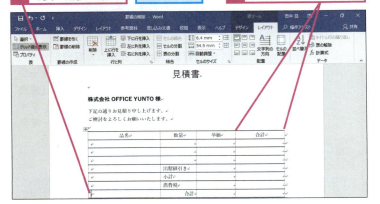

HINT!

罫線を削除すると グリッド線が表示される

罫線を削除すると、灰色のグリッド線が表示されます。グリッド線は印刷されませんが、罫線が消えても、表としての役割が残っていることを示しています。

罫線を削除してもグリッド線は残る

HINT!

グリッド線を 非表示にするには

[表ツール]の[レイアウト]タブにある[グリッド線の表示]ボタンをクリックすると、表示されているグリッド線が消えます。もう一度クリックすると、グリッド線が再表示されます。

表全体を選択しておく

1 [表ツール]の[レイアウト]タブをクリック

2 [グリッド線の表示]をクリック

グリッド線が表示されなくなる

⚠ 間違った場合は？

間違った罫線を削除してしまったときは、クイックアクセスツールバーの[元に戻す]ボタン（）を必要に応じてクリックし、手順8から操作をやり直してください。

146 できる

8 罫線を削除する準備をする

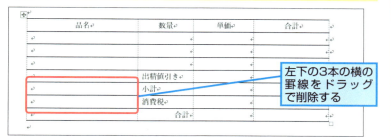

1 ［表ツール］の［レイアウト］タブをクリック

2 ［罫線の削除］をクリック

9 横の罫線を削除する

マウスポインターの形が変わった

1 削除する罫線にマウスポインターを合わせる

2 そのままクリック

3 同様にして、残りの2本の罫線を削除

10 罫線を削除できた

3本の横の罫線を削除できた／セルが1つのセルに結合した

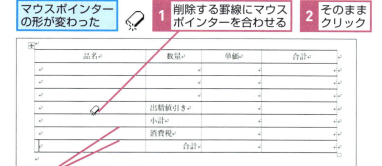

手順8を参考に［罫線の削除］をクリックして、罫線の削除を終了する

HINT!
セルを結合すると文字の配置が変わる

［罫線の削除］ボタンでセルの境界線を削除すると、左右や上下のセルが結合して、1つのセルになります。［中央揃え］が設定されているセルを結合させると、文字は新しいセルに合わせて中央に配置されます。

1 削除する罫線をドラッグ

新価格	備考
1,000 円	ランチ 850 円
750 円	ランチ 680 円

セルが結合した

新価格	備考
1,000 円	ランチ 850 円
750 円	ランチ 680 円

セル内の文字が結合セルに合わせて再配置された

Point
不要な線を消すと、表がスッキリする

表を使うと、文字や数字が読みやすくなります。しかし、罫線が多くなり過ぎると、反対に縦や横の文字と数字を比べたり、確認したりするのに邪魔になることがあります。そうしたときは、不要な罫線を削除してみましょう。表の見ためがスッキリとして、見やすくなります。ただし、ただ単に罫線を削除するのではなく、罫線を削除してセルを結合するのか、罫線の表示だけを消して表としての機能はそのまま使うのか、2つの方法を使い分けて、誰が見ても見やすい表を作ることを心がけましょう。

レッスン 42

罫線の太さや種類を変えるには
ペンの太さ、ペンのスタイル

罫線の太さや種類を変えると表にメリハリが付きます。このレッスンで紹介する方法で、小計や合計など、表を区切って項目を区別すれば、表の印象が変わります。

1 罫線の太さを選択する

1 表内のセルをクリックしてカーソルを表示
2 [表ツール]の[デザイン]タブをクリック
3 [ペンの太さ]のここをクリック

罫線の太さの一覧が表示された

4 [2.25pt]をクリック

▶キーワード

クイックアクセスツールバー	p.485
罫線	p.486
スタイル	p.489
セル	p.490
ダイアログボックス	p.491
マウスポインター	p.497

📄 **レッスンで使う練習用ファイル**
罫線の書式.docx

HINT!
複数の線の種類を変えるには

線の種類をまとめて変更するには、[線種とページ罫線と網かけの設定]ダイアログボックスを表示しましょう。線の種類を選択し、ボタンをクリックし直して罫線を引き直します。

1 Word・レッスン㊶の手順1～3を参考に、[線種とページ罫線と網かけの設定]ダイアログボックスを表示

2 [罫線]タブをクリック
3 [種類]で線種を選択

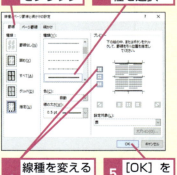

4 線種を変える場所を2回クリック
5 [OK]をクリック

ボタンをクリックした場所の罫線が二重線になる

2 罫線を太くする

マウスポインターの形が変わった
「出精値引き」の下の罫線を太くする

1 ここにマウスポインターを合わせる
2 ここまでドラッグ

ドラッグしている間、太い罫線になる部分が灰色で表示される

Word・第5章 表を使った文書を作成する

3 罫線が太くなった

ドラッグした部分の罫線が太くなった

4 罫線の種類を選択する

合計欄の上の罫線を二重線にする

1 [ペンのスタイル]のここをクリック

罫線の種類の一覧が表示された

2 ここをクリック

HINT!

罫線の色を変更するには

以下の手順で操作すれば、罫線の色を後から変更できます。[表ツール]の[デザイン]タブにある[ペンの色]ボタンをクリックして一覧から色を選択しましょう。それから色を変える罫線をドラッグします。

1 [表ツール]の[デザイン]タブをクリック

2 [ペンの色]をクリック

3 好みの色をクリック

4 色を変える罫線をドラッグ

罫線の色が変わった

⚠ 間違った場合は？

手順2で別の罫線の太さを変更してしまったときは、クイックアクセスツールバーの[元に戻す]ボタン（）で取り消して、正しい場所をドラッグし直しましょう。

次のページに続く

42 ペンの太さ、ペンのスタイル

⑤ 二重線にする罫線を選択する

| マウスポインターがペンの形になっていることを確認する | 二重線にする罫線をドラッグして選択する |

1 ここにマウスポインターを合わせる　　**2** ここまでドラッグ

ドラッグしている間は灰色の線が表示される

HINT!
罫線を非表示にするには

罫線だけを非表示にするには、以下のように操作して、罫線をドラッグします。罫線の削除とは異なり、セルは残ります。[罫線なし]でドラッグした罫線は、灰色のグリッド線で表示されます。

1 [ペンのスタイル]のここをクリック

2 [罫線なし]をクリック

非表示にする罫線をドラッグする

テクニック　表のデザインをまとめて変更できる！

表の色やデザインをまとめて設定するには[表ツール]の[デザイン]タブにある[表のスタイル]を利用するといいでしょう。あらかじめ用意されている配色を選ぶだけで、表のデザインを一度にまとめて変更できます。一覧で表示されたデザインにマウスポインターを合わせると、操作結果が一時的に表示されるので、実際のイメージを確かめながら好みの配色を選べます。ただし、この方法でデザインを変更すると、設定済みのセルの背景色や罫線の種類はすべて変更されます。

1 表内のセルをクリック　　**2** [表ツール]の[デザイン]タブをクリック

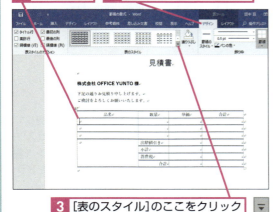

3 [表のスタイル]のここをクリック

デザインの一覧が表示された

4 好みのデザインをクリック

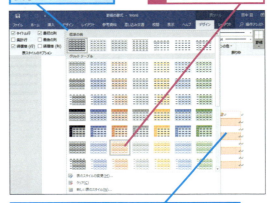

デザインにマウスポインターを合わせると、一時的に表のデザインが変わり、設定後の状態を確認できる

表のデザインが変わった

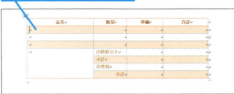

⑥ 罫線が二重線になった

ドラッグした部分の線が二重線になった

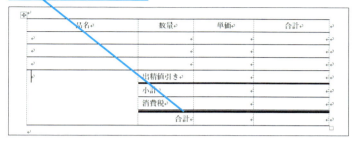

⑦ 罫線の変更を終了する

罫線の変更を終了して、マウスポインターの形を元に戻す

1 [表ツール]の[デザイン]タブをクリック

2 [罫線の書式設定]をクリック

[Esc]キーを押しても罫線の変更を終了できる

⑧ 罫線の太さと種類を変更できた

マウスポインターの形が元に戻った

HINT!
セルに背景色を付けるには

セルの背景に色を付けたいときは、[表ツール]の[デザイン]タブにある[塗りつぶし]ボタンをクリックして、色を選びます。ただし、[塗りつぶし]ボタンは上下で分割されていることに注意してください。[塗りつぶし]の文字が明記されている部分のボタンをクリックすると、色の一覧が表示されます。色の一覧には[テーマの色]と[標準の色]がありますが、[その他の色]をクリックすれば[色の設定]ダイアログボックスで色を設定できます。

1 背景色を付けるセルを選択してカーソルを表示

2 [表ツール]の[デザイン]タブをクリック

3 [塗りつぶし]をクリック
4 好みの色をクリック

セルに背景色が設定される

Point
罫線の太さや種類を変えて表を見やすくしよう

線の太さや種類を変えれば、表の見やすさが変わります。外枠や明細と項目を仕切る線を太くすることで、表全体が引き締まった印象になります。また、行が多くて線が目立つときは一部を削除したり、色を薄くしたりするといいでしょう。線の種類や色を工夫することによって、見やすく品がいい表に仕上げることができます。

レッスン 43

表の中で計算するには

計算式

罫線で仕切られたセルは、Excelと同じように座標があり、入力した数値を利用して計算ができるようになっています。計算式を設定して、掛け算を行ってみましょう。

1 [計算式] ダイアログボックスを表示する

ここでは、商品の数量と単価を掛け合わせた金額を求める

1. 計算式を挿入するセルをクリック
2. [表ツール] の [レイアウト] タブをクリック
3. [計算式] をクリック

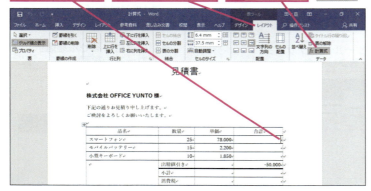

▶キーワード

セル	p.490
フィールドコード	p.495

📄 **レッスンで使う練習用ファイル**
計算式.docx

⌨ **ショートカットキー**

[Shift] + [F9]
…… フィールドコードの表示/非表示

HINT!
セルと座標の関係を知ろう

罫線で仕切られた表は、左上をA1として横にABCDE……、縦に12345……と順番に座標が設定されています。計算式を入力するときには、座標を使って、どこのセルにある数値を利用するのかを指定します。

	A	B	C
1	A1	B1	C1
2	A2	B2	C2
3	A3	B3	C3

2 計算式を入力する

[計算式] ダイアログボックスが表示された

あらかじめ入力されている計算式を削除する

1. [Back space] キーを押して「=」以外を削除

スマートフォンの「数量×単価」を表す計算式を入力する

2. 半角で「B2*C2」と入力

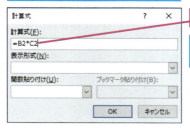

「*」を入力するには [Shift] + [け] キーを押す

HINT!
計算に使う記号と意味

計算に使う記号と意味は、以下のようになっています。

記号	読み	意味
＋	プラス	足し算
−	マイナス	引き算
＊	アスタリスク	掛け算
／	スラッシュ	割り算

 間違った場合は？

間違ったセルの座標や計算式を入力したときは、[Back space] キーで削除して、正しい内容を入力し直しましょう。

③ 表示形式を選択する

計算結果に「,」（カンマ）が付くように表示形式を選択する

1 [表示形式]のここをクリックして[#,##0]を選択

2 [OK]をクリック

④ 計算結果が表示された

計算式が入力され、計算結果が表示された

品名	数量	単価	合計
スマートフォン	25	78,000	1,950,000
モバイルバッテリー	15	2,200	
小型キーボード	10	1,850	
	出精値引き		-50,000
	小計		
	消費税		
	合計		

⑤ 残りの計算式を入力する

続けて下のセルに「数量×単価」を表す計算式を入力する

1 手順1～4を参考に「=B3*C3」と入力

品名	数量	単価	合計
スマートフォン	25	78,000	1,950,000
モバイルバッテリー	15	2,200	33,000
小型キーボード	10	1,850	18,500
	出精値引き		-50,000
	小計		
	消費税		
	合計		

2 手順1～4を参考に「=B4*C4」と入力

HINT!
［表示形式］って何？

［表示形式］は、計算結果の形式を指定するための項目です。通常の数字は、計算結果にしたがって、小数点まで表示されますが、手順3で［表示形式］を［#,##0］と指定しておけば、小数点以下は四捨五入され、3けた以上の整数は「,」（カンマ）付きで表示されるようになります。

HINT!
「フィールドコード」に計算式が記述されている

セルに入力された計算式は「フィールドコード」という特殊な記号です。そのため、スマートフォンの「数量×単価」を計算した「1,950,000」の計算式を下のセルにコピーしても、セルの座標は自動的に変わりません。そこで、計算式をコピーするには、Shift + F9 キーを押してフィールドコードを表示し、後から座標を修正します。

◆フィールドコード

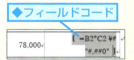

Point
Wordの罫線表で計算ができる

Wordの表は、Excelのワークシートと同じように、線で仕切られたすべてのセルに座標があります。しかし、Wordの表では「ABC」や「123」というようなセルの座標を示す表示がありません。前ページのHINT!などを参考に、自分で表の左端を「A1」と考えて、セルの座標を計算式に入力していく必要があります。計算式の指定方法も、基本的にはExcelと同じです。計算の対象となるセルの座標と記号を組み合わせて計算を行いましょう。

レッスン
44 合計値を計算するには
関数の利用

Wordの表の中で、小計や消費税の計算をしてみましょう。フィールドコードと呼ばれる特殊なコードを入力すると、四則演算や関数を使った計算を実行できます。

① 計算式を入力するセルを選択する

すべての商品の金額と出精値引きを足した金額を小計として表示する

1 ここをクリックしてカーソルを表示

キーワード

カーソル	p.484
クイックアクセスツールバー	p.485
セル	p.490
ダイアログボックス	p.491
フィールドコード	p.495

📄 レッスンで使う練習用ファイル
関数の利用.docx

⌨ ショートカットキー

[Shift] + [F9]
……フィールドコードの表示/非表示

② [計算式] ダイアログボックスを表示する

1 [表ツール]の[レイアウト]タブをクリック

2 [計算式]をクリック

③ 合計の数式が入力されていることを確認する

[計算式]ダイアログボックスが表示された

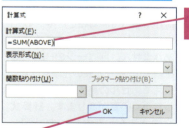

1 「=SUM(ABOVE)」と入力されていることを確認

2 [OK]をクリック

HINT!
SUMとABOVEの意味

手順3の[計算式]に表示された「=SUM（ABOVE）」とは、「式を定義したセルの上（ABOVE）にある数字を合計（SUM）する」という意味の計算式です。「SUM」のような英単語は関数と呼ばれ、通常であれば「D2+D3+D4+D5」と記述しなければならない式を簡単にします。Wordでは、以下の表にある関数を利用できます。

関数	意味
ABS	絶対値を求める
AND	論理積を求める
AVERAGE	平均を求める
COUNT	個数を数える
INT	セルの値を整数にする
MAX	最大値を求める
MIN	最小値を求める
MOD	割り算の余りを求める
ROUND	四捨五入する
SUM	数値を合計する

④ 計算結果が表示された

自動的に上のセルすべての合計値が表示された

品名	数量	単価	合計
スマートフォン	25	78,000	1,950,000
モバイルバッテリー	15	2,200	33,000
小型キーボード	10	1,850	18,500
	出精値引き		-50,000
	小計		1,951,500
	消費税		
	合計		

⑤ 消費税の計算式を入力する

消費税の計算式を入力する

1 Word・レッスン㊸を参考に「=D6*0.08」と入力

消費税が表示された

品名	数量	単価	合計
スマートフォン	25	78,000	1,950,000
モバイルバッテリー	15	2,200	33,000
小型キーボード	10	1,850	18,500
	出精値引き		-50,000
	小計		1,951,500
	消費税		156,120
	合計		

⑥ 合計の計算式を入力する

小計と消費税を足した金額を合計として表示する

1 Word・レッスン㊸を参考に「=D6+D7」と入力

品名	数量	単価	合計
スマートフォン	25	78,000	1,950,000
モバイルバッテリー	15	2,200	33,000
小型キーボード	10	1,850	18,500
	出精値引き		-50,000
	小計		1,951,500
	消費税		156,120
	合計		2,107,620

自動的に小計と消費税を足した金額が表示された

Word・レッスン⑬を参考に「見積書」という名前を付けて文書を保存しておく

HINT!
関数と計算式は組み合わせて利用できる

ここでは、いったん関数で合計値を算出してから、そのセルの値と消費税の0.08を掛けましたが、関数と計算式はフィールドコードの中で組み合わせて使えます。例えば、「{=SUM(ABOVE)*0.08}」という計算式を使えば、合計値に対する8％の数字を一度に算出できます。ただし、「=SUM(ABOVE)」は、上のセルの値をすべて合計するので、［小計］の項目が計算式を入力したセルの上に含まれていると、正しい計算結果になりません。［小計］の行を削除して計算式を入力してください。

⚠ 間違った場合は？

［計算式］ダイアログボックスに間違った計算式を入力してしまったときは、[!構文エラー :]と表示されます。そのときは、クイックアクセスツールバーの［元に戻す］ボタン（）で取り消して、正しい計算式を挿入し直してください。

Point
座標の考え方や計算式の設定はExcelと同じ

Wordの表を使った計算式の設定や関数の働きは、基本的にはExcelと同じです。セルの座標は、左上を「A1」として、列（ABCD～）と行（1234～）の組み合わせを計算式で利用します。関数の種類はExcelほど多くはありませんが、四則演算のほか、合計を求めるSUM（サム）、平均のAVERAGE（アベレージ）、最大のMAX（マックス）や最小のMIN（ミニマム）などが利用できます。また、計算の対象にするセルの座標をすべて入力しなくても、「ABOVE」や「LEFT」といった関数を使えば、上すべてや左すべてのセルをまとめて指定できます。

44 関数の利用

この章のまとめ

●罫線と表の挿入を使い分ける

表を作成するには、ドラッグして罫線を引く方法と、列数や行数を指定して挿入する方法の2つがあります。行数や列数が多い表を作るときには、[挿入] タブの [表] ボタンから表の挿入を実行し、後から罫線の機能を使って線の種類や色を変えていくと、少ない手間で実用的な表を作成できます。また、Wordの表は、行の高さや列の幅を自由に調整できるだけでなく、追加や削除も簡単です。

そのため、はじめから行数と列数を厳密に考えておく必要はありません。表を作っていく途中で、その都度行数や列数を修正していけばいいのです。さらにWordでは、セルに入力されている数値を利用して合計などを計算できます。作成する書類や表の内容によっては、Word・レッスン㊷のテクニックで紹介した方法で、表のデザインをまとめて変更してもいいでしょう。

表の挿入と編集

ドラッグして罫線を引く方法とボタンで表を挿入して行や列を追加する方法があるので、内容や用途によって機能を使い分ける。罫線を削除したり、太さや種類を変更したりすることで表にメリハリを付けよう

Word・第5章　表を使った文書を作成する

練習問題

1

右のような表を作成してみましょう。

●ヒント：セルを結合させるには、［表ツール］の［レイアウト］タブにある［セルの結合］ボタンを使います。

ここでは「6行×2列」の表を作成する

ドラッグでセルを選択してから結合を実行する

2

練習問題1で作成した表の列の幅を変更してみましょう。ここではルーラーを表示して中央の罫線を［4］と［6］の間にドラッグします。同様に右端の罫線を［24］と［26］の間にドラッグしてください。

●ヒント：列の幅は、罫線をドラッグして変更できます。

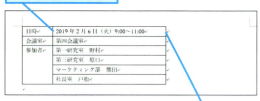

中央の罫線を左側にドラッグする

同じく右端の罫線を左側にドラッグして列の幅を狭くする

答えは次のページ

解答

1

複数のセルを1つに結合するには、結合するセルをドラッグして選択してから［セルの結合］ボタンをクリックします。

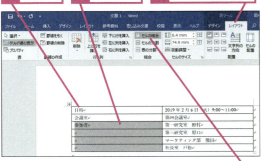

2

列の幅を変更するには、罫線をドラッグします。表の右端の罫線を左側にドラッグすると、表全体の幅が狭くなります。

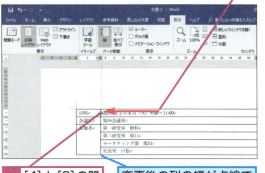

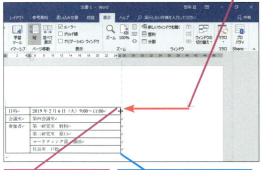

Word

第6章

年賀状を素早く作成する

この章では、Wordで年賀状を作成します。用紙サイズの変更やワードアート、テキストボックスの機能を利用すれば、自分の思い通りに文面をレイアウトできます。また、ウィザードという設定機能を使って、あて名を印刷する方法も紹介します。

●この章の内容

㊺ はがきに印刷する文書を作ろう……………………………… 160
㊻ はがきサイズの文書を作るには …………………………… 162
㊼ カラフルなデザインの文字を挿入するには…………… 164
㊽ 縦書きの文字を自由に配置するには ………………… 168
㊾ 写真を挿入するには ……………………………………… 172
㊿ 写真の一部を切り取るには …………………………… 176
51 はがきのあて名を作成するには………………………… 180

レッスン 45

はがきに印刷する文書を作ろう

はがき印刷

A4サイズの文書以外にも、はがきなどのいろいろな用紙サイズの文書を作成できます。また、[はがき宛名面印刷ウィザード]で、あて名のレイアウトを設定できます。

はがき文面の作成

はがきの文面を作るには、まず用紙サイズを［はがき］に設定します。このとき、ワードアートやテキストボックスを使うと、自由な位置に文字を配置できて便利です。また、デジタルカメラで撮影した写真を挿入してオリジナリティーのある年賀状を作ってみましょう。

キーワード

ウィザード	p.483
テキストボックス	p.493
はがき宛名面印刷ウィザード	p.494
フォント	p.495
ワードアート	p.498

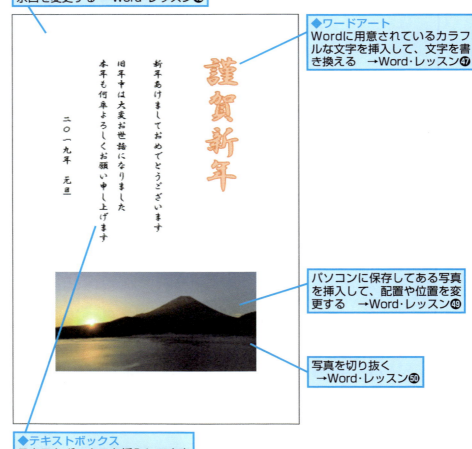

- 用紙サイズを［はがき］に変更して、余白を変更する →Word・レッスン㊻
- ◆ワードアート Wordに用意されているカラフルな文字を挿入して、文字を書き換える →Word・レッスン㊼
- パソコンに保存してある写真を挿入して、配置や位置を変更する →Word・レッスン㊾
- 写真を切り抜く →Word・レッスン㊿
- ◆テキストボックス テキストボックスを挿入して文字を入力する →Word・レッスン㊽

年賀状を素早く作成する　Word・第6章

はがきあて名面の作成

［はがき宛名面印刷ウィザード］を使うと、官製はがきや年賀はがきなどに、郵便番号も含めて、きちんと住所を印刷できる文書を作成できます。

HINT!
「ウィザード」って何？

「ウィザード」とは、画面に表示された選択肢を手順にしたがって選ぶだけで、複雑な設定などを簡単に行ってくれる機能です。［はがき宛名面印刷ウィザード］では、はがきの種類やフォントの種類、差出人の情報などを入力するだけで、あて名面の基盤となるものを作成できます。

◆はがき宛名面印刷ウィザード

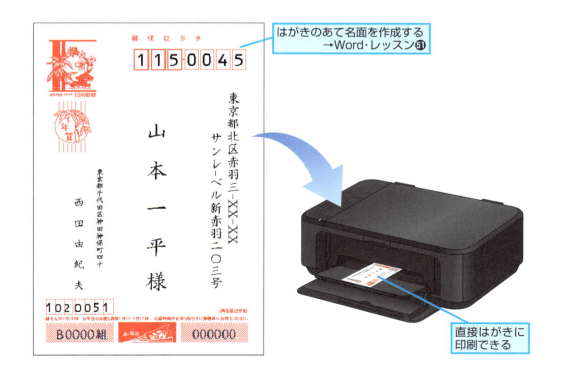

はがきのあて名面を作成する
→Word・レッスン㊱

直接はがきに印刷できる

レッスン 46 はがきサイズの文書を作るには

サイズ、余白

はがきの文面を作るときは、Wordのページ設定で、用紙サイズを指定します。「はがき」や「A6サイズ」を指定すると、編集画面の大きさが変わります。

キーワード

ダイアログボックス	p.491
プリンター	p.496
余白	p.497

1 用紙サイズを変更する

用紙をはがきの大きさに変更する

1 [レイアウト]タブをクリック
2 [サイズ]をクリック

3 ここを下にドラッグしてスクロール

4 [はがき]をクリック

注意 [サイズ]ボタンの一覧に表示される用紙サイズは、使っているプリンターの種類によって異なります

HINT! 用意されている余白も選べる

余白は[余白]ボタンの一覧からも設定ができます。通常は[標準]に設定されていますが、手順2で、[狭い]や[やや狭い]を選択すると、文字や画像などを印刷する領域を簡単に変更できます。

HINT! 余白をマウスで設定するには

余白の数字をマウスで変更するには、手順3で[上][下][左][右]のボックスの右側にある ▼ をクリックします。クリックするごとに数字が1つずつ減ります。

手順3の画面を表示しておく

ここをクリックすると数字が1ずつ増える

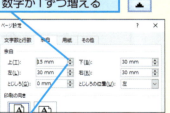

ここをクリックすると数字が1ずつ減る

2 [ページ設定]ダイアログボックスを表示する

用紙をはがきの大きさに変更できた

余白を小さくする

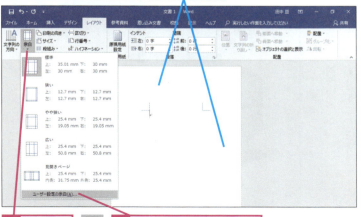

1 [余白]をクリック
2 [ユーザー設定の余白]をクリック

⚠ 間違った場合は？

余白に入力する数字を間違えたときは、Back spaceキーを押して削除し、入力し直してください。

年賀状を素早く作成する Word・第6章

❸ 余白のサイズを変更する

[ページ設定]ダイアログボックスが表示された

1 [上][下][左][右]に「15」と入力

ここではどのプリンターでも印刷できるように、余白を15ミリに設定する

2 [OK]をクリック

❹ 余白が変更された

余白が小さくなった

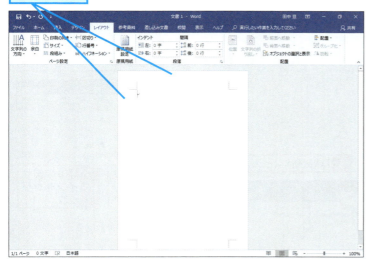

HINT!
余白のエラーメッセージが表示されたときは

「余白が印刷できない領域に設定されています。」というメッセージが表示されたら、[修正]ボタンをクリックして余白を修正してください。

HINT!
フチなし印刷を実行するには

「フチなし印刷」ができるプリンターの場合は、付属の取扱説明書を参照して、あらかじめフチなし印刷の設定を選んでおくと、はがきの端から端まで印刷できます。また、プリンターでフチなし印刷を設定すると、[ページ設定]ダイアログボックスの設定が無効になる場合があります。

HINT!
ページ全体を表示するには

[表示]タブにある[1ページ]ボタンをクリックすると、1ページを画面いっぱいに表示できます。ページ全体のレイアウトを画面で確かめながら編集作業を行うときに便利です。

Point
余白を小さくすれば文面が広くなる

[ページ設定]ダイアログボックスで指定する余白のサイズは、文書の四隅にある「印刷しない部分」の大きさを表します。通常のページ設定では、余白が大きめに設定されています。はがきのように小さめの紙を有効に使うには、余白を小さくして、文面を広くした方がいいでしょう。また、設定できる余白の数字は、利用するプリンターによって異なります。一般的には、5～10ミリが最小ですが、プリンターによっては0ミリに指定できます。プリンターの取扱説明書で余白を何ミリまで小さくできるかを調べておきましょう。

レッスン 47 カラフルなデザインの文字を挿入するには

ワードアート

「ワードアート」を使うと、標準の装飾とは違う、カラフルで凝ったデザインの文字を入力できます。ワードアートを使って、題字を入力してみましょう。

▶キーワード

フォント	p.495
ワードアート	p.498

📄 レッスンで使う練習用ファイル
ワードアート.docx

1 ワードアートのデザインを選択する

デザインを選んで、ワードアートを挿入する

① [挿入]タブをクリック
② [ワードアートの挿入]を クリック

[ワードアート]の一覧が表示された

ここでは[塗りつぶし: オレンジ、アクセントカラー 2; 輪郭: オレンジ、アクセントカラー 2]を選択する

③ [塗りつぶし: オレンジ、アクセントカラー 2; 輪郭: オレンジ、アクセントカラー 2]をクリック

HINT!
後からワードアートのデザインを変更するには

一度挿入したワードアートのデザインを後から変えるには、まず、ワードアートの文字をドラッグしてすべて選択します。次に、[描画ツール]の[書式]タブにある[クイックスタイル]ボタンをクリックしてワードアートのデザインを選び直します。なお、利用しているパソコンの解像度が高いときは[クイックスタイル]ボタンの代わりに[ワードアートスタイル]の[その他]ボタン（）をクリックしてワードアートのデザインを選び直してください。

① ワードアートの文字を選択
② [描画ツール]の[書式]タブをクリック

③ [クイックスタイル]をクリック
④ 好みのデザインをクリック

2 ワードアートの文字を書き換える

ワードアートが挿入された

文字が選択された状態で内容を書き換える

① 「謹賀新年」と入力

⚠ **間違った場合は？**

手順2で入力する文字を間違えたときは、キーを押して削除し、正しい文字を入力し直しましょう。

③ ワードアートを縦書きに変更する

ワードアートの文字を縦書きに変更する

1 [描画ツール]の[書式]タブをクリック

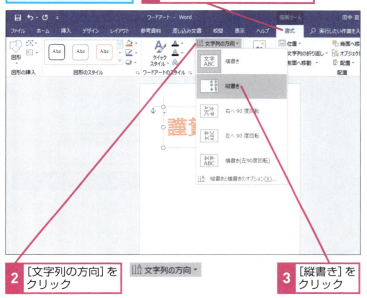

2 [文字列の方向]をクリック

3 [縦書き]をクリック

④ [フォント]の一覧を表示する

ワードアートが縦書きになった

ワードアートの文字をすべて選択して、フォントを変更する

1 文字をドラッグして選択

2 [ホーム]タブをクリック

3 [フォント]のここをクリック

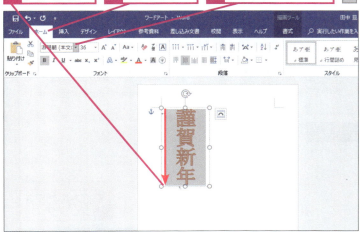

点線で表示されているワードアートの枠線をクリックしても、ワードアートの文字をすべて選択できる

HINT!
後から文字を修正するには

ワードアートで入力した文字を修正したいときには、ワードアートの枠内をクリックして、カーソルを表示します。通常の文字と同じように、文字の変更や削除・追加ができます。

HINT!
ワードアートの文字も斜体や下線などの装飾ができる

ワードアートで入力した文字は、通常の文字と同じく、フォントの種類やフォントサイズの変更、斜体や下線などの装飾も可能です。フォントの種類を変えると、ワードアートの見ためが大きく変わるので、いろいろなフォントを試してみるといいでしょう。

HINT!
入力済みの文字をワードアートに変更するには

以下の手順で操作すれば、編集画面に入力した文字をワードアートに変更できます。ただし、ワードアートにした文字は、編集画面から削除されて、テキストボックス内の文字になります。

1 文字をドラッグして選択

2 [挿入]タブをクリック

3 [ワードアートの挿入]をクリック

4 好みのデザインをクリック

文字がワードアートに変わる

次のページに続く

⑤ フォントを選択する

フォントの一覧が表示された

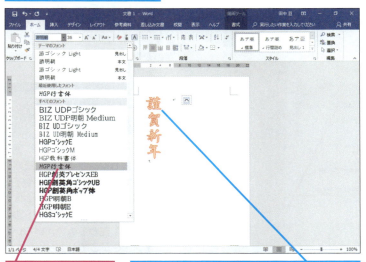

1 ［HGP行書体］をクリック

フォントにマウスポインターを合わせると、一時的に文字の種類が変わり、設定後の状態を確認できる

HINT!
ワードアートのフォントサイズも変更できる

ワードアートのフォントサイズは、通常の文字と同じように変更できます。フォントサイズを変更する文字をドラッグして選択し、［ホーム］タブにある［フォントサイズ］で変更します。

文字をドラッグして選択しておく

1 ［フォントサイズ］のここをクリック

2 フォントサイズを選択

テクニック　内容や雰囲気に応じて文字を装飾しよう

ワードアートとしてテキストボックスの中に入力された文字は、［描画ツール］の［書式］タブにある［文字の効果］ボタンを使って、影や反射、光彩、ぼかしなど、多彩な装飾を設定できます。ワードアートの挿入後にさまざまな効果を試してみましょう。

1 文字をドラッグして選択

点線で表示されているワードアートの枠線をクリックしても、ワードアートの文字をすべて選択できる

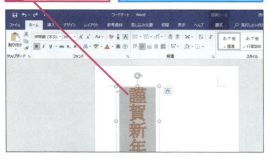

2 ［描画ツール］の［書式］タブをクリック

3 ［文字の効果］をクリック

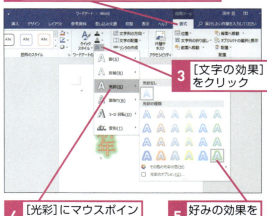

4 ［光彩］にマウスポインターを合わせる

5 好みの効果をクリック

効果にマウスポインターを合わせると、一時的に書式が変わり、設定後の状態を確認できる

⑥ ワードアートを移動する

ワードアートのフォントが変更された

ワードアートを移動する

1 テキストボックスの枠線にマウスポインターを合わせる

マウスポインターの形が変わった

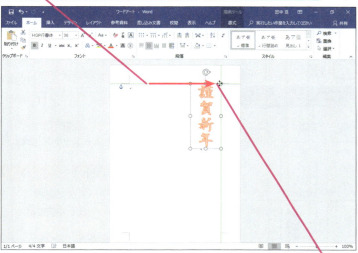

2 ここまでドラッグ

⑦ ワードアートが移動した

ワードアートを好みの位置に移動できた

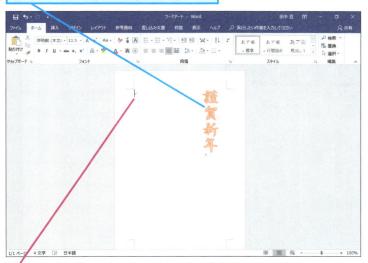

1 ここをクリック　ワードアートの選択が解除された

HINT!

ガイドを利用して配置を変更できる

ワードアートなどのオブジェクトをマウスでドラッグすると、ガイドが表示されます。ガイドを目安にして、ほかのオブジェクトと位置をそろえたり、水平や垂直位置のバランスを整えたりすることができます。

ワードアートなどのオブジェクトをドラッグすると、黄緑色のガイドが表示される

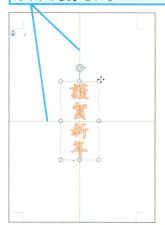

ページの中央にワードアートをドラッグすると、ガイドが十字に表示される

Point

ワードアートで文字をデザインする

ワードアートを使えば、立体感のあるカラフルな文字を入力できます。ワードアートを活用して、年賀状の題字のほか、ロゴやチラシのタイトル、見出しやマークなどを作ってみましょう。Wordに用意されているワードアートの数はそれほど多くありませんが、フォントや書式、効果を変えることで、さまざまな印象の文字にできます。

レッスン

48 縦書きの文字を自由に配置するには

縦書きテキストボックス

縦書きテキストボックスを使うと、文書全体を縦書きに設定しなくても、縦書きの文章を挿入できます。縦書きテキストボックスを使って、文面を入力してみましょう。

1 テキストボックスの種類を選択する

1 [挿入]タブをクリック
2 [テキストボックス]をクリック

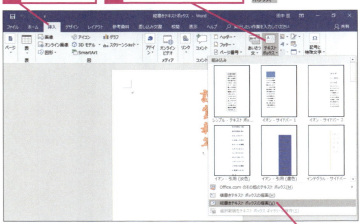

3 [縦書きテキストボックスの描画]をクリック

2 テキストボックスの大きさを指定する

1 ここにマウスポインターを合わせる
マウスポインターの形が変わった

2 ここまでドラッグ
ドラッグすると、テキストボックスのサイズが灰色の枠線で表示される

▶キーワード

オブジェクト	p.484
縦書きテキストボックス	p.491
テキストボックス	p.493
ハンドル	p.494
フォント	p.495

レッスンで使う練習用ファイル
縦書きテキストボックス.docx

⌨ショートカットキー

`Ctrl` + `A` ………… すべて選択
`Ctrl` + `E` ………… 上下中央揃え

HINT!

テキストボックスを移動するには

まずテキストボックスを選択し、それから点線で表示されているテキストボックスの枠線をクリックして、テキストボックス全体を選択します。テキストボックスの枠線が直線で表示されている状態で枠線をクリックして、そのままドラッグしてください。

1 枠線にマウスポインターを合わせる

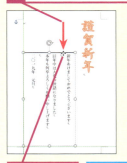

2 ここまでドラッグ
テキストボックスが移動する

年賀状を素早く作成する Word・第6章

168 できる

❸ 文字を入力する

縦書きのテキストボックスが作成された

1 テキストボックスに以下の文字を入力

```
新年あけましておめでとうございます↵
↵
旧年中は大変お世話になりました↵
本年も何卒よろしくお願い申し上げます↵
↵
二〇一九年　元旦
```

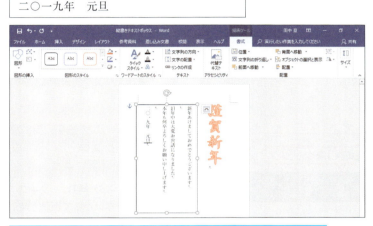

テキストボックスが小さ過ぎて文字が入りきらないときは、ハンドルをドラッグしてサイズを変更する

❹ フォントを変更する

文字を入力できた

1 入力した文字をドラッグして選択

テキストボックス内にカーソルがあれば、[Ctrl]+[A]キーを押してもいい

2 Word・レッスン㉔を参考に[フォント]を[HGS行書体]に変更

HINT!

テキストボックスのサイズをドラッグで変更するには

ハンドル（○）をドラッグして、テキストボックスを大きくすると、その分文字を多く入力できます。

1 ハンドルにマウスポインターを合わせる

2 ここまでドラッグ

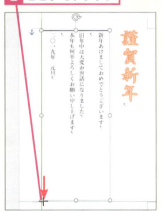

⚠ 間違った場合は？

手順1で［縦書きテキストボックス］以外の図形やテキストボックスを挿入してしまったときは、クイックアクセスツールバーの［元に戻す］ボタン（↶）をクリックして挿入を取り消すか、オブジェクトをクリックし、[Delete]キーを押して削除します。その上で、手順1から操作をやり直しましょう。

次のページに続く

⑤ 文字の配置を変更する

ここでは、「二〇一九年　元旦」の文字をテキストボックスの上下中央に配置する

配置を変更する行にカーソルを移動する

1 ここをクリックしてカーソルを表示

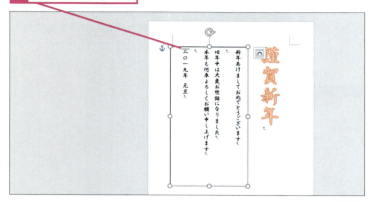

2 [ホーム]タブをクリック　　3 [上下中央揃え]をクリック

⑥ テキストボックスを選択する

「二〇一九年　元旦」の文字がテキストボックスの上下中央に配置された

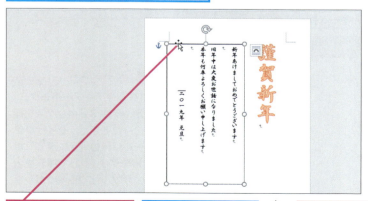

1 テキストボックスの枠線にマウスポインターを合わせる

マウスポインターの形が変わった

2 そのままクリック

HINT!
テキストボックスの中でも文字の配置を変更できる

テキストボックスの中は、小さな編集画面と同じです。そのため、目的の行をクリックしてカーソルを移動すれば、文字の配置を変更できます。Word・レッスン㉑で解説したように、文字の配置は「改行の段落記号（↵）を含む1つの段落」に対して設定されることを覚えておきましょう。また、手順5では縦書きの状態で配置を変更しますが、縦書きの文字の場合は［ホーム］タブの［中央揃え］ボタンが自動で［上下中央揃え］ボタンに変わります。

HINT!
テキストボックスの枠線の状態を確認しよう

テキストボックスの枠線は、文字の入力中とそうでないときで表示が変わります。下の2つの画面は、枠線が［線なし］の状態ですが、テキストボックスに文字を入力しているときは、枠線が点線で表示されます。右の画面のように、テキストボックスの枠線をクリックした状態だと、テキストボックス自体が選択され、枠線が直線で表示されます。右の状態で方向キーを押すと、テキストボックスが移動してしまうので気を付けましょう。

文字の入力中は枠線が点線で表示される

枠線をクリックすると、枠線が直線で表示される

❼ テキストボックスの枠線を［枠線なし］にする

テキストボックスの枠線に設定されている色を「なし」にする

1 ［描画ツール］の［書式］タブをクリック

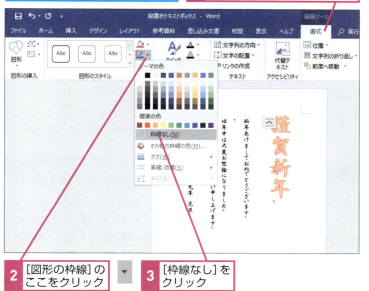

2 ［図形の枠線］のここをクリック

3 ［枠線なし］をクリック

マウスポインターを合わせると設定後の状態が表示される

❽ テキストボックスの枠線が［枠線なし］になった

テキストボックスの枠線の色が表示されなくなった

余白部分をクリックして、テキストボックスの選択を解除しておく

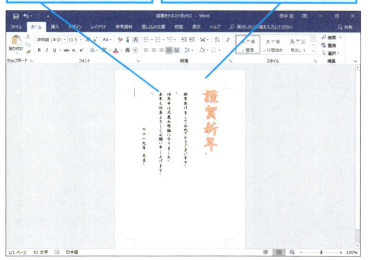

HINT!
テキストボックスに色や効果を設定できる

テキストボックスは、図形のように枠や内部に色を付けたり、テキストボックス全体に影を付けるなどの装飾ができます。

［描画ツール］の［書式］タブにある［図形の塗りつぶし］で色を付けられる

［描画ツール］の［書式］タブにある［図形の効果］で視覚効果を設定できる

 間違った場合は？

手順7で［図形の枠線］ボタンの左をクリックしてしまうと、色の一覧が表示されず、図形の枠線が［青、アクセント1］などの色に設定されます。クイックアクセスツールバーの［元に戻す］ボタンをクリックして、操作をやり直しましょう。

Point
テキストボックスで文字を自由に配置できる

テキストボックスは、文字の方向に合わせて縦と横の2種類が用意されています。テキストボックスを使えば、ページの自由な位置に文章を挿入できます。手順7ではテキストボックスの枠線の色を表示しないように［線なし］に設定して自然な文章として印刷されるようにしています。

48 縦書きテキストボックス

レッスン **49**

写真を挿入するには

画像、前面

デジタルカメラの写真やスキャナーで取り込んだ画像を文書に挿入できます。ここでは、自由な位置に写真を移動できるように配置方法を［前面］に設定します。

1 ［図の挿入］ダイアログボックスを表示する

ここでは、本書の練習用ファイルを利用する

画像を挿入する位置をクリックして、カーソルを表示しておく

1 ［挿入］タブをクリック　　**2** ［画像］をクリック

キーワード

オンライン画像	p.484
文字列の折り返し	p.497

レッスンで使う練習用ファイル
画像、前面.docx/Photo_001.jpg

HINT!
挿入場所をきちんと指定する

画像ファイルは、カーソルのある位置に挿入されます。挿入した画像は、後で自由に移動できますが、あらかじめ画像を表示したい場所が決まっているならば、事前にクリックしてカーソルを表示しておきましょう。

HINT!
あらかじめ特定のフォルダーに写真を保存しておこう

このレッスンでは、練習用ファイルの写真を使いますが、実際に自分で撮影したオリジナルの写真を使うときには、あらかじめどこかのフォルダーに整理しておくと便利です。通常は、［ピクチャ］フォルダーに画像ファイルをまとめておくと、後から探しやすいでしょう。画像ファイルの数が多いときは、［ピクチャ］フォルダーの中に新しいフォルダーを作って、目的に合わせて分類しておくと、さらに整理が楽になります。

2 画像が保存されたフォルダーを選択する

［図の挿入］ダイアログボックスが表示された

1 ［ドキュメント］をクリック

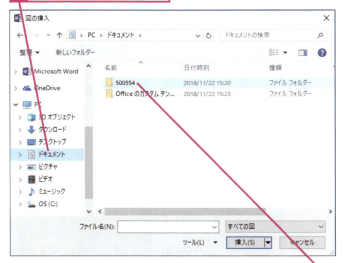

2 ［500554］をダブルクリック

⚠ 間違った場合は？

手順1で［オンライン画像］ボタンをクリックしてしまったときは、インターネットにある画像を検索できる［画像の挿入］の画面が表示されます。［閉じる］ボタンをクリックして操作をやり直しましょう。

③ フォルダー内の画像を表示する

Word・第6章のデータがある [06syo] フォルダーを開く

1 [06syo] をダブルクリック

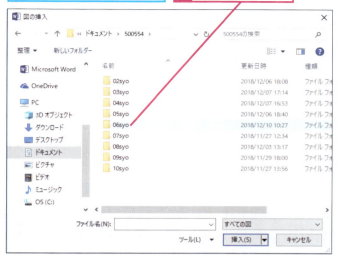

④ 写真を挿入する

1 [Photo_001] をクリック

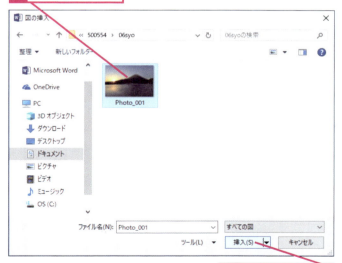

2 [挿入] をクリック

HINT!

サムネイルの表示サイズを変更するには

[図の挿入] ダイアログボックスに表示される写真の縮小画像（サムネイル）は、[その他のオプション] ボタン（▼）をクリックして、スライダーをマウスでドラッグすると、大きさを変更できます。サムネイルが小さくて見づらいときには、[大アイコン] や [特大アイコン] などに設定すると確認が楽になります。

[図の挿入] ダイアログボックスを表示しておく

1 [その他のオプション] をクリック

スライダーを上下にドラッグして、サムネイルの大きさを変更できる

HINT!

写真をプレビューウィンドウに表示するには

[図の挿入] ダイアログボックスで、[プレビューウィンドウを表示します。] ボタン（▣）をクリックすると、右側に選んだ画像ファイルのプレビューが表示されます。プレビューで表示されている画像を大きくしたいときは、[図の挿入] ダイアログボックスの右下や右端にマウスポインターを合わせてドラッグし、サイズを大きくしましょう。

次のページに続く

⑤ 写真を選択する

カーソルがあった1行目に写真が配置されたので、テキストボックスやワードアートと重なってしまった

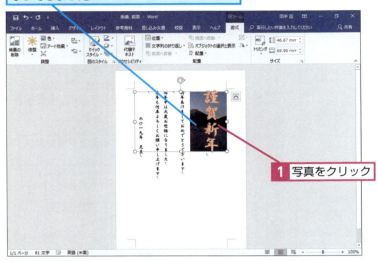

1 写真をクリック

⑥ 写真の配置を変更する

写真を移動できるように文字列の折り返しを[行内]から[前面]に変更する

1 [図ツール]の[書式]タブをクリック

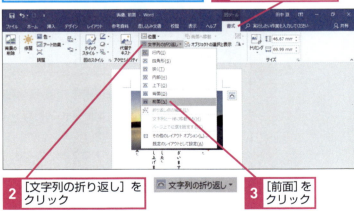

2 [文字列の折り返し]をクリック

3 [前面]をクリック

項目にマウスポインターを合わせると、一時的に配置方法が変わり、設定後の状態を確認できる

HINT!
挿入直後の写真は自由に移動できない

写真を挿入するとカーソルの位置に配置されます。Wordでは挿入直後の位置が行単位（[行内]）になります。この配置をWordでは「文字列の折り返し」と呼びます。このレッスンでは、写真を自由に移動できるようにしたいので、手順6で配置を[行内]から変更します。

HINT!
インターネット上にある画像も挿入できる

[挿入]タブの[オンライン画像]ボタンをクリックすると、インターネット上にある画像のカテゴリが表示されます。カテゴリをクリックすると、サムネイルが表示されます。サムネイルを選択して[挿入]ボタンをクリックすると画像が挿入されます。

テキストボックスにキーワードを入力してインターネット上にある画像を検索できる

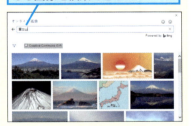

⚠ 間違った場合は？

手順6で[前面]以外をクリックしたときは、クイックアクセスツールバーの[元に戻す]ボタン（）をクリックして取り消し、操作をやり直します。

テクニック 写真と文字の配置方法を覚えておこう

文書に画像を挿入すると、周りの文字が画像に重ならないような状態で表示されます。画像の挿入直後に適用されるこの配置方法は、画像全体を1つの大きな文字のようにレイアウトする［行内］という設定です。また、Wordで文字と画像の配置方法を変える機能が［文字列の折り返し］で、［行内］のほか右の表の項目が用意されています。大きな画像を挿入して、行間が開きすぎてしまうと、文章が読みにくくなるので、文字列の折り返しを［行内］以外に設定して、画像と文字の配置方法を変更しておきましょう。

それぞれの項目の設定内容がイメージできないときは、［図ツール］の［書式］タブにある［文字列の折り返し］ボタンをクリックして表示される項目にマウスポインターを合わせてみてください。画像に対し、文字がどのように折り返されるのかがリアルタイムプレビューで表示されます。

● ［文字列の折り返し］の項目と設定内容

項目	設定内容
四角	画像の四方を囲むように文字が折り返される
狭く	画像の形に合わせて文字が折り返される
内部	画像と文字が重なって表示される。画像が小さいときは、文字が重ならずに四角く折り返されることもある
上下	画像の上下に文字が表示される。［行内］と違い、画像と文字が同じ行に表示されることはない
背面	文字の背面に画像が重ねて表示される。画像は文字の背後に表示されるので、文字が隠れずに読める
前面	文字の前面に画像が表示される。画像が文字を隠すので、背後の文字が読めなくなるが画像を自由な位置に移動できる

49 画像、前面

7 写真を移動する

配置が変更され、写真が移動できるようになった

1 写真にマウスポインターを合わせる

マウスポインターの形が変わった

2 ここまでドラッグ

思い通りの位置に写真を移動できた

余白部分をクリックして写真の選択を解除しておく

HINT!
写真の大きさをドラッグで変更するには

ハンドル（○）にマウスポインターを合わせてドラッグすると、写真の大きさを変更できます。

四隅のハンドルをドラッグすると、縦横比を保ったまま写真の大きさを変更できる

Point
オリジナルの写真で楽しいはがきを作ろう

画像を［前面］に配置すると、自由な位置に移動できるようになります。複数の画像を文書に挿入するときは、いったんすべて［前面］に設定し、大きさを変更すると便利です。重なり方を変えたいときは、画像をクリックで選択して［図ツール］の［書式］タブにある［背面へ移動］ボタンや［前面へ移動］ボタンで、上下に変更します。

レッスン 50 写真の一部を切り取るには

トリミング

「文書に挿入した写真の一部分だけを使いたい」というときは、[トリミング]ボタンを使いましょう。ハンドルをドラッグして写真の表示範囲を変更できます。

1 トリミングのハンドルを表示する

写真の上下の不要な部分を切り取る

1. 写真をクリックして選択
2. [図ツール]の[書式]タブをクリック
3. [トリミング]をクリック

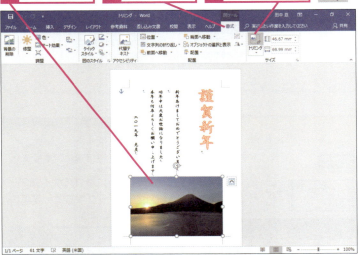

動画で見る
詳細は3ページへ

キーワード
トリミング	p.493
ハンドル	p.494

レッスンで使う練習用ファイル
トリミング.docx

HINT!
図形で写真を切り取るには

以下の手順で操作すれば、図形で写真を切り取れます。写真の表示位置を変えるには[トリミング]ボタンの上部をクリックし、写真をドラッグしましょう。トリミングのハンドルをドラッグすれば、図形の大きさを変更できます。

写真を選択しておく

1. [トリミング]をクリック

2. [図形に合わせてトリミング]にマウスポインターを合わせる

3. 好みの図形をクリック

図形で写真がトリミングされた

2 写真の切り取り範囲を確認する

ハンドルの形が変わった

1. 切り取り範囲を確認

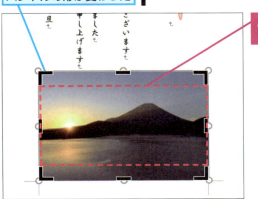

年賀状を素早く作成する Word・第6章

176 できる

③ 切り取り範囲を指定する

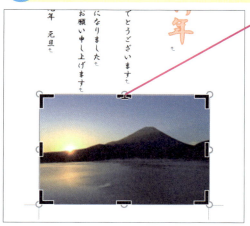

1 ハンドルにマウスポインターを合わせる

マウスポインターの形が変わった

2 ここまでドラッグ

切り取られて非表示になる範囲は、黒く表示される

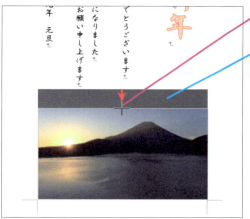

④ 写真の下部を切り取る

写真の一部が切り取られた

1 手順3を参考にして、写真の下部を切り取る

トリミングのハンドルが表示されているときに写真をドラッグすると、表示位置を変更できる

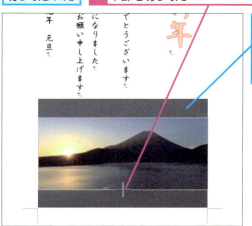

HINT!

写真の効果を変更するには

[図ツール]の[書式]タブにある[アート効果]ボタンで写真の効果を選択できます。効果にマウスポインターを合わせると、設定後の効果が一時的に編集画面の写真に表示されます。写真に合わせて効果を設定してみましょう。

1 写真をクリックして選択

2 [図ツール]の[書式]タブをクリック

3 [アート効果]をクリック

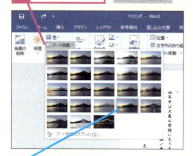

一覧から効果を選択できる

 間違った場合は？

手順1で[表示]タブをクリックしてしまうと[トリミング]ボタンが表示されません。再度[図ツール]の[書式]タブをクリックしてください。

次のページに続く

50 トリミング

できる 177

⑤ 切り取り範囲を確定する

切り取りの操作を終了し、切り取り範囲を確定する

1 [トリミング]をクリック

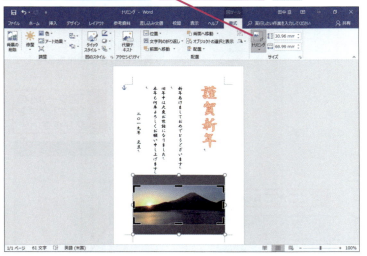

⑥ 写真の位置を調整する

写真の一部が切り取られた

1 写真をドラッグして位置を調整

必要に応じて、自分の住所や連絡先をテキストボックスで入力しておく

HINT!
後からでも切り取り範囲を変更できる

写真のトリミングを解除するとハンドルの形が○に戻り、マウスのドラッグ操作でサイズを調整できるようになります。なお、切り取りを実行しても表示されないだけで、写真のデータがなくなったわけではありません。[図ツール]の[書式]タブにある[トリミング]ボタンをクリックしてハンドルをドラッグし直せば、切り取り範囲を設定し直せます。

1 画像をクリック

2 [図ツール]の[書式]タブをクリック

3 [トリミング]をクリック

ハンドルをドラッグして写真の切り取り範囲を設定し直せる

Point
写真を切り取って必要な部分だけを使う

トリミングは、写真の不要な部分を表示しないようにする機能です。トリミングを利用すれば、写真に写り込んだ余計な被写体を隠して、写真の内容やテーマを強調できます。[トリミング]ボタンをクリックすれば、何度でも切り取り範囲を変更できるので、納得のいく仕上がりになるように切り取りを行いましょう。

テクニック 写真の背景だけを削除できる

写真の背景を削除するには、［背景の削除］の機能を利用しましょう。写真の選択後に［背景の削除］ボタンをクリックすると、削除領域と判断された部分が紫色で表示されます。希望する通りに削除したい領域が紫色に選択されなかったときは、［削除する領域としてマーク］ボタンをクリックして、ペンのアイコンで削除したい領域をドラッグして選択します。反対に、残したい背景があるときは、［保持する領域としてマーク］ボタンをクリックして、保持したい領域をドラッグします。削除する領域と保持する領域がうまく指定できないときは、ズームスライダーを利用して画面の表示を拡大しましょう。しかし、背景が複雑な写真や被写体が小さ過ぎる写真、被写体と背景の輪郭がはっきりしない写真の場合は、きれいに背景を削除できません。できるだけ背景が同じ色で、複雑でない写真で試してみるといいでしょう。

1 ［背景の削除］タブを表示する

写真を選択して、表示倍率を変更しておく

1 ［図ツール］の［書式］タブをクリック

2 ［背景の削除］をクリック

2 背景が削除された

［背景の削除］タブが表示された

写真の内容が自動的に判断され、削除する領域が紫色で表示された

3 削除する領域を指定する

削除する領域を指定する

1 ［削除する領域としてマーク］をクリック

マウスポインターの形が変わった

2 写真をクリックして削除する領域を選択

必要な領域が削除対象になっているときは、［保持する領域としてマーク］を選択して、残す領域をクリックする

4 選択した領域を削除する

1 ［変更を保持］をクリック

5 背景が削除された

写真の背景が削除された

削除された部分は白で塗りつぶされる

レッスン 51

はがきのあて名を作成するには

はがき宛名面印刷ウィザード

[はがき宛名面印刷ウィザード]を使うと、市販の通常はがきや年賀はがきなどに、あて名や自分の郵便番号と住所を正しい位置で印刷できるようになります。

1 [はがき宛名面印刷ウィザード]を表示する

ここでは、練習用ファイルを利用せずに操作を進める

1 [差し込み文書]タブをクリック

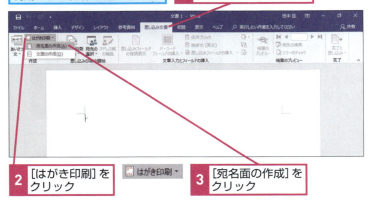

2 [はがき印刷]をクリック

3 [宛名面の作成]をクリック

2 [はがき宛名面印刷ウィザード]が表示された

新しい文書が開いた

[はがき宛名面印刷ウィザード]の指示にしたがって、あて名面を作成していく

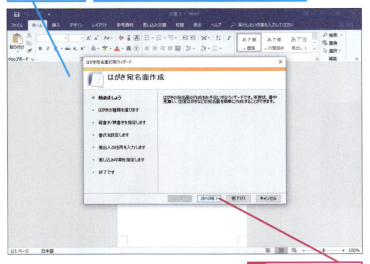

1 [次へ]をクリック

キーワード

ウィザード	p.483
カーソル	p.484
改行	p.484
ダイアログボックス	p.491
テキストボックス	p.493
はがき宛名面印刷ウィザード	p.494
フォント	p.495

HINT!
カーソルを表示してから操作する

[はがき印刷]ボタンは、カーソルが編集画面にあるときに利用できます。テキストボックスなどが選択されているときは、[はがき印刷]ボタンを選択できません。余白部分などをクリックしてから操作を進めましょう。

HINT!
はがきのあて名は新しい文書に作られる

手順1の操作を行うと、新しい文書が自動的に作成されます。[はがき宛名面印刷ウィザード]で作成したはがきのあて名面は、このレッスンの完了後に保存しておきましょう。

年賀状を素早く作成する　Word・第6章

③ はがきの種類を選択する

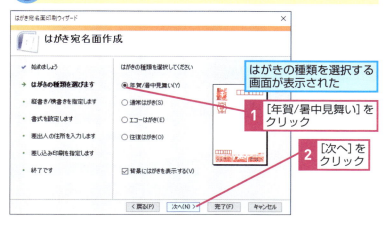

④ あて名面の文字の向きを選択する

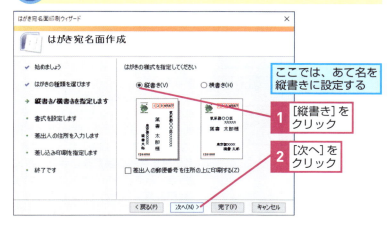

⑤ あて名面の文字のフォントを選択する

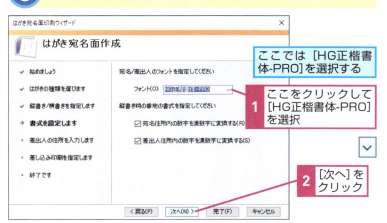

HINT!
印刷できるはがきの種類

［はがき宛名面印刷ウィザード］で印刷できるはがきの種類は、年賀はがきのほかに、通常はがきや往復はがき、エコーはがきがあります。

HINT!
縦書きのあて名は住所の数字が自動的に漢数字になる

手順4であて名を縦書きにすると、手順6や手順11で入力する住所の数字は、自動的に漢数字に変換されます。このレッスンでは、手順5であて名や差出人で利用するフォントを［HG正楷書体-PRO］に変更して、見栄えのする漢数字になるように調整しています。手順5で［宛名住所内の数字を漢数字に変換する］と［差出人住所内の数字を漢数字に変換する］にチェックマークが付いていないときは、住所内の数字が漢数字に変換されません。

⚠ 間違った場合は？

印刷するはがきの種類を間違えたときは、［戻る］ボタンをクリックして前に戻り、正しい種類を選び直しましょう。

次のページに続く

6 差出人情報を入力する

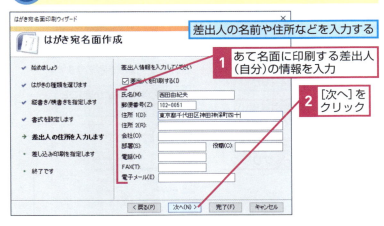

7 差し込み印刷機能の使用の有無を指定する

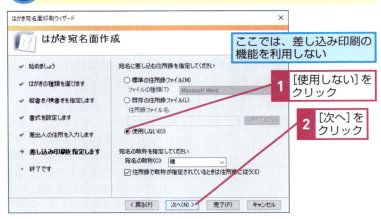

8 [はがき宛名面印刷ウィザード]を終了する

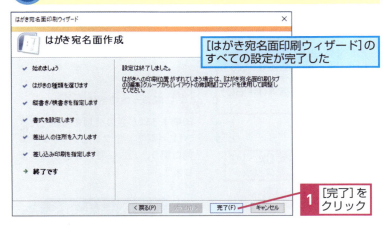

HINT!
Tabキーを使うとカーソルが次の項目に移動する

手順6では、差出人となる自分の名前や郵便番号、住所などを入力します。このとき、文字の入力後にTabキーを押すとすぐに次の項目にカーソルが移動するので便利です。なお、Shift+Tabキーを押すと前の項目にカーソルが移動します。

HINT!
専用の文書にあて名や住所を入力できる

手順7で[標準の住所録ファイル]を選択して[完了]ボタンをクリックすると、[ドキュメント]フォルダーに[My Data Sources]というフォルダーが作成されます。このとき、手順9のようにはがきのあて名面が表示されますが、文書を保存せずに閉じましょう。
次に[My Data Sources]フォルダーを開いて「Address20」という文書をWordで表示します。[氏名][連名][敬称][会社][部署]などの項目名が表示された表が表示されたら、2行目から必要な項目を入力します。[郵便番号]列には「102-0051」というように半角の「-」(ハイフン)で数字を区切り、「〒」などの文字を入力しないようにします。文字が見にくいときは、ズームスライダーを利用して画面の表示サイズを大きくしましょう。1件目の入力が終わったら、表の右端にある改行の段落記号(↵)をクリックし、Enterキーを押します。表への入力が完了したら、「Address20」を上書き保存して閉じます。次に手順1から同様の操作を行い、手順7で[標準の住所録ファイル]を選んで操作を進めます。「Address20」の表に入力したあて名がはがきのあて名面に表示されます。

❾ 差出人の住所が表示された

自動的に新しい文書に
あて名面が作成された

手順6で入力した差出人の
情報が表示された

❿ ［宛名住所の入力］ダイアログボックスを表示する

1 ［はがき宛名面印刷］
タブをクリック

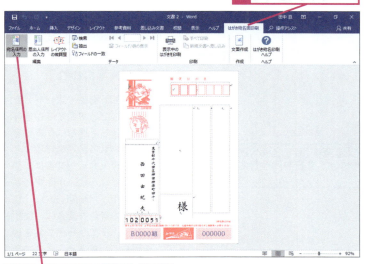

2 ［宛名住所の入力］を
クリック

HINT!
差出人を連名にするには

差出人の名前を連名にしたいときは、テキストボックスを直接編集します。このレッスンの例では、「西田由紀夫」の文字の下に表示されている改行の段落記号（↵）をクリックし、Enter キーを押して改行します。連名を入力したら、差出人と連名の2行を選択して［ホーム］タブの［均等割り付け］ボタン（▦）をクリックします。2行が選択されている状態で［下揃え］ボタン（▦）をクリックし、差出人と連名にそれぞれ全角の空白を入力して字間を調整しましょう。

連名の入力後に差出人と連名の
均等割り付けを解除して、文字
を下に配置する

差出人と連名にそれぞれ全角の
空白を入力する

HINT!
あて名は編集画面でも修正できる

はがきのあて名は、テキストボックスに入力されているので、文字を直接修正できます。手順11では［宛名住所の入力］ダイアログボックスにあるあて名や住所を入力しますが、手順12の画面でもあて名や住所を修正できます。

次のページに続く

⓫ あて名を入力する

[宛名住所の入力] ダイアログボックスが表示された

1 送付先の名前や住所を入力

2 [OK]をクリック

⓬ 送付先の情報が表示された

あて名を入力できた

手順11で入力した送付先の名前や住所が表示された

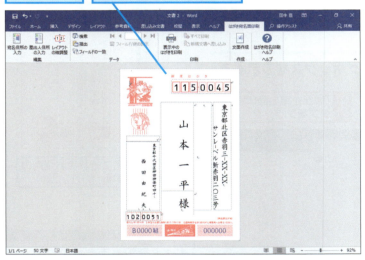

はがきの面と向きに注意しながら、Word・レッスン㉙を参考に印刷する

必要に応じて「年賀状(あて名面)」といった名前を付けて文書を保存しておく

HINT!

はがきをセットする向きに注意しよう

あて名を印刷するときは、プリンターにセットするはがきの面と向きに注意しましょう。間違った面と向きにセットすると、郵便番号やあて名が正しく印刷されません。はがきサイズの用紙で試し刷りをしてから、はがきに印刷するといいでしょう。

プリンターの取扱説明書を参照して、セットする向きを間違えないようにする

はがきサイズの用紙で試し刷りをしてあて名面と文面、郵便番号欄が上か下かをよく確認する

Point

ウィザードを使えば、あて名面が簡単に作れる

[はがき宛名面印刷ウィザード] を使うと、入力したあて名をはがきのイメージで表示し、通常はがきや年賀はがきに合わせて住所を印刷できます。あて名を入力した文書は、通常の文書と同じように、1件ずつ名前を付けて保存し、印刷します。「差し込み印刷」の機能を使えば、住所録を作成して、そこからあて名を選んで、連続して印刷することもできます。その場合は、手順7の画面で[標準の住所録ファイル]を選びます。「標準の住所録ファイル」はWord文書なので、罫線表の編集と同じ要領で住所録を作成できます。

テクニック　Excelのブックに作成した住所録を読み込める

Excelで住所録ファイルを作成し、あて名面に表示するには、[はがき宛名面印刷ウィザード]を実行して、182ページの手順7の画面で[標準の住所録ファイル]を選びます。[ファイルの種類]に[Microsoft Excel]を指定して[完了]ボタンをクリックすると、[ドキュメント]フォルダーに[My Data Sources]フォルダーが作成されます。[テーブルの選択]ダイアログボックスが画面に表示されるので、[OK]ボタンをクリックしましょう。いったんあて名面が表示された文書を閉じ、[My Data Sources]フォルダーの[Address20]をExcelで開きます。あて名や住所を入力して保存し、[Address20]のブックを閉じたら、Wordで再度180ページの手順1から操作します。手順7で[標準の住所録ファイル]の[ファイルの種類]に[Microsoft Excel]が選択されていることを確認し、[完了]ボタンをクリックしてください。

1　1回目のウィザードでExcelの住所録ファイルを選択する

手順1～手順6を参考に[はがき宛名面印刷ウィザード]を手順7の画面まで進めておく

1 [標準の住所録ファイル]をクリック
2 ここをクリックして[Microsoft Excel]を選択
3 [完了]をクリック

2　差し込み印刷に利用するワークシートを指定する

[テーブルの選択]ダイアログボックスが表示された
ここでは特に設定などは行わない
1 [OK]をクリック

3　あて名が作成された文書を閉じる

1 [閉じる]をクリック
文書の保存を確認するメッセージが表示された
2 [保存しない]をクリック

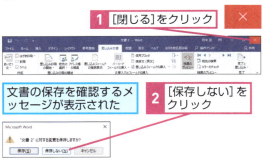

4　2回目のウィザードでExcelの住所録ファイルを選択する

[My Data Sources]フォルダーにある[Address20]のブックを開き、あて名や住所を入力して上書き保存しておく

Wordを起動し、手順1～手順6を参考に[はがき宛名面印刷ウィザード]を手順7の画面まで進めておく

1 [標準の住所録ファイル]をクリック
[ファイルの種類]が[Microsoft Excel]になっていることを確認する
2 [完了]をクリック

[テーブルの選択]ダイアログボックスが表示された
3 [OK]をクリック

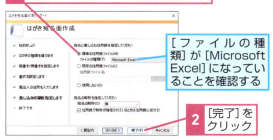

5　住所録が読み込まれた

[Address20]のブックに入力したあて名や住所があて名の文書に表示された
[次のレコード]や[前のレコード]をクリックすれば、次の住所や前の住所を表示できる

この章のまとめ

●自分だけのオリジナルはがきを作成できる

この章では、年賀状の例を通して、はがきの文面とあて名面を作成する方法を紹介しました。はがきの文面を作るのに一番大切なことは、文字や写真を挿入する前に用紙サイズを［はがき］に設定することです。用紙サイズが［はがき］以外の設定で操作を始めてしまうと、題字やメッセージの文字、写真などを思い通りにレイアウトできなくなってしまうことがあります。ワードアートで書式が設定された文字をすぐに挿入する方法やテキストボックスでページの自由な位置に文字を配置する方法も紹介しましたが、これらの機能ははがきの文面だけでなく、さまざまな文書を作るときに役立ちます。作成する文書に応じてこの章で紹介した機能を活用するといいでしょう。また、Wordを利用すれば、写真の挿入や加工も簡単です。写真の切り取りやサイズ変更などを行い、印象に残る写真に仕上げてみましょう。手書きの年賀状も風情がありますが、Wordを利用すればデザイン性の高いオリジナルのはがきを簡単に作れます。

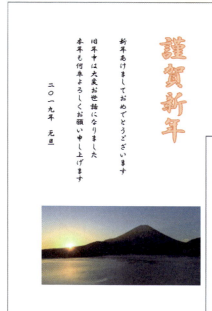

はがきの作成
ワードアートやテキストボックス、写真の挿入や編集などの機能を使えば、デザイン性の高いオリジナルのはがきを作れる

練習問題

1

Wordの起動後に白紙の文書を表示し、[余白]ボタンからはがき用の用紙設定をしてみましょう。

●ヒント：用紙サイズや余白を一度に変えるには、[ページ設定]ダイアログボックスを使います。

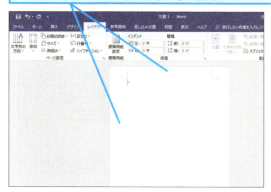

用紙サイズを[はがき]にして、[上]と[下]の余白を[10]、[左]と[右]の余白を[15]に設定する

2

ワードアートを使って、以下のような文字を挿入してください。

●ヒント：ワードアートは[挿入]タブから挿入します。

[塗りつぶし: 白; 輪郭: オレンジ、アクセントカラー 2; 影（ぼかしなし）: オレンジ、アクセントカラー 2]というワードアートを選び、「忘年会」と入力する

答えは次のページ

解 答

1

1 [レイアウト]タブをクリック
2 [余白]をクリック

用紙サイズや余白を一度で変えるには、[ページ設定]ダイアログボックスを使います。なお、設定できる内容は、利用するプリンターによって異なります。

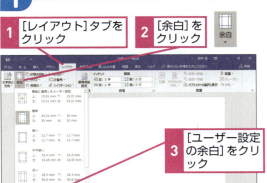

3 [ユーザー設定の余白]をクリック

[ページ設定]ダイアログボックスが表示された

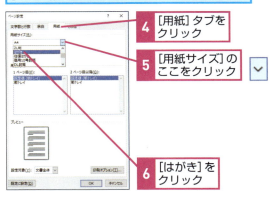

4 [用紙]タブをクリック
5 [用紙サイズ]のここをクリック
6 [はがき]をクリック

7 [余白]タブをクリック
8 [上]と[下]に「10」、[左]と[右]に「15」と入力
9 [OK]をクリック

2

1 [挿入]タブをクリック
2 [ワードアートの挿入]をクリック

[挿入]タブの[ワードアートの挿入]ボタンをクリックし、まず好みのデザインを選びましょう。それからワードアートの文字を書き換えます。

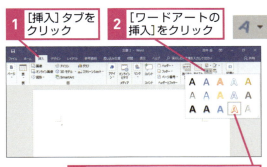

3 [塗りつぶし: 白、輪郭: オレンジ、アクセントカラー 2; 影（ぼかしなし）: オレンジ、アクセントカラー 2]をクリック

ワードアートが表示された

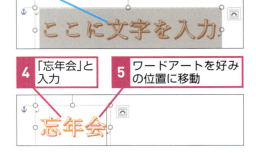

4 「忘年会」と入力
5 ワードアートを好みの位置に移動

年賀状を素早く作成する Word・第6章

Word

第7章

文書のレイアウトを整える

この章では、段組みや点線のリーダー文字、絵柄を利用したページ罫線などの機能を活用してデザイン性が高く、読みやすい文書を作成します。これまでの章で解説してきた機能と組み合わせることで、より装飾性の高い文書を作り出せます。

● この章の内容

㉒ 読みやすい文書を作ろう ……………………………………… 190
㉓ 文書を2段組みにするには ……………………………………… 192
㉔ 設定済みの書式をコピーして使うには ……………………… 194
㉕ 文字と文字の間に「……」を入れるには …………………… 198
㉖ ページの余白に文字や図形を入れるには …………………… 202
㉗ ページ全体を罫線で囲むには ………………………………… 206
㉘ 文字を縦書きに変更するには ………………………………… 208

レッスン 52 読みやすい文書を作ろう

段組みの利用

紙面の文字をすっきりと読ませるには、レイアウトやデザインを工夫すると効果的です。読みやすいレイアウトやデザインにするためのポイントを解説していきます。

段組みを利用した文書

Wordには、文書を読みやすくするためのレイアウトやデザインの機能が豊富に用意されています。この章ではメニュー表を作成しますが、1ページにたくさんの文字を収め、項目を見やすくするために文書を2段組みに設定します。通常Wordでは文書が1段組みの状態になっています。2段組みに設定すると印刷できる行数はそのままで段落を分けられます。ただし、1行ごとの文字数は少なくなります。なお、この章では［表示］タブの［1ページ］ボタンをクリックした状態で操作を進めます。

▶キーワード	
オートコレクト	p.484
罫線	p.486
縦書き	p.491
段組み	p.491
段落	p.491
文書	p.496
ページ罫線	p.496
余白	p.497
リーダー線	p.497

文字が入力されている文書を2段組みに設定する
→Word・レッスン53

1ページに収まる行数のときは、複数ページが1ページに変わる

文書全体に2段組みを設定すると、ページに設定されている行数で段落が2段目に送られる

文書を見やすくする機能

Word・レッスン㉔以降は文書の見ためをアップさせるためのテクニックも紹介します。下の例のようにメニュー項目の書式を変更し、その書式をほかの文字にコピーします。また、食べ物と値段の間に「……」のリーダー線を挿入して項目の関連がひと目で分かるようにします。余白に店のロゴとなる文字を入力し、罫線でページ全体を縁取ればメニュー表の完成です。さらにWord・レッスン㊽では、文字の方向を変えたメニュー表も作ります。

HINT!
読みやすい文書とは

チラシや貼り紙のような文書は、人目を引くためのさまざまな工夫が凝らされています。特に考えられているのが、文字の読みやすさです。一般的に、新聞や雑誌では1行の長さが10文字から20文字前後になっています。なぜなら、1行の文字数が多いと、目で追いながら読むのが困難になるからです。

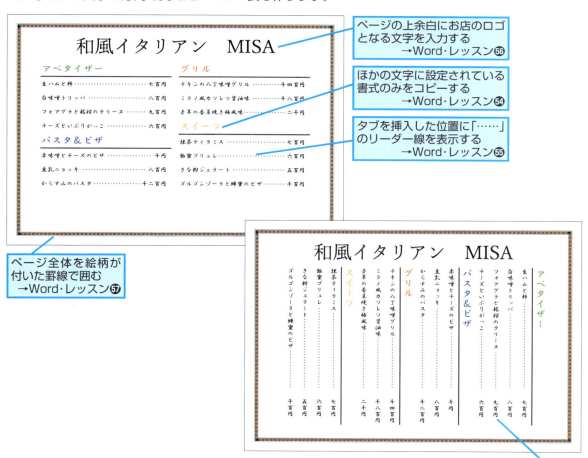

レッスン
53 文書を2段組みにするには

段組み

用紙全体に段組みを設定すると、文字が読みやすくなります。このレッスンでは、レイアウトを2段組みに変更して、読みやすい位置に段区切りを挿入します。

1 段組みを設定する

Word・レッスン❸を参考に、ズームスライダーの[拡大]をクリックして、表示倍率を[80%]に設定しておく

ここでは文書全体を2段組みに設定する

1 [レイアウト]タブをクリック
2 [段組み]をクリック
3 [2段]をクリック

2 段区切りを挿入する

文書全体が2段組みになった

「グリル」以降のメニューが2段目に配置されるようにする

1 ここをクリックしてカーソルを表示
2 [レイアウト]タブをクリック
3 [区切り]をクリック
4 [段区切り]をクリック

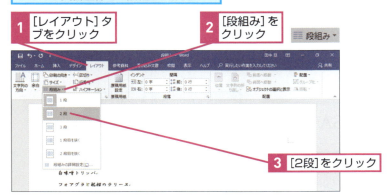

キーワード

オートコレクト	p.484
段組み	p.491
編集記号	p.497

📄 **レッスンで使う練習用ファイル**
段組み.docx

HINT!
文章の途中から段組みを設定するには

段組みにしたい段落だけを選択して、[レイアウト]タブにある[段組み]ボタンをクリックすると部分的な段数を設定できます。

HINT!
段区切りを削除するには

編集記号を表示すると段区切りをDeleteキーで削除できます。

1 [ホーム]タブをクリック

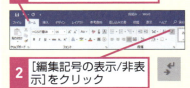

2 [編集記号の表示/非表示]をクリック

[段区切り]が表示された

3 [段区切り]をダブルクリック
4 Delete キーを押す

⚠️ **間違った場合は?**
[2段]以外を選んでしまったときは、改めて[2段]を選び直します。

③ 段落罫線を挿入する

「グリル」以降のメニューが2段目に配置された

段落の幅いっぱいに二重線を入力する

1 ここをクリックしてカーソルを表示

2 半角で「=」を3つ入力

「=」は Shift + ほ キーを押して入力する

3 Enter キーを押す

④ 続けて段落罫線を挿入する

段落の幅いっぱいに二重線が入力された

1 手順3を参考に「パスタ&ピザ」と「赤味噌とチーズのピザ」の間に二重線を挿入

2 手順3を参考に「グリル」と「チキンの八丁味噌グリル」の間に二重線を挿入

3 手順3を参考に「スイーツ」と「抹茶ティラミス」の間に二重線を挿入

HINT!
二重線を引いた後は文頭にボタンが表示される

手順3で二重線を引くと［オートコレクトのオプション］ボタン（）が表示されます。「===」のままにするには［オートコレクトのオプション］ボタン（）をクリックして［元に戻す］を選択します。

HINT!
二重線を削除するには

手順3で挿入した二重線は、Word・レッスン⑭のオートコレクトを利用しています。二重線は Delete キーで削除できないので、以下の手順で削除します。例えば「アペタイザー」の下に挿入した二重線を削除するときは、その行をすべて選択してから操作します。

1 罫線が引かれた段落を選択

2 ［ホーム］タブの［罫線］のここをクリック

3 ［枠なし］をクリック

二重線が削除される

Point
段組みの仕組みを理解しよう

段組みは紙面を「段」として区切り、複数の列で文字をレイアウトします。段組みを利用すると、途中で文字が折り返されるので、1行の文字数が少なくなり、長い文章も読みやすくなります。

レッスン 54

設定済みの書式をコピーして使うには

書式のコピー／貼り付け

複数の文字に同じ装飾を設定するときは、書式のコピーを使うと便利です。選択した文字の書式だけが記憶され、貼り付けでほかの文字に同じ書式を設定できます。

1 メニュー項目の書式を変更する

1. 「アペタイザー」をドラッグして選択
2. [ホーム] タブをクリック
3. [太字] に設定
4. [フォントサイズ] を [26] に変更

Word・レッスン㉒〜㉓を参考に、以下のように書式を変更する

5. [フォントの色] のここをクリック
6. [緑、アクセント6] をクリック

▶ 動画で見る
詳細は3ページへ

キーワード

コピー	p.487
書式	p.488
スタイル	p.489
貼り付け	p.494
フォント	p.495

📄 **レッスンで使う練習用ファイル**
書式のコピー .docx

ショートカットキー

[Ctrl] + [Shift] + [C]
……………………書式のコピー

[Ctrl] + [Shift] + [V]
……………………書式の貼り付け

HINT!

右クリックでも書式をコピーできる

文字を右クリックすると表示されるミニツールバーを使えば、書式のコピーも簡単です。以下の手順も試してみましょう。

1. 書式をコピーする文字をドラッグして選択

◆ミニツールバー

2. [書式のコピー/貼り付け] をクリック

書式がコピーされる／別の文字をドラッグして書式を貼り付ける

2 書式が変更された

メニュー項目の書式が変更された

1. 「アペタイザー」が選択されていることを確認

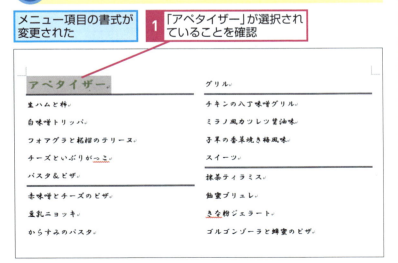

文書のレイアウトを整える Word・第7章

③ 書式をコピーする

1 [ホーム]タブをクリック
2 [書式のコピー/貼り付け]をクリック

④ コピーした書式を貼り付ける

書式がコピーされ、マウスポインターの形が変わった

書式を変更したい文字をドラッグすると、コピーした書式が貼り付けられる

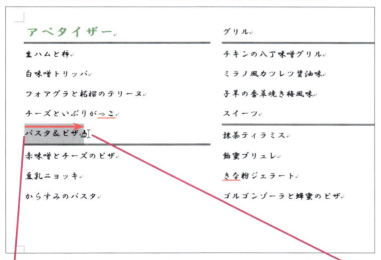

1 ここにマウスポインターを合わせる
2 ここまでドラッグ

HINT!
コピーした書式を連続して貼り付けるには

[書式のコピー/貼り付け]ボタン（ ）をダブルクリックすると、コピーした書式を連続して貼り付けられます。機能を解除するには、[書式のコピー/貼り付け]ボタン（ ）をもう一度クリックするか、Esc キーを押しましょう。

書式をコピーする文字を選択しておく

1 [ホーム]タブをクリック

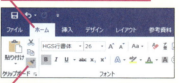

2 [書式のコピー/貼り付け]をダブルクリック

別の文字をドラッグすれば、コピーした書式を連続して貼り付けられる

HINT!
[書式のコピー/貼り付け]は図形でも利用できる

[書式のコピー/貼り付け]ボタンは、文字だけではなく図形に対しても利用できます。図形に対して[書式のコピー/貼り付け]ボタンを利用すると、色や形、線種などの書式をまとめてコピーできます。

⚠ **間違った場合は？**

手順2で間違った書式を設定してしまったときは、正しい書式を設定し直します。

次のページに続く

第54 書式のコピー/貼り付け

できる 195

⑤ 選択を解除する

選択を解除して、設定された書式を確認できるようにする

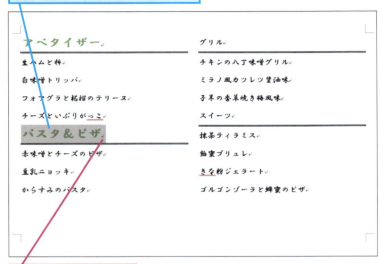

1 ここをクリックしてカーソルを表示

⑥ 選択が解除された

文字の選択が解除された

「アペタイザー」とまったく同じ書式が設定された

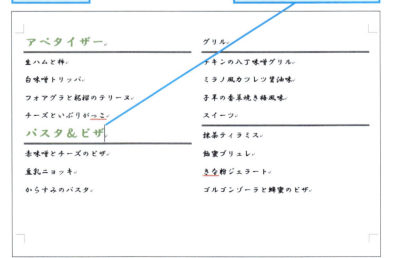

HINT!

設定した書式を保存するには

設定した書式を何度も繰り返して使いたいときは、スタイルとして登録しておくと便利です。スタイルはWordに登録されるので、文書を閉じたり、Wordを終了したりしても、繰り返し利用できます。

スタイルを登録する文字をドラッグして選択しておく

1 [ホーム]タブをクリック

2 [スタイル]のここをクリック

[スタイル]の一覧が表示された

3 [スタイルの作成]をクリック

選択した文字の書式をひな形として保存する

4 「メニュー見出し」と入力

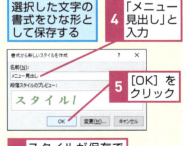

5 [OK]をクリック

6 スタイルが保存できたことを確認

次ページのHINT!を参考にしてスタイルを利用する

7 続けて書式をコピーして貼り付ける

1 手順2〜6を参考に「グリル」と「スイーツ」に「アペタイザー」と同じ書式を設定

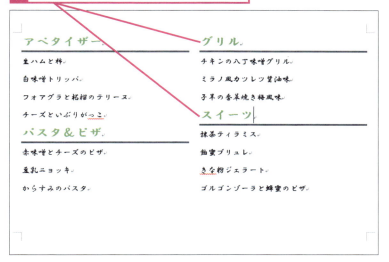

8 文字の色を変更する

ここでは手順1を参考にして、見出しの文字の色を変更する

1 「パスタ&ピザ」の色を［青、アクセント1］に変更

2 「グリル」の色を［オレンジ、アクセント2］に変更

3 「スイーツ」の色を［ゴールド、アクセント4］に変更

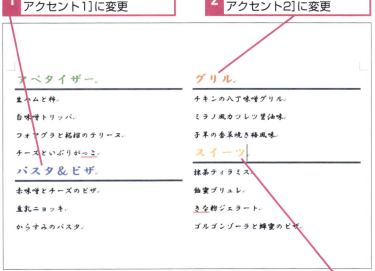

HINT!
あらかじめ設定されたスタイルを使うには

Wordには、あらかじめフォントやフォントサイズなどの書式を組み合わせた「スタイル」が用意されています。スタイルは、以下の手順で適用できます。気に入ったものを見つけて利用しましょう。

スタイルを適用する文字を選択しておく

1 好みのスタイルをクリック

間違った場合は？

間違った文字にスタイルを設定してしまったときは、クイックアクセスツールバーの［元に戻す］ボタン（）をクリックして元に戻し、正しい文字に書式を設定し直しましょう。

Point
書式のコピーとスタイルを使いこなす

Wordの操作に慣れてくると、文字や図形にさまざまな装飾を設定できるようになります。しかし、複雑な装飾を組み合わせた書式をほかの文字や図形に対して再設定するのは面倒なものです。そんなときに、［書式のコピー／貼り付け］ボタンを活用すれば、同じ書式を簡単に設定できます。また、頻繁に利用するデザインは、スタイルとして登録しておけば、何度も設定せずに済むので便利です。

レッスン 55

文字と文字の間に「……」を入れるには

タブとリーダー

ここでは、メニューの項目と値段の間に「……」のリーダー線を表示する方法を紹介しましょう。タブを使って空白を入力してから配置や線の設定を行います。

1 メニューの項目と金額の間にタブを挿入する

1 メニューの項目と金額の間にタブを挿入し、以下のように金額を入力

「→」は Tab キーを1回押してタブを挿入する

```
生ハムと柿          →   七百円
白味噌トリッパ       →   八百円
フォアグラと柘榴のテリーヌ →   九百円
チーズといぶりがっこ  →   六百円

赤味噌とチーズのピザ  →   千円
豆乳ニョッキ        →   八百円
からすみのパスタ     →   千二百円

チキンの八丁味噌グリル →   千四百円
ミラノ風カツレツ醤油味 →   千八百円
子羊の香草焼き梅風味  →   二千円

抹茶ティラミス      →   七百円
飴蜜ブリュレ        →   六百円
きな粉ジェラート    →   五百円
ゴルゴンゾーラと蜂蜜のピザ → 千百円
```

各メニューの金額を入力できた

キーワード

インデント	p.483
ダイアログボックス	p.491
タブ	p.491
フォント	p.495
フォントサイズ	p.495
ポイント	p.497
リーダー線	p.497
ルーラー	p.498

レッスンで使う練習用ファイル
タブとリーダー.docx

ショートカットキー

Ctrl + A ………… すべて選択

HINT!

タブを使うと文字の配置を正確に調整できる

手順1でメニューの項目と金額の間に、空白ではなくタブを挿入しているのは、手順6でタブの位置を変更して、文字を段落の右端にぴったりそろえるためです。空白で文字の間を空けてしまうと、フォントサイズなどの変更により、位置がずれてしまうことがあります。タブを挿入しておけば、文字の大きさなどに影響されないので、正確に配置できるのです。

space キーで空白を入力しても文字がきれいにそろわない

文書のレイアウトを整える Word・第7章

198 できる

② 文字を配置する位置を確認する

「七百円」や「八百円」などの値段をすべて右端に配置する

1　[表示]タブをクリック

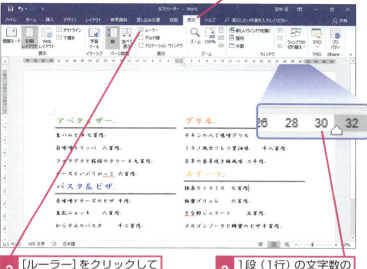

2　[ルーラー]をクリックしてチェックマークを付ける

3　1段（1行）の文字数の位置をルーラーで確認

ここでは、1段が30文字となっているので文字を右端に配置するためにタブ位置を[30]に設定する

③ 文字を選択する

文字をすべて選択する

1　[ホーム]タブをクリック

2　[選択]をクリック

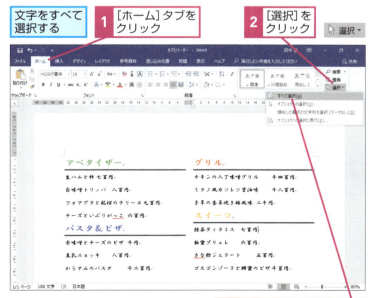

3　[すべて選択]をクリック

HINT!
あらかじめ1行の文字数を確認しておこう

ルーラーを表示すれば、[右インデント]（△）の左に表示される数字で、1行の文字数が分かります。ルーラーを使わずに1行の文字数を確認するには、[レイアウト]タブをクリックしてから[ページ設定]のダイアログボックス起動ツール（⌐）をクリックします。表示される[ページ設定]ダイアログボックスの[文字数]で1行当たりの文字数が分かります。

HINT!
1行の文字数と段の幅は異なる

段組みの幅と1行の文字数は初めから異なります。1段の正確な幅を確認するには、[レイアウト]タブの[段組み]ボタンをクリックし、表示される一覧で[段組みの詳細設定]をクリックしましょう。[段組み]ダイアログボックスの[段の幅]に表示される文字数が正確な段の幅です。

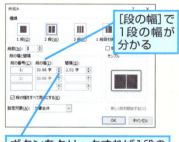

[段の幅]で1段の幅が分かる

ボタンをクリックすれば1段の文字数を変更できる

HINT!
タブと空白の違いを見分けるには

[編集記号の表示/非表示]ボタン（¶）をクリックすれば、タブは「→」、空白は「□」で表示されます。

次のページに続く

4 [段落] ダイアログボックスを表示する

すべての文字が選択された

1 [レイアウト]タブをクリック　　2 [段落]のここをクリック

5 [タブとリーダー] ダイアログボックスを表示する

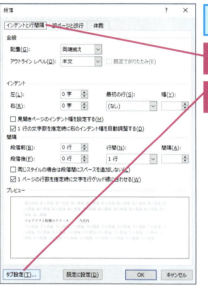

[段落] ダイアログボックスが表示された

1 [インデントと行間隔]タブをクリック

2 [タブ設定]をクリック

6 タブの設定を変更する

[タブとリーダー] ダイアログボックスが表示された

手順2で確認した1段（1行）の文字数を入力する

1 [タブ位置]に「30」と入力

2 [右揃え]をクリック

1段の正確な幅が分かっていれば、[タブ位置]に「30.98」などと入力してもいい

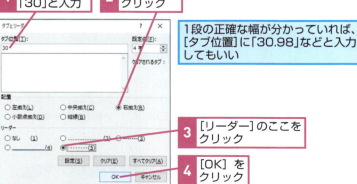

3 [リーダー]のここをクリック

4 [OK]をクリック

HINT!

タブの配置の種類は5種類ある

タブの配置は、手順6で利用している［右揃え］のほか、全部で5種類あります。目的に合わせて、タブを使い分けましょう。

●タブの種類と用途

タブの種類	用途
左揃え	文字を左側にそろえるときに使う
中央揃え	中央を基準に文字をそろえたいときに使う
右揃え	文字の末尾（右側）をそろえるときに使う
小数点揃え	数字の小数点をそろえたいときに使う
縦線	タブの代わりに縦線を入れるときに使う

●［小数点揃え］の設定例

```
10.58
 9.299
127.8
```

●［縦線］の設定例

```
名前：山田芳一
名前：山本一平
```

HINT!

読みやすさを優先してリーダー線を選ぼう

リーダー線の種類は、文字や数字の読みやすさを優先して決めます。点線が粗過ぎたり細か過ぎたりして、文字や数字が読みにくくなるようであれば、全体のバランスを見て選びましょう。

⚠ 間違った場合は？

手順6で［タブ位置］に別の数値を入力したり、［リーダー］の設定を忘れたりしてしまったときは、文字がすべて選択されていることを確認して再度手順4から操作をやり直します。

7 選択を解除する

[タブ位置]に入力した文字数に合わせ、値段の文字が右端に移動した

タブを挿入した位置に「……」のリーダー線が表示された

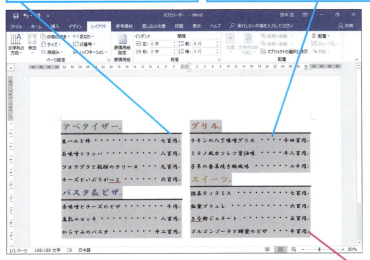

1 ここをクリックしてカーソルを表示

HINT!
タブの位置はルーラーで変更できる

手順6で設定したタブの位置はルーラーに表示されます。ルーラー上の[右揃えタブ]を示す記号（ ）をマウスでドラッグすれば、タブの位置を調節できます。

[右揃えタブ]をドラッグしてタブの位置を変更できる

8 選択が解除された

手順2を参考に[ルーラー]をクリックしてチェックマークをはずし、ルーラーを非表示にしておく

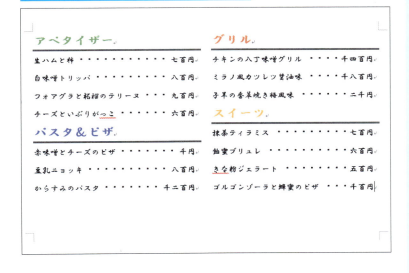

Point
文字数を確認して配置とリーダー線を設定する

Word・レッスン㉕でも解説したように、タブを利用すれば文字の間に空白を入れてタブの右側にある文字をそろえられます。このレッスンでは、タブの挿入後に「タブの位置」「文字の配置」「リーダー線」の3つの設定を変更しました。ポイントは、1行の文字数が何文字か確認して、その文字数を[タブとリーダー]ダイアログボックスの[タブ位置]に入力することです。ルーラーや199ページのHINT!を参考にして、1行の文字数が何文字かをよく確認してください。このレッスンの文書は、1段（1行）が30文字だったので、「30文字目の右端に文字をそろえて、なおかつタブの挿入位置に『……』のリーダー線を表示する」という設定をしています。

レッスン **56**

ページの余白に文字や図形を入れるには

ヘッダー、フッター

文書の余白に日付やタイトルなどを入れたいときは、「ヘッダー」や「フッター」を使いましょう。文字だけでなく、ワードアートなどの図形も挿入できます。

1 ページの余白を確認する

ここでは、ページの上部余白に店の名前を入力する

1 ページの上部余白が十分あることを確認

2 ヘッダーを表示する

1 [挿入] タブをクリック

2 [ヘッダー] をクリック

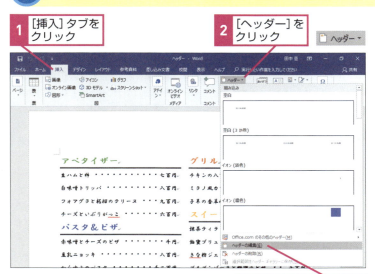

3 [ヘッダーの編集] をクリック

▶ キーワード

フィールド	p.494
フッター	p.495
ページ番号	p.496
ヘッダー	p.496
余白	p.497

📄 **レッスンで使う練習用ファイル**
ヘッダー .docx

⌨ **ショートカットキー**

`Ctrl` + `R` ……… 右揃え
`Ctrl` + `E` ……… 中央揃え

HINT!
ヘッダーとフッターって何？

ヘッダーは文書の上部余白に、フッターは文書の下部余白に、複数ページにわたって同じ内容を繰り返し表示する特殊な編集領域です。このレッスンで解説しているような文書のタイトル以外にも、ページ番号や日付などを挿入できます。複数ページの文書でページ番号を挿入したときは「1」「2」「3」というように通し番号が自動で振られます。

HINT!
ダブルクリックで編集を開始できる

手順2ではリボンの操作でヘッダーの編集を開始しますが、ページの上部余白をマウスでダブルクリックしても、編集を始められます。フッターも同様です。本文の編集領域のどこかをダブルクリックすると、ヘッダーやフッターの編集が終了して、編集領域が通常の表示に戻ります。

文書のレイアウトを整える Word・第7章

③ ヘッダーが表示された

ヘッダーとフッターが表示された ◆ヘッダー
本文の編集領域は薄い色で表示される

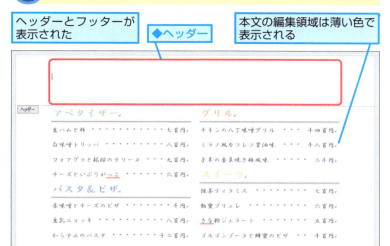

◆フッター

④ 文字の配置を変更する

ヘッダーに入力する文字の配置を変更しておく

1 [ホーム]タブをクリック
2 [中央揃え]をクリック

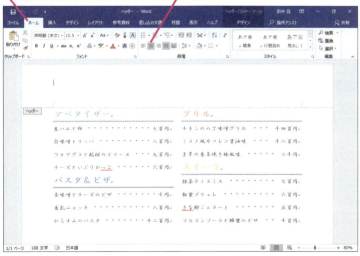

HINT!
フッターを素早く編集するには

フッターに文字を挿入するときには、以下の手順で操作します。また、ヘッダーの編集中であれば、フッターの領域をクリックするだけで、フッターを編集できます。

1 [挿入]タブをクリック

2 [フッター]をクリック

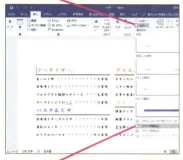

3 [フッターの編集]をクリック

フッターが表示された

⚠ 間違った場合は？

手順4で文字の配置を間違ったときは、[中央揃え]ボタン（）をクリックし直します。

次のページに続く

56 ヘッダー、フッター

⑤ 文字の配置を変更できた

カーソルが中央に移動した

HINT!
ヘッダーに挿入した文字を削除するには

ヘッダーに挿入した文字をすべて削除するには、[挿入]タブの[ヘッダー]ボタンをクリックして、[ヘッダーの削除]を選択します。入力した文字を部分的に削除するには、ヘッダーを編集できる状態にしてから、Delete キーなどで不要な文字を削除しましょう。

HINT!
ヘッダーやフッターに画像を挿入するには

ヘッダーやフッターにカーソルがある状態で[挿入]タブから操作すれば、画像を挿入できます。ただし、画像のサイズが大き過ぎると、本文が隠れてしまいます。画像の挿入後にハンドルをドラッグして余白に収まるサイズに変更しましょう。画像の挿入方法は、Word・レッスン㊾を参照してください。

テクニック ヘッダーやフッターにファイル名を挿入する

ヘッダーやフッターには、文字だけでなく写真やイラスト、ファイル名などを挿入できます。文書のイメージに合った画像を探して、ヘッダーやフッターに挿入するとアクセントとなっていいでしょう。またファイル名を挿入しておくと、印刷した後で、どの文書ファイルの印刷物だったのかをすぐに確認できます。

ここでは、ヘッダーに文書のファイル名を挿入する

1 手順2〜3を参考にヘッダーとフッターを表示する

2 [ヘッダー/フッターツール]の[デザイン]タブをクリック

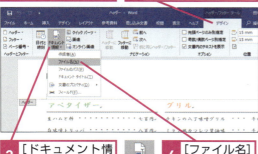

3 [ドキュメント情報]をクリック

4 [ファイル名]をクリック

ファイル名が挿入された

文書を閉じてからフォルダーでファイル名を変更したときは、Wordで文書を開いたときにファイル名を右クリックして[フィールド更新]をクリックする

⑥ ヘッダーに文字を入力する

1 「和風イタリアン　MISA」と入力

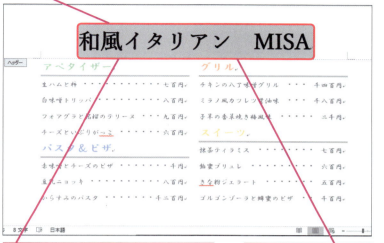

2 Word・レッスン㉒を参考にフォントサイズを［48］に変更

3 Word・レッスン㉓を参考に太字を設定

⑦ ヘッダーとフッターを閉じる

1 ［ヘッダー/フッターツール］の［デザイン］タブをクリック

2 ［ヘッダーとフッターを閉じる］をクリック

ヘッダーとフッターの編集を終了すると本文の編集領域が通常の表示に戻る

HINT!
ヘッダーやフッターを素早く編集するには

Wordの編集画面を「印刷レイアウト」モードで表示しているときは、文書のヘッダーやフッターの領域をマウスでダブルクリックすると、素早く編集できるようになります。

1 ヘッダーをダブルクリック

ヘッダーの編集画面が表示された

Point
複数ページに同じ文字を入れるときに便利

ヘッダーとフッターは、文書の上下に用意されている特別な編集領域です。ヘッダーやフッターに入力した文字や画像は、文書の2ページ目や3ページ目にも自動的に表示されます。会社でデザインを統一しているレターヘッドやページ番号など、複数ページのすべてに表示したい内容があるときに活用すると便利です。また、ヘッダーやフッターに大きな文字を挿入するときは、Word・レッスン㊺を参考に余白を広めに設定しておくといいでしょう。

レッスン **57**

ページ全体を罫線で囲むには

ページ罫線

文書全体を罫線で囲むと、文書の内容を強調できます。文書の余白部分にフレームを付けるようなイメージで、装飾されたカラフルな線を表示してみましょう。

1 [線種とページ罫線と網かけの設定]ダイアログボックスを表示する

1. [ホーム]タブをクリック
2. [罫線]のここをクリック
3. [線種とページ罫線と網かけの設定]をクリック

2 ページ罫線の種類を選択する

[線種とページ罫線と網かけの設定]ダイアログボックスが表示された

1. [ページ罫線]タブをクリック
2. [絵柄]のここをクリック
3. ここを下にドラッグしてスクロール
4. 設定する絵柄をクリック

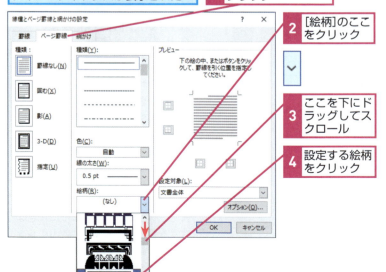

キーワード

罫線	p.486
スクロール	p.489
ダイアログボックス	p.491
プレビュー	p.496
文書	p.496
ページ罫線	p.496
余白	p.497

📄 **レッスンで使う練習用ファイル**
ページ罫線.docx

HINT!

線の太さで絵柄の大きさが変わる

ページ罫線の絵柄は、[線種とページ罫線と網かけの設定]ダイアログボックスの[線の太さ]で設定した数値に合わせてサイズが変わります。絵柄を大きくしたいときには、[線の太さ]の数値を大きくします。数値を小さくし過ぎると、絵柄にならずに線として表示されてしまうので注意しましょう。

[線の太さ]に入力する数値で線の太さを変えられる

[線の太さ]を「20pt」にすると絵柄が大きくなる

3 ページ罫線を挿入する

ページ罫線が設定され、[種類]の表示が[囲む]に変わった

選択したページ罫線が[プレビュー]に表示された

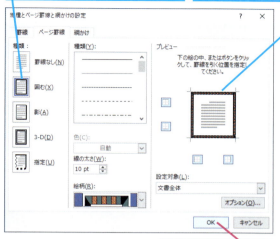

1 [OK]をクリック

4 ページ罫線が挿入された

文書全体が罫線で囲まれた

Word・レッスン⓲を参考に「メニュー」という名前を付けて文書を保存しておく

HINT!
ページ罫線を解除するには

ページ罫線を解除するには、[線種とページ罫線と網かけの設定]ダイアログボックスの[ページ罫線]タブで、[罫線なし]を設定します。

1 [罫線なし]をクリック

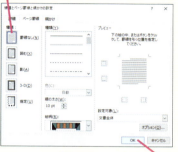

2 [OK]をクリック

ページ罫線が削除される

 間違った場合は？

設定した絵柄が気に入らなかったときは、手順1から操作を進め、絵柄を選び直しましょう。

Point
ページ罫線で装飾を豊かにしよう

絵柄を利用したページ罫線で文書を囲むと、そのイメージによって文書の印象が大きく変わります。用意されている絵柄には、果実や植物をはじめ動物や文具、幾何学模様などさまざまな種類があります。カラフルなページ罫線を使って印刷すれば、華やかな印象の文書が完成します。ページ罫線は文書の上下左右の余白に印刷されます。そのためページ設定で十分な余白を設定しておかないと、絵柄と文字が重なってしまうことがあります。そのときは、レッスン㊻を参考に余白を広くしましょう。

できる 207

レッスン 58

文字を縦書きに変更するには

縦書き

横書きで編集した文書も、[文字列の方向]を変えるだけで、縦書きのレイアウトに変更できます。縦書きにすると、カーソルの移動や編集の方向も変わります。

① 文字を縦書きにする

ページ全体の文字を縦書きに変更する

1. [レイアウト]タブをクリック
2. [文字列の方向]をクリック
3. [縦書き]をクリック

② 用紙を横向きにする

ページ全体の文字が縦書きになり、用紙の向きが縦になった

用紙の向きを横に変更する

1. [印刷の向き]をクリック
2. [横]をクリック

◆キーワード

操作アシスト	p.490
縦書き	p.491
段組み	p.491
長音	p.492
編集記号	p.497

📄 **レッスンで使う練習用ファイル**
縦書き.docx

HINT!

文字を縦書きにした後は用紙の向きに注意する

文字だけで構成された文書の場合は、文字を横書きから縦書きに変更しても1ページの文字数は変わりません。しかし、このレッスンの文書のようにA4用紙の横を前提に作成していた文書を縦書きにすると、用紙の向きが縦になったときに、ヘッダーやレイアウトのバランスが崩れることがあります。ここでは、文字を縦書きにした後、用紙の向きを横に戻します。

HINT!

リボンの表示も変化する

縦書きにすると、配置や行間の指定など、文字のレイアウトに関係するリボンの表示も縦書き用になります。

◆横書きの場合

◆縦書きの場合

③ 段組みを1段組みにする

用紙の向きが横になった
ここでは2段組みの段組みを1段組みに変更する

1 [段組み]をクリック
2 [1段]をクリック

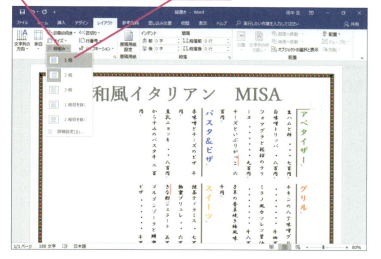

④ 編集記号を表示する

2段組みの段組みが1段組みに変わった
段区切りを削除するので、編集記号を表示する

1 [ホーム]タブをクリック
2 [編集記号の表示/非表示]をクリック

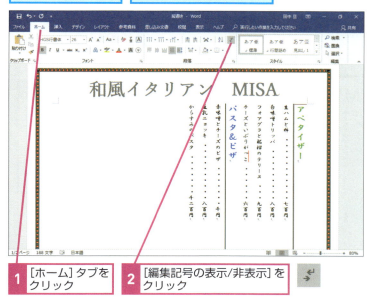

HINT!
長音の表示が不自然になってしまったときは

文字を縦書きにしたとき、フォントによっては、長音「ー」が回転しないことがあります。長音の表示が不自然になったときは、縦棒「｜」を使いましょう。「たてぼう」と読みを入力して変換すれば、「｜」が変換候補に表示されます。長音から縦棒への置き換えが多いときは、Word・レッスン㉜で紹介した[検索と置換]ダイアログボックスを利用するといいでしょう。

HINT!
操作アシストで分からない機能を探そう

「操作アシスト」の機能を使うと、リボンから探すのが難しい機能や、以前のWordで使っていた機能などを、キーワードで検索できます。タイトルバーの右下にある[実行したい作業を入力してください]に探したい機能や操作の一部を入力すると、対応する操作が表示されます。

HINT!
なぜ段区切りを削除するの？

Word・レッスン㉝では、2段組みにした後に段区切りを挿入して「グリル」以降のメニューを2段目に移動しました。このレッスンの操作で段組みを1段組みに変更すると、結果、段組みが解除されます。このとき、「グリル」以降のメニュー項目は2ページ目に改ページされた状態となります。ここでは、192ページの2つ目のHINT!で紹介した方法と同じように、編集記号を表示して段区切りを削除し、「グリル」以降のメニュー項目が1ページ目に表示されるようにします。

次のページに続く

⑤ 段区切りを削除する

ここでは段区切りを削除して、文字が1ページ目に表示されるようにする

[段区切り]が表示された

1 [段区切り]をダブルクリック

2 Delete キーを押す

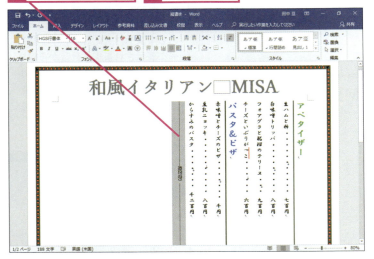

⑥ タブを挿入する

段区切りが削除されて文字が1ページに収まった

文書の下部に空白があるので、タブをさらに追加で挿入する

1 ここをクリックしてカーソルを表示

2 Tab キーを押す

HINT!
値段の位置が変わらないのはなぜ？

段組みが解除されると、1行の文字数が変わります。しかし、値段の文字はWord・レッスン㊟で「30文字目に合わせて右端に配置する」設定にしているので、1行の文字数が変わっても、値段の位置は変わりません。

HINT!
余白を設定し直してもいい

段組みを解除するとメニューの項目と値段が間延びしますが、Word・レッスン㊻を参考に[ページ設定]ダイアログボックスで余白を大きくしてレイアウトを変更しても構いません。[余白]で[上]と[下]の数値を大きくすると編集画面の文字が上下中央に寄ります。

HINT!
半角数字を縦向きにするには

半角の数字を縦書きにすると横に寝た状態になってしまいます。半角数字を縦向きにするには、数字を選択してから以下の手順で操作します。

数字を選択しておく

1 [ホーム]タブをクリック

2 [拡張書式]をクリック

3 [縦中横]をクリック

[プレビュー]に適用後の状態が表示された

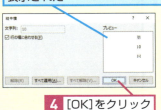

4 [OK]をクリック

半角数字が横向きになる

7 続けてタブを挿入する

タブが挿入され、値段の文字が下に下がった

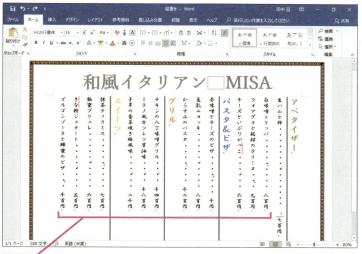

1 同様にしてほかの個所にもタブを挿入する

8 縦書きにした文書のレイアウトを調整できた

手順4を参考に［編集記号の表示/非表示］をクリックして、編集記号を非表示にしておく

HINT!
タブの位置を再設定するには

手順6でタブ位置を設定し直すときは、Word・レッスン㊱の手順3以降の操作を実行します。［タブとリーダー］ダイアログボックスを表示し［すべてクリア］ボタンをクリックして［タブ位置］に1行の文字数を入力します。再度［右揃え］をクリックし、リーダー線を選択して［OK］ボタンをクリックすれば値段の文字が下端にそろいます。なお、前ページの手順6の状態では、1行の文字数が30文字になります。

Word・レッスン㊱を参考に、文字をすべて選択し、［タブとリーダー］ダイアログボックスを表示しておく

［すべてクリア］をクリックして、［タブ位置］の数値を変更する

Point
縦書きでは文字の種類と方向が変わる

縦書きは、用紙の方向が縦から横に変わり、編集画面の文字は右上から左下に向かって入力します。ただし、半角英数字は横向きのまま入力されます。そのままだと読みにくいので、数字などは「縦向き」にします。半角数字を縦向きに設定する方法は、前ページの3つ目のHINT!を参考にしてください。また罫線の中も縦書きになるので、時間割のような表を作るときは、文書全体を縦書きにしておくといいでしょう。

この章のまとめ

●段組みを活用してきれいな文書を仕上げる

この章では、段組みやリーダー線などを活用して、デザインに凝った文書を作成しました。文字の装飾では、［書式のコピー/貼り付け］ボタンやスタイルを活用すると、一度設定したフォントの種類やサイズ、色などをまとめてコピーできます。そして、ヘッダーやフッターを利用すれば、レターヘッドやページ番号のように、複数のページにわたって表示する内容をまとめて設定できるようになります。最後に、ページ罫線を使って文書全体を囲み、内容を強調すると、見ためが華やかで見栄えのする文書を作成できます。

Wordの編集機能を使いこなすことによって、ビジネスの現場で利用する書類から装飾性の高い印刷物まで、バリエーションに富んだ文書を作り出すことができるのです。

装飾性の高い文書の作成

段組みやヘッダー、ページ罫線を利用すれば文書全体のレイアウトや見ためを自在に変更できる。メニュー表のような文書では、リーダー線を利用すると項目同士が見やすくなる

練習問題

1

以下の文章を入力し、文字と文字の間にタブを挿入して「……」のリーダー線を表示してみましょう。ここではタブの位置を12文字として、文字を左にそろえるように設定します。

●ヒント:「……」のリーダー線を挿入するには、文字と文字の間にタブを挿入し、タブの位置と文字の配置をダイアログボックスで設定します。

```
ハイキングのお知らせ
日時　　2019年4月20日（土）
集合時間　　7時30分
集合場所　　　できる小学校校門
場所　できる山公園
持ち物 お弁当、飲み物、おやつ、雨具
服装　動きやすい服装
```

2

「日時」の文字を［太字］、文字の色を［緑］に設定し、ほかの「集合時間」や「集合場所」の文字にも同じ書式を設定してみましょう。

●ヒント:［ホーム］タブにある［書式のコピー/貼り付け］ボタンを使うと同じ書式を簡単にコピーできます。

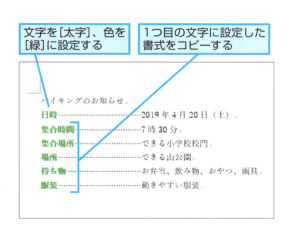

答えは次のページ

解 答

1

2行目から7行目をドラッグして選択し、[段落]ダイアログボックスの［タブ設定］ボタンをクリックします。［タブとリーダー］ダイアログボックスで、タブの位置とリーダーの種類を設定しましょう。

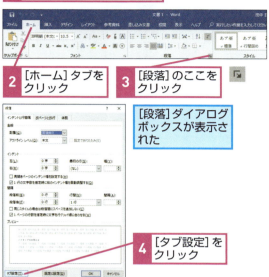

1 タブを入力した段落を選択
2 [ホーム]タブをクリック
3 [段落]のここをクリック
[段落]ダイアログボックスが表示された
4 [タブ設定]をクリック

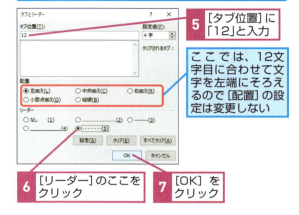

[タブとリーダー]ダイアログボックスが表示された
5 [タブ位置]に「12」と入力
ここでは、12文字目に合わせて文字を左端にそろえるので [配置]の設定は変更しない
6 [リーダー]のここをクリック
7 [OK]をクリック

2

複数の文字に同じ書式を設定するには、書式を設定した文字を選択してから［書式のコピー/貼り付け］ボタンをダブルクリックします。

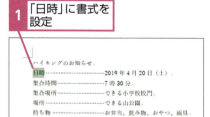

1 「日時」に書式を設定
2 [ホーム]タブをクリック

3 [書式のコピー /貼り付け]をダブルクリック

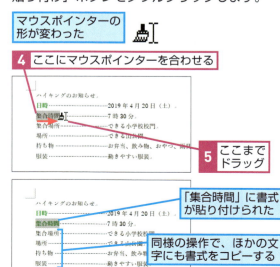

マウスポインターの形が変わった
4 ここにマウスポインターを合わせる
5 ここまでドラッグ
「集合時間」に書式が貼り付けられた
同様の操作で、ほかの文字にも書式をコピーする

文書のレイアウトを整える Word・第7章

214 できる

Excel

第1章

Excel 2019を
使い始める

この章では、Excelでできることや機能の概要を紹介します。
併せて画面の構成や仕組み、起動と終了の操作方法を解説します。Excelを起動すると、すぐにブックの編集画面が開くのではなく、Excelのスタート画面が表示されることを覚えましょう。

●この章の内容
❶ Excelの特徴を知ろう ……………………………………… 216
❷ Excelを使うには …………………………………………… 218
❸ Excel 2019の画面を確認しよう ………………………… 222
❹ ブックとワークシート、セルの関係を覚えよう ……… 224

レッスン

1

Excelの特徴を知ろう

表計算ソフト

Excelは、文字や数字、計算式などを表に入力して操作するソフトウェアです。このレッスンでは、Excelを使って何ができるのか、その基本的な使い方を紹介します。

Excel・第1章 Excel 2019を使い始める

■ Excelでできること

Excelは、売り上げの集計計算や見積書の作成など、表の中で計算をすることが得意なソフトウェアです。加えてExcelには、名前や住所といった文字や日付を扱うための機能も豊富に用意されています。そのためExcelを使えば、予定表や住所録など、見栄えがする表を簡単に作成できます。

●売上表の作成

入力しやすく、一覧で内容を確認できる売上表を作成できる

●住所録の管理

データの並べ替えや抽出を実行し、効率よくデータを管理できる住所録を作成できる

キーワード	
OneDrive	p.482
印刷	p.483
インストール	p.483
関数	p.485
共有	p.485
クラウド	p.486
グラフ	p.486
ソフトウェア	p.490

HINT!

用途に合わせて印刷できる

Excelは、このレッスンで紹介しているようにさまざまな目的に利用できますが、用途に合わせた印刷も簡単です。作成した表を用紙の真ん中にきれいにレイアウトして印刷したり、表とグラフを一緒に印刷したりすることもできます。印刷については、Excel・第6章で詳しく解説しています。

216 できる

数式や関数を利用した集計表の作成

Excelを使えば、四則演算だけでなく、合計や平均なども簡単な操作ですぐに求められます。さらに、あらかじめExcelに用意されている関数を利用すれば、複雑な計算も簡単な操作で素早く行えます。表の中のデータの値を変えれば即座に自動で再計算されるので、数式や関数をいちいち再入力する必要もありません。

数式や関数を使って、データの合計や平均を瞬時に求められる

HINT!
文書をオンラインで共有できる

Microsoftのクラウドサービスである「OneDrive」を利用すれば、簡単にファイルを共有できます。OneDriveにファイルを保存すると、ノートパソコンやタブレット、スマートフォンを利用して外出先からでもファイルの内容確認や修正ができます。複数の人とファイルを共有すれば、予定表を基に、メンバーのスケジュールを簡単に調整できます。OneDriveの利用方法については、Word&Excel・第3章で詳しく紹介します。

グラフの作成

下の表は、電気使用量と電気料金、ガス料金を1つにまとめたものです。それぞれを注意深く見比べれば数値の大小は分かりますが、表だけでは、電気使用量に応じた金額の変化や電気料金とガス料金の対比、推移などが把握できません。一方、同じ表から作成したグラフを見てください。Excelを利用すれば、表から美しく見栄えのするグラフを簡単に作成できます。グラフにすることで、データの変化や推移、関連性がひと目で分かるようになるのです。

HINT!
グラフの作成をサポートする機能が多数用意されている

Excel 2019では、表にしたデータをグラフにする機能が多数搭載されています。データに合ったグラフの種類が分からないときでも、グラフのサンプルから目的のグラフを選んで作成ができます。詳しくは、376ページのテクニックを参照してください。

入力したデータを基に、美しく、見栄えのするグラフを作成できる

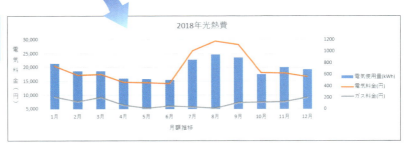

レッスン 2

Excelを使うには

起動、終了

ここでは、Excelの起動と終了の方法を解説します。Excel 2019では、起動直後にスタート画面が表示されます。ブックの作成方法と併せて覚えておきましょう。

キーワード
| Microsoftアカウント | p.481 |

ショートカットキー
⊞ / Ctrl + Esc ……… スタート画面の表示
Alt + F4 …ソフトウェアの終了

Excelの起動

1 スタートメニューを表示する

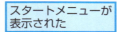
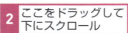

2 Excelを起動する

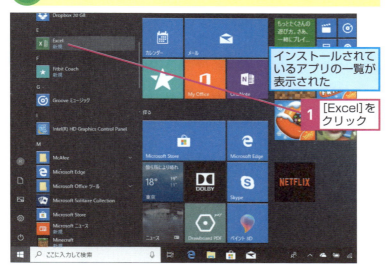

HINT!

Microsoftアカウントでサインインしておく利点とは

MicrosoftアカウントでOfficeにサインインしていると、[スタート]メニューやスタート画面の右上にユーザーIDやアカウント画像が表示されます。Microsoftアカウントでサインインしておくと、Word&Excel・第3章で解説しているマイクロソフトのオンラインストレージやOutlook.comなどのサービスをインターネット経由で使えるようになります。Windows 10でユーザー設定がMicrosoftアカウントになっていると、Excelの起動時にOfficeへのサインインが自動で行われます。

 間違った場合は？

手順2で間違ってExcel以外のアプリケーションを起動してしまった場合は、起動したアプリケーションを終了してから、もう一度Excelを起動し直します。

③ Excelの起動画面が表示された

> Excel 2019の起動画面が表示された

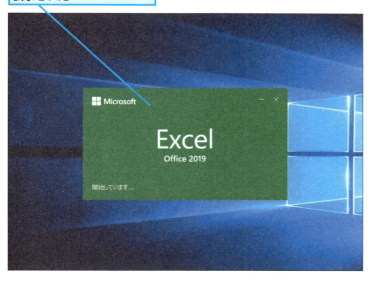

④ Excelが起動した

> Excelが起動し、Excelのスタート画面が表示された

> スタート画面に表示される背景画像は、環境によって異なる

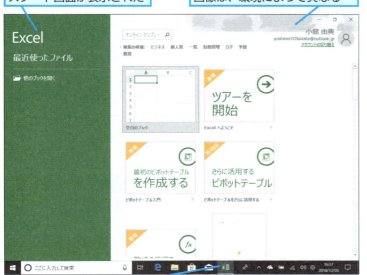

> タスクバーにExcelのボタンが表示された

HINT!
スタート画面からテンプレートを開ける

Excelを起動するとExcelのスタート画面が表示され、［空白のブック］以外に、さまざまな表やグラフのひな形が一緒に表示されます。このひな形のことを「テンプレート」と言います。テンプレートには、仮の文字やデータが入力されていて、データを入力し直すだけで新しい表やグラフを作れます。

> 検索ボックスにキーワードを入力して、好みのテンプレートを検索できる

HINT!
Excelを始めて起動したときは

Excelを初めて起動したときは下のようなウィンドウが開き、注意事項に同意して「使用許諾契約書」を承認する操作とインストールされているOffice製品が正規品であることを証明する「ライセンス認証」の操作が必要です。

1 ［同意してExcelを開始する］をクリック

> 表示された画面で［ソフトウェアのライセンス認証をインターネット経由で行う］をクリックして［次へ］をクリックしておく

次のページに続く

新しいブックの作成

5 [空白のブック] を選択する

Excelを起動しておく

1 [空白のブック]をクリック

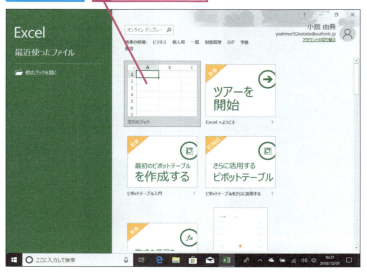

6 新しいブックが表示された

新しいブックが作成され、画面に表示された

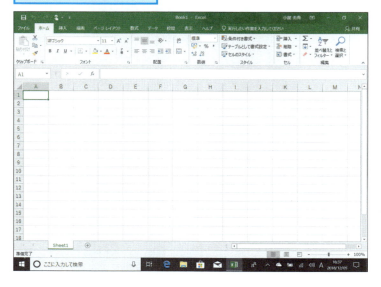

HINT!

Windows 10で言語バーを表示するには

Windows 10では、入力モードの切り替えや単語登録を実行できる「言語バー」が、はじめから非表示になっています。言語バーで利用できる機能は、言語バーのボタン（あ／A）を右クリックすると利用できます。言語バーを表示するには、以下の手順を実行してください。

[設定]の画面を開いておく

1 [デバイス]をクリック

2 [入力]をクリック

3 [キーボードの詳細設定]をクリック

4 [使用可能な場合にデスクトップ言語バーを使用する]のここをクリックしてチェックマークを付ける

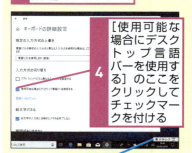

言語バーが表示された

 間違った場合は？

手順7で[元に戻す（縮小）]ボタンをクリックしてしまったときは、[最大化]ボタンをクリックしてウィンドウを全画面で表示してから、操作し直します。

Excelの終了

7 Excelを終了する

1 [閉じる]をクリック

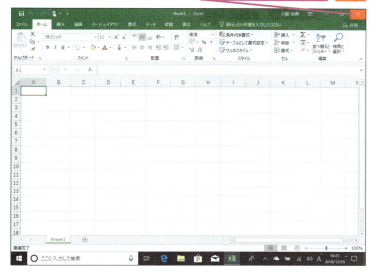

8 Excelが終了した

Excelが終了し、デスクトップが表示された

タスクバーに表示されていた Excelのボタンが消えた

HINT!

Excelをデスクトップから起動できるようにするには

Windows 10でExcelのボタンをタスクバーに登録しておくと、ボタンをクリックするだけで、すぐにExcelを起動できるようになります。なお、タスクバーからExcelのボタンを削除するには、タスクバーのボタンを右クリックして、[タスクバーからピン留めを外す]をクリックします。

[スタート]メニューを表示しておく

[Excel]を右クリック **1**

2 [その他]にマウスポインターを合わせる

3 [タスクバーにピン留めする]をクリック

タスクバーにボタンが表示された

ボタンをクリックすればExcelを起動できる

Point

起動と終了の方法を覚えよう

Excelを起動すると、Excelのウィンドウが開いて、タスクバーにExcelのボタンが表示されます。これはExcelが起動中であることを示すものです。デスクトップでExcelのウィンドウが見えなくなったときは、タスクバーにあるExcelのボタンをクリックしましょう。Excelを終了すると、Excelのウィンドウが閉じて、タスクバーからExcelのボタンが消えます。このレッスンを参考にして、Excelの起動方法と終了方法をマスターしておきましょう。

レッスン
3 Excel 2019の画面を確認しよう

各部の名称、役割

新しいブックを作成するか、保存済みのブックを開くと、リボンやワークシートが表示されます。Excelでは下の画面でデータを入力して表やグラフを作成します。

Excel 2019の画面構成

Excelの画面は、大きく分けて3つの部分から構成されています。1つ目は「機能や操作方法を指定する場所」で、画面上部にあるリボンやその下の数式バーが含まれます。2つ目は「データの入力や表示を行う場所」で、中央部にあるたくさんのセルがこれに当たります。3つ目は「現在の作業状態などを表示する場所」で、画面の一番下にあるステータスバーがこれに当たり、列番号や行番号、セルの表示を拡大縮小するズームスライダーなどが右に配置されています。なお、Office 2019とOffice 365のExcelではリボンや各ボタンのデザインが異なります。詳しくは付録3のOffice 365リボン対応表で解説しています。

▶キーワード	
行番号	p.485
クイックアクセスツールバー	p.485
シート見出し	p.487
数式バー	p.489
スクロールバー	p.489
ステータスバー	p.489
セル	p.490
操作アシスト	p.490
タイトルバー	p.491
リボン	p.498
列番号	p.498

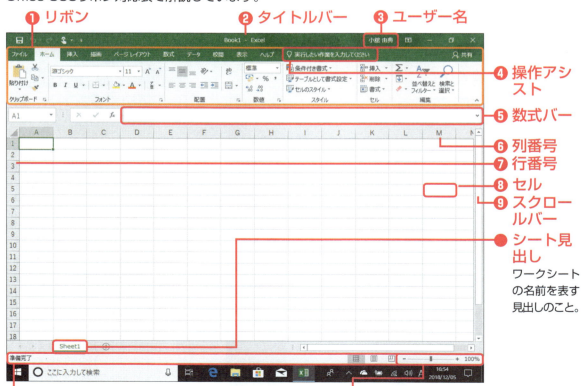

❶ リボン
❷ タイトルバー
❸ ユーザー名
❹ 操作アシスト
❺ 数式バー
❻ 列番号
❼ 行番号
❽ セル
❾ スクロールバー
❿ シート見出し　ワークシートの名前を表す見出しのこと。
⓾ ステータスバー
⓫ ズームスライダー

注意 お使いのパソコンの画面の解像度が違うときは、リボンの表示やウィンドウの大きさが異なります

❶リボン

作業の種類によって、「タブ」でボタンが分類されている。［ファイル］や［ホーム］タブなど、タブを切り替えて必要な機能のボタンをクリックすることで、目的の作業を行う。

タブを切り替えて、目的の作業を行う

❷タイトルバー

Excelで開いているブックの名前が表示される領域。保存前のブックには、「Book1」や「Book2」などの名前が表示される。

作業中のファイル名が表示される

❸ユーザー名

Officeにサインインしているユーザー名が表示される。Officeにサインインしていないときは、［サインイン］という文字が表示される。

❹操作アシスト

Excelの操作コマンドを入力すると、該当するコマンドへのショートカットの一覧が表示される。例えば「印刷」と入力すると、印刷に関連するコマンドのリストが表示される。

❺数式バー

選択したセルの内容が表示される。セルをダブルクリックするか、数式バーをクリックすることで、セルの内容を編集できる。

❻列番号

列の位置を表す英文字が表示されている。「A」から始まり、「Z」の右側は「AA」となる。選択したセルの列番号は灰色で表示される。

❼行番号

行の位置を表す数字が表示されている。選択したセルの行番号は灰色で表示される。

❽セル

Excelで扱うデータを入力する場所。文字や数字、数式などを入力できる。列番号と行番号を組み合わせて、セルの位置を表す。例えば、列番号が「B」、行番号が「2」のセルは、「セルB2」と表現される。

❾スクロールバー

画面を上下にスクロールするために使う。スクロールバーを上下にドラッグすれば、表示位置を移動できる。

❿ステータスバー

作業状態が表示される領域。数値が入力された複数のセルを選択すると、データの個数や平均などの情報が表示される。

ワークシートの作業状態が表示される

ここをクリックして［ズーム］ダイアログボックスを表示しても画面の表示サイズを任意に切り替えられる

⓫ズームスライダー

画面の表示サイズを変更できるスライダー。左にドラッグすると縮小、右にドラッグすると拡大できる。［拡大］ボタン（＋）や［縮小］ボタン（－）をクリックすると、10%ごとに表示の拡大と縮小ができる。

HINT!
画面の解像度によってリボンの表示が変わる

パソコンの解像度によっては、リボンに表示されているボタンの並び方や絵柄、大きさが変わることがあります。その場合は、リボン名などを参考にして読み進めてください。

HINT!
リボンを非表示にするには

リボンを一時的に非表示にするには、いずれかのタブをダブルクリックするか、リボンの右下にある［リボンを折りたたむ］ボタン（ ∧ ）をクリックします。リボンの表示を元に戻すには、［リボンの表示オプション］ボタン（ ▭ ）をクリックして［タブとコマンドの表示］を選択します。なお、リボンが表示されているときに Ctrl + F1 キーを押すと、リボンの最小化と展開を切り替えられて便利です。

1 ［リボンを折りたたむ］をクリック

リボンが最小化された

2 ［リボンの表示オプション］をクリック

3 ［タブとコマンドの表示］をクリック

リボンが表示される

レッスン 4

ブックとワークシート、セルの関係を覚えよう

ブック、ワークシート、セル

Excelのファイルのことを「ブック」とも呼びます。ブックの中には複数のワークシートを束ねられます。そしてワークシートを構成するのが「セル」です。

ブックとワークシート

ブックとワークシートの関係を覚える前に、下の画面を見てください。Excelで新しいブックを作成すると、タイトルバーに[Book1]というファイル名が表示され、シート見出しに[Sheet1]というシート名が表示されます。このように、ブック（[Book1]）の中にあるのがワークシート（[Sheet1]）です。新しく作成したブックの場合、ワークシートは1つしかありません。しかし、目的に応じてワークシートの数を増やせます。例えば、1週間の売り上げを記録したワークシートをコピーしてブックの中に複数作成すれば、1つのブックで1ヶ月分の売り上げを管理できます。

▶キーワード

アクティブセル	p.482
シート見出し	p.487
セル	p.490
タイトルバー	p.491
ドラッグ	p.493
フィルハンドル	p.495
ブック	p.495
マウスポインター	p.497
列番号	p.498

◆ブック
表のシートを入れておく封筒の役割がブック。1つのブックで複数のワークシートを管理することもできる

Excelの初期設定では、ブックの作成時に1つのワークシートが表示される

●ワークシートの管理

内容に合わせてワークシートの名前を変更できる

[新しいシート]をクリックすれば、ブックにワークシートを追加できる

ワークシートをコピーして、ワークシートにあるデータを再利用できる

HINT!

複数のワークシートを1つのブックで管理する

Excelでは複数のワークシートを1つのブックにまとめられます。例えば、1年間の売り上げを1月から12月までそれぞれまとめるとき、表の項目が変わらないのであれば、ブックを12個用意するのではなく、[2019] というブックに [1月][2月][3月] 〜 [12月] というワークシートをまとめた方が便利です。

ワークシートとセル

ワークシートの中には数えきれないほどのセルがあり、パソコンの画面にはその一部が表示されます。たくさんあるセルを区別するために、Excelではセルの位置を列番号と行番号を組み合わせて表現します。例えば、列番号が「C」、行番号が「4」のセルは、「セルC4」となります。なお、緑色の太い棒線で表示されているセルを「アクティブセル」と呼びます。アクティブセルはワークシートの中に1つしかありません。

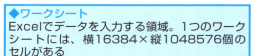

◆ワークシート
Excelでデータを入力する領域。1つのワークシートには、横16384×縦1048576個のセルがある

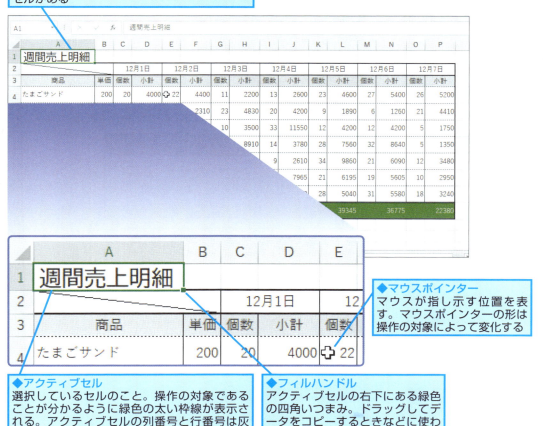

◆マウスポインター
マウスが指し示す位置を表す。マウスポインターの形は操作の対象によって変化する

◆アクティブセル
選択しているセルのこと。操作の対象であることが分かるように緑色の太い枠線が表示される。アクティブセルの列番号と行番号は灰色で表示される

◆フィルハンドル
アクティブセルの右下にある緑色の四角いつまみ。ドラッグしてデータをコピーするときなどに使われる

この章のまとめ

●少しずつExcelを使ってみよう

この章では、表計算ソフトの「Excel」がどのようなソフトウェアであるかを紹介しました。ブックを開くと、パソコンの画面に「セル」という小さなマスで区切られたワークシートが表示されます。このセル1つ1つを操作することがExcelの基本であり、すべてでもあります。Excelを使いこなすということは、このセルを適切に操作して、思い通りの表を作るということです。セルに文字や数値などのデータを入力したり、数式を入力して計算したりすることもできます。

Excelには、表やグラフに関する機能が多数用意されているので、簡単にきれいな表を作れるほか、表のデータを利用したグラフもすぐに作れます。また、クラウドと連携してデータや情報の共有も簡単にできるようになっています。

本書では、Excelを理解し、便利に使うための知識をレッスンで1つずつ解説しますが、すべてを一度に覚える必要はありません。まず、この章でExcelの基本を覚えてから、Excel・第2章のレッスンに進んでみましょう。本書全体にひと通り目を通して、後から疑問に思ったところを、Excelを使いながらゆっくり読み返すのもいいでしょう。少しずつでもExcelを使う時間を増やすことが、Excel上達の早道です。

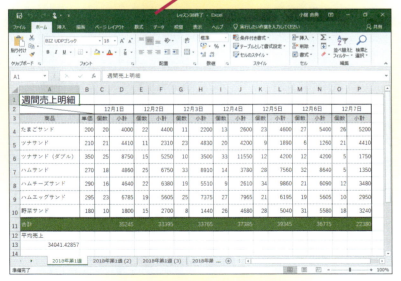

Excelを使って覚える
さまざまな機能が「Excel」に搭載されているが、一度に覚える必要はない。1つずつ操作して慣れることが大事

Excel

第2章

データ入力の
基本を覚える

この章では、Excelで行う基本的なデータの入力と修正、そして作成したブックを保存する方法を解説します。Excelが扱うデータの種類や、その入力方法について覚えておきましょう。

●この章の内容
- ❺ データ入力の基本を知ろう ……………………………228
- ❻ 文字や数値をセルに入力するには ……………………230
- ❼ 入力した文字を修正するには …………………………232
- ❽ 入力した文字を削除するには …………………………234
- ❾ ひらがなを変換して漢字を入力するには ……………236
- ❿ 日付を入力するには ……………………………………238
- ⓫ 連続したデータを入力するには ………………………240
- ⓬ 同じデータを簡単に入力するには ……………………242
- ⓭ ブックを保存するには …………………………………246

レッスン
5 データ入力の基本を知ろう
データ入力

ここでは、この章で解説するExcelの入力操作とはどのようなものなのか、その概要を解説します。Excelを使うための基本的な内容です。しっかり覚えましょう。

セルへの入力

Excelで表を作成するための基本操作が、セルへのデータ入力です。データの入力といっても、特に難しいことはありません。Excelはセルに入力された文字が何のデータに該当するかを自動で認識し、文字の表示や配置を調整します。下の例では「123」という数値が計算に利用できるデータと判断され、セルの右側に表示されます。

キーワード	
オートフィル	p.484
セル	p.490
タイトルバー	p.491
名前を付けて保存	p.493
ブック	p.495

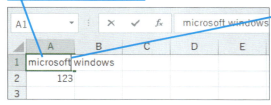

セルに文字を入力する
→Excel・レッスン❻、❾

セルの中にカーソルを表示して、セルに入力した文字を修正する
→Excel・レッスン❼

セルに入力した文字の一部とセルにあるデータをすべて削除する
→Excel・レッスン❽

便利な入力方法

Excelでは、セルに「12/1」と入力するだけで、日付のデータということを自動で認識し、セルには「12月1日」と表示します。また、「オートフィル」という機能を使えば、日付や時刻など、規則に従って変化するデータから連続したデータを複数のセルに入力できます。

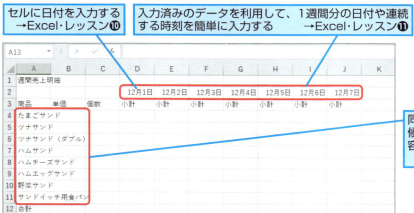

セルに日付を入力する
→Excel・レッスン❿

入力済みのデータを利用して、1週間分の日付や連続する時刻を簡単に入力する
→Excel・レッスン⓫

同じ列にあるデータを入力候補として利用し、同じ内容をすぐに入力できる
→Excel・レッスン⓬

ブックの保存

データの入力が終わったら名前を付けてブックを保存します。ブックの名前はタイトルバーに表示されます。Excelの起動直後は、ブックには「Book1」「Book2」などの名前が付いていますが、後から見たときに内容がすぐ分かるような名前を付けて保存しましょう。

> **HINT!**
>
> **Excelではさまざまな表が作成できる**
>
> この章では、週ごとの売上明細を作りながらセルにデータを入力する方法を詳しく解説します。この章のレッスンでセルへの入力方法をマスターすれば、住所録や家計簿、さらに見積書や売り上げの集計表など、さまざまな表をすぐに作成できます。

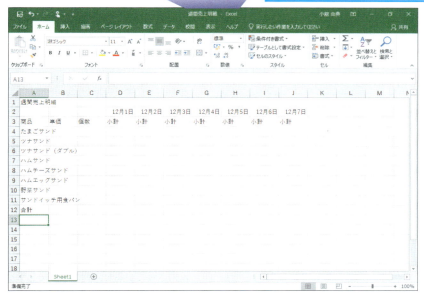

保存時にブックに付けた名前がタイトルバーに表示される

入力したデータに合わせた名前を付けて、ブックを保存する
→Excel・レッスン⓭

Excelを起動した直後は、ブックに「Book1」という名前が付いている

データの入力が終わったら、分かりやすい名前を付けてブックを保存する

レッスン 6

文字や数値をセルに入力するには

入力モード

> Excelを起動し、キーボードを使ってセルに簡単な文字や数値のデータを入力してみましょう。このレッスンでは、Excelでのデータ入力の基本を解説します。

1 セルを選択する

Excel・レッスン❷を参考にExcelを起動しておく

名前ボックスにアクティブセルの番号が表示される

◆名前ボックス

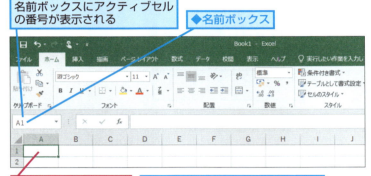

1 セルA1をクリック　　セルA1がアクティブセルになった

2 入力モードを確認する

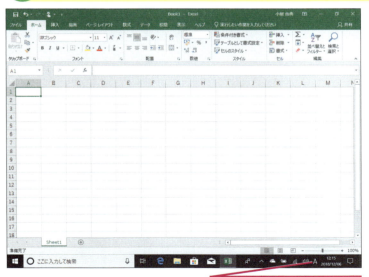

1 入力モードが[A]と表示されていることを確認

[A]と表示されているときは、入力モードが[半角英数]になっている

[あ]と表示されているときは、[半角/全角]キーを押して、[A]の表示に切り替える

キーワード

数式バー	p.489
セル	p.490
入力モード	p.493
編集モード	p.497

ショートカットキー

[半角/全角]………入力モードの切り替え

HINT!
[Esc]キーを押すと入力がキャンセルされる

セルへデータを入力している途中で[Esc]キーを押すと、それまでの入力がキャンセルされます。データの入力中に[Esc]キーを押せば、それまで入力されていたデータが消えて、入力を始める前の状態に戻ります。

HINT!
多くの文字を入力するとセルからはみ出して表示される

セルに文字を入力したとき、列の幅よりも長い文字を入力すると、文字がセルからはみ出すように表示されます。ただし、右のセルにデータが入力されていると、列の幅までしか表示されません。

●右のセル（セルB1）が空白の場合

	A	B	C
1	できるExcel 2019		
2			

●右のセル（セルB1）にデータが入力されている場合

	A	B	C
1	できるExc	インプレス	
2			

③ セルに文字を入力する

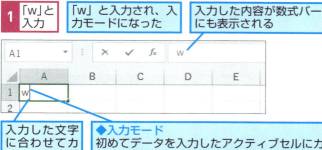

◆入力モード
初めてデータを入力したアクティブセルにカーソルが表示されている状態。文字の入力後にセルをダブルクリックすると、編集モードになる

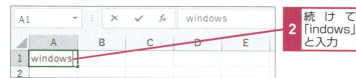

④ 入力した内容を確定する

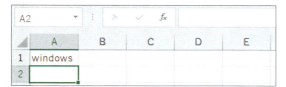

セルA1の内容が確定し、アクティブセルがセルA2になった

⑤ セルに数字を入力する

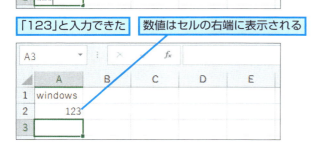

「123」と入力できた　数値はセルの右端に表示される

HINT!
日付や数値が「###」と表示されたときは

列の幅より文字数が多い場合でも、文字は正しく表示されます。しかし、日付や数値の場合は、右のセルが空白でも「###」と表示されます。正しく表示するには、入力されている文字数やけた数に合わせて列の幅を広げましょう。列の幅の調整は、Excel・レッスン⓳で詳しく解説します。

⚠ 間違った場合は？

間違ったセルにデータを入力したときは、そのセルをクリックしてアクティブセルにし、[Delete]キーを押してデータを削除してから、もう一度入力します。

Point
[Enter]キーを押さないとデータは確定されない

セルにデータを入力するときは[Enter]キーが重要な意味を持ちます。入力を開始するとアクティブセルの中にデータの入力位置を示すカーソルが表示され、入力中のデータがセルと数式バーの両方に表示されます。この状態を「入力モード」と言います。画面下のステータスバーにも［入力］と表示され、データの入力中であることが確認できます。しかし、この状態では入力しているデータはまだ確定しません。[Enter]キーを押すことで、初めてセルに入力したデータが確定します。データが確定すると、セル内のカーソルが消え、太枠で表示されるアクティブセルが次のセルへ移動します。また、Excelは入力されたデータを判別して、文字の場合はセルの左端、数値の場合にはセルの右端に表示します。

レッスン 7

入力した文字を修正するには

編集モード

セルに入力した内容を一部変更するときや文字を追加するときは、セルをダブルクリックしてカーソルを表示します。方向キーでカーソルを移動させましょう。

1 編集モードに切り替える

1. セルA1をダブルクリック

カーソルが表示され、編集モードに切り替わった

注意 手順1でダブルクリックした場所によってカーソルが表示される位置は異なります

2 カーソルを移動する

1. 方向キー（←または→）を使ってカーソルをセルの先頭に移動

カーソルの移動には方向キー（←または→）を使う

キーワード

カーソル	p.484
数式バー	p.489
ステータスバー	p489

📄 **レッスンで使う練習用ファイル**
編集モード.xlsx

⌨ **ショートカットキー**

F2 ……………… セルの編集

HINT!

セルを選択してそのまま入力すると内容が書き換わる

アクティブセルの状態で、ダブルクリックせずに、そのまま入力を始めると、セルの内容を書き換えられます。セルの内容をすべて書き換えたいときに便利です。

 間違った場合は？

入力を間違ったときは、Backspaceキーを押して文字を1文字ずつ削除してから正しい内容を入力し直しましょう。入力操作そのものを中止するときは、Escキーを押します。

👆 **テクニック** ステータスバーで「モード」を確認しよう

ステータスバーの左端には、Excelの操作に関する状態が表示されます。手順1のようにデータが入力済みのセルをダブルクリックすると、ステータスバーに［編集］と表示されます。何もデータが入力されていないセルにデータの入力を始めると、入力モードとなり、ステータスバーの表示が［入力］に変わります。セルに新しくデータを入力するときは、モードを気にする必要はありませんが、入力済みのセルに文字を追加するときや一部の文字を削除するときは、編集モードになっていることをステータスバーで確認しましょう。

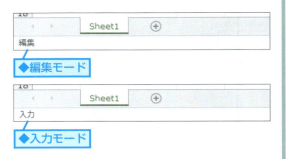

◆編集モード

◆入力モード

③ セルに文字を挿入する

カーソルがセルの先頭に移動した

1 「microsoft」と入力

入力した内容が数式バーにも表示される

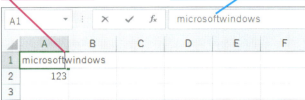

「microsoft」の後ろに半角の空白を挿入する

2 [space]キーを押す

④ 入力した内容を確定する

「microsoft」の後ろに半角の空白が挿入された

1 [Enter]キーを押す

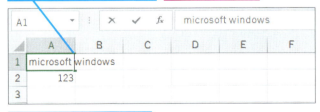

「microsoft windows」と入力できた

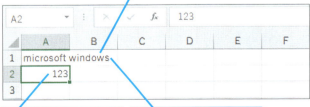

セルA1の内容が確定し、アクティブセルがセルA2になった

セルB1が空白の場合、入力した文字がはみ出たように表示される

HINT!

[F2]キーを押せばすぐに編集モードに切り替わる

編集モードに素早く切り替えて、入力されているデータを修正するには、[F2]キーを押します。目的のセルがアクティブセルになっている状態で[F2]キーを押すと、そのセルをダブルクリックしたときと同じ状態になり、カーソルがデータの後ろに表示されます。なお[F2]キーを押すたびにステータスバー左の[編集]と[入力]の表示が切り替わります。

1 データを修正するセルをクリック

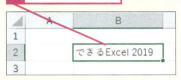

2 [F2]キーを押す

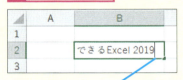

カーソルが表示され、編集モードに切り替わった

Point

セルをダブルクリックしてデータの一部を修正する

セル内のデータを修正するときにセルをダブルクリックすると、Excelが編集モードに切り替わり、ステータスバーに[編集]と表示されます。セルをダブルクリックした場所にカーソルが表示されるので、方向キーで目的の位置にカーソルを移動してデータを修正しましょう。なお、選択したセルをダブルクリックせずにそのまま入力を開始すると、セルのデータがすべて消えて新しい内容に書き替わってしまうので注意しましょう。

レッスン 8

入力した文字を削除するには

データの削除

セル内の文字修正はExcel・レッスン❼で解説しました。ここでは、セルの内容を削除する方法を解説します。複数のセルの内容もまとめて削除できます。

キーワード
アクティブセル	p.482
入力モード	p.493

📄 **レッスンで使う練習用ファイル**
データの削除.xlsx

⌨ **ショートカットキー**

F2 …………… セルの編集

セル内の文字の削除

1 編集モードに切り替える

1 セルA1をダブルクリック

カーソルが表示され、編集モードに切り替わった

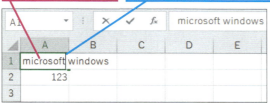

注意 手順1でダブルクリックした場所によってカーソルが表示される位置は異なります

2 カーソルを移動する

カーソルをセルの最後に移動する

1 方向キー（←または→）を使ってカーソルをセルの最後に移動

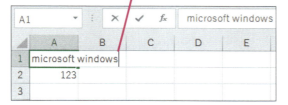

3 セル内の文字を削除する

「windows」の文字を削除する

1 Back space キーを8回押す

2 Enter キーを押す

HINT!

Back space キーと Delete キーの違いとは

Delete キーを押すとセルの内容が消えるだけですが、Back space キーを押すと、Excelが入力モードになり、アクティブセルにカーソルが表示されます。セルの内容をすべて削除して、続けてそのセルに新しいデータを入力するときにはBack space キーを押すといいでしょう。

1 データを書き換えるセルをクリック

2 Back space キーを押す

文字が削除され、カーソルが表示された

⚠ **間違った場合は？**

セルの中の文字を間違って削除してしまった場合は、クイックアクセスツールバーの［元に戻す］ボタン（↶）をクリックします。

セルの内容の削除

④ セル内の文字が削除された

| セルA1の「windows」の文字を削除できた | セルA1の内容が確定し、アクティブセルがA2になった |

1 セルA2が選択されていることを確認

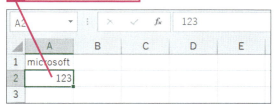

⑤ セルの内容を削除する

| セルA2の内容をすべて削除する |

1 Delete キーを押す

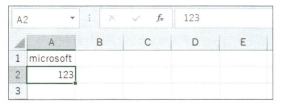

⑥ セルの内容が削除された

セルA2の内容を削除できた

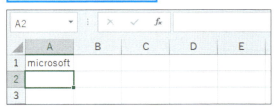

手順4～5を参考にセルA1の内容を削除しておく

HINT!
複数のセルのデータをまとめて削除するには

セルのデータを削除するとき、複数のセルを一度にまとめて削除したい場合は、削除するセルを選択してから Delete キーを押します。連続したセル範囲をまとめて選択するには、範囲の先頭セルを選択してから、最後のセルまでドラッグします。

1 セルA1をクリック　2 セルA3までドラッグ

3 Delete キーを押す

複数のセルの内容が削除された

Point
カーソルの有無でセルの削除内容が異なる

このレッスンでは、セルに入力されているデータを削除する方法を解説しました。セルにあるデータの一部を削除するには、Excel・レッスン❼で紹介したように、セルをダブルクリックして編集モードにしてから不要なデータを削除します。セルにある不要なデータをすべて削除するには、対象になるセルをマウスで選択して、キーボードの Delete キーを押します。セルの中にカーソルがあるときはデータの一部が削除され、カーソルがないときはセルのデータがすべて削除されることを覚えておきましょう。

レッスン 9 ひらがなを変換して漢字を入力するには

漢字変換

ここからは、実際に表を作成していきます。はじめに、表のタイトルを日本語で入力します。日本語は頻繁に入力するので、このレッスンで入力方法を覚えてください。

1 セルを選択する

セルA1にこれから作成する表のタイトルを入力する

1 セルA1をクリック

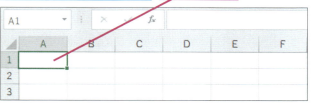

キーワード

カーソル	p.484
数式バー	p.489
セル	p.490
入力モード	p.493

ショートカットキー

[半角/全角]………入力モードの切り替え

HINT!
確定した漢字を再変換するには

以下の操作を実行すれば、すでに入力が確定したセルの中の文字を再変換できます。セル内の文字の一部を再変換したいときに便利です。

1 ここをダブルクリック

2 再変換する文字をドラッグ　**3** [変換]キーを押す

変換候補が表示された

変換候補から目的の単語を選んで[Enter]キーを押す

2 入力モードを切り替える

[半角/全角]キーを押して、入力モードを切り替える

[A]と表示されているときは、入力モードが[半角英数]になっている

1 入力モードが[A]と表示されていることを確認

2 [半角/全角]キーを押す

入力モードが[ひらがな]に切り替わった

[あ]と表示されているときは、入力モードが[ひらがな]になっている

3 セルに文字を入力する

1 「しゅうかんうりあげめいさい」と入力

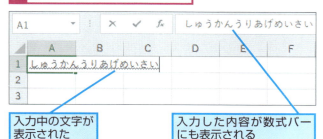

入力中の文字が表示された

入力した内容が数式バーにも表示される

HINT!
入力した数字を一発で半角に変換するには

入力モードを切り替えずに年月や月などを半角に変換するには、「12」と入力した後に[F8]キーを押します。

④ 文字を変換する

1 space キーを押す ／ 文字が変換された ／ 変換内容は確定していない

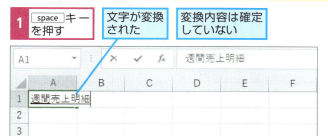

2 Enter キーを押す ／ 「週間」が「週刊」などに変換された場合、space キーを数回押し、「週間」を選択する

⑤ 入力した内容を確定する

変換内容は確定したが、セルの内容は、まだ確定していない

1 Enter キーを押す

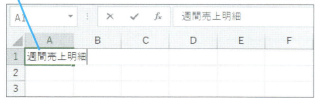

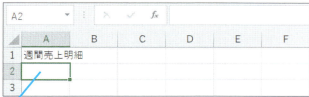

セルA1の内容が確定し、アクティブセルがセルA2になった

⑥ ほかのセルにもそれぞれ文字を入力する

手順1～5を参考に、以下のセルに文字を入力する ／ 文字の入力後に Tab キーを押すと、入力を確定して1つ右のセルに移動できる

1 セルA3に「商品」と入力　**2** セルB3に「単価」と入力　**3** セルC3に「個数」と入力　**4** セルD3に「小計」と入力

HINT!
マウスで入力モードを切り替えるには

Windows 10では、タスクバーの右側にある言語バーのボタン（あ／A）を右クリックして表示される一覧から、日本語の入力モードを切り替えられます。また、言語バーのボタンをクリックすると［ひらがな］と［半角英数］の切り替えができます。

1 言語バーのボタンを右クリック

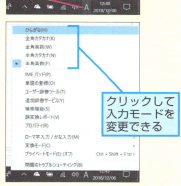

クリックして入力モードを変更できる

間違った場合は？
手順5でカーソルが表示されているときに文字の入力を取り消すときは、Esc キーを1回押しましょう。

Point
文字の変換があるときは Enter キーを2回押す

セルに入力した文字を確定するために Enter キーを押すことは、これまでのレッスンで紹介しました。漢字を入力するときは、さらにもう一度、合計で2回 Enter キーを押す必要があります。最初の Enter キーは「入力している文字の変換結果を確定する」ために押します。これで、日本語の変換は確定しますが、セルへの入力はまだ確定していません。ここで「セルへの入力を確定する」ために、もう一度 Enter キーを押す必要があります。

9 漢字変換

レッスン 10 日付を入力するには

日付の入力

セルに「12/1」と入力すると、それが日付を表すデータであることをExcelは自動的に認識し日付に変換して表示します。実際にセルに日付を入力して確認してみましょう。

1 セルを選択する

セルD2に予定表のはじめの日付を入力する

1 セルD2をクリック

セルD2がアクティブセルになる

2 入力モードを切り替える

[半角/全角]キーを押して、入力モードを[半角英数]に切り替える

1 [半角/全角]キーを押す

入力モードの表示が[A]に変わった

テクニック 「12/1」と入力した内容をそのまま表示させるには

「12/1」を日付形式ではなく、そのまま表示するときは、[Shift]+[7]キーを押してデータの最初に「'」（アポストロフィー）を付けて入力します。

1 「12/1」と入力

2 [Enter]キーを押す

「'」（アポストロフィー）の後ろの「12/1」がそのまま表示された

キーワード

数式バー	p.489
入力モード	p.493

📄 **レッスンで使う練習用ファイル**
日付.xlsx

⌨ **ショートカットキー**

[半角/全角]………入力モードの切り替え

HINT!

[ひらがな]の入力モードで数字を入力してもいい

Excelでは、入力モードが[ひらがな]の状態で数値や日付などのデータを入力できます。セルへの入力が確定し、アクティブセルのデータが数値や日付と認識されると、自動的に半角に変換されます。

入力モードが[あ]と表示された状態で時刻を入力する

1 「9：00」と入力

2 [Enter]キーを2回押す

半角数字で確定された

⚠ **間違った場合は？**

途中で入力を取り消すときは、[Esc]キーを押します。入力中のデータが消えて元の状態に戻ります。

③ 日付を入力する

「12月1日」と表示され、右側に配置された

セルD2の内容が確定し、アクティブセルがD3になった

④ 入力した内容を確認する

Excelが入力内容を日付と判断したことが分かる

セルに入力した日によって西暦は異なる

HINT!
日付が右側に配置されるのはなぜ？

Excelでは、1900年1月1日午前0時を「1」として数えた連番の数値で日付を管理しています。そのため、Excelではセルに「10/25」と入力したデータを「10月25日」と表示し、「2019/10/25」を「43763」という数値と判断します。従って、「10/25」と入力したときは、数値と同じように右側に配置されます。なお、日付を管理している数値を覚える必要はありません。

HINT!
「8:30」と入力すると自動で時刻として認識される

このレッスンでは月と日を「/」で区切って入力することで、日付として入力することを解説しました。同じように時と分を「:」（コロン）で区切って入力すると、Excelは時刻であることを自動で認識します。「:」は全角で入力しても、確定後に自動で半角に変換され、時刻として認識されます。

Point
日付は「/」で区切って入力する

日付は「/」（スラッシュ）で区切って入力します。レッスンのように年を省略して入力すると、自動的に今年の「年」が補完されます。年を指定して入力した場合、例えば「2020/7/24」と入力すると表示も「2020/7/24」となります。「2020年7月24日」と表示したいときは、年月日の区切りを「/」ではなく「2020年7月24日」と入力してください。

レッスン 11 連続したデータを入力するには

オートフィル

売上表の日付を、「オートフィル」の機能で入力してみましょう。まず連続データの「基点」となるセルを選び、それからフィルハンドルをドラッグします。

1 セルを選択する

セルB2に入力したデータを使って、1週間分の日付を入力する

1 セルD2をクリック

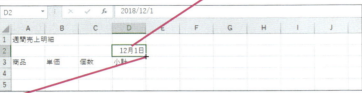

2 セルD2のフィルハンドルにマウスポインターを合わせる

マウスポインターの形が変わった

2 連続する日付を入力する

フィルハンドルにマウスポインターを合わせたまま、右にドラッグする

1 セルJ2までドラッグ

ドラッグ先のセルに入力される内容が表示される

3 連続した日付が入力された

セルD2～J2に12月17日までの日付が1日単位で入力された

[オートフィルオプション]が表示された

◆オートフィルオプション
連続データの入力後に表示されるボタン。クリックして後からコピー内容を変更できる

動画で見る
詳細は3ページへ

キーワード

オートフィル	p.484
ドラッグ	p.493
フィルハンドル	p.495

📄 レッスンで使う練習用ファイル
オートフィル.xlsx

HINT!
時刻もオートフィルで簡単に入力できる

オートフィルは時刻の入力でも活躍します。例えば30分単位の時刻を入力するには、「9:00」と入力した下のセルに「9:30」と入力し、「9:00」と「9:30」の2つのセルを選択してから「9:30」のセルにあるフィルハンドルをドラッグします。

1 「9:00」「9:30」と続けて入力 **2** セルA1～A2をドラッグして選択

3 セルA2のフィルハンドルにマウスポインターを合わせる **4** セルA7までドラッグ

時刻が30分単位で表示された

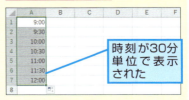

4 同じデータを複数入力する

同様にして、セルD3に入力したデータを使って、セルJ3までのセルに文字を入力する

1 セルD3をクリック
2 セルD3のフィルハンドルにマウスポインターを合わせる
3 セルJ3までドラッグ

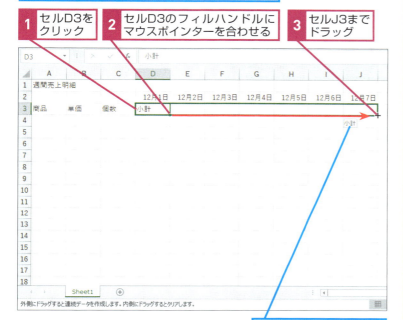

ドラッグ先のセルに入力される内容が表示される

5 同じデータが複数入力された

セルE3～J3に、セルD3の内容がコピーされた

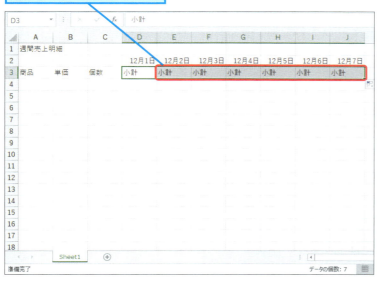

HINT!

「オートフィルオプション」って何？

オートフィルや貼り付け、挿入の操作直後に、後から操作内容を変更できるボタンが表示されます。ボタンをクリックすると、連続データの入力後に選択できる操作項目が表示されます。例えば手順3で［オートフィルオプション］ボタンをクリックし、［セルのコピー］を選ぶと、セルA4～A12に「12月1日」というデータが入力されます。なお、何か別の操作をすると［オートフィルオプション］ボタンは非表示になります。

連続データの入力後に選択できる操作が一覧で表示される

間違った場合は？

手順2や手順4で、目的のセルを越えてドラッグした場合は、マウスポインターをフィルハンドルに合わせたまま反対側にドラッグします。

Point

連続データはオートフィルで簡単に入力できる

Excelのオートフィル機能を使えば、基準になるデータをドラッグするだけで連続したデータを簡単に入力できます。さらに、日付や時間以外にも、曜日の「月、火、水……」や数値の「1、2、3……」など規則的に変化するデータならばオートフィルで簡単に入力できます。ただし、手順5のようにExcelが連続データと認識しないデータの場合、連続データが入力されず、同じデータがコピーされます。

11 オートフィル

できる 241

レッスン 12 同じデータを簡単に入力するには

オートコンプリート

表を作成しているとき、すでに入力した文字と同じ文字を入力する場合があります。オートコンプリートの機能を使えば、同じ文字を入力する手間を省けます。

オートコンプリートを利用した入力

1 「たまごサンド」と入力する

入力モードを［ひらがな］に切り替える
1. ［半角/全角］キーを押す
2. セルA4をクリック
3. 「たまごさんど」と入力
4. ［space］キーを押す

「たまご」や「サンド」が違う変換候補で表示された場合、→キーで選択した後、［space］キーを数回押し、正しい変換候補を表示する

5. ［Enter］キーを2回押す

2 「ツナサンド」と入力する

セルA4の内容が確定し、アクティブセルがA5になった
1. 「つなさんど」と入力
2. ［space］キーを押す

「ツナ」や「サンド」が違う変換候補で表示された場合、→キーで選択した後、［space］キーを数回押し、正しい変換候補を表示する

3. ［Enter］キーを2回押す

キーワード

アクティブセル	p.482
オートコンプリート	p.484
オートフィル	p.484
行	p.485
セル	p.490
列	p.498

📄 **レッスンで使う練習用ファイル**
オートコンプリート.xlsx

HINT!
オートコンプリートで同じ文字を入力する手間が省ける

手順3のように、入力中の文字と先頭から一致する内容が同じ列に入力されていると、自動的に同じ列にある文字が表示されます。同じ内容のデータを何回も入力する必要があるときはオートコンプリートを使うと便利です。

HINT!
オートコンプリートは同じ列の値が表示される

オートコンプリートで表示される値は、「入力しているセルと同じ列の上にある行の値」です。すでに入力されているセルの値でも、同じ列の下にある行や別の列にある値は、オートコンプリートが行われません。また、同じ列の上の行にあるセルの値でも、間に何も入力されていない空のセルがある場合、オートコンプリートが実行されません。

3 「つ」と入力し、オートコンプリートを確定する

1 「つ」と入力
オートコンプリート機能によって、同じ列にある「ツナサンド」が表示された
2 Enter キーを押す

4 オートコンプリートが確定された

「ツナサンド」のオートコンプリートが確定された

5 入力を続ける

ここでは続けて「（ダブル）」と入力する
1 「（ダブル）」と入力

2 Enter キーを押す
「ツナサンド（ダブル）」と入力される

HINT!

オートコンプリートを無効にするには

オートコンプリートは、同じデータを繰り返し入力するときには便利ですが、逆に煩わしいと感じる場合もあります。以下の手順でオートコンプリートが実行されないように設定できます。

1 ［ファイル］タブをクリック

2 ［オプション］をクリック

3 ［詳細設定］をクリック

4 ［オートコンプリートを使用する］をクリックしてチェックマークをはずす

5 ［OK］をクリック

 間違った場合は？

手順3で入力を間違えて、オートコンプリートが実行されなかったときは、Back space キーを使って間違って入力した文字を削除します。入力した内容を修正すればオートコンプリートが実行されます。

次のページに続く

オートコンプリートを利用しない入力

6 「ハムサンド」と入力する

7 「はむ」と入力する

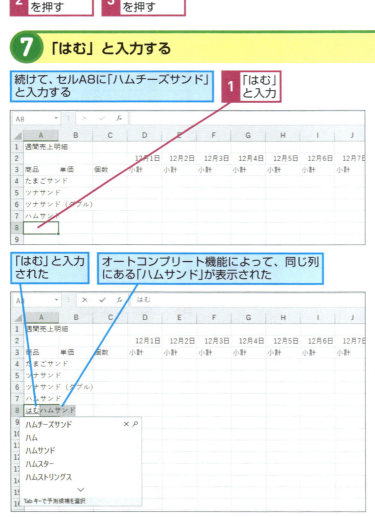

HINT!

入力済みの値を一覧から選択できる

オートコンプリートは、セルに文字を入力したときに一致する値が1つだけ表示されます。同じ列の上にあるセルの値の中から選択したい場合は、以下の手順のように[Alt]+[↓]キーを押すか、セルを右クリックして[ドロップダウンリストから選択]をクリックしましょう。下の例ではセルA4とセルA5にデータが入力されているので、セルA6のリストに「たまごサンド」と「ツナサンド」が表示されます。セルA4とセルA6にデータが入力されているときにセルA7でリストを表示すると、項目が1つしか表示されません。

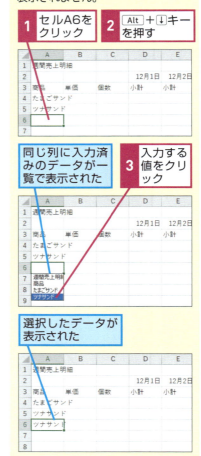

❽ 「ちーずさんど」と入力する

ここではオートコンプリート機能を利用しない

1 「ちーずさんど」と入力

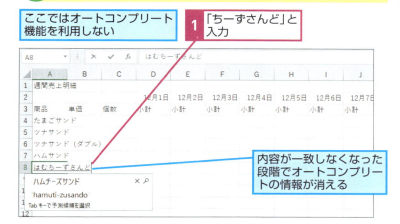

内容が一致しなくなった段階でオートコンプリートの情報が消える

❾ カタカナに変換する

「ちーずさんど」と入力された

1 [space]キーを押す

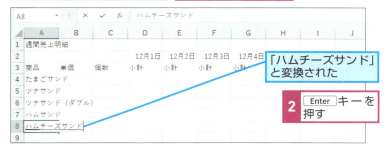

「ハムチーズサンド」と変換された

2 [Enter]キーを押す

❿ 続けて商品名を入力する

セルA8の内容が確定し、アクティブセルがセルA9になった

セルA9に「ハムエッグサンド」、セルA10に「野菜サンド」と入力しておく

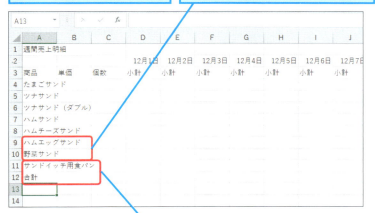

セルA11に「サンドイッチ用食パン」、セルA12に「合計」と入力しておく

HINT!
IMEにも似た機能がある

Windows 10に搭載されているMicrosoft IMEには、「予測入力」という機能があります。これは、ひらがなを入力したときに、入力内容を予測して変換候補を表示する機能です。Excelのオートコンプリートに似た機能ですが、同じ文字を繰り返し入力するときに利用すると便利です。ただし、単語と認識されない文字の場合は予測候補が表示されません。

Windows 10では、予測候補の一覧から変換候補を選べる

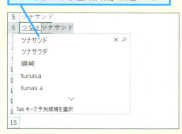

[Tab]キーを押すかクリックで変換候補を選択できる

Point
オートコンプリートを使うと効率よく入力できる

このレッスンで紹介しているように、オートコンプリートは同じ列に同じ内容のデータを繰り返し入力するときに便利な機能です。同じ商品名などは、何回も入力することがあります。このように、同じ内容を繰り返し入力するときは、オートコンプリートを利用して入力の手間を省きましょう。逆にオートコンプリートを使わないときは、手順7のように表示を無視して入力を続けます。オートコンプリートを上手に活用して、入力作業が楽になるように工夫しましょう。

レッスン

13 ブックを保存するには

名前を付けて保存

ブックを保存して閉じてみましょう。ブックを保存すれば、再び開いてデータの入力や編集ができます。ここでは［ドキュメント］フォルダーにブックを保存します。

1 ［名前を付けて保存］の画面を表示する

データの入力が完了したので、ブックを保存する

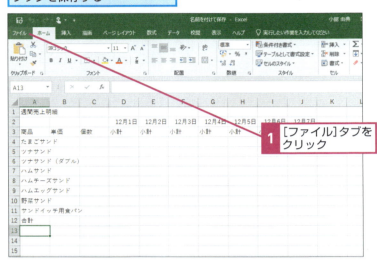

1 ［ファイル］タブをクリック

2 ［名前を付けて保存］ダイアログボックスを表示する

1 ［名前を付けて保存］をクリック

パソコンで利用中のフォルダーや今までに利用したフォルダーが表示される

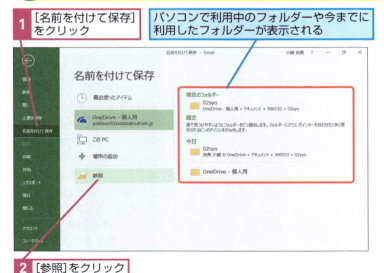

2 ［参照］をクリック

キーワード

上書き保存	p.483
名前を付けて保存	p.493

レッスンで使う練習用ファイル
名前を付けて保存.xlsx

ショートカットキー

Ctrl + S …… 上書き保存
Alt + F2 ‥ 名前を付けて保存

HINT!

［このPC］って何？

手順2の［名前を付けて保存］の画面にある［このPC］は保存先がパソコンになります。［OneDrive］の場合は、保存先がクラウドになります。どちらもブックを保存することに違いはありませんが、保存される場所が異なる点に注意してください。

HINT!

［OneDrive］を選択すると簡単にクラウドに保存できる

手順2で［OneDrive］を選択すると、保存先がクラウドになります。クラウドの詳しい利用方法についてはWord&Excel・第3章で解説します。このレッスンでは、パソコンの［ドキュメント］フォルダーに保存するので、手順2で［参照］をクリックします。なお、ブックを保存すると、手順2の［名前を付けて保存］の画面に保存先の履歴が表示されるようになります。

 間違った場合は？

手順3で［キャンセル］ボタンをクリックしてしまったときは、あらためて手順1から操作をやり直しましょう。

③ ブックを保存する

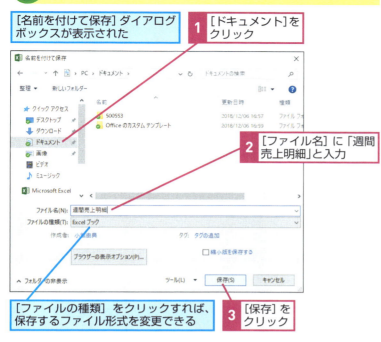

④ ブックが保存された

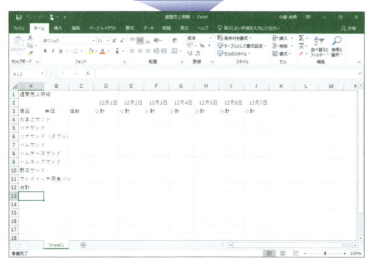

HINT!
ファイル名に使用できない文字がある

以下の半角文字は、ファイル名として使えないので注意しましょう。

記号	読み
/	スラッシュ
> <	不等記号
?	クエスチョン
:	コロン
"	ダブルクォーテーション
¥	円マーク
*	アスタリスク

HINT!
［ドキュメント］フォルダー以外にも保存できる

このレッスンでは、［名前を付けて保存］ダイアログボックスでブックを保存するため、手順2で［参照］ボタンをクリックしました。保存先のフォルダーを変更するには、［名前を付けて保存］ダイアログボックスの左側にあるフォルダーの一覧から保存先を選択してください。

Point
分かりやすく簡潔な名前を付けて保存する

大切なデータは、Excelを終了する前に必ず保存しましょう。初めて保存するブックはファイル名を付けて保存を実行します。ファイル名を付けるときには、見ただけで内容が分かるような名前にしておくと、後から探すときに便利です。ただし、あまり長過ぎても管理しにくいので、全角で10文字程度までの長さにするといいでしょう。一度保存したブックは、クイックアクセスツールバーの［上書き保存］ボタン（ 🔲 ）をクリックすれば、すぐに保存できます。ただし、上書き保存の場合は、更新した内容で古いファイルが置き換えられることに注意してください。

この章のまとめ

●効率よくデータを入力しよう

この章では、セルへのデータ入力について、さまざまな方法を紹介しました。データ入力は、Excelを使う上で、最も基本となる操作です。セルに入力するデータには、文字や数字、日付など、さまざまな種類がありますが、その種類を意識しながら入力する必要はありません。Excelがセルのデータを識別し、自動的に適切な形式で表示してくれます。また、日付といった連続データの入力や、入力済みデータの修正や削除も簡単です。

実際にExcelを使って作業を行うときは、最初にこれから作る表がどのようなものなのか、大体のイメージを考えておきましょう。表のタイトルや作成日、コメントなど表の周りに入力する情報もあるので、どのセルから入力を始めるかを最初に検討しておくと、後の作業が楽になります。

特に売上表などを作るときは、日付や商品名を効率よく入力して、なるべく手間をかけないようにしましょう。この章で紹介した機能を利用すれば、家計簿などを自在に作成できます。

セルへの入力方法を覚える

セルに文字を入力したり、削除したりするときは、入力モードや編集モードの違いに注意する。オートフィルやオートコンプリートの機能を利用すれば、効率よくデータを入力できる

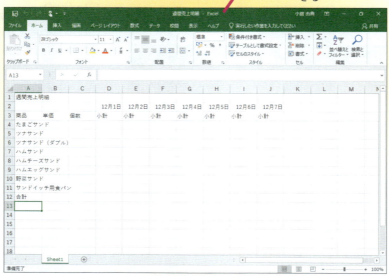

練習問題

1

新しいブックを作成し、右のようにタイトルと日付を入力してみましょう。

●ヒント:「11月1日」から「11月7日」までの日付は、ドラッグの操作で入力します。

セルA1にタイトルを、セルB3から行方向に日付を入力する

2

練習問題1で入力したワークシートに続けて右のような項目を入力して、表の大まかな枠組みを作ってみましょう。

●ヒント:A列に項目を入力するときにオートコンプリート機能が働きますが、ここではすべて別の項目を入力するので、オートコンプリートの機能を無視して入力を行います。

表に項目名や数値を入力する

3

データの入力が終わったら、「家計簿」という名前を付けてブックを保存してください。

●ヒント:ブックに名前を付けて保存するには、画面左上の[ファイル]タブをクリックします。

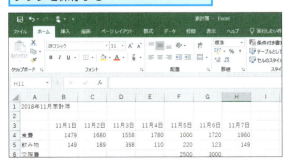

ここでは[ドキュメント]フォルダーにブックを保存する

答えは次のページ

解答

1

フィルハンドルをドラッグして、日付を連続データとして入力します。

2

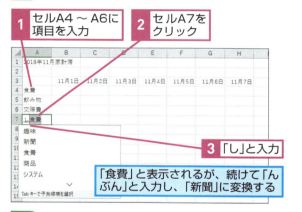

「新聞・雑誌」「趣味」「交通費」の入力時に、同じ列にあるデータが表示されますが、ここではオートコンプリートを利用せずに入力します。

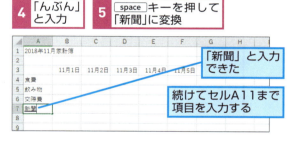

3

新規に作成したファイルを保存するときは、[ファイル] タブをクリックして [名前を付けて保存] をクリックします。[名前を付けて保存] ダイアログボックスで忘れずに [ドキュメント] をクリックしましょう。

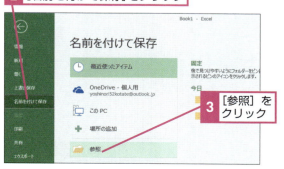

Excel

第3章

セルやワークシートの
操作を覚える

この章では、セルのコピー、行や列の挿入、ワークシート名の
変更など、セルやワークシート全般に関する操作を紹介します。
ワークシートをコピーする方法を覚えれば、1つのブックで複
数のワークシートが管理できるほか、データをすぐに活用でき
るようになります。

●この章の内容
⓮ セルやワークシートの操作を覚えよう ……………………………… 252
⓯ 保存したブックを開くには ……………………………………………… 254
⓰ 新しい列を増やすには …………………………………………………… 256
⓱ セルや列をコピーするには …………………………………………… 258
⓲ ワークシートの全体を表示するには ……………………………… 262
⓳ 列の幅や行の高さを変えるには …………………………………… 264
⓴ セルを削除するには ……………………………………………………… 270
㉑ ワークシートに名前を付けるには ………………………………… 272
㉒ ワークシートをコピーするには …………………………………… 274
㉓ ブックを上書き保存するには ………………………………………… 276

レッスン
14 セルやワークシートの操作を覚えよう

セルとワークシートの操作

行や列、セル、ワークシートの操作の種類を覚えておきましょう。データの入力や修正と同様に、Excelの重要な操作なので、しっかりと理解してください。

表の編集とセルの操作

この章では、週間売上明細の表の編集を通じて、セルをコピーする方法や新しい行を挿入する方法を解説します。どんな表を作るか最初にイメージすることが大切ですが、データを入力して表を見やすく整理すると、項目の追加や削除が必要なことが分かる場合があります。セルに入力されている項目に合わせて列の幅や行の高さを変える方法を覚えて、表や表の項目を見やすくしてみましょう。

キーワード

行	p.485
コピー	p.487
シート見出し	p.487
セル	p.490
ブック	p.495
列	p.498
ワークシート	p.498

「個数」という文字を入力するために、新しい列を追加する →Excel・レッスン⓰

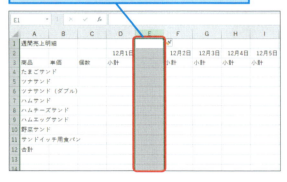

セルの内容を別のセルにコピーする →Excel・レッスン⓱

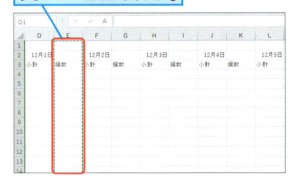

セルに入力されている内容に応じて列の幅や行の高さを変更する →Excel・レッスン⓳

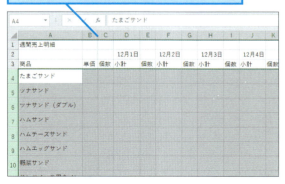

セルを削除して、表に入力されている項目を移動する →Excel・レッスン⓴

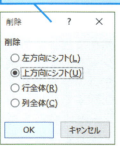

HINT!

ワークシートごとに表を管理すると便利

Excelのブックには、複数のワークシートをまとめて管理できます。関連する複数の表を作成するときは、ワークシートを分けて作成し、適切な名前を付けておきましょう。こうしておけば、下の画面のように、ブックを開いてシート見出しの名前を確認するだけで、どのような表があるのかが分かり、データの管理にも便利です。

シート名の変更とワークシートのコピー

Excelの初期設定では、ブックを作成するとワークシートが1つ表示されます。ワークシートには［Sheet1］というような名前が付けられていますが、ワークシートや表の内容に合わせてワークシートの名前を変更するといいでしょう。ワークシートの名前を変更するのに、ブックを作成したり保存したりする必要はありません。また、この章ではワークシートをコピーする方法も紹介します。ワークシートをコピーすれば、列の幅や行の高さを変更して体裁を整えた表もそのままコピーされるので、後から同じ表を作り替える手間を大幅に省けます。

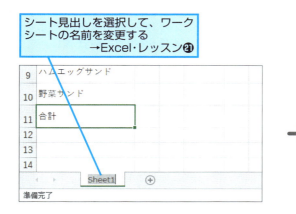

シート見出しを選択して、ワークシートの名前を変更する
→Excel・レッスン㉑

表の内容やデータの入力日などをシート名に設定すると、シート見出しを見ただけで内容を把握しやすくなる

シート見出しを利用してワークシートをコピーする
→Excel・レッスン㉒

ワークシートをコピーすると、列の幅や行の高さを維持したままコピー元のワークシートにあったデータがコピーされる

レッスン 15 保存したブックを開くには

ドキュメント

保存済みのブックを開くには、いくつか方法があります。ここでは［エクスプローラー］を使って、Excel・第2章で作成した［週間売上明細］を開いてみましょう。

1 フォルダーウィンドウを表示する

フォルダーウィンドウを表示してブックを開く

1 ［エクスプローラー］をクリック

2 フォルダーウィンドウが表示された

1 ［PC］をクリック
2 ［ドキュメント］をダブルクリック

クイックアクセスの一覧に［ドキュメント］が表示されていれば、ダブルクリックして開いてもいい

キーワード

フォルダー	p.495
ブック	p.495

レッスンで使う練習用ファイル
ドキュメント.xlsx

ショートカットキー

＋E ……エクスプローラーの起動
Ctrl＋O ……ファイルを開く

HINT!

ファイルを素早く検索するには

目的のファイルが見つからないときは、フォルダーウィンドウの検索ボックスを使って検索を実行しましょう。手順2で検索対象のフォルダーをクリックし、検索ボックスにファイル名などのキーワードを入力します。入力するキーワードはファイル名の一部やファイル内のデータ内容でも構いません。なお、下の例のように検索キーワードに合致する個所は黄色く反転表示されます。

1 検索する場所を選択
2 検索するキーワードを入力

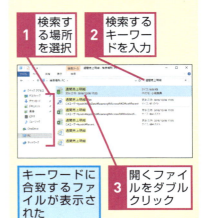

キーワードに合致するファイルが表示された

3 開くファイルをダブルクリック

③ ブックを開く

[ドキュメント]フォルダーの内容が表示された｜ここではExcel・第2章で作成したブックを開く

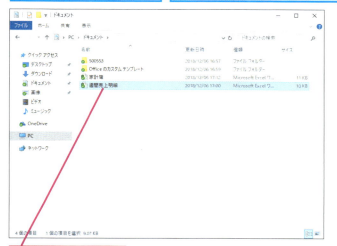

1 [週間売上明細]をダブルクリック

④ 目的のブックが開いた

Excelが起動し、ブックが開いた｜[閉じる]をクリックしてフォルダーウィンドウを閉じておく

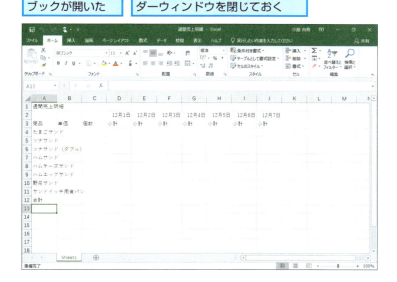

HINT!
Excelの履歴からブックを開くには

[ファイル]タブをクリックしてから[開く]をクリックすると、[最近使ったアイテム]に、Excelで開いたブックの履歴が一覧で表示されます。表示されているブックをクリックすると、新しいウィンドウでそのブックが開きます。なお、Excelを起動したときに表示されるスタート画面では、これまで開いたブックの履歴が[最近使ったファイル]に一覧で表示されます。

1 [ファイル]タブをクリック　2 [開く]をクリック

3 [最近使ったアイテム]をクリック　アイコンをクリックするとブックが開く

HINT!
Excelの画面からブックを開くには

すでにExcelが起動しているときは、上のHINT!を参考に[開く]の画面で[このPC]-[参照]の順にクリックし、[ファイルを開く]ダイアログボックスでブックを選びます。

Point
ブックを開くには、いろいろな方法がある

ブックを保存した場所が分かっているときは、このレッスンで紹介したように、ブックのアイコンを直接ダブルクリックします。そうすると、Excelが自動的に起動してブックが開きます。すでにExcelが起動しているときは、HINT!を参考に[ファイル]タブの[開く]や[最近使ったブック]から開きましょう。

レッスン 16 新しい列を増やすには

挿入

Excelでは、データの入力後でも列や行を挿入できます。このレッスンでは、日付ごとに小計を算出できるよう、新しく「個数」の列を挿入します。

1 列の挿入位置を選択する

ここでは、D列とE列の間に列を挿入する

1 列番号Eにマウスポインターを合わせる

マウスポインターの形が変わった

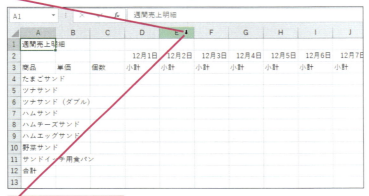

2 そのままクリック

2 列が選択された

E列全体が選択された

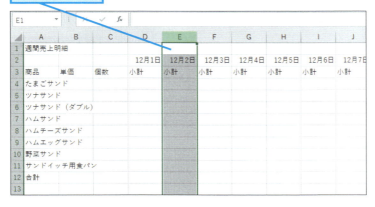

キーワード

行	p.485
列	p.498

📄 **レッスンで使う練習用ファイル**
挿入.xlsx

⌨ **ショートカットキー**

[Shift]+[space] ……… 行の選択
[Ctrl]+[space] ………… 列の選択

HINT!

行を挿入するには

行を挿入するには、行番号をクリックして行全体を選択し、以下の手順で操作します。選択した行の位置に新しい行が挿入され、選択した行以降の行が下に移動します。

1 行番号4をクリック
2 [ホーム]タブをクリック

3 [挿入]をクリック

3行と4行の間に空白の行が挿入された

⚠ **間違った場合は？**

間違った場所に行を挿入してしまったときは、クイックアクセスツールバーの[元に戻す]ボタン（）をクリックします。挿入操作を取り消して、行を操作前の状態に戻せます。

③ 列を挿入する

1 [ホーム]タブをクリック

2 [挿入]をクリック

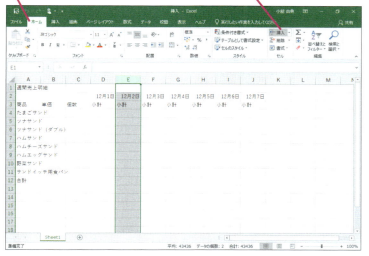

④ 列が挿入された

D列とE列の間に空白の列が挿入され、12月2日以降の列が右に移動した

[挿入オプション]が表示された

◆挿入オプション
挿入した行や列、セルの書式を後から後から選択できる

ここでは[挿入オプション]を利用しない

HINT!
一度に複数の列を挿入するには

複数の行や列を一度に挿入するには、挿入したい数だけ行や列を選択してから挿入を行います。行の場合は選択範囲の上に、列の場合は選択範囲の左に、選択した数だけ挿入されます。

列番号E～Fを選択して列の挿入を実行すると、2列分の空白列が挿入される

HINT!
[挿入オプション]で書式を変更できる

塗りつぶしを設定した見出し行の下に行を挿入すると、挿入した行に塗りつぶしの色が設定されます。塗りつぶしの設定を変更するには、[挿入オプション]ボタンをクリックして、[下と同じ書式を適用]を選択しましょう。

1 [挿入オプション]をクリック

書式を素早く設定できる

Point
列を挿入すると右の行がすべて移動する

このレッスンのように、Excelではデータを入力した後でも必要になったときに、いつでも新しい行や列を挿入できます。列を挿入すると、選択していた列の右にある、すべての列が右に移動します。同じように、行を挿入すると、選択していた行の下にある、すべての行が下に移動します。

できる 257

16 挿入

レッスン
17 セルや列をコピーするには

コピー、貼り付け

Excelでは、セルの内容をそのまま別のセルへコピーできます。さらにセルだけでなく行や列も簡単にコピーできます。ここではセルと列のコピーを行います。

セルのコピー

1 セルをコピーする

セルC3に入力されている「個数」の文字をセルE3にも追加する

1 セルC3をクリック

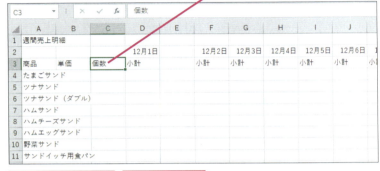

2 [ホーム]タブをクリック　**3** [コピー]をクリック

2 セルの内容がコピーされた

セルC3がコピーされた　　コピーを実行すると、コピー元のセルが点線で囲まれる

キーワード

切り取り	p.485
クイックアクセスツールバー	p.485
コピー	p.487
書式	p.488
数式	p.488
セル範囲	p.490
貼り付け	p.494

 レッスンで使う練習用ファイル
コピー、貼り付け.xlsx

ショートカットキー

Ctrl + C ……… コピー
Ctrl + V ……… 貼り付け
Ctrl + X ……… 切り取り

HINT!

Esc キーでコピー元の指定を解除できる

[コピー]ボタン（ ）をクリックすると、手順2のようにコピー元のセルが点滅する点線で表示されます。一度貼り付けをしても、コピー元のセルに点線が表示されていれば続けて貼り付けができます。Escキーを押すと、コピー元のセルに表示されていた点線が消えてコピー元の選択が解除されます。なお、入力モードや編集モードになったときもコピー元の選択は解除されます。

間違った場合は？

手順3でセルを間違えて貼り付けたときは、クイックアクセスツールバーの[元に戻す]ボタン（ ）をクリックして貼り付けを取り消し、手順1から操作をやり直しましょう。

3 コピーしたセルを貼り付ける

貼り付けるセルを選択する

1 セルE3をクリック

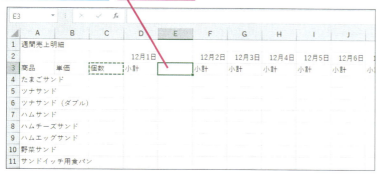

2 [貼り付け]をクリック

4 セルが貼り付けられた

セルE3に「個数」の文字が貼り付けられた

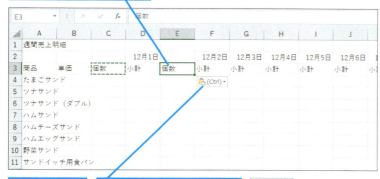

[貼り付けのオプション]が表示された

◆貼り付けのオプション
貼り付けたセルや行、列の書式を後から選択できる

ここでは[貼り付けのオプション]を利用しない

HINT!

セル範囲を選択してまとめてコピーできる

ここでは1つのセルをコピーしましたが、コピーするときにセル範囲を選択すれば、複数のセルをまとめてコピーできます。貼り付け時はコピー範囲の左上隅が基準になるので、貼り付ける範囲の左上隅のセルを選択します。貼り付け先は1つのセルでも構いません。下の例では、セルC3がコピー範囲の基準になり、セルE3が貼り付け先の基準となります。なお、複数のセルの内容を1つのセルにまとめて貼り付けることはできません。

1 複数のセルをドラッグして選択

2 [ホーム]タブをクリック

3 [コピー]をクリック

4 貼り付け先のセルをクリック

5 [貼り付け]をクリック

セルをまとめて貼り付けられた

次のページに続く

列の挿入

⑤ 列をコピーする

ここではE列をコピーして、F列の右に挿入する

1 E列のここをクリック

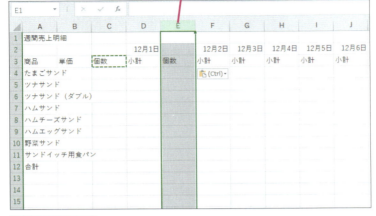

2 [コピー]をクリック

⑥ 列を挿入する

E列がコピーされた

1 G列のここをクリック

2 [挿入]のここをクリック

3 [コピーしたセルの挿入]をクリック

HINT!

切り取りを実行するとコピーと削除が一度に行われる

セルのデータを別のセルに移動したいことがあります。そのようなときは、[切り取り]の操作を実行しましょう。コピーの場合は[貼り付け]ボタンをクリックした後でも、コピー元が残ります。しかし、切り取りの場合は、[貼り付け]ボタンをクリックした後にコピー元のデータが削除されます。

1 移動元のセルをクリック

2 [ホーム]タブをクリック

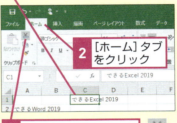

3 [切り取り]をクリック

切り取りを実行すると、移動元のセルが点線で囲まれる

4 移動先のセルをクリック

5 [貼り付け]をクリック

移動元のセルにあったデータが削除された

データが貼り付けられた

テクニック 後から貼り付け内容を変更できる

手順4や手順6のようにコピーしたセルを貼り付けると、貼り付けたセルの右下に［貼り付けのオプション］ボタンが表示されます。貼り付けを実行した後に貼り付けたセルの値や罫線、書式などを変更するには、［貼り付けのオプション］ボタンをクリックして、表示された一覧から貼り付け方法の項目を選択しましょう。選択した項目によって、貼り付けたデータや書式が変わります。

● ［貼り付けのオプション］で選択できる機能

ボタン	機能
貼り付け	コピー元のセルに入力されているデータと書式をすべて貼り付ける
数式	コピー元のセルに入力されている書式と数値に設定されている書式は貼り付けず、数式と結果の値を貼り付ける
数式と数値の書式	コピー元のセルに設定されている書式は貼り付けず、数式と数値に設定されている書式を貼り付ける
元の書式を保持	コピー元のセルに入力されているデータと書式をすべて貼り付ける
罫線なし	コピー元のセルに設定されていた罫線のみを削除して貼り付ける
元の列幅を保持	コピー元のセルに設定されていた列の幅を貼り付け先のセルに適用する
行列を入れ替える	コピーしたセル範囲の行方向と列方向を入れ替えて貼り付ける

ボタン	機能
値	コピー元のセルに入力されている数式やセルと数値の書式はコピーせず、結果の値のみを貼り付ける
値と数値の書式	コピー元のセルに入力されている数式はコピーせず、結果の値と数値に設定されている書式を貼り付ける
値と元の書式	コピー元のセルに入力されている数式はコピーせず、結果の値とセルに設定されている書式を貼り付ける
書式設定	コピー元のセルに設定されている書式のみを貼り付ける
リンク貼り付け	コピー元データの変更に連動して貼り付けたデータが更新される
図	データを画像として貼り付ける。後からデータの再編集はできない
リンクされた図	データを画像として貼り付ける。コピー元データの変更に連動して画像の内容が自動的に更新される

7 列を挿入する

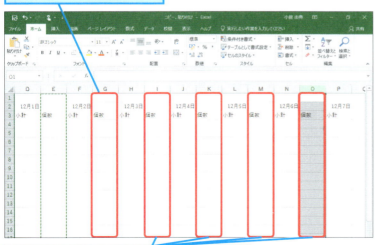

F列の右に、E列が挿入された

同様の手順でE列をコピーして、各日付の右にそれぞれ挿入しておく

Point
コピーと貼り付けで入力の手間が省ける

表を作成するとき、同じ内容を何回も入力するのは手間がかかります。同じ列や行であれば、オートコンプリートやオートフィルで簡単に入力できますが、異なる行や列では使えません。このようなときは、入力したセルをコピーすれば、入力の手間が省けて入力ミスも防げます。さらに、同じ内容の列を挿入するときは、入力済みの列をコピーして［コピーしたセルの挿入］を使えば、列を挿入してから入力するといった手間が省けるので便利です。頻繁に使うコピーと貼り付けは Ctrl + C キー（コピー）と Ctrl + V キー（貼り付け）のショートカットキーを覚えれば素早く作業を進められます。

レッスン **18**

ワークシートの全体を表示するには

ズーム

ワークシートの表示倍率は簡単に変更できます。大きな表は表示を縮小すればスクロールせずに全体を見渡せます。ここではズームスライダーで縮小してみます。

1 ワークシートの表示を縮小する

ワークシートの幅が長すぎて、右端が表示されていない

ここでは表示の倍率を80％で表示する

キーワード	
ズームスライダー	p.488

📄 **レッスンで使う練習用ファイル**
ズーム.xlsx

⌨ **ショートカットキー**

[Ctrl] + [Z] ……… 元に戻す

HINT!

マウスのホイールなどで拡大や縮小ができる

このレッスンではズームスライダーをマウスでドラッグして表示倍率を変化させました。[Ctrl]キーを押しながらマウスのホイールを前後に回転させることでも表示倍率を変更することができます。また、ノートパソコンであれば、[Ctrl]キーを押しながらタッチパッドを指二本で上下にドラッグするとことでも倍率を変更できます。

1 「80％」と表示されるまでズームスライダーを左にドラッグ

ズームスライダーの左にあるを2回クリックしてもいい

ここに表示倍率が表示される

👆 **テクニック** 表示の倍率を数値で指定できる

ワークシートの表示倍率を変更するときは、このレッスンのようにズームスライダーを操作すれば簡単に変更できます。しかし、特定の倍率を指定して変更しようとすると操作は難しくなります。指定した倍率に素早く変更したいときは、[ズーム]ダイアログボックスを使います。任意の倍率を数字で直接指定できるので正確に設定できて便利です。また、すぐに「100％」に戻したいときにも、あらかじめダイアログボックスに設定されている倍率を選択するだけで戻せます。

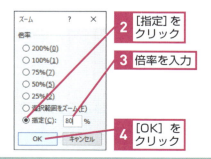

1 [100％]をクリック

2 [指定]をクリック

3 倍率を入力

4 [OK]をクリック

Excel・第3章 セルやワークシートの操作を覚える

テクニック 選択した範囲に合わせて拡大できる

ワークシートの特定の範囲を、Excelのウィンドウのサイズに合わせて拡大したり縮小したりしたいときは、[ズーム] ダイアログボックスの [選択範囲をズーム] を使用します。あらかじめ表示したい範囲を選択してから [ズーム] ダイアログボックスの [選択範囲をズーム] をクリックします。選択範囲がウィンドウのサイズより小さければ自動で拡大され、大きいときは自動で縮小されます。

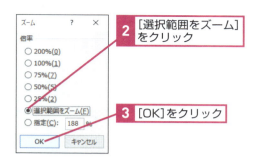

❷ [選択範囲をズーム] をクリック

❸ [OK]をクリック

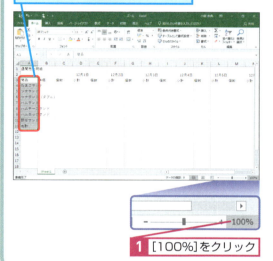

拡大するセル範囲を選択しておく

❶ [100%]をクリック

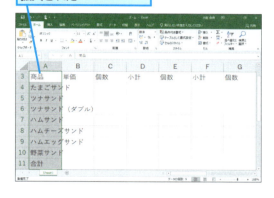

選択した範囲に合わせて拡大された

❷ ワークシートの表示が縮小された

ワークシートが80%に縮小されて表示された

ズームスライダーを右にドラッグすると拡大できる

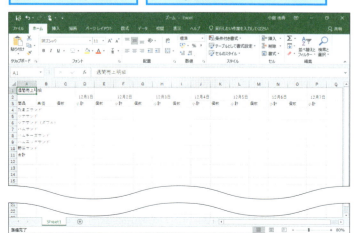

Point
ズームを使いこなせば作業しやすくなる

Excel・レッスン⓱で複数の列を新たに挿入したため、表の幅が広くなり一度に全体を見ることができなくなりました。表全体を確認するためにスクロールバーを使って移動するのは面倒です。そのようなときはズームを使って表全体を縮小すれば、一度に全体を見渡すことができるようになるので作業しやすくなります。

レッスン
19 列の幅や行の高さを変えるには

列の幅、行の高さ

入力した内容があふれて隣の列にはみ出しているセルがあると、表が見えにくく、内容が分かりにくくなります。このレッスンでは、列の幅と行の高さを変更します。

列の幅の変更

1 列の幅を変更する

Excel・レッスン⓲を参考に、P列まで見えるように表示を縮小しておく

ここではA列の幅を広げる

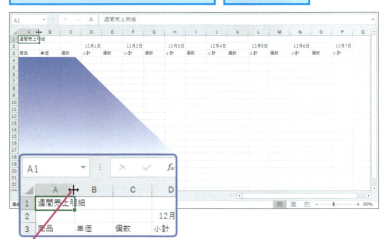

1 A列とB列の境界にマウスポインターを合わせる

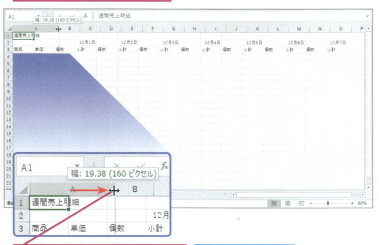

2 幅が［19.38］と表示されるところまで右にドラッグ

列の幅の大きさが表示される

▶ 動画で見る
詳細は3ページへ

キーワード

行	p.485
列	p.498

📄 **レッスンで使う練習用ファイル**
幅と高さ.xlsx

⌨ **ショートカットキー**

[Ctrl]＋[Z]……………元に戻す

HINT!

変更後の列に入力できる文字数が分かる

手順1の下の画面のように列の境界をドラッグすると、マウスポインターの上に列の幅が表示されます。表示される［15.00］などの数値は、標準フォントで表示したとき、1つの列に半角数字がいくつ入るかを表しています。［(125ピクセル)］などと表示される数値は、パソコンの画面を構成している点の数で表した大きさですが、あまり気にしなくて構いません。

⚠ **間違った場合は？**

ドラッグして列の幅をうまく調整できないときは、次ページの2つ目のHINT!の方法で操作します。

② 列の幅が変更された

A列の幅が[19.38]になった

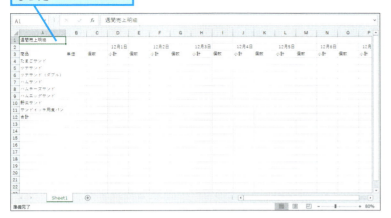

③ 列を選択する

ここではB、C、E、G、I、K、M、O列の幅をそれぞれ広げる

1 列番号Bのここをクリック

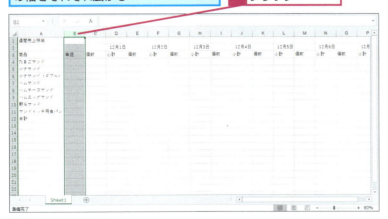

B列が選択された

HINT!
文字数に合わせて列の幅を変更するには

以下の手順で列の枠線をダブルクリックすると、セルに入力されている文字数に合わせて、列の幅が自動的に調整されます。

1 A列とB列の境界にマウスポインターを合わせる

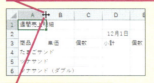

2 そのままダブルクリック

文字数に合わせて列の幅が自動的に調整される

HINT!
幅や高さは数値を指定して設定することもできる

列の幅や行の高さをマウスでドラッグして変更すると、思った値に変更できない場合があります。これはマウスを使って設定すると、設定単位が画面の表示単位であるピクセルになるからです。任意の値で設定したいときは、列番号や行番号を右クリックして表示されるメニューから［列の幅］や［行の高さ］をクリックして表示されるダイアログボックスで値を入力します。

---

19 列の幅、行の高さ

次のページに続く

4 続けて複数の列を選択する

続けてC列を選択する

1 Ctrl キーを押しながら列番号Cをクリック

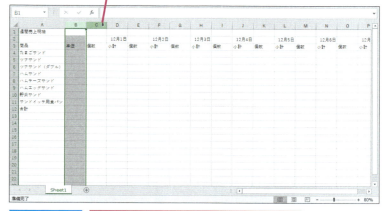

B列とC列が選択された

2 同様の操作でE、G、I、K、M、O列を選択

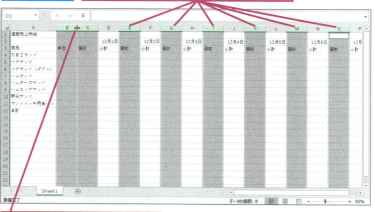

3 B列とC列の境界にマウスポインターを合わせる

HINT!
日付や数値を入力すると列の幅が自動的に広がる

セルに文字を入力しても自動で列の幅は変わりません。しかし、セルに数値や日付を入力したときは自動的に列の幅が広がります。なお、自動的に列の幅が広がるのは、セルの表示形式が［標準］のときです。また、数値の場合は11けたを超えると「1.23457E+11」のように表示されます。

セルに11けた以上の数値を入力すると以下のように表示される

	A	B
1	1.23457E+13	

 間違った場合は？

手順4で間違った列を選択してしまったときは、次ページのHINT!にあるように Ctrl キーを押しながら、間違って選択した列をクリックすればその列の選択が解除されます。

5 複数の列の幅を変更する

手順1と同様の操作で選択した複数の列の幅を一度に変更できる

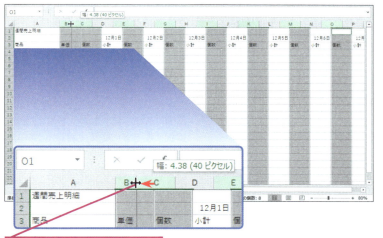

1 幅が [4.38] と表示されるところまで左にドラッグ

6 複数の列の幅が変更された

B、C、E、G、I、K、M、O列の幅が [4.38] になった

HINT!

効率よく複数の範囲を選択するコツ

Excel 2019では選択範囲を Ctrl キーを押しながらクリックしたりドラッグしたりすることで選択を解除する「選択解除」ツールの機能があります。ここでは複数の列を等間隔に一列ずつ選択していますが、不規則に列を選択するときは、この選択解除を使えば効率的に作業が行えます。一度にまとめて範囲を選択して、Ctrl キーを押しながら選択が不用な列をクリックすれば簡単です。以下の例では列を選択していますが、セルやセル範囲でも使えるので覚えておくと便利です。

セルA3 〜 A12をドラッグして選択しておく

1 Ctrl キーを押しながらセルA11をクリック

セルA11だけ選択が解除された

19 列の幅、行の高さ

次のページに続く

できる | 267

7 ほかの複数の列の幅を変更する

手順3～5を参考に、D、F、H、J、L、N、P列の幅を[7.63]に変更しておく

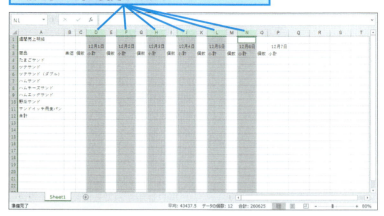

行の高さの変更

8 複数の行を選択する

1 Excel・レッスン⓱を参考に、表示の倍率を[100%]にする

ここでは4～11行の高さを変更する

2 行番号4にマウスポインターを合わせる

マウスポインターの形が変わった

3 行番号11までドラッグ

HINT!

複数列や行を効率よく選択するには

複数の列や行、大きなセル範囲などを選択するとき、選択範囲をドラッグするのは難しいことがあります。大きな範囲を選択するときは、選択範囲の始点となるセルや行、列をクリックしてから Shift キーを押しながら終点となるセルや行、列をクリックすることで一度に選択できます。画面に表示しきれない大きな範囲を選択するときに覚えておくとよいでしょう。

1 セルA3をクリック

2 Shift キーを押しながらセルA11をクリック

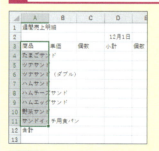

セルA3～A11が選択された

間違った場合は？

手順9で高さを間違った場合は、クイックアクセスツールバーの[元に戻す]をクリックするかショートカットキーの Ctrl キーを押しながら Z キーを押して元の高さに戻します。

❾ 複数の行の高さを変更する

4〜11行が選択された

1 4行と5行の間にマウスポインターを合わせる

マウスポインターの形が変わった

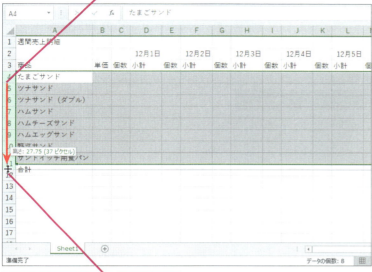

2 高さが[27.75]と表示されるところまで下にドラッグ

❿ 複数の行の高さが変更された

選択した4〜11行の高さが[27.75]になった

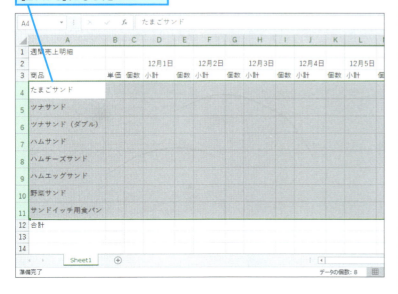

HINT!
複数列や行を変更するときは慎重に行う

複数の列や行をまとめて選択した状態で幅や高さを変更するときは、一度に大きく変更しないように注意しましょう。一つの列や行の変更が小さくても、選択された範囲がまとめて変更されるので、表が一気に大きくなってしまうことがあります。選択範囲が多いときは慎重に、少しずつ変更しましょう。

Point
列の幅と行の高さは自由に調整できる

何もしない限り、ワークシートの中はすべて標準の幅と高さになっています。セル幅より長い文字は右のセルが空白でなければ表示が途中で切れて、数値や日付などは「###」と表示されてしまいます。列の幅と行の高さは自由に調整できるので、見やすいように調整しましょう。複数の列や行を同じ幅や高さにするときは、まとめて選択してから変更すれば、すべて同じ値にできます。ここでは単価と個数の列幅を小さくして、一度に表示できる列数を増やし、各商品名を見やすくするために列の高さを高くしています。

19 列の幅、行の高さ

できる 269

レッスン 20 セルを削除するには

セルの削除

Excelでは、セルやセル範囲を削除できます。ここでは、間違えて入力したセルA11の商品名を削除します。セルを削除すると表がどうなるのか見てみましょう。

1 削除するセルを選択する

ここでは、「サンドイッチ用食パン」の項目を削除する

1 セルA11をクリック

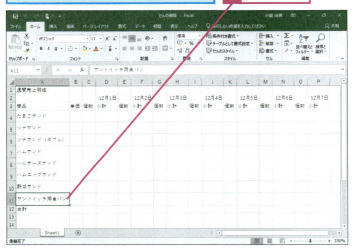

2 [削除] ダイアログボックスを表示する

1 [ホーム] タブをクリック
2 [削除] のここをクリック
3 [セルの削除] をクリック

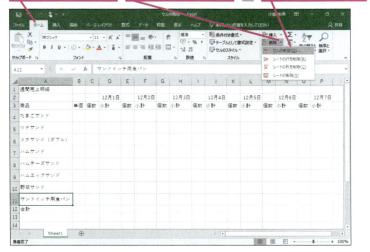

キーワード

ショートカットメニュー	p.488
セル	p.490
ダイアログボックス	p.491

レッスンで使う練習用ファイル
セルの削除.xlsx

ショートカットキー

Ctrl + − ……[削除] ダイアログボックスの表示

HINT!

セルを挿入するには

このレッスンではセルを削除しましたが、新しい空白のセルも挿入できます。挿入する位置のセルを選択し、以下の手順で操作しましょう。[右方向にシフト] を選ぶと右側のすべてのセルが右へ、[下方向にシフト] を選ぶと下側のすべてのセルが下へ移動します。また、[行全体] や [列全体] を選択すると、行や列が挿入されます。

1 [ホーム]タブをクリック
2 [挿入]のここをクリック

3 [セルの挿入]をクリック

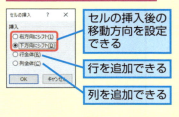

セルの挿入後の移動方向を設定できる
行を追加できる
列を追加できる

③ 削除後のセルの移動方向を設定する

[削除] ダイアログボックスが表示された

セルを上方向に移動し、それ以降の予定を上に繰り上げる

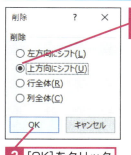

1 [上方向にシフト] をクリック

2 [OK] をクリック

④ セルが削除された

削除されたセルA11の下にあったセルすべてが1つずつ上に移動する

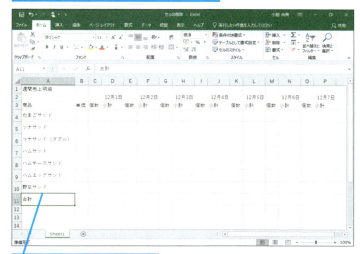

「サンドイッチ用食パン」の項目が削除された

HINT!
右クリックでも削除できる

右クリックでもセルを削除できます。マウスの右クリックで素早く処理できるので、右クリックに慣れたら覚えておくと便利です。

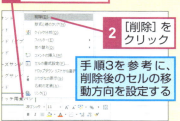

1 削除するセルを右クリック

2 [削除] をクリック

手順3を参考に、削除後のセルの移動方向を設定する

間違った場合は？

間違ったセルを削除してしまったときは、クイックアクセスツールバーの [元に戻す] ボタン（）をクリックして、削除前の状態に戻します。

Point
セル範囲を削除すると下や右の範囲が詰められる

セルやセル範囲を削除すると、周りのセルが移動します。移動方向は、[削除] ダイアログボックスから選択しますが、[行全体] や [列全体] を選択すると、選択したセル範囲を含む行や列が削除されてしまうので注意してください。また、ここでは商品名が削除され、下にあったセルが自動的に上に移動したので、表を調整する必要がありませんでしたが、不用意にセルを削除すると、せっかく完成した表の体裁が崩れてしまうことがあります。選択範囲のセルを空白にしたいときは、Delete キーを押すことで選択範囲の内容がすべて削除されます。目的に応じて、[セルの削除] の機能と Delete キーを使い分けてください。

20 セルの削除

できる 271

レッスン 21 ワークシートに名前を付けるには

シート見出し

データ入力や表の幅と高さの変更が終わればワークシートが完成に近づきます。ここでは、ワークシートの名前を粘土と週数に変更してみましょう。

1 シート見出しを選択する

シート名を変更するので、シート見出しを選択する

キーワード
シート見出し	p.487
ブック	p.495
ワークシート	p.498

レッスンで使う練習用ファイル
シート見出し.xlsx

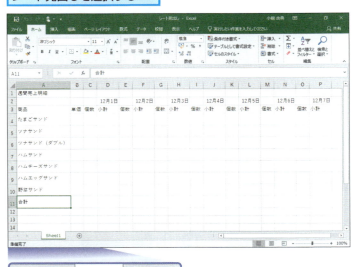

1 [Sheet1] をダブルクリック

HINT!

ワークシートの名前に使えない文字がある

ワークシートの名前には、「:」「¥」「/」「?」「*」「[」「]」の文字は使えません。さらに、同じブック内にあるほかのワークシートと同じ名前は付けられません。ブック内のワークシートは、すべて異なる名前にする必要がありますが、ワークシート名ではアルファベットの大文字小文字、半角と全角の区別がないので注意してください。また、ワークシートの名前は、空欄にはできませんが、空白（スペース）は指定できます。なお、別のブックならワークシート名が同じでも問題ありません。

テクニック 一度にたくさんのシート見出しを表示するには

ワークシートの数がたくさんあるとき、右の手順で操作するとシート見出しを表示する領域の幅を変更できます。幅を広くすれば、一度に表示できるシート見出しの数を増やせますが、あまり広くするとスクロールバーの幅が狭くなるので注意してください。なお、見出し分割バー（…）をダブルクリックすると、見出し分割バーが元の位置に戻ります。また、シート見出しを多く表示するには、ワークシートの名前をなるべく短くすることも大切です。

1 [見出し分割バー] にマウスポインターを合わせる

2 ここまでドラッグ

シート見出しが表示される

② シート名が選択された

| シート名が選択され、カーソルが表示された | シート名の編集ができるときは、文字が灰色で表示される |

③ シート名を入力する

1 「2018年 第1週」と入力　　[2018年第1週]と入力された　　2 Enter キーを押す

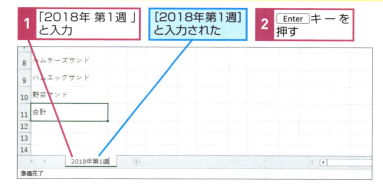

④ シート名が変更された

入力したシート名が確定された

HINT!
シート名の長さには制限がある

シート名には31文字まで文字を入力できますが、あまり長い名前だと同時に表示できるシート見出しの数が少なくなってしまいます。シート名を付けるときには、短くて分かりやすい名前を付けるようにしましょう。

HINT!
隠れているシート見出しを表示するには

ワークシートの数が増えると、シート見出しが画面右下のスクロールバーの下に隠れてしまい、すべてを表示できなくなります。そのようなときには、[見出しスクロール]ボタン（◀ ▶）をクリックして、シート見出しを左右にスクロールしましょう。

1 ここをクリック

隠れていたシート見出しが表示された

Point
ワークシートには分かりやすい名前を付ける

Excelでは、1つのブックに複数のワークシートをまとめられます。予定表であれば1つのブックに月ごとのワークシートをまとめて作成してもいいでしょう。なお、複数のワークシートがあってもシート見出しをクリックしないと、目的のワークシートが表示されません。それぞれのワークシートの内容が分かるように、ワークシートを作成したら、必ずシート見出しに簡潔で分かりやすい名前を付けましょう。

レッスン 22

ワークシートをコピーするには

ワークシートのコピー

Excelのワークシートは、コピーして再利用できます。ワークシートをコピーすると、ワークシートに含まれる作成済みの表も一緒にコピーされるので便利です。

1 シート見出しを選択する

ここでは[2018年第1週]のワークシートをコピーして、[2018年第1週(2)]のワークシートを作成する

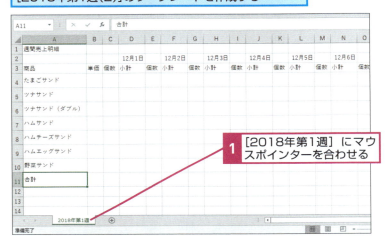

1 [2018年第1週]にマウスポインターを合わせる

キーワード	
シート見出し	p.487
ワークシート	p.498

レッスンで使う練習用ファイル
ワークシートのコピー.xlsx

ショートカットキー

Shift + F11 …ワークシートの挿入

HINT!

新しいワークシートを挿入するには

新しい空のワークシートを挿入するには、シート見出しの右端にある[新しいシート]ボタン（）をクリックします。操作を実行すると、既存のワークシートの右に新しいワークシートが挿入されます。

テクニック　ワークシートをほかのブックにコピーできる

このレッスンでは、同じブックの中でワークシートをコピーしました。ほかのブックにワークシートをコピーするには、まずコピー先のブックを開いておきます。次にコピーするワークシートのシート見出しを右クリックして、[移動またはコピー]を選択します。この

ときのポイントは、[シートの移動またはコピー]ダイアログボックスで[コピーを作成する]のチェックボックスを忘れずにクリックすることです。この操作を忘れてしまうと、ほかのブックにワークシートが移動してしまいます。

1 コピーするシート見出しを右クリック
2 [移動またはコピー]をクリック

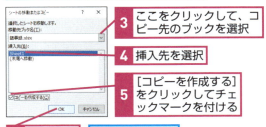

[シートの移動またはコピー]ダイアログボックスが表示された

3 ここをクリックして、コピー先のブックを選択
4 挿入先を選択
5 [コピーを作成する]をクリックしてチェックマークを付ける
6 [OK]をクリック

ワークシートがコピーされる

Excel・第3章　セルやワークシートの操作を覚える

274 できる

❷ ワークシートをコピーする

シート見出しが選択された

1 ［2018年第1週］を Ctrl キーを押しながら右へドラッグ

❸ ワークシートがコピーされた

［2018年第1週］のワークシートがコピーされた

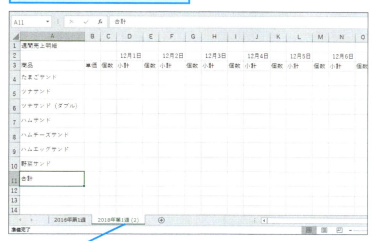

コピーされたワークシートに「2018年第1週（2）」と名前が付けられた

同様に［2018年第1週］のワークシートをコピーして、［2018年第1週（3）］と［2018年第1週（4）］のワークシートを作成しておく

HINT!
シート見出しに色を付けるには

シート見出しを区別するには、以下の手順で色を付けるといいでしょう。なお、シート見出しに色を付けても、シート見出しをクリックしたときは色が薄く表示されます。

1 色を付けるシート見出しを右クリック

2 ［シート見出しの色］にマウスポインターを合わせる

見出しの色をクリックして選択する

間違った場合は？

手順2で Ctrl キーを押し忘れてしまったときは、ワークシートがコピーされません。再度手順2を参考に、操作をやり直してください。

Point
ワークシートをコピーして表を複製する

ワークシートをコピーすると、データに合わせて変更した列の幅などを含めて、ワークシートにあるすべての情報がコピーされます。コピーされたワークシートには、元の名前の最後に自動的に連番が付きます。スケジュール表など、形式が同じでデータの内容が異なる表をブック内で複数管理するときは、1つのワークシートを完成させてからワークシートをコピーし、セルの内容を書き替えると効率的です。

レッスン
23 ブックを上書き保存するには

上書き保存

保存済みのブックを現在編集しているブックで置き換える保存方法を「上書き保存」と言います。このレッスンでは、上書き保存を実行する方法を解説します。

1 シート見出しを選択する

変更内容を上書き保存する

変更したブックを上書きしたくない場合は、Excel・レッスン⓭を参考に別名で保存しておく

Excelでは、シート見出しの表示位置が保存されるので、保存前にシート見出しを選択しておく

1 [2018年第1週] をクリック

2 セルを選択する

Excelではアクティブセルの位置が保存されるので、保存前にセルA1をクリックしておく

1 セルA1をクリック

キーワード

上書き保存	p.483
クイックアクセスツールバー	p.485

📄 **レッスンで使う練習用ファイル**
上書き保存.xlsx

ショートカットキー

[Ctrl] + [S] ……… 上書き保存
[Alt] + [F4] ……ソフトウェアの終了

HINT!
ブックの表示状態も保存される

ブックを保存するときは、選択しているワークシートや表示している画面、アクティブセルの位置などが、そのままの状態で保存されます。例えば手順2のように、1行目が見えるよう先頭のセルを選択して保存しておくと、次にブックを開いたときも、手順2と同じ状態で表示されます。

HINT!
クイックアクセスツールバーでも上書き保存できる

クイックアクセスツールバーの［上書き保存］ボタン（）を使うと素早く保存を実行できます。

クイックアクセスツールバーにある［上書き保存］をクリックしても上書き保存ができる

3 [情報]の画面を表示する

| セルA1が選択された | **1** [ファイル]タブをクリック |

4 ブックを上書き保存する

| [情報]の画面が表示された | **1** [上書き保存]をクリック |

5 Excelを終了する

| 上書き保存された | **1** [閉じる]をクリック |

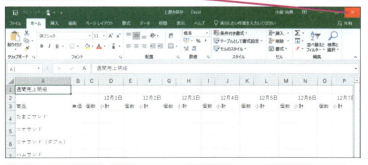

| Excelが終了する | Excel・レッスン⓯を参考にブックを開いて、上書き保存されているか確認しておく |

HINT!
必要なくなったブックは削除しておく

修正を加えたブックに、その都度別の名前を付けて保存しておけば安心ですが、重要なブックだからといって、いつまでも古いものを保存しておくと、どれが必要なものなのか分からなくなります。ある程度作業が進んで不要になったブックは削除しておきましょう。目安としては、作業の途中であれば1つ前に保存した状態、書式などを大幅に変更したときは変更する前の状態のブックを残しておけばいいでしょう。

HINT!
複数のブックを開いているときは

Excelは、ブックを1つ開くごとに単独のウィンドウを表示します。つまり、複数のブックを開いているときはブックごとにExcelを終了する必要があります。

Point
作成途中のブックは上書き保存する

作業中のブックはパソコンのメモリーの中にあるので、パソコンの電源が切れてしまうと消えてなくなってしまいます。また、Excelが何らかの原因で強制終了してしまった場合も、作業中のブックが消えてしまうことがあります。このようなときでも、それまで行った作業が無駄にならないように、作業の途中のブックはこまめに上書き保存しておきましょう。逆にブックを大幅に変更したときには、[名前を付けて保存]の操作を実行して、ブックに別の名前を付けて保存をするとバックアップ代わりとなり、より安全です。

この章のまとめ

●表を効率よく作るための流れを押さえよう

この章では、ワークシートとブックに関する基本的な操作を紹介しました。表を作る上で、セルのコピーや削除、行や列の挿入、行の高さや列の幅の変更といった操作は欠かせません。はじめから完璧な表を作るのは大変です。しかし、この章で紹介した機能を利用すれば、後から表のレイアウトを簡単に変更できます。ただし、行や列を移動することでせっかく整っていた表のレイアウトが崩れてしまうこともあります。後からレイアウトを大きく変更しなくてもいいように、「表にどんな内容のデータを入力するのか」をまず考えておくといいでしょう。

また、完成したワークシートを効率よく管理するには、シート名の変更やワークシートのコピー・挿入が決め手となります。ワークシートの数が増えてくると、どのワークシートにどんなデータがあるのかよく分からなくなってしまいます。ワークシートに分かりやすい名前を付けて、色分けをしておけば、自分だけでなくほかの人が内容を確認するときにも混乱することがありません。完成した売上表のワークシートをコピーすれば、日付や個数などの列の幅を変更したり、必要な列を再度追加するといった手間が省けます。ワークシートとブックで行う操作の流れを理解すれば、効率よく表を作れるようになるでしょう。

ワークシートの基本を覚える

表に後から列を追加するほか、列の幅の変更やセルのコピー・挿入で表の内容を変更できる。完成したワークシートは名前を変更したり、コピーしたりすることで後から利用しやすくなる

練習問題

1

練習用ファイルの［第3章_練習問題.xlsx］を開き、日付の下に行を挿入して、曜日を入力してください。

●ヒント：行の挿入は、［ホーム］タブの［挿入］ボタンから実行できます。

2

ワークシートに「11月第1週」と名前を付けてください。

●ヒント：ワークシートの名前を変更するときは、シート見出しをダブルクリックします。

3

［11月第1週］のワークシートをコピーして、シート名を「11月第2週」に変更してください。

●ヒント：Ctrlキーを押しながらシート見出しをドラッグすると、ワークシートをコピーできます。

答えは次のページ

解 答

1

1	行番号4をクリック
2	[ホーム]タブをクリック
3	[挿入]をクリック

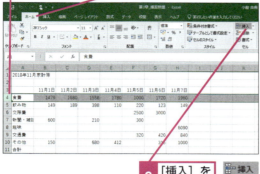

ここでは日付が入力された行の下に新しい行を挿入するので、4行目を選択してから[挿入]ボタンをクリックします。「日曜日」と入力されたセルからでも連続データは正しく入力されます。

| 4 | セルB4に「木曜日」と入力 |
| 5 | セルB4のフィルハンドルをセルH4までドラッグ |

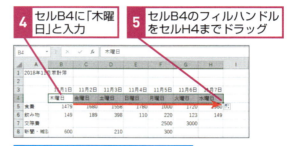

行が挿入され、曜日が入力できた

2

シート名を「11月第1週」に変更する

| 1 | [Sheet1]をダブルクリック |

シート名が変更できるようになった

名前を付けるワークシートのシート見出しをダブルクリックして、シート名を入力します。

| 2 | 「11月第1週」と入力 |
| 3 | Enterキーを押す |

3

1	[11月第1週]にマウスポインターを合わせる
2	[11月第1週]をCtrlキーを押しながら右にドラッグ
3	[11月第1週(2)]をダブルクリック
	シート名を[11月第2週]に変更しておく

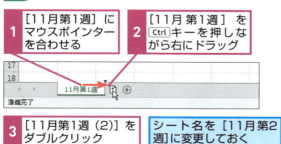

ワークシートをコピーするには、ワークシートのシート見出しを選択して、Ctrlキーを押しながらドラッグします。ワークシートの追加は、操作を取り消せません。ワークシートを削除するときは、シート見出しを右クリックし、[削除]をクリックします。このときワークシートにデータが入力されていると、確認のメッセージが表示されます。ワークシートの削除は操作の取り消しができないので、削除していいかをよく確認してから、確認画面の[削除]ボタンをクリックしましょう。

Excel

第4章

数式や関数を使って計算する

この章では、セルのデータを使って合計や平均などの計算を行う方法について説明します。数式や関数を使いこなせるようになれば、売上表や見積書などを自在に作ることができます。とは言っても、数式や関数はそれほど難しいものではありません。仕組みとポイントを押さえれば、すぐに使いこなせます。

●この章の内容

㉔ 数式や関数を使って表を作成しよう ………………………… 282
㉕ セルを使って計算するには ………………………………… 284
㉖ 数式をコピーするには ……………………………………… 286
㉗ 常に特定のセルを参照する数式を作るにはⅠ ………… 288
㉘ 常に特定のセルを参照する数式を作るにはⅡ ………… 290
㉙ 自動的に合計を求めるには ………………………………… 296
㉚ 自動的に平均を求めるには ………………………………… 300

レッスン 24

数式や関数を使って表を作成しよう

数式や関数を使った表

この章では、Excelを使ってさまざまな計算を行う方法を解説します。計算に必要となる数式と、関数を使ってできることをしっかりマスターしましょう。

Excelで行える計算

Excelが「表計算ソフト」と呼ばれるのは、「数式」を使ってさまざまな計算を行えるからです。Excelなら、セルに入力されているデータを参照して数式に入力できます。また、数式をコピーして再利用するための機能もあるので、数式を入力する手間も省けます。この章で解説していることをしっかり覚えて、数式を使った計算方法の基本を十分に理解しておきましょう。

キーワード

関数	p.485
コピー	p.487
数式	p.488
絶対参照	p.489
セル	p.490
セル参照	p.490
等号	p.493
引数	p.494

◆数式の入力
セルの数値やデータを参照して、数式を入力できる →Excel・レッスン㉕

◆数式のコピー
セルに入力した数式を別のセルにコピーできる →Excel・レッスン㉖

◆絶対参照
常に特定のセルを参照した数式を入力できる →Excel・レッスン㉘

Excel・第4章 数式や関数を使って計算する

	A	B	C	D	E	F	G	H	I	J	K	L	M
1	週間売上明細												
2				12月1日		12月2日		12月3日		12月4日		12月5日	
3	商品	単価	個数	小計	個数	小計	個数	小計	個数	小計	個数	小計	個数
4	たまごサンド	200	20	4000	22	4400	11	2200		0		0	
5	ツナサンド	210	21	4410	11	2310	23	4830		0		0	
6	ツナサンド（ダブル）	350	25	8750	15	5250	10	3500		0		0	
7	ハムサンド	270	18	4860	25	6750	33	8910		0		0	
8	ハムチーズサンド	290	16	4640	22	6380	19	5510		0		0	
9	ハムエッグサンド	295	23	6785	19	5605	25	7375		0		0	
10	野菜サンド	180	10	1800	15	2700	8	1440		0		0	
11	合計			35245		33395		33765		0		0	

A13　=AVERAGE(D11:P11)

計算式の利用

Excelには、セルに計算式を入力して計算を行います。入力を確定すると即座に計算が行われ、セルに計算結果、数式バーに計算式が表示されます。セルの中には入力した計算式が残っているので、計算内容の確認や修正もできます。また、セルB4やセルB5などの「セル番号」を指定しても計算ができます。

◆等号（＝）
入力する内容が数式であることを示す

◆四則演算記号
いろいろな演算ができる

◆セル参照
セル番号を指定して計算できる

=8475+15549　　=B4+B5

関数の利用

関数を使うと、平均を簡単に算出したり、数値を任意のけたで切り捨てたりすることができます。また、「売り上げが全体の10%に満たないセルに色を付ける」など、特定の条件で表示内容を変えることも可能です。これらは、関数を使わなければできないことです。

> **HINT!**
> **表計算をもっと活用するには**
>
> この章で紹介する数式は、表計算ソフトであるExcelの得意とする計算機能の1つです。この章で紹介する計算方法や書式の設定は、難しいものではありませんが、Excelで数式を使うための基本的な内容なので、しっかりと覚えておきましょう。

●平均の算出

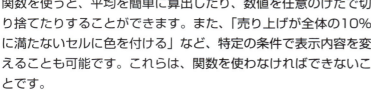

関数の基本構造と入力方法

関数の構造は下の数式の通りです。等号の「＝」を入力した後に関数名を記述し、かっこで囲んで引数を指定します。下の例は、「セルC4からセルC6に入力されている数値を合計する」という意味となり、セルには計算結果が表示されます。TODAY関数やNOW関数など、一部の関数を除き、関数名の後にかっこで囲んだ引数を必ず入力する決まりになっています。

◆等号
入力する内容が関数を含んだ数式であることを示す

◆かっこ
関数名の次に引数の始まりを示す「(」と、終わりを示す「)」を入力する

◆関数名
関数の名前を入力する

◆引数（ひきすう）
関数の処理に使われる値。関数の種類によって、数値や文字、セル範囲などを入力する。ごく一部の関数を除き、必ず引数を指定する

レッスン 25 セルを使って計算するには

セル参照を使った数式

Excelでは、セルに数式を入力することで簡単に計算を行えます。ここでは、商品ごとに1日の売り上げを求める数式を入力してみましょう。

1 参照するセルを選択する

12月1日のたまごサンドの売り上げを算出する

1. セルB4～C10に単価と個数を入力

セルに数式を入力するときは、最初に「＝」を入力する

2. セルD4に「＝」と入力

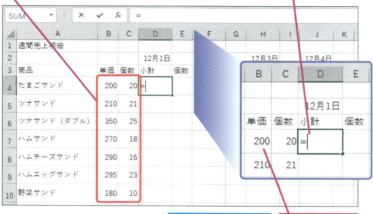

合計を求めるセルを選択する

3. セルB4をクリック

2 セル番号が入力されたかどうかを確認する

参照されたセルにセル番号と同じ色の枠が表示された

「=B4」と入力された

1. クリックしたセル番号が表示されたことを確認

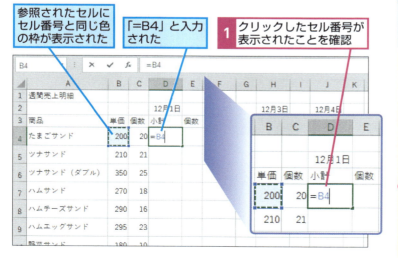

キーワード

数式	p.488
ステータスバー	p.489
セル参照	p.490

 レッスンで使う練習用ファイル
セル参照を使った数式.xlsx

HINT!
数式は数値を入力しても計算できる

このレッスンでは、数式に数値が入力されたセル番号を指定して計算しましたが、数値を直接入力しても計算することができます。例えばセルに「=10+20」と入力してEnterキーを押すと、そのセルには計算結果の「30」が表示されます。

1. 「=10+20」と入力　
2. Enterキーを押す　

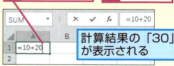
計算結果の「30」が表示される

HINT!
計算結果が思っていた値と違うときは

数式の計算結果が思ったものと違うときは、セルをクリックして数式バーの内容を確認しましょう。数式に間違いがあるときは、その部分を修正してEnterキーを押せば、正しい結果が表示されます。

 間違った場合は？

手順2で間違ったセルを選んだときは、正しいセルをクリックし直してください。数式中のセル番号が修正されます。

❸ 引き続き、参照するセルを選択する

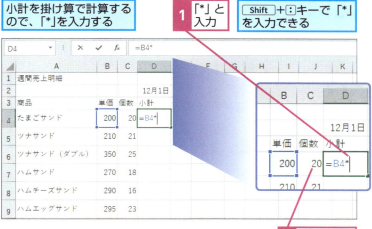

❹ 数式を確定する

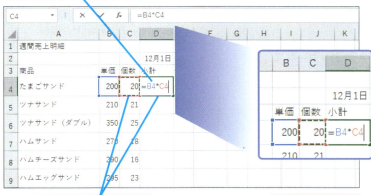

❺ 合計が求められた

HINT!
ステータスバーで集計結果がわかる

データが入力されているセルを2つ以上選択すると、選択したセル範囲にあるデータの集計結果がステータスバーに表示されます。範囲内に数値や数式のデータがあると、その［平均］［データの個数］［合計］が、文字だけだと［データの個数］のみが表示されます。なお、ステータスバーに表示される［データの個数］とは、セル範囲にデータが入力されているセルの数です。

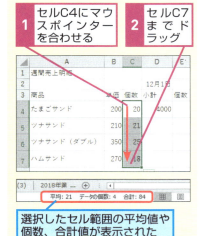

Point
数式のセル参照はセルをクリックして入力できる

ここでは、各商品の売り上げを算出するために、セルB4とC4を掛ける数式をセルD4に入力しました。数式でセルの値を使うときは、「セル参照」を設定します。セル参照は「＝」や「*」などの記号を入力してから目的のセルをマウスでクリックするだけで簡単に設定できます。キーボードからセル番号を入力することもできますが、セルをクリックして入力すれば間違えることなく目的のセル参照を設定できるので便利です。

25 セル参照を使った数式

できる **285**

レッスン 26 数式をコピーするには
数式のコピー

Excel・レッスン㉕で入力した数式をコピーします。フィルハンドルをドラッグするだけで、数式中のセル参照が自動的に修正され、計算結果に反映されます。

1 数式が入力されたセルを選択する

セルD4の数式をセルD5〜D10にコピーする

1 セルD4をクリック

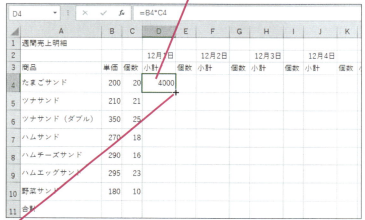

2 セルD4のフィルハンドルにマウスポインターを合わせる

マウスポインターの形が変わった ＋

2 数式をコピーする

1 セルD10までドラッグ

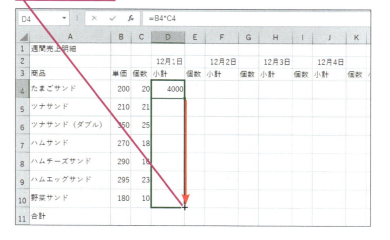

動画で見る
詳細は3ページへ

▶ キーワード

オートフィル	p.484
セル参照	p.490
フィルハンドル	p.495

📄 レッスンで使う練習用ファイル
数式のコピー .xlsx

HINT!
オートフィルの機能を利用してコピーする

オートフィルの機能は、Excel・レッスン⓫で連続データを入力する方法として解説しました。セルのデータが連続的に変化する日付や時刻などの場合、オートフィルの機能で自動的に連続データが入力されます。セルのデータが数式の場合、数式がコピーされ、各数式のセル参照が自動的に変更されます。また、以下の手順で操作すれば、複数の数式もコピーできます。オートフィルを活用して、効率よく正確にデータを入力しましょう。

1 セルC11〜D11をドラッグして選択

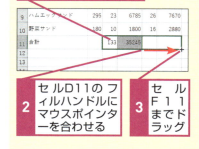

2 セルD11のフィルハンドルにマウスポインターを合わせる

3 セルF11までドラッグ

テクニック ダブルクリックでも数式をコピーできる

以下の表のように、周囲のセルから「データの終了位置」をExcelが認識できる場合は、ダブルクリックで数式を入力できます。数式が入力されたセルのフィルハンドルにマウスポインターを合わせて、ダブルクリックしましょう。Excel・レッスン⓫で解説した連続データも同じ要領で入力が可能です。

1 フィルハンドルにマウスポインターを合わせる

2 そのままダブルクリック

データが入力されている行まで数式がコピーされた

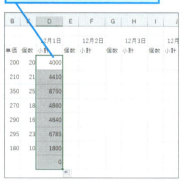

3 数式がコピーされた

セルD4の数式がセルD5～D10にコピーされ、計算結果が表示された

 間違った場合は？

ドラッグする範囲を間違ってしまったときは、クイックアクセスツールバーの［元に戻す］ボタン（↶）をクリックして元に戻し、もう一度ドラッグし直します。

Point
数式のセル参照が自動で変わる

このレッスンでは、商品ごとの売り上げを計算する数式をコピーしました。コピーしたセルの数式を見ると、コピー元の数式とは異なっていることが分かります。数式をコピーすると、貼り付け先のセルに合わせて、計算対象のセル範囲が自動的に修正されます。セルに入力する数式や関数は、セル参照を正しく指定しなければエラーになってしまいます。操作の手間を省くだけでなく、入力ミスを防ぐためにも、オートフィルを使ったコピーを活用しましょう。

レッスン
27 常に特定のセルを参照する数式を作るにはⅠ

セル参照範囲のエラー

セル参照の仕組みを理解するために、Excel・レッスン㉖で作成した数式をコピーしてみます。ここでは12月1日の小計の数式をコピーして12月2日の小計を求めます。

① 数式をコピーする

ここではセルD4～D10に入力された数式をコピーして、セルF4～F10に貼り付ける

1 セルD4～D10をドラッグして選択

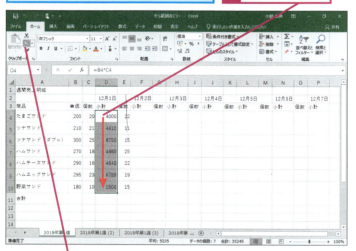

2 [コピー]をクリック

▶キーワード

#DIV/0!	p.481
セル	p.490
セル参照	p.490

📄 レッスンで使う練習用ファイル
セル範囲のエラー.xlsx

HINT!
エラーの文字が表示されることがある

数式を入力したときに計算結果が表示されずに「#VALUE」や「#DIV/0!」のような意図しない文字が表示されることがあります。これは入力した数式に問題があり、Excelがその数式を正しく処理できないので結果としてエラーを表示しているためです。このように数式に問題があると、その原因によって決められたエラーが表示されます。数式のエラーについては、下の表を参照してください。

② 数式を貼り付ける

数式がコピーされた

1 セルF4をクリック

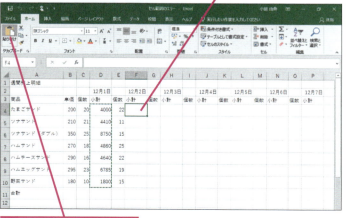

2 [貼り付け]をクリック

エラー表示	意味
####	数値や日付がセルの幅より長い
#NULL!	セル参照の書式に間違いがある
#DIV/0!	0（ゼロ）で割り算をした
#VALUE!	計算式の中で文字のセルを参照している
#REF!	参照先のセルが削除された
#NAME?	関数名のスペルが違う
#NUM!	計算結果がExcelで扱える数値範囲を超えた
#N/A	数式に使用できる値がない

Excel・第4章 数式や関数を使って計算する

③ 数式が貼り付けられた

セルD4～D10に入力された数式が貼り付けられた

1 Escキーを押す

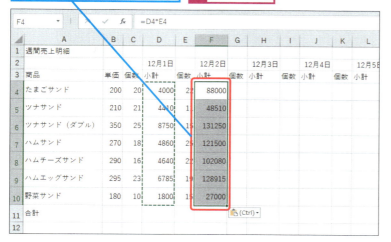

④ 計算結果を確認する

セルB4の単価とセルE4の個数を掛けた計算結果になっていない

引き続き次のレッスンで、正しく計算されなかった数式を調べてデータを修正する

HINT!

右クリックでコピーや貼り付けもできる

セルのコピーと貼り付けは、リボンのボタンを使って行っていますが、右クリックでも同じようにできます。コピー元のセルを右クリックして表示されるショートカットメニューから［コピー］を選択し、貼り付け先のセルで右クリックして［貼り付け］を実行します。リボンのボタンをクリックする手間が省けて効率よく作業できて便利です。コピーや貼り付け以外にもセルの削除や挿入などができるので覚えておくとよいでしょう。

⚠ 間違った場合は？

手順3で間違ったセルに貼り付けてしまったときは、クイックアクセスツールバーの［元に戻す］ボタン（）をクリックします。再度手順3から操作し直してください。

Point

数式をコピーすると正しく計算されないことがある

ここではExcel・レッスン㉖と同じように数式をコピーしましたが、求める計算は正しくありませんでした。これはコピー元のセル参照が、コピー先のセルに合わせて自動的に修正されるため、コピー先では単価のB列のセル参照がずれてしまったからです。数式をコピーすると自動的にセル参照が修正されて便利でしたが、このレッスンで正しく小計を求めるには、B列の単価を参照する必要があります。セル参照の指定方法に問題があるのでしょうか？ 解決方法は次のExcel・レッスン㉘で解説します。

レッスン 28

常に特定のセルを参照する数式を作るにはⅡ
絶対参照

数式によっては、コピーすると正しく計算できない場合があることが分かりました。ここでは、コピーしても常に特定のセルが参照できるようにする方法を説明します。

相対参照による数式のコピー

これまでのレッスンで紹介した「=A1+B1」のような数式をコピーすると、同一の数式ではなく、入力されたセルとの位置関係に基づいてセル参照が自動的にコピーされます。これを「相対参照」と言います。

> **キーワード**
>
> | | |
> |---|---|
> | 絶対参照 | p.489 |
> | セル参照 | p.490 |
> | 相対参照 | p.490 |
> | 複合参照 | p.495 |
>
> レッスンで使う練習用ファイル
> 絶対参照.xlsx

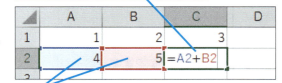

絶対参照を使った数式のコピー

「絶対参照」とは、どこのセルに数式をコピーしても、必ず特定のセルを参照する参照方法です。絶対参照をしたいセルを指定するには、セル番号に「$」を付けます。
例えば、セルA1を常に参照する場合は、セルA1に「$」を付けて「$A$1」と指定します。

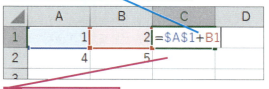

① コピーされた数式を確認する

Excel・レッスン㉗で正しく計算されなかった原因を調べるため、コピーした数式を確認する

1 セルF4をダブルクリック

	A	B	C	D	E	F	G	H	I	J	K	L
	SUM		×　✓　fx	=D4*E4								
1	週間売上明細											
2				12月1日		12月2日		12月3日		12月4日		12月
3	商品	単価	個数	小計	個数	小計	個数	小計	個数	小計	個数	小計
4	たまごサンド	200	20	4000	22	=D4*E4						
5	ツナサンド	210	21	4410	11	48510						
6	ツナサンド（ダブル）	350	25	8750	15	131250						
7	ハムサンド	270	18	4860	25	121500						
8	ハムチーズサンド	290	16	4640	22	102080						
9	ハムエッグサンド	295	23	6785	19	128915						

セル参照がB4からD4にずれた結果、12月1日の小計と個数を掛けてしまっている

内容の確認が完了したので、編集モードを解除する

2 [Esc]キーを押す

② コピーされた数式を削除する

エラーを修正するため、セルF4〜F10の数式をいったん削除する

1 セルF4にマウスポインターを合わせる

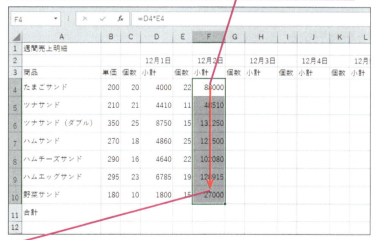

2 セルF10までドラッグ

3 [Delete]キーを押す

HINT!
セル参照はキーボードでも入力できる

セル参照はキーボードで直接入力しても構いません。キーボードから入力するときに、「＝Ａ１」「＝ａ１」「=A1」「=a1」のどれで入力しても、Excelがセル参照として認識できれば、入力が確定したときに半角文字の「=A1」と変換されます。また、セル参照を入力するときに「$」の記号を付ければ、絶対参照として入力できます。

HINT!
相対参照ではセル参照がずれる

セルD4の数式は、同じ行のB列の「単価」とC列の「個数」を掛け算する式で、相対参照では「同じ行の2つ左の列のセルの値と同じ行の1つ左のセルの値を掛け算する」となります。この数式を2つ右の列にコピーすると、相対参照では参照先が自動的に修正され「単価」のB列を参照するつもりが、2つ左のD列「12月1日の小計」にずれてしまいます。

 間違った場合は？

手順2で削除するセルを間違ったときは、クイックアクセスツールバーの［元に戻す］ボタン（↶）をクリックしてください。操作を取り消して、セルを削除前の状態に戻せます。

28 絶対参照

次のページに続く

できる | 291

3 正しい数式を入力する

4 参照方法を変更するセル番号を選択する

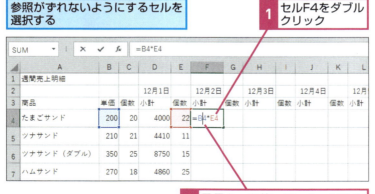

HINT!
F4 キーで参照方法を切り替えられる

入力したセル参照は F4 キーを押すことで参照方法を簡単に切り替えられます。セル参照を切り替えるには、切り替えたいセル参照にカーソルを合わせて F4 キーを押します。F4 キーを押すごとに参照方法が切り替わります。以下の例は、セルA1の参照方法を変えたときに表示される内容です。

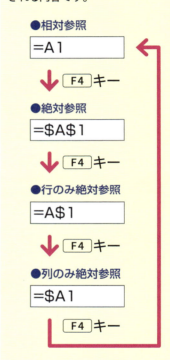

⚠ 間違った場合は？

手順5で F4 キーを押し過ぎて、「B$4」や「$B$4」となってしまったときは、「$B4」になるまで F4 キーを押します。「B4」の場合、行と列を絶対参照する形となります。「$B4」の場合は、「$」が「B」の右に表示されますが、B列が固定されたことを表します。

⑤ 参照方法を変更する

B列のみを絶対参照するように
参照方法を切り替える

1 F4キーを3回押す

注意 F4キーを何回も押し過ぎると、参照方法がさらに切り替わってしまいます。目的の参照方法になるまでF4キーを押してください

「B」の前に「$」が付き、列のみ絶対参照（$B4）になった

正しい数式を入力したので、確定する

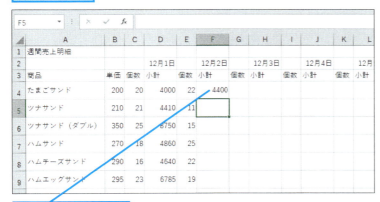

2 Enterキーを押す

⑥ 数式が確定された

入力した数式が確定された

単価と個数を掛けた小計が表示された

HINT!
コピーでも絶対参照で計算される

このレッスンでは、絶対参照の数式をオートフィルでコピーしていますが、以下の手順でも絶対参照の数式を絶対参照のままコピーできます。

1 コピーするセルをクリック

2 ［コピー］をクリック

3 貼り付けるセルをクリック

4 ［貼り付け］をクリック

絶対参照が含まれる数式が貼り付けられた

28 絶対参照

次のページに続く

7 数式をコピーする

セルF4の数式をセルF5〜F10にコピーする

1 セルF4をクリック
2 セルF4のフィルハンドルにマウスポインターを合わせる
3 セルF10までドラッグ

HINT！
数式バーでセルの内容を確認できる

セルに入力されている数式は、数式バーで確認できます。数式を確認したいセルをクリックしましょう。

1 セルF4をクリック

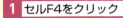

アクティブセルの数式が数式バーに表示される

テクニック ドラッグしてセル参照を修正できる

絶対参照を使ったセル参照は、操作に慣れるまで難しく感じるかもしれません。セル参照をドラッグ操作で素早く修正する方法も覚えておきましょう。
まず、数式が入力されたセルをダブルクリックして、編集モードに切り替えます。セル参照の位置にカーソルを移動すると、参照しているセルに空色やピンク色の枠が表示されます。この枠を目的のセルにドラッグして移動すれば、セル参照を変更できます。

❶ セル参照の枠を表示する

1 セル参照を修正するセルをダブルクリック
2 セル参照の位置にカーソルを移動

セル参照の枠が表示された
参照しているセルが間違っていることが分かる

❷ セル参照を修正する

セル参照を表す枠をドラッグして修正する
1 ここにマウスポインターを合わせる
2 正しいセルB4までドラッグ

❸ セル参照が修正された

セル参照が修正された
1 Enter キーを押して、数式を確定

294 できる

テクニック 絶対参照はどんなときに使う？

このレッスンでは列が絶対参照で行が相対参照の「複合参照」を解説しました。複合参照は行、列の一方が絶対参照で他方が相対参照になっているセル参照です。さらに行、列ともに絶対参照だと常に同じセルを参照する「絶対参照」になります。絶対参照は下のように、消費税を計算するときに常に消費税率のセルを参照する数式などで使います。セル参照を上手に使うには、これらの違いを覚えておくことは大切です。

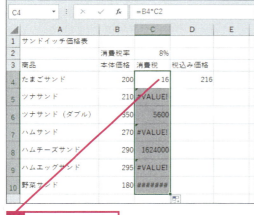

8 ほかの列に数式を貼り付ける

Point
常に同じセルを参照するには絶対参照を使う

数式の中で常に同じ列のセルを参照する場合は、対象の列への参照を絶対参照として入力します。このようにしておけば、数式を別の列にコピーしても、常に同じ列のセルを参照するようになります。各日付の小計はB列にある単価と日付ごとの個数を掛けて求めます。このような数式では常にB列を参照するように列番号に「$」を付けて絶対参照で入力すれば、ほかの列にコピーしても自動的に正しい値が計算されるのです。

レッスン
29 自動的に合計を求めるには
合計

数式を使ってセル範囲の合計を求めてみましょう。Excelではマウスの操作で簡単に数式が入力できる「合計」（オートSUM）という関数が用意されています。

1 数式を入力するセルを選択する

ここでは12月1日の売り上げの合計金額を求める
計算結果を表示するセルを選択する

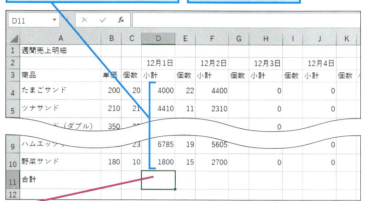

1 セルD11をクリック

2 合計を計算する

選択したセルに合計を表示する
1 ［ホーム］タブをクリック
2 ［合計］をクリック

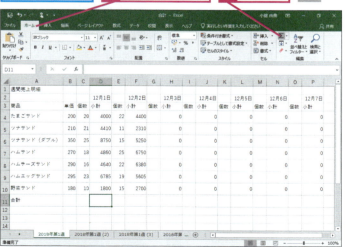

キーワード

オートSUM	p.484
関数	p.485
数式	p.488
数式バー	p.489

レッスンで使う練習用ファイル
合計.xlsx

ショートカットキー

[Alt] + [Shift] + [A]……合計

HINT!
結果を表示するセルを選択してから操作する

Excelで、［合計］ボタンを使って計算式を入力するときは、「計算結果を表示するセル」を先に選択します。データが入力済みのセルを選択した状態で［合計］ボタンをクリックすると、セルの内容が合計の計算式に書き換わってしまうので注意してください。

 間違った場合は？

手順3でセル範囲を間違ったまま手順4で確定してしまったときは、セルD11ををダブルクリックするか、セルD11をクリックして[F2]キーを押します。参照しているセルに実線が表示されるので、実線の四隅をドラッグして正しいセル範囲を選択し直します。

③ 合計を求めるセル範囲を確認する

合計を求める数式とセル範囲が自動的に選択された

参照されたセル範囲に点線が表示された

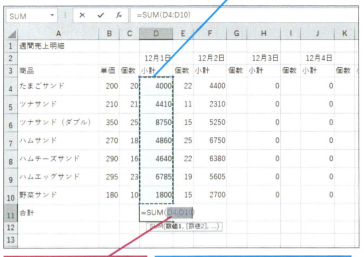

1 セルD4～D10が選択されたことを確認

(D4:D10)はセルD4～D10を選択していることを表している

④ 数式を確定する

参照されたセル範囲で数式を確定する

1 Enter キーを押す

セルD11に合計が表示された

HINT!
「=SUM（D4:D10）」って何？

［合計］ボタン（Σ）を使うと、合計を計算するセルに「=SUM(D4:D10)」という数式が自動的に入力されます。これはExcelに用意されている機能の1つで、「関数」と呼ばれています。ここではSUM（サム）関数という関数を使って、セルD4からD10のセル範囲にある数値の合計を求めます。なお、ここでは「(D4:D10)」が関数の処理に利用される引数です。「:」（コロン）が「～」（から）を表すことをイメージすると分かりやすくなります。

HINT!
数式を直接入力してもいい

本書では、数式の入力時に参照するセルをマウスでクリックして指定しています。しかし数式は、キーボードから「=SUM(D4:D10)」と直接入力しても構いません。キーボードから入力する場合、「=sum(d4:d10)」などと小文字で入力しても大丈夫です。入力した内容でExcelが数式と判断すれば、自動的に大文字に変換されます。ただし「:」を「;」と入力してしまうと、入力エラーとなります。

次のページに続く

⑤ 数式と計算結果を確認する

数式を入力したセルD11を
アクティブセルにする

| 1 | セルD11をクリック | 2 | 数式バーで数式を確認 |

	A	B	C	D	E	F	G	H	I	J	K
1	週間売上明細										
2				12月1日		12月2日		12月3日		12月4日	
3	商品	単価	個数	小計	個数	小計	個数	小計	個数	小計	個数
4	たまごサンド	200	20	4000	22	4400		0		0	
5	ツナサンド	210	21	4410	11	2310		0		0	
6	ツナサンド（ダブル）	350	25	8750	15	5250		0		0	
7	ハムサンド	270	18	4860	25	6750		0		0	
8	ハムチーズサンド	290	16	4640	22	6380		0		0	
9	ハムエッグサンド	295	23	6785	19	5605		0		0	
10	野菜サンド	180	10	1800	15	2700		0		0	
11	合計			35245							

HINT!
数値の個数や最大値、最小値も求められる

[合計] ボタンの・をクリックすると、一覧に [平均] [数値の個数] [最大値] [最小値] が表示されます。それぞれを選択すると、自動的にセル範囲が選択されます。なお、[数値の個数] というのは、セル範囲の中で数値や数式が入力されているセルの数で、文字が入力されているセルは含まれません。

| 1 | [ホーム]タブをクリック | 2 | [合計]のここをクリック |

[平均] などを求められる

👆 テクニック　セル範囲を選択してから合計を求めてもいい

このレッスンでは、合計の結果を表示するセルを選択してから [合計] ボタン（Σ）をクリックしましたが、合計するセル範囲をドラッグしてから [合計] ボタンをクリックする方法もあります。合計の結果は、選択した範囲が1行だけの場合は右側で一番近い空白のセルに、2行以上選択している場合は各列の下側で一番近い空白のセルに表示されます。さらに、選択した範囲の右側や下側に空白のセルが含まれていると、それぞれの範囲で端の空白セルに計算結果が表示されます。

| 2 | [ホーム] タブをクリック | 3 | [合計]をクリック |

| 1 | 合計するセル範囲をドラッグして選択 |

選択したセル範囲の下のセルに合計が表示される

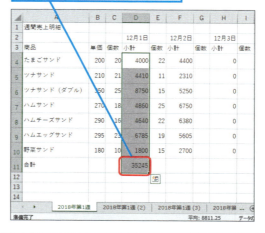

テクニック　セル範囲を修正するには

［合計］ボタン（Σ）をクリックすると、参照されるセル範囲が自動的に選択されます。選択されたセル範囲が意図と異なる場合は、セルをドラッグしてセル範囲を修正してください。

1 セルD4にマウスポインターを合わせる

セルD11が選択されてしまったので、平均売り上げのセル範囲を変更する

2 セルD8までドラッグ

6 続けて他のセルでも合計を表示する

数式と計算結果が確認できた

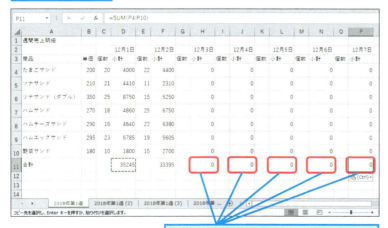

同様の手順でセルD11をコピーして、各日付の合計欄にそれぞれ挿入しておく

Point
合計するデータの範囲が自動的に選択される

数値データが並ぶセルを選択して［合計］ボタン（Σ）をクリックすると、合計するセル範囲が自動的に選択されます。自動的に選択されるセルは、データが上に並んでいると縦方向が、左に並んでいると横方向が選択されます。上と左の両方に並んでいると上が優先されて縦方向が選択され、右や下にデータが並んでいても選択されません。［合計］ボタンをクリックしたときに間違ったセル範囲が選択されたときは、上のHINT!のように、セル範囲をマウスで修正しましょう。

レッスン

30 自動的に平均を求めるには

平均

データの集計をしていると、平均値を求めることが良くあります。このレッスンでは簡単に平均を求められる「AVERAGE関数」の使い方を解説します。

1 関数を入力するセルを選択する

セルA13に平均の売上金額を計算するための関数を入力する

12月3日の個数をセルG4〜G10に入力しておく

キーワード	
AVERAGE関数	p.481
関数	p.485
数式	p.488
数式バー	p.489
セル	p.490
ダイアログボックス	p.491
引数	p.494
ブック	p.495

📄 レッスンで使う練習用ファイル
平均.xlsx

⌨ ショートカットキー

[Shift] + [F3]
……[関数の挿入] ダイアログボックスの表示

HINT!

セルに直接関数を入力してもいい

このレッスンでは、関数を [関数の挿入] ダイアログボックスから選択して入力しますが、関数名や使い方が分かっているときは、キーボードからセルに直接入力しても構いません。

2 [関数の挿入] ダイアログボックスを表示する

Excel・第4章　数式や関数を使って計算する

テクニック キーワードから関数を検索してみよう

使いたい関数の名前が分からないときは［関数の挿入］ダイアログボックスでキーワードから検索してみましょう。［関数の検索］ボックスに、計算したい内容や目的などのキーワードを入力して［検索開始］ボタンをクリックすれば、［関数名］ボックスに該当する関数名が一覧で表示されます。例えば、右の画面のように「平均を求める」とキーワードを入力して検索すると、平均を計算する関数が表示されます。また、［表示］タブの右に表示されている操作アシストに「平均値」や「最大値」などと入力すると、［オートSUM］の項目から関数を入力できます。

手順1～2を参考に、［関数の挿入］ダイアログボックスを表示しておく

1 目的のキーワードを入力
2 ［検索開始］をクリック

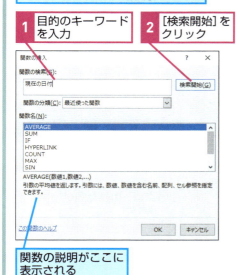

関数の説明がここに表示される

検索が実行され、TODAY関数が表示された

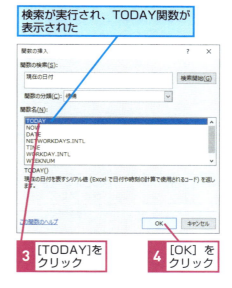

3 ［TODAY］をクリック
4 ［OK］をクリック

3 関数を選択する

［関数の挿入］ダイアログボックスが表示された

1 ［関数の分類］のここをクリックして、［統計］を選択

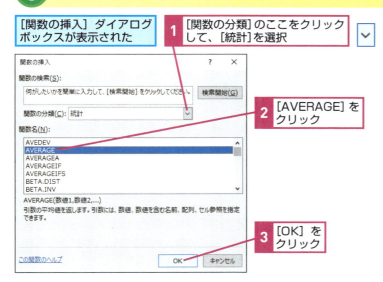

2 ［AVERAGE］をクリック
3 ［OK］をクリック

HINT!
種類や内容別に関数を表示できる

Excelの関数は管理しやすいように、機能別に分類されています。手順3のように、［関数の挿入］ダイアログボックスにある［関数の分類］の▼をクリックすると、分類名のリストが表示されます。目的にあった分類をクリックすると、［関数名］の一覧に分類されている関数名が表示されます。

次のページに続く

4 引数に関するメッセージが表示された

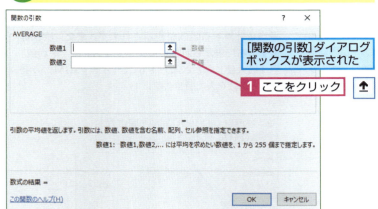

[関数の引数]ダイアログボックスが表示された

1 ここをクリック

5 引数を指定する

ここではセルD11～P11を指定する

1 セルD11～P11をドラッグして選択

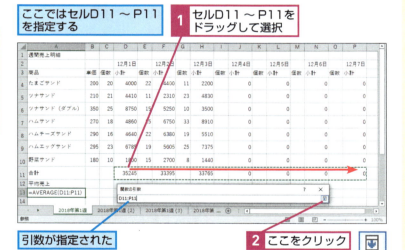

引数が指定された

2 ここをクリック

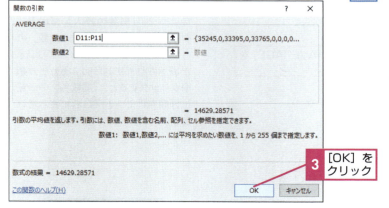

3 [OK]をクリック

HINT!

小数点以下のけた数を設定するには

ここで求めた平均値は小数点以下5けたまで表示されています。小数点以下の値は、下のように表示けた数を簡単に減らせます。減らしたけたは四捨五入して表示されますが、セルの値は変わりません。

1 小数点以下のけた数を設定するセルをクリック

2 [小数点以下の表示桁数を減らす]をクリック

小数点以下のけた数が1つ減った

[小数点以下の表示桁数を減らす]をクリックするたびに、けた数が1つずつ減っていく

⚠ 間違った場合は？

手順3の[関数の挿入]ダイアログボックスで違う関数を選択して[OK]ボタンをクリックしてしまった場合は、次に表示される[関数の引数]ダイアログボックスで[キャンセル]ボタンをクリックして関数の挿入を取り消し、手順2から操作をやり直します。

テクニック 便利な関数を覚えておこう

このレッスンでは、平均を求めるAVERAGE関数を解説しました。また、Excel・レッスン㉙では合計を求めるSUM関数を使いました。Excelには、さまざまな関数が豊富に用意されていますが、その中でも以下の表に挙げた関数は、さまざまな場面で使えるので覚えておくと便利です。

●Excelで利用する主な関数

関数	関数の働き
ROUND（数値,桁数）	指定した［数値］を［桁数］で四捨五入する
ROUNDUP（数値,桁数）	指定した［数値］を［桁数］で切り上げる
ROUNDDOWN（数値,桁数）	指定した［数値］を［桁数］で切り捨てる
TODAY（）	今日の日付を求める
NOW（）	今日の日付と現在の時刻を求める
SUM（参照）	指定した［参照］（セル参照）内の合計を求める
AVERAGE（参照）	指定した［参照］（セル参照）内の平均を求める
COUNT（参照）	指定した［参照］（セル参照）内の数値、日付の個数を求める
MAX（参照）	指定した［参照］（セル参照）内の最大値を求める
MIN（参照）	指定した［参照］（セル参照）内の最小値を求める

6 関数が入力された

AVERAGE関数が入力された

数式バーに「=AVERAGE(D11:P11)」と入力された

セルA13に平均の売上金額が表示された

Point

AVERAGE関数を使えば簡単に平均を算出できる

ここでは「AVERAGE関数」で週間売り上げの平均を計算しました。データの平均は、データの合計をデータの個数で割って求めます。売上合計はExcel・レッスン㉙で紹介したSUM関数で計算できるので、1週間ですから7で割れば簡単に平均が出ます。データの件数が決まっていれば簡単ですが、わからないときはその都度数える手間が必要です。AVERAGE関数はセル範囲を指定するだけで、合計と件数を自動で求めて簡単に平均が算出できるので便利です。

この章のまとめ

●数式や関数を使えば、Excel がもっと便利になる

これまでの章では、Excelで表を作成するための基本的な操作方法や考え方を紹介してきました。売上明細のような表を誰にでも簡単に作れるのもExcel の特徴ですが、やはり数式を使って思い通りに計算できてこそ、Excelを使いこなせると言えるでしょう。数式の使い方を覚えれば、Excelがもっと便利な道具になります。

この章では数式のさまざまな使い方を紹介しましたが、実際に使ってみると意外と簡単なものだと理解できたと思います。数式の基本

は、まずセルに「=」を入力することです。「=」は数式を入力することをExcelに知らせるために必ず必要です。

もう1つ、数式を入力するときに注意することがあります。どんなに計算が得意なExcelでも、入力された数式に間違いがあれば正しい結果は得られません。そして、数式が正しくても、セル参照が間違っていると正しい結果を得ることはできません。セル参照を設定するときは、目的のセルを間違えないように選択して、数式バーの表示を確認しましょう。

**数式の入力と
セル範囲の確認**

計算式の入力方法を覚え、セル範囲を正しく指定する

A1				✕	✓	f_x	週間売上明細					
	A	B	C	D	E	F	G	H	I	J	K	L
1	週間売上明細											
2				12月1日		12月2日		12月3日		12月4日		12月5日
3	商品	単価	個数	小計	個数	小計	個数	小計	個数	小計	個数	小計
4	たまごサンド	200	20	4000	22	4400	11	2200		0		0
5	ツナサンド	210	21	4410	11	2310	23	4830		0		0
6	ツナサンド（ダブル）	350	25	8750	15	5250	10	3500		0		0
7	ハムサンド	270	18	4860	25	6750	33	8910		0		0
8	ハムチーズサンド	290	16	4640	22	6380	19	5510		0		0
9	ハムエッグサンド	295	23	6785	19	5605	25	7375		0		0

Excel・第4章　数式や関数を使って計算する

練習問題

1

練習用ファイルの［第4章_練習問題.xlsx］を開き、11月1日の諸費用の合計金額を求めてください。

●ヒント：［ホーム］タブの［編集］にある［合計］ボタン（Σ）を使うと、簡単に合計を計算できます。

セルB12に合計を求める数式を入力する

2

11月2日から11月7日について、日ごとの合計金額を求めてください。

●ヒント：数式も普通のデータと同様にコピーできます。

セルC12～H12に、セルB12の数式をコピーする

3

セルA2に、常に今日の日付が表示されるようにしてください。

●ヒント：TODAY関数を使うと、今日の日付を求めることができます。

関数を利用して、常に「今日」の日付が表示されるように設定する

答えは次のページ

解 答

1

[合計] ボタン（Σ）をクリックした後で、計算したいセル範囲が選択されていないときは、直接マウスを使って範囲を選択します。なお、セルB12の左上に緑色のマーク（エラーインジケーター）が表示されますが、この例ではエラーではないので、気にしなくて構いません。

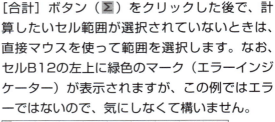

2

数式をコピーするときも、フィルハンドルをドラッグします。数式をコピーすると、数式内のセル参照が変わります。

3

[関数の挿入] ダイアログボックスを表示し、[関数の分類] から [日付/時刻] を選択して、[関数名] のボックスで [TODAY] を選びます。

Excel

第5章

表のレイアウトを整える

この章では、表の体裁を整えて見やすくきれいにする方法を解説します。文字やセルに色を付けたり、適切に罫線を引いたりすることで、より見やすい表が完成します。同じデータでも、文字の配置や線種の変更によって、見ためやバランスが変わることを理解しましょう。

●この章の内容

- ㉛ 見やすい表を作ろう ……………………………………… 308
- ㉜ フォントの種類やサイズを変えるには ………………… 310
- ㉝ 文字をセルの中央に配置するには ……………………… 312
- ㉞ 特定の文字やセルに色を付けるには …………………… 316
- ㉟ 複数のセルを1つにつなげるには ……………………… 318
- ㊱ 特定のセルに罫線を引くには …………………………… 320
- ㊲ 表の内側にまとめて罫線を引くには …………………… 324
- ㊳ 表の左上に斜線を引くには ……………………………… 328

レッスン
31
見やすい表を作ろう

表作成と書式変更

データを入力しただけでは、表は完成しません。見やすい表にするためには、体裁を整えることも大切なことです。この章ではExcelの書式設定について解説します。

■ 文字の書式と配置の変更

この章では、表のタイトルを太めのフォントに変更します。さらにフォントサイズを変更して、タイトルを目立たせます。タイトルの文字を太くし、サイズを大きくするだけで、表の印象が変わります。また、セルに入力されたデータは何も指定しないと日付や数値はセルの右側に、項目名など文字は左側に寄せて配置されます。右下の例のように、日付や項目名の「単価」「個数」「小計」はセルの中央に配置すれば、項目の内容やデータとの関連がはっきりして、表が見やすくなります。

キーワード	
行	p.485
罫線	p.486
書式	p.488
セル	p.490
セルの結合	p.490
セルの書式設定	p.490
フォント	p.495
フォントサイズ	p.495
列	p.498

文字の大きさが同じで、メリハリがなく、ほかの項目と区別しにくい

セルの中で、文字が左そろえで配置されている

Excel・第5章　表のレイアウトを整える

表のタイトルとなる「週間売上明細」の文字を変更し、サイズを大きくして目立たせる →Excel・レッスン㉜

日付と「商品」「単価」「個数」「小計」の文字をセルの中央に配置して見やすくする →Excel・レッスン㉝

308 できる

塗りつぶしや罫線、セル結合の利用

見やすく見栄えのする表を作るには、塗りつぶしや罫線、セル結合を使います。下の表は、項目名と合計の行に塗りつぶしを設定しました。こうすると、項目とデータがひと目で区別できます。また、日付ごとに「個数」と「小計」の2列あるので、日付を2つの列にまたがって配置するためにセルを結合しました。これで日付ごとの関係が分かりやすくなります。さらに表の中に罫線を引くことで項目ごとのデータの関連が分かりやすくなります。下の表は、日付ごとの項目を区切る線を細くして、商品を区切る線を点線に設定し、表の外枠を太い線に設定しました。このように、表の項目や入力内容に合わせて罫線を設定すれば、表の見やすさがグンとアップします。

HINT!
表の構造を確認しておこう

いくらExcelに体裁を整える便利な機能が用意されていても、基になるデータの構成が適切でないと、体裁を整えても内容の分かりやすい表はできません。行や列に何を入力するか、表の中のどこを目立たせるかなど、あらかじめ検討しておきましょう。

複数のセルを1つに結合して斜めに線を引く
→Excel・レッスン㊳

複数のセルを1つに結合して、文字をセルの中央に配置する
→Excel・レッスン㉟

表の中に直線と点線を引く
→Excel・レッスン㊲

項目名と合計のセルを目立つ色で塗りつぶして、文字の色を変更する
→Excel・レッスン㉞

表の外側に太い線を引く
→Excel・レッスン㊱

レッスン 32 フォントの種類やサイズを変えるには

フォント、フォントサイズ

このレッスンでは、表のタイトルとなる文字のフォントを変更します。フォントの種類や大きさを変えるだけで、タイトルが強調され、表の見ためがよくなります。

1 フォントの種類とサイズを確認する

ここでは、セルA1のフォントの種類とサイズを変更する

設定されているフォントの種類とサイズを確認しておく

1 セルA1をクリック
2 ［ホーム］タブをクリック

ここでフォントの種類とサイズを確認できる

3 フォントが［游ゴシック］、フォントサイズが［11］に設定されていることを確認

キーワード
書式	p.488
フォント	p.495

📄 **レッスンで使う練習用ファイル**
フォント、フォントサイズ.xlsx

⌨ **ショートカットキー**
- Ctrl + B ……… 太字
- Ctrl + I ……… 斜体
- Ctrl + U ……… 下線

HINT!
さまざまなフォントが使える

フォントには、さまざまな種類があります。なお、フォントの種類やフォントサイズの項目にマウスポインターを合わせると、「リアルタイムプレビュー」の機能によって、設定後の状態を一時的に確認できます。なお、手順2で選択している「BIZ UDPゴシック」は2018年11月に提供が開始されたWindows 10 October 2018 Update」で新しく追加されたフォントです。

2 フォントの種類を変更する

セルA1のフォントを［BIZ UDPゴシック］に変更する

BIZ UDPゴシックが表示されないときは［HGPゴシックE］に変更する

1 ［フォント］のここをクリック
2 ［BIZ UDPゴシック］をクリック

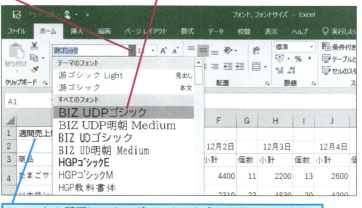

フォントの種類にマウスポインターを合わせると、一時的にフォントの種類が変わり、設定後の状態を確認できる

HINT!
書式はセルに保存される

フォントの変更や文字のサイズ、太字などの書式設定はセルに保存されます。セルの中にあるデータを削除しても設定した書式は残っているので、新たに文字を入力しても同じ書式が適用されます。セルの書式をクリアするには、［ホーム］タブの［クリア］ボタン（）をクリックして、［書式のクリア］を選択します。

3 フォントサイズを変更する

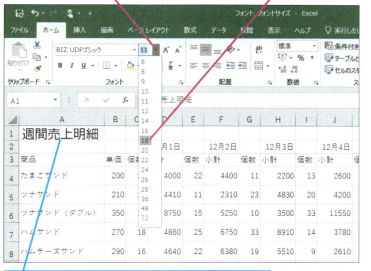

フォントサイズにマウスポインターを合わせると、一時的に文字の大きさが変わり、設定後の状態を確認できる

4 変更後のフォントの種類とサイズを確認する

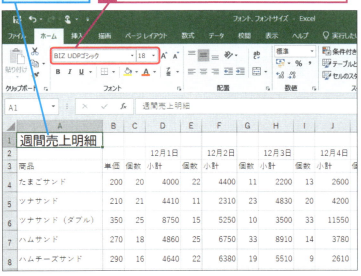

HINT!
行の高さが自動的に変更される

手順3でフォントのサイズを変更すると、自動的に行の高さが変わります。Excelでは、標準の行の高さが[18]に設定されています。フォントサイズが行の高さより大きくなると、自動的に行の高さが高くなります。反対に、フォントのサイズを小さくすると、自動的に行の高さは低くなります。なお、フォントサイズが行の高さより小さいときは、自動で行の高さは低くなりません。

HINT!
長い文字をセル内で折り返して表示できる

セルに文字を収めるには、このレッスンのようにフォントサイズを小さくするほか、Excel・レッスン⓳で紹介した列幅の変更があります。そのほかに、セルの中で文字を折り返す方法もあります。詳しくは、315ページの上のテクニックを参照してください。

Point
セル内のフォントは個別に設定できる

セル内にある文字のフォントの種類やサイズは、個別に変更ができます。表のタイトルなどは、見出しとして表の中のデータと区別しやすいように、フォントの種類やサイズを変えておきましょう。タイトルを目立たせるだけでも、見ためが整って、表が見やすくなります。フォントの種類やフォントサイズの項目にマウスポインターを合わせれば、設定後の状態を確認しながら作業できます。文字数や内容に応じて適切なフォントやフォントサイズを設定しましょう。

できる | 311

レッスン 33 文字をセルの中央に配置するには

中央揃え

Excelでは、セルの文字や数値の表示位置を変えることができます。日付や項目名が右や左に配置されているので、各セルの中央に配置してさらに見やすくしてみましょう。

選択したセルの文字の中央揃え

1 セル範囲を選択する

ここでは、セルA3〜P3の文字を中央に配置する

1. セルA3にマウスポインターを合わせる
2. セルP3までドラッグ

2 セル範囲の文字をまとめて中央に配置する

セルA3〜P3が選択された

選択したセルA3〜P3の中の文字を中央に配置する

1. [ホーム]タブをクリック
2. [中央揃え]をクリック

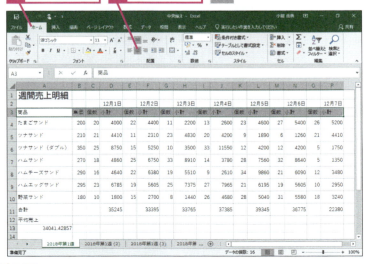

キーワード

インデント	p.483
行番号	p.485
クイックアクセスツールバー	p.485
セル	p.490
セルの書式設定	p.490
元に戻す	p.497

レッスンで使う練習用ファイル
中央揃え.xlsx

ショートカットキー

Ctrl + 1
……[セルの書式設定]ダイアログボックスの表示

HINT!

ボタンをクリックして簡単に配置を変更する

セルの文字は、[ホーム]タブの[配置]にあるボタンで配置を変更できます。配置が設定されているボタンは濃い灰色で表示されます。以下の表を参考にして、セル内の文字の配置を変更してみましょう。

ボタン	文字の配置
	セルの左にそろえる
	セルの中央にそろえる
	セルの右にそろえる
	セルの上にそろえる
	セルの上下中央にそろえる
	セルの下にそろえる

Excel・第5章 表のレイアウトを整える

③ セルの選択を解除する

選択したセルの中の文字が中央に配置された

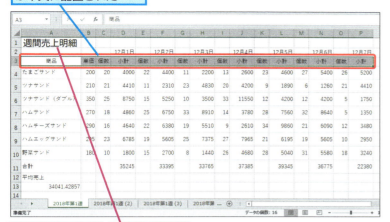

選択を解除して配置を確認する

1 セルA1をクリック

選択した行の文字の中央揃え

④ 行を選択する

曜日が入力されている行番号2の文字を中央に配置する

1 行番号2をクリック

HINT!
配置を解除するには、ボタンをもう一度クリックする

手順2で［中央揃え］ボタンをクリックすると、ボタンの色が濃い灰色になり、設定中の「オン」の状態となります。もう一度ボタンをクリックすると、設定が「オフ」になってボタンの色が元に戻ります。

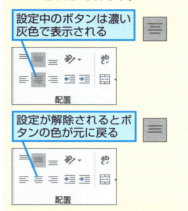

設定中のボタンは濃い灰色で表示される

設定が解除されるとボタンの色が元に戻る

HINT!
セル範囲と行単位での設定を覚えよう

手順1〜3ではセルA3〜P3を選択して配置を［中央揃え］に設定しました。手順4では行番号をクリックして2行目を選択します。行単位で文字の配置を変更すると、文字が入力されていないセルA2〜C2も配置が変更されます。セルの配置を変更したくないときは、手順1のようにセル範囲やセルを選択して文字の配置を変更しましょう。すべての行で文字の配置を変更しても問題がないときは、手順4のように行番号をクリックしてから文字の配置を変更します。

33 中央揃え

次のページに続く

できる 313

5 行の文字をまとめて中央に配置する

- 行番号2が選択された
- 1 [ホーム]タブをクリック
- 2 [中央揃え]をクリック

6 行の文字が中央に配置された

- 2行目に入力されていた文字がすべて中央に配置された
- セルA1をクリックして、セルの選択を解除しておく

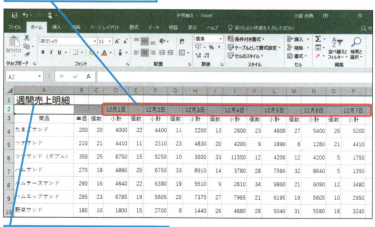

HINT!
文字を縦や斜めに表示するには

セルの配置は、斜めや縦に変更できます。[ホーム]タブにある[方向]ボタン（ ）をクリックすると、一覧に項目が表示されるので、傾けたい方向の項目をクリックしましょう。

- 1 文字の配置を変更するセルをクリック
- 2 [ホーム]タブをクリック

- 3 [方向]をクリック
- 4 [左回りに回転]をクリック

文字列が左回りに回転した

Point
文字や数値の表示位置は後から変更できる

セルにデータを入力すると、文字は左、数値や日付は右に配置されます。これは、標準の状態では横位置が[標準]（文字は左、数値は右）、縦位置が[上下中央揃え]に設定されているからです。[ホーム]タブの[配置]にあるそれぞれのボタンをクリックすれば、文字や数値の表示位置を自由に変えられます。クリックしたボタンは色が濃い灰色になり、「オン」の状態になります。もう一度クリックすると配置の設定が「オフ」になり、標準の設定に戻ることを覚えておきましょう。また、文字を列の幅で折り返して表示したり、配置を縦や斜めに変更したりすることもできます。

テクニック 文字を均等に割り付けてそろえる

セル内の文字を列の幅に合わせて均等に割り付けることができます。以下のように操作して、[セルの書式設定]ダイアログボックスで、[横位置]を[均等割り付け（インデント）]に設定しましょう。なお、均等割り付けが有効になるのは全角の文字だけです。

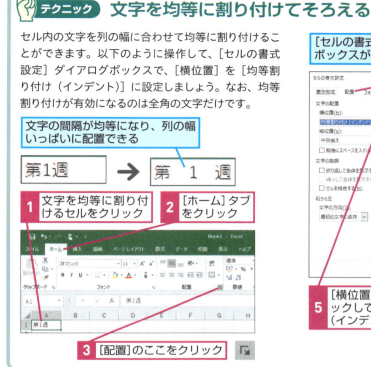
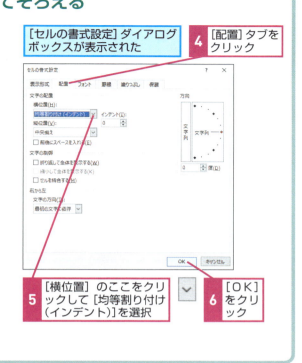

テクニック 空白を入力せずに字下げができる

[ホーム]タブの[配置]には、[中央揃え]ボタンや[右揃え]ボタンのほかにも「インデント」を設定できるボタンがあります。[ホーム]タブの[インデントを増やす]ボタンをクリックするごとに、セルに入力されている文字が字下げされます。文字の先頭に空白を入力すると、「空白」＋「文字」のデータとなってしまいますが、インデントはデータを変更せずに文字の位置だけを変更します。

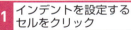
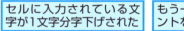

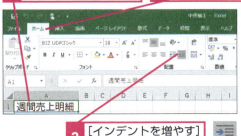

33 中央揃え

レッスン
34 特定の文字やセルに色を付けるには
塗りつぶしの色、フォントの色

Excelではパレットを使って簡単に色を付けることができます。ここでは、色に関するパレットを使ってセルと文字に色を付けて、より効果的な表を作りましょう。

1 セルを選択する

背景色を付けるセルを選択する

1 セルA11～P11をドラッグして選択

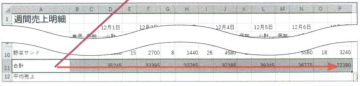

2 セルの背景色を変更する

セルA11～P11が選択された

セルA11～P11の背景色を緑に設定する

1 [ホーム]タブをクリック
2 [塗りつぶしの色]のここをクリック
3 [緑、アクセント6、黒+基本色25%]をクリック

色にマウスポインターを合わせると、一時的にセルの背景色が変わり、設定後の状態を確認できる

3 文字の色を変更する

セルA11～P11の背景色が緑に設定された

セルA11～P11の文字色を白に変更する

1 [ホーム]タブをクリック
2 [フォントの色]のここをクリック
3 [白、背景1]をクリック

色にマウスポインターを合わせると、一時的に文字の色が変わり、設定後の状態を確認できる

キーワード
元に戻す　　　p.497

レッスンで使う練習用ファイル
塗りつぶしの色.xlsx

ショートカットキー
Ctrl + 1 ……[セルの書式設定]ダイアログボックスの表示
Ctrl + Z …………元に戻す

HINT!
[塗りつぶしの色]の一覧にない色を使うには

[塗りつぶしの色]の一覧にない色を設定するには、以下の手順を実行します。[色の設定]ダイアログボックスの[ユーザー設定]タブからは、約1677万色の中から色を選択できます。

1 [塗りつぶしの色]のここをクリック

2 [その他の色]をクリック

[色の設定]ダイアログボックスが表示され、色の変更ができる

⚠ 間違った場合は？

間違ったセルに色を付けたときは、クイックアクセスツールバーの[元に戻す]ボタン（）をクリックして、手順1から操作をやり直しましょう。

Excel・第5章　表のレイアウトを整える

4 ほかのセルの背景色を変更する

- セルA11〜P11の文字色が白に変更された
- セルA3〜P3の背景色をグレーに設定する

1. セルA3〜P3をドラッグして選択
2. [ホーム]タブをクリック
3. [塗りつぶしの色]のここをクリック
4. [白、背景1、黒+基本色15%]をクリック

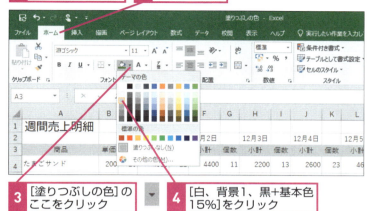

5 セルの背景色が変更された

- セルA3〜P3の背景色がグレーに設定された
- セルA1をクリックし、セルの選択を解除しておく

HINT!

セルの背景に網かけも設定できる

セルを塗りつぶすのではなく、網かけを設定することもできます。[セルの書式設定]ダイアログボックスにある[塗りつぶし]タブの[パターンの種類]から網かけの種類、[パターンの色]で網の色を選択できます。

1. [ホーム]タブをクリック
2. [配置]のここをクリック

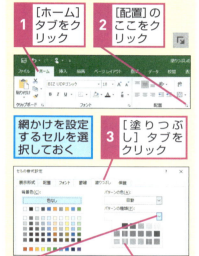

- 網かけを設定するセルを選択しておく
3. [塗りつぶし]タブをクリック
4. [パターンの種類]のここをクリック
5. 網かけの種類を選択

Point

効果的に色を使おう

売上明細表には項目名などデータの説明となる文字や、売り上げデータ、合計などの数値が入力されています。見出しとなる項目名や合計などは塗りつぶして色を付けておくとデータとの区別がつきやすく関連性も分かりやすくなります。ただ、日付ごとの小計に色を付けるなど、たくさん使い過ぎるとかえって分かりにくくなってしまいます。また、セルに色を付けて文字が読みにくくなってしまっては本末転倒です。文字の色も効果的に設定し、見やすい表を作るように心がけましょう。

レッスン 35 複数のセルを1つにつなげるには

セルを結合して中央揃え

Excelでは複数のセルを結合して、1つのセルとして扱えます。このレッスンではセルを結合して、日付が「個数」と「小計」の中央に表示されるように配置します。

1 セル範囲を選択する

選択したセルを結合して1つのセルにする

1 セルC2～D2をドラッグして選択

キーワード

セルの結合	p.490
セル範囲	p.490

レッスンで使う練習用ファイル
セルを結合して中央揃え.xlsx

HINT!
セルの結合を解除するには

結合を解除してセルを分割するには、結合されているセルをクリックして[ホーム]タブの[セルを結合して中央揃え]ボタン（ ）をクリックしましょう。セルが分割され[セルを結合して中央揃え]ボタンの機能が解除されます。機能が解除されると、濃い灰色で表示されていた[セルを結合して中央揃え]ボタンが通常の表示に戻ります。

テクニック 結合の方向を指定する

[セルを結合して中央揃え]ボタンの▼をクリックすると、セルの結合方法を選択できます。[セルを結合して中央揃え]と[セルの結合]は、結合後の文字の配置が違うだけで、どちらも選択範囲を1つのセルに結合します。[横方向に結合]は、縦横に2行か2列以上選択したとき、1行ごとに結合されます。（縦1列で複数のセルを選択しても結合されません）。また、横1行で複数の列を選択しているときは、[セルの結合]と同様に1行ずつの連結を複数の行で一度に設定できるので便利です。また、[セル結合の解除]は結合を解除します。

1 結合するセル範囲を選択

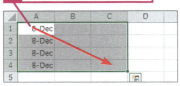

2 [ホーム]タブをクリック
3 [セルを結合して中央揃え]のここをクリック

4 [横方向に結合]をクリック

セルが行単位で結合され、文字が横方向にそろった

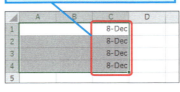

② セルを結合する

- セルC2～D2が選択された
- 選択したセルを1つにまとめる

1 ［ホーム］タブをクリック
2 ［セルを結合して中央揃え］をクリック

③ セルが結合された

- セルが結合され、文字が中央に配置されたことを確認
- 同様の手順でセルE2～F2、G2～H2、I2～J2、K2～L2、M2～N2、O2～P2をそれぞれ選択して、［セルを結合して中央揃え］を設定しておく

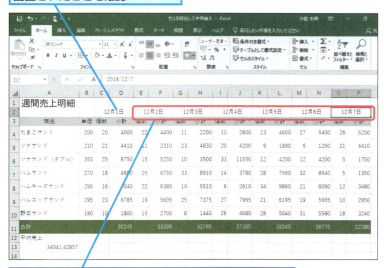

HINT!
セルの結合時に左端のセル以外はデータが削除される

このレッスンでは、セルC2とD2の2つのセルを1つのセルに結合しました。このとき、2つのセルのどちらにも何かデータが入力されていると、手順2の実行後に「セルを結合すると、左上の端にあるセルの値のみが保持され、他のセルの値は破棄されます。」というメッセージが表示されます。これは、結合範囲の2つ以上のセルにデータがあると一番左上のセルにあるデータ以外はすべて削除されるということです。結合したセルを分割しても、セルに入力されていたデータは復元されません。メッセージの画面で［OK］ボタンをクリックしてしまったら、下の「間違った場合は？」を参考に操作を取り消してください。

⚠ 間違った場合は？

結合するセル範囲を間違えたときは、クイックアクセスツールバーにある［元に戻す］ボタン（）をクリックして結合する前の状態に戻して、セル範囲の選択からやり直します。

Point
複数のセルを1つのセルとして扱える

セルを結合すると、複数のセル範囲を1つのセルとして扱えるようになります。ビジネス文書などで凝ったレイアウトの表を作成するとき、セルの結合を使えば見栄えのする表に仕上がります。なお、セルの結合を解除すると、データは結合する前に入力されていたセルではなく、結合されていた範囲の左上端のセルに入力されます。

35 セルを結合して中央揃え

できる 319

レッスン
36 特定のセルに罫線を引くには

罫線

表をさらに見やすくするために、罫線を引いてみましょう。[ホーム]タブにある[罫線]ボタンを使うと、いろいろな種類の罫線を簡単に引くことができます。

1 表のセル範囲を選択する

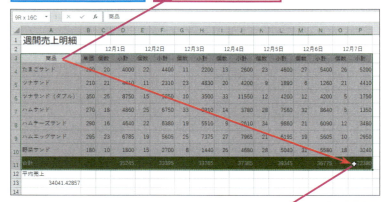

2 罫線を引く

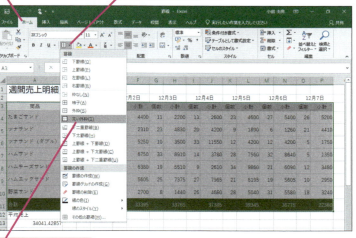

キーワード

罫線	p.486
セルの書式設定	p.490
列	p.498

📄 **レッスンで使う練習用ファイル**
罫線.xlsx

⌨️ **ショートカットキー**

[Ctrl]+[1]‥‥‥‥‥セルの書式設定
[Ctrl]+[Shift]+[&]‥外枠罫線の設定
[Ctrl]+[Shift]+[_]‥罫線の削除

HINT!

項目に合わせて罫線を使い分けよう

罫線を使って、表の項目名やデータなど、さまざまな要素を分かりやすく区分けしましょう。表の外枠は[太線]、項目名とデータを区切る線は[中太線]、データの各明細行は[細線]にすると表が見やすくなります。また、表の途中に小計や総合計などがあるときは、それらを[破線]や[二重線]など、明細行とは異なる種類の罫線で囲めば、さらに見やすくなります。罫線の太さや種類は、表全体の見栄えを整える上で大切な要素です。表を構成している要素を考えて、適切な種類を選びましょう。

⚠️ **間違った場合は?**

罫線の設定を間違えてしまったときは、クイックアクセスツールバーにある[元に戻す]ボタン(↶)をクリックして手順1から操作をやり直しましょう。なお、手順2の一覧で[枠なし]をクリックすると、セルに設定した罫線がすべて削除されます。

3 罫線が引かれた

表全体に外枠太罫線が引かれた

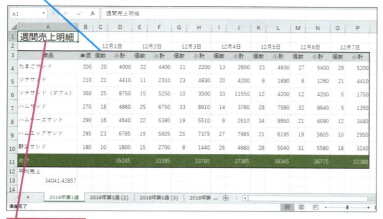

1 セルA1をクリック

4 下罫線を引くセルの範囲を選択する

セルの範囲を選択し、下罫線を引く

1 セルA10にマウスポインターを合わせる

2 セルP10までドラッグ

HINT!
罫線を削除するには

セルに引いた罫線をすべて削除するには、[ホーム] タブの [罫線] ボタンの一覧から [枠なし] をクリックします。罫線の一部だけ削除するときは、[罫線の削除] をクリックしましょう。マウスポインターが消しゴムの形（）に変わったら、削除する罫線をクリックします。なお、罫線の削除を終了して、マウスポインターの形を元に戻すには、[Esc] キーを押します。

1 [罫線] のここをクリック

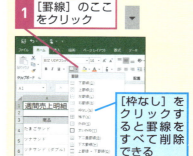

[枠なし] をクリックすると罫線をすべて削除できる

2 [罫線の削除] をクリック

マウスポインターの形が変わった

3 削除する罫線をクリック

罫線が削除された

次のページに続く

⑤ 下罫線を引く

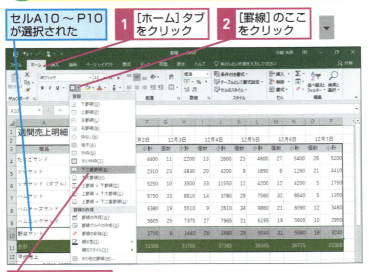

セルA10～P10が選択された
1 [ホーム]タブをクリック
2 [罫線]のここをクリック
3 [下二重罫線]をクリック

⑥ 選択を解除する

1 セルA1をクリック

セルA10～P10の下に二重罫線が引かれた

HINT!

[罫線]ボタンは最後に使用した罫線の状態になる

このレッスンで解説している[ホーム]タブの[罫線]ボタンには、最後に選択した罫線の種類が表示されます。続けて同じ罫線を引くときには、そのまま[罫線]ボタンをクリックするだけで前回と同じ罫線が引けます。▼でなく[罫線]ボタンをクリックするときは、[罫線]ボタンに表示されている罫線の種類をよく確認しましょう。

直前に設定した罫線がボタンに表示される

Point

罫線を引く範囲を選択してから罫線の種類を選ぶ

Excelには罫線の種類が数多く用意されています。このレッスンでは、[ホーム]ボタンの[フォント]にある[罫線]ボタンを利用してセル範囲に罫線を引く方法を紹介しました。罫線を引くときは、まずセルやセル範囲を選択します。それから[罫線]ボタンの一覧にある罫線の種類を選びましょう。[罫線]ボタンに表示される罫線の項目にはアイコンが表示されます。項目名から結果がイメージしにくいときは、アイコンの形を確認して目的の項目を選択してください。また、罫線を引いた直後はセルやセル範囲が選択されたままとなります。セルをクリックして選択を解除し、目的の罫線が引けたかどうかをよく確認しましょう。

テクニック 列の幅を変えずにセルの内容を表示する

Excel・レッスン⑲では、列の幅を広げてセルに入力した文字をすべて表示しました。以下の手順で操作すれば、列の幅を広げなくてもセルに文字を収められます。

ただし、文字を折り返して全体を表示しても、印刷時に文字の一部が欠けてしまうことがあります。その場合はExcel・レッスン⑲を参考に行の高さを広げてください。

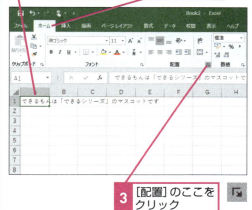
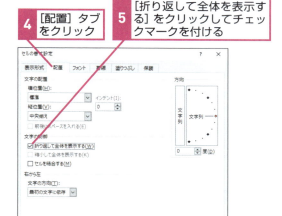

テクニック セルに縦書きする

セルの文字は縦方向にも変更できます。[ホーム]タブの[方向]ボタンをクリックすれば、セルの文字が縦書きになります。なお、[左回りに回転]や[右回りに回転]を選ぶと、文字を斜めに表示できます。このとき、文字数に応じて行の高さが自動で変わります。311ページのHINT!も併せて確認してください。

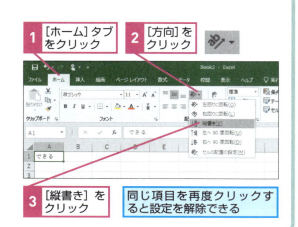

レッスン **37**

表の内側にまとめて罫線を引くには

セルの書式設定

［セルの書式設定］ダイアログボックスの［罫線］タブでは、選択したセル範囲に一度でさまざまな罫線を引けます。ここでは点線を選んで時間を区切ってみましょう。

1 罫線を引く

表を見やすくするために表の内側に罫線を引く

1 セルA3にマウスポインターを合わせる

2 セルP10までドラッグ

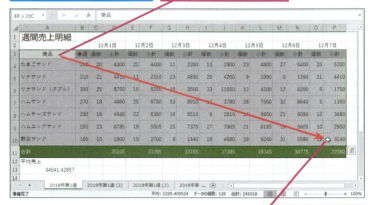

2 ［セルの書式設定］ダイアログボックスを表示する

セルA3～P10までを選択できた

［セルの書式設定］ダイアログボックスを使って、セルの罫線をまとめて設定する

1 ［ホーム］タブをクリック
2 ［罫線］のここをクリック
3 ［その他の罫線］をクリック

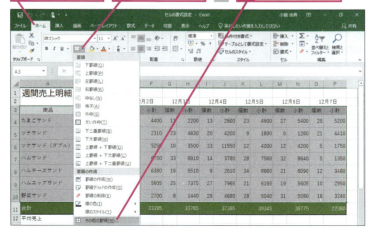

キーワード

罫線	p.486
書式	p.488

レッスンで使う練習用ファイル
セルの書式設定.xlsx

ショートカットキー

[Ctrl] + [1]
……［セルの書式設定］ダイアログボックスの表示

HINT!

マウスのドラッグ操作で罫線を引くには

［罫線］ボタンをクリックして表示される一覧から［罫線の作成］をクリックすると、マウスポインターの形が🖉に変わります。この状態でセルの枠をクリックすると、罫線が引かれます。また、ドラッグの操作でセルに外枠を引けます。画面を見ながら、自由に罫線を引けるので便利です。なお、罫線の作成を終了してマウスポインターの形を元に戻すには、[Esc]キーを押してください。

手順2を参考に［罫線の作成］をクリックしておく

セルをクリックすると罫線が引かれる

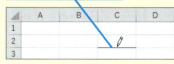

セルをドラッグすると外枠が引かれる

Excel・第5章 表のレイアウトを整える

③ 罫線の種類を選択する

[セルの書式設定]ダイアログボックスが表示された

ここでは、点線のスタイルを選択する

1 [罫線]タブをクリック

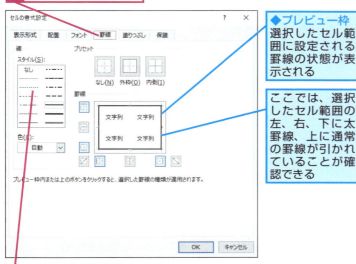

◆プレビュー枠
選択したセル範囲に設定される罫線の状態が表示される

ここでは、選択したセル範囲の左、右、下に太罫線、上に通常の罫線が引かれていることが確認できる

2 [スタイル]のここをクリック

④ 横方向の罫線を引く

罫線を選択できた

選択したセル範囲内の横方向に罫線を引く

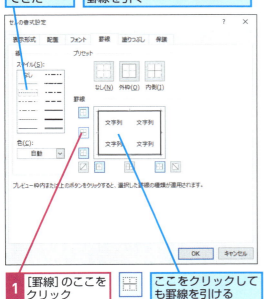

1 [罫線]のここをクリック

ここをクリックしても罫線を引ける

HINT!
罫線の色を変更するには

標準では、罫線の色は「黒」になっていますが、ほかの色で罫線を引くこともできます。[セルの書式設定]ダイアログボックスの[罫線]タブにある[色]の一覧から罫線の色を選択できます。すでに引いてある罫線の色を変更したいときは、罫線をいったん削除してから罫線の色の設定を変更し、罫線を引き直してください。なお、別の色を設定し直すまで罫線の色は変わりません。

1 [色]のここをクリック

設定したい色を選択する

 間違った場合は？

思った通りに罫線を引けないときは、選択しているセル範囲を確認して、正しいセル範囲を選択してから罫線を引き直します。

次のページに続く

5 罫線の種類を変更する

罫線を引けた

続いて、縦方向に細い直線の罫線を引く

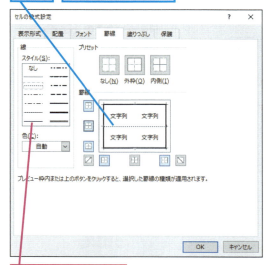

1 [スタイル]のここをクリック

6 縦方向に罫線を引く

罫線を選択できた

選択したセル範囲内の縦方向に直線を引く

1 [罫線]のここをクリック

HINT!

プレビュー枠には選択したセル範囲の概略が表示される

[セルの書式設定]ダイアログボックスの[罫線]タブにあるプレビュー枠に表示されるセルのイメージは、セルを選択している状態によって変わります。セルを1つだけ選択している場合は、そのセルの周りと中の斜め罫線の状態が表示されます。複数のセルの場合では、選択範囲の外枠と選択範囲内のすべての行間と列間の罫線、選択したセル全部の斜め罫線の状態が表示されます。

●単一のセルを選択しているとき

●行方向に2つ以上のセルを選択しているとき

●列方向に2つ以上のセルを選択しているとき

●行列ともに2つ以上のセルを選択しているとき

 間違った場合は？

設定中に罫線の状態が分からなくなってしまったときは、[キャンセル]ボタンをクリックして[セルの書式設定]ダイアログボックスを閉じ、もう一度、手順1から操作をやり直しましょう。

7 罫線の変更を実行する

選択した種類の罫線が引けた

1 設定した罫線の状態を確認

2 [OK]をクリック

8 セルの選択を解除する

選択したセル範囲の横方向に点線の罫線が設定された

選択したセル範囲の縦方向に細い直線の罫線が設定された

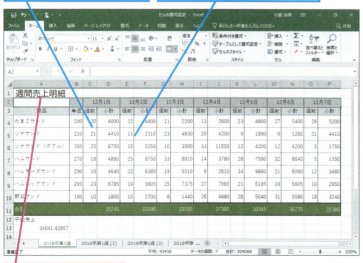

1 セルA1をクリック

Excel・レッスン㊱を参考に、セルA2～P2を選択して、[太い外枠]を設定しておく

手順5～6を参考に、セルA2～P2を選択して、縦方向の中央に実線を設定しておく

HINT!
プリセットが用意されている

このレッスンでは[罫線]にあるボタンで、選択範囲の内側の罫線を設定していますが、外枠や内側の罫線を一度に設定する場合は、同じ[罫線]タブにある[プリセット]のボタンを使いましょう。また、[なし]をクリックするとセル範囲の罫線をまとめて消すことができます。

[セルの書式設定]ダイアログボックスを表示しておく

[プリセット]で一度に罫線の設定ができる

Point
[セルの書式設定]でセル範囲の罫線を一度に設定できる

このレッスンでは、選択したセル範囲の中で罫線の一部だけを変更するために、[セルの書式設定]ダイアログボックスの[罫線]タブにあるボタンを使いました。Excel・レッスン㊱で使った[罫線]ボタンでは、選択範囲ですべて同じ種類の罫線しか設定できませんが、[罫線]タブにあるボタンを使えば、横罫だけでなく縦罫や上下左右の端の罫線も1つ1つ設定でき、それぞれ違う種類の罫線も一度に設定できます。選択しているセル範囲と、[セルの書式設定]ダイアログボックスのプレビュー枠に表示されるセルの状態の関係がどうなっているかをよく理解しておきましょう。

レッスン 38 表の左上に斜線を引くには

斜線

表全体の罫線が引けたので、続けて表の左上の列見出しと行見出しが交わるセルに斜線を引きましょう。ここではセルを結合して斜線を引きます。

セルの結合

1 結合するセルを選択する

空欄のセルA2～A3を結合して斜線を引く

1 セルA2にマウスポインターを合わせる
2 セルB2までドラッグ

2 結合の種類を選択する

セルA2～B2が選択された

1 [ホーム]タブをクリック
2 [セルを結合して中央揃え]をクリック

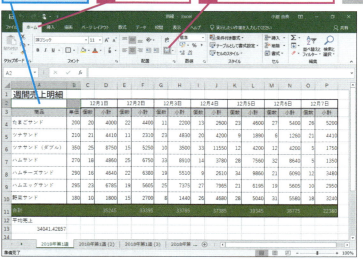

キーワード

罫線	p.486
書式	p.488
セル	p.490
セルの結合	p.490
セルの書式設定	p.490
セル範囲	p.490
ダイアログボックス	p.491

📄 レッスンで使う練習用ファイル
斜線.xlsx

⌨ ショートカットキー

[Ctrl] + [1]
……[セルの書式設定] ダイアログボックスの表示

HINT!
セルの結合を解除するには

セルの結合を解除するには、解除するセルを選択して [ホーム] タブの [セルを結合して中央揃え] ボタン (📴) をクリックします。セルの結合が解除され、[セルを結合して中央揃え] ボタンが選択されていない状態 (📴) に戻ります。なお、セルの結合についてはExcel・レッスン㉟で詳しく解説しています。

⚠ **間違った場合は？**

間違ったセルを結合してしまったときは、結合したセルを選んだ状態のまま [セルを結合して中央揃え] (📴) をもう一度クリックして、セルの結合を解除しましょう。

斜線の挿入

1 [セルの書式設定] ダイアログボックスを表示する

セルA2～B2が結合された

1. 斜線を引くセルをクリック
2. [ホーム]タブをクリック
3. [罫線]のここをクリック
4. [その他の罫線]をクリック

2 斜線のスタイルと向きを選択する

[セルの書式設定]ダイアログボックスが表示された

ここでは左上から右下に向けて斜線を引く

1. [罫線]タブをクリック
2. [スタイル]のここをクリック
3. ここをクリック
4. [OK]をクリック

3 セルの選択を解除する

選択したセルに斜線が引かれた

1. セルA1をクリック

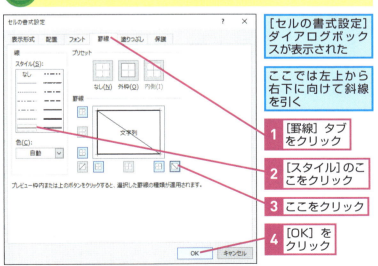

HINT!
結合していないセル範囲に斜線を引いたときは

このレッスンでは、2つのセルを1つに結合してから斜線を引きました。結合していない複数のセル範囲を選択した状態で斜線を引くと、選択範囲にあるセル1つ1つに斜線が引かれます。複数のセル範囲を選択して全体に斜線を引くには、セルを1つのセルに結合する必要があります。

HINT!
同じセルに2種類の斜線を引ける

このレッスンでは、右下向きの斜線を引いていますが、[セルの書式設定]ダイアログボックスで[罫線]の左下にあるボタン（☑）をクリックして左下向きの斜線も引くことができます。また、2種類の斜線を1つのセル範囲に同時に引くこともできます。目的に合わせて使い分けましょう。

Point
斜線を上手に使って分かりやすい表を作ろう

表の内容やレイアウトの構成によっては、何も入力する必要のないセルができることがあります。このレッスンで作成している売上明細では、列方向では日付、行方向では商品名や単価を見出しにしていますが、列見出しと行見出しが交わる左上のセルには何も入力する必要がありません。空白のままにしておいても問題はありませんが、表の体裁を考えると空欄のままでは見栄えがしません。このようなときは、何も入力しないセルであることが分かりやすくなるように、斜線を引いておきましょう。

この章のまとめ

●要所に書式を設定しよう

文字や日付など、ワークシートにデータを入力しただけでは表は完成しません。この章では、フォントやフォントサイズの変更といったセルの中にあるデータに設定する書式と、文字の配置や背景色の変更、罫線の設定などセル全体に設定する書式を設定する方法を紹介しました。

Excel・レッスン㉜では、表の見出しとなる文字のフォントとフォントサイズを変更し、表の内容が分かるように目立たせました。見出しの文字を大きくするだけでも表の見ためがよくなり、バランスがよくなります。また、項目名や合計が入力されるセルに塗りつぶしを設定して、見やすくしました。さらに罫線を引いて、個数と小計がひと目で分かるように書式を変更しています。

この章で紹介した書式設定はあくまで一例ですが、一番肝心なことは、入力されている表のデータが見やすいかどうかです。意味もなくセルのフォントサイズを大きくしたり、色を多用したりすると、表としてのまとまりがなくなってしまうばかりか、肝心の表の内容が分かりにくくなってしまいます。見やすい表を作るには、書式を多用するのではなく、要所要所で適切な書式を設定することが大切です。

Excelの装飾機能を使いこなす
項目の内容や区切りが分かりやすくなるように塗りつぶしや罫線を利用して見やすい表を作る

練習問題

1

練習用ファイルの［第5章_練習問題.xlsx］を開き、表のタイトルのフォントを［HGPゴシックM］にして、フォントサイズを［16］に設定してください。また、日付と曜日のセルを太字に設定してください。

●ヒント：設定を変更するセルを選択してから、［ホーム］タブの［フォント］にあるボタンを使います。

> タイトルのフォントやフォントサイズを変更して目立たせる

> 日付と曜日の文字を太字に設定する

2

セルを結合して表のタイトルを中央に配置してください。また、日付と曜日のセルの文字を、中央に配置してください。

●ヒント：セルの結合は、まずセル範囲を選択してから［セルを結合して中央揃え］ボタンをクリックします。

> タイトルと日付、曜日を中央に配置する

3

右のように表全体に罫線を引き、セルに色を付けてください。

●ヒント：セルの色は、セル範囲を選択してから［ホーム］タブの［塗りつぶしの色］のボタンで実行します。

> 表全体に罫線を引き、塗りつぶしでセル範囲に色を設定する

答えは次のページ

解 答

1

Excel・レッスン㉜を参考に、セルA1のフォントを[HGPゴシックM]、フォントサイズを[16]にする

フォントの変更は、[ホーム]タブの[フォント]や[フォントサイズ]で設定します。太字は、[太字]ボタン（）で設定します。

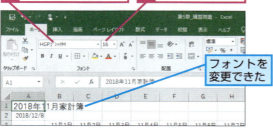

1 フォントを[HGPゴシックM]に変更
2 フォントサイズを[16]に変更
フォントを変更できた

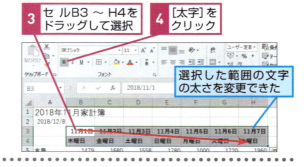

3 セルB3〜H4をドラッグして選択
4 [太字]をクリック
選択した範囲の文字の太さを変更できた

2

1 セルA1〜H1をドラッグして選択
2 [セルを結合して中央揃え]をクリック

セルが結合され、文字が中央に配置される

セルの結合は、まず範囲を選択してから[セルを結合して中央揃え]ボタンをクリックします。

3 セルB3〜H4をドラッグして選択
4 [中央揃え]をクリック

日付と曜日がセルの中央に配置される

3

表に格子状の罫線を引くには、表全体を選択して、[ホーム]タブの[罫線]ボタンで[格子]をクリックします。また、セルに色を付けるには、色を付ける範囲を選択してから[塗りつぶしの色]ボタンの一覧から色を選択します。

1 セルA3〜H12をドラッグして選択
2 [罫線]のここをクリック
3 [格子]をクリック

4 セルB3〜H4をドラッグして選択
5 [塗りつぶしの色]のここをクリック
6 セルに設定する色をクリック
ほかのセルも色を付けておく

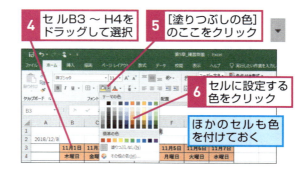

Excel

第6章

用途に合わせて印刷する

この章では、ワークシート上に作成した表をプリンターで印刷する方法を解説します。Excelでは、プリンターで実際に印刷する前に画面上で印刷結果を確認できます。また、フッターという領域にページ数を挿入する方法なども解説します。

●この章の内容
- ㊴ 作成した表を印刷してみよう ……………………………… 334
- ㊵ 印刷結果を画面で確認するには ………………………… 336
- ㊶ ページを用紙に収めるには ……………………………… 340
- ㊷ 用紙の中央に表を印刷するには ………………………… 342
- ㊸ ページ下部にページ数を表示するには ………………… 344
- ㊹ ブックを印刷するには …………………………………… 346

レッスン

39 作成した表を印刷してみよう

印刷の設定

Excel・第5章までのレッスンで完成した週間売上明細を印刷してみましょう。作成したデータを印刷するには、[印刷]の画面で用紙や余白の設定を行います。

印刷結果の確認

画面の表示方法を特に変更していない限り、ワークシートに作成した表がどのように用紙に印刷されるのかは分かりません。そのため、「表の完成後に用紙に印刷しようとしたら、表が2ページに分割されてしまった」ということも珍しくありません。下の図はExcel・第5章で作成した「週間売上明細」をそのまま印刷した例と、用紙の向きを変更して印刷した例です。目的の用紙に表がうまく収まらない場合は、まず用紙の向きを変更します。

キーワード

印刷	p.483
書式	p.488
フッター	p.495
プリンター	p.496
ヘッダー	p.496
余白	p.497
ワークシート	p.498

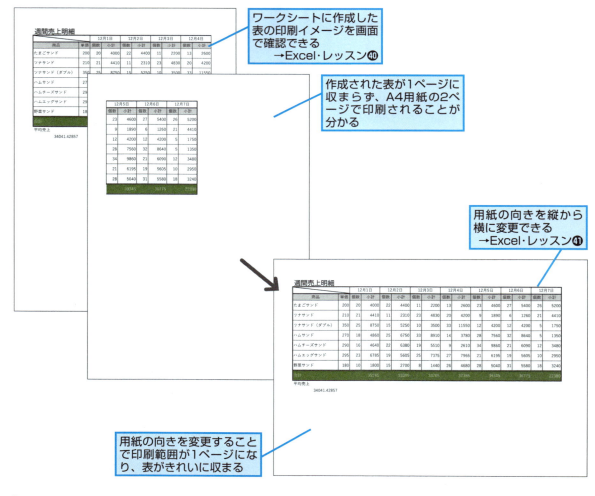

ワークシートに作成した表の印刷イメージを画面で確認できる
→Excel・レッスン㊵

作成された表が1ページに収まらず、A4用紙の2ページで印刷されることが分かる

用紙の向きを縦から横に変更できる
→Excel・レッスン㊶

用紙の向きを変更することで印刷範囲が1ページになり、表がきれいに収まる

用途に合わせて印刷する Excel・第6章

334 できる

印刷設定と印刷の実行

［印刷］の画面では、前ページで解説した用紙の向きのほか、余白の設定、下余白にページ数などの情報を入れることができます。［印刷］の画面で印刷設定と印刷結果をよく確認して、それから印刷を実行しましょう。

HINT!

あらかじめプリンターを設定しておく

実際にプリンターを使って印刷するときは、必ず事前にプリンターが使えるように設定を行っておきましょう。まだプリンターの準備が整っていない場合は、取扱説明書などを参考にしてプリンターが使えるように設定しておきましょう。

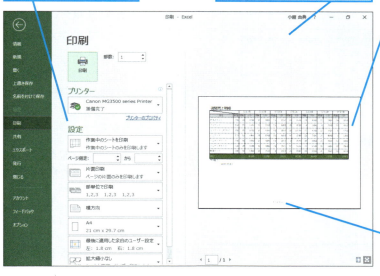

- 印刷範囲や印刷部数などを設定できる →Excel・レッスン❹
- ［印刷］の画面で印刷の設定と印刷結果をよく確認してから印刷を実行する
- 用紙の余白を設定できる。余白を大きくすると印刷範囲が狭くなり、余白を小さくすると印刷範囲が広がる →Excel・レッスン❷
- ページの下余白にユーザー名やページ数などの情報を挿入できる →Excel・レッスン❸

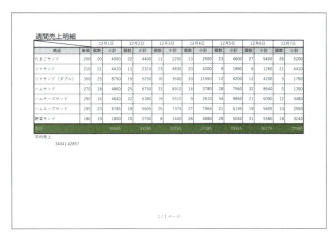

レッスン 40 印刷結果を画面で確認するには

[印刷] の画面

作成した表をプリンターで印刷する前に、印刷結果を確認しておきましょう。[印刷] の画面で、すぐに印刷結果を確認できます。同時に印刷設定も行います。

印刷結果の確認

1 印刷するワークシートを表示する

印刷するワークシートを表示しておく

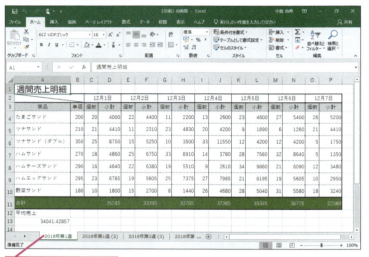

1 [2018年第1週] をクリック

2 [情報] の画面を表示する

[2018年第1週] のワークシートが選択された

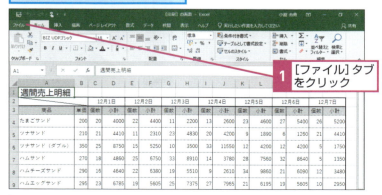

1 [ファイル] タブをクリック

キーワード

印刷	p.483
印刷プレビュー	p.483
クイックアクセスツールバー	p.485
ダイアログボックス	p.491
プリンター	p.496
ワークシート	p.498

レッスンで使う練習用ファイル
[印刷] の画面.xlsx

ショートカットキー
Ctrl + P …………[印刷] の画面の表示

HINT!

[ファイル] タブから印刷を実行する

このレッスンで解説しているように、ワークシートの表を印刷するには、[ファイル] タブから操作します。なお、[ファイル] タブには、印刷に関する機能のほかに、ファイルの作成や保存、情報といったファイルの管理や、Excelのオプション設定などを行う項目が用意されています。

 間違った場合は？

手順3で [印刷] 以外を選んでしまったときは、もう一度正しくクリックし直しましょう。

用途に合わせて印刷する　Excel・第6章

336　できる

3 [印刷]の画面を表示する

[印刷]の画面を表示して、印刷結果を確認する

1 [印刷]をクリック

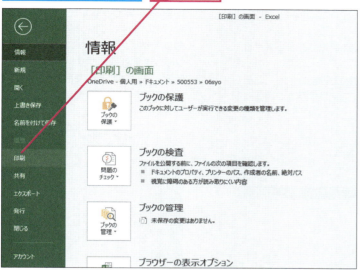

4 印刷結果の表示を拡大する

[印刷]の画面が表示された

◆印刷プレビュー

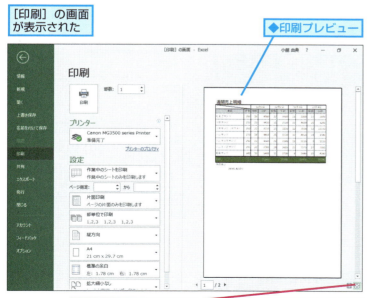

印刷結果の表示を拡大して詳細を確認する

1 [ページに合わせる]をクリック

HINT!
ファイルを閉じてしまわないように気を付けよう

［ファイル］タブをクリックすると、［情報］の画面左に［閉じる］という項目が表示されます。この項目をクリックすると、現在開いているブックが閉じてしまうので注意しましょう。誤ってブックを閉じてしまった場合は、［ファイル］タブの［開く］をクリックして、ブックを開き直しましょう。パソコンに保存したブックを開くには、［このPC］-［参照］の順にクリックします。また、［最近使ったアイテム］の一覧からブックを開いても構いません。

HINT!
ワンクリックで［印刷］の画面を表示するには

このレッスンでは、［情報］の画面から［印刷］の画面を表示する方法を解説していますが、以下の手順を実行すると、クイックアクセスツールバーからすぐに［印刷］の画面を表示できるようになります。

［ファイル］タブ以外のタブを表示しておく

1 [クイックアクセスツールバーのユーザー設定]をクリック

2 [印刷プレビューと印刷]をクリック

クイックアクセスツールバーに［印刷プレビューと印刷］のボタンが追加された

次のページに続く

⑤ 2ページ目の印刷結果を表示する

印刷結果の表示が拡大された

次のページを確認する

印刷される総ページ数と表示中のページ番号が表示される

このワークシートを印刷すると2ページになることが分かる

1 [次のページ]をクリック

⑥ 2ページ目の印刷結果を確認する

次のページが表示された

ワークシートの表の一部が1ページに収まらず、2ページ目にも印刷されることが分かった

HINT!

プリンター独自の印刷設定を行うには

多くのプリンターは、用紙の種類や印刷品質などを設定できるようになっています。プリンター名の下にある[プリンターのプロパティ]をクリックすれば、プリンターの設定画面が表示されるので、どのような設定項目があるのか確認してみてください。

1 [プリンターのプロパティ]をクリック

[(プリンター名)のプロパティ]ダイアログボックスが表示された

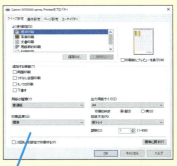

設定できる項目はプリンターによって異なる

用途に合わせて印刷する Excel・第6章

338 できる

［印刷］の画面を閉じる

7 編集画面を表示する

［印刷］の画面から元の画面に戻す

1 ここをクリック

8 編集画面が表示された

［印刷］の画面が閉じて元の画面に戻った

印刷プレビューを表示すると、印刷範囲が点線で表示される

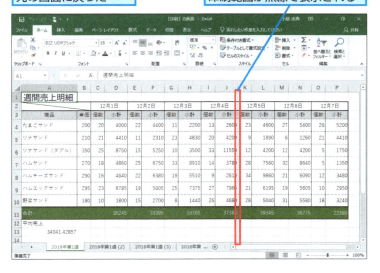

HINT!
印刷プレビューがカラーで表示されないときは

［印刷］の画面で印刷プレビューが白黒に表示されたときは、［白黒印刷］が有効になっています。［白黒印刷］に設定すると、ブラックのインクカートリッジのみで印刷ができるため、シアンやマゼンタ、イエローなどのカラーインクを節約できます。表の作成途中で出来栄えを確認するときや自分のみが利用する資料の印刷では、［白黒印刷］に設定するといいでしょう。詳しくは、347ページのHINT!を参照してください。なお、モノクロプリンターを使うとき、［白黒印刷］を設定しないと、Excelで作成したグラフの棒や円の色の違いが分かりにくくなることがあります。

［白黒印刷］が設定されていると、印刷プレビューが白黒で表示される

Point
拡大して細部まで確認できる

［印刷］の画面では、1ページずつ印刷結果を確認できます。印刷プレビューの表示を拡大すれば細部を確認しやすくなりますが、印刷される大きさが変わるわけではありません。印刷範囲に入りきらないセルは、次のページに印刷されてしまうので、1ページのつもりが複数のページに分かれて印刷されてしまうことがあります。このレッスンで開いた表は、A4縦の用紙で2ページに分かれて印刷されてしまいます。次のレッスンでは、用紙の向きを変更してA4横にぴったり収まるように設定します。

レッスン 41 ページを用紙に収めるには
印刷の向き

作成した表を[印刷]の画面で確認したら、表の右端が切れていました。このレッスンでは、用紙の向きを横向きにして、表が1枚の用紙に収まるように設定します。

1 ページ全体を表示する

Excel・レッスン㊵を参考に[印刷]の画面を表示しておく

1 [ページに合わせる]をクリック

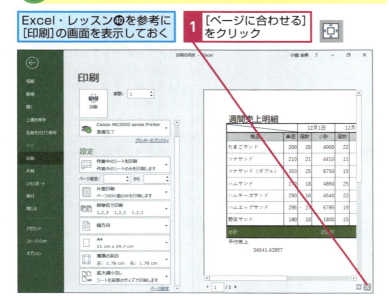

2 ページ全体が表示された

印刷結果が縮小して表示された

キーワード

印刷プレビュー	p.483
ワークシート	p.498

📄 **レッスンで使う練習用ファイル**
印刷の向き.xlsx

HINT!
印刷プレビューで正しく表示されていないときは

使用しているフォントによって、ワークシートでは表示できている文字が、印刷プレビューで欠けたり「###」と表示されることがあります。実際にそのまま印刷されてしまうので、列の幅やフォントサイズなどを調整して、印刷プレビューに文字や数値が正しく表示されるようにしてください。

印刷プレビューでセルの文字が「###」と表示されている

Excel・レッスン⑲を参考に、列の幅を広げる

⚠ **間違った場合は？**

手順1で間違って[余白の表示]ボタン（□）をクリックしてしまったときは、再度[余白の表示]ボタンをクリックして手順1から操作をやり直します。

③ 用紙の向きを変更する

用紙を横向きにして、表の横幅が1枚の用紙に収まるようにする

1 [縦方向] をクリック

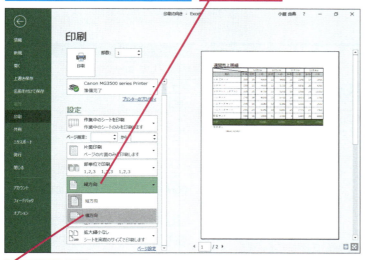

2 [横方向] をクリック

④ ページが用紙に収まった

用紙の向きが横に変更された

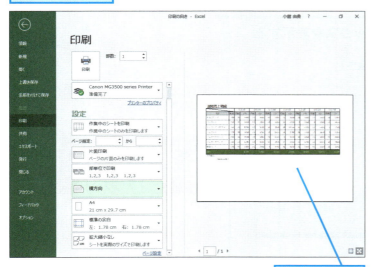

表が1枚の用紙に収まった

HINT!
印刷を拡大・縮小するには

[印刷]の画面で印刷の拡大や縮小を設定するには、以下の手順を実行しましょう。

Excel・レッスン㊵を参考に、[印刷]の画面を表示しておく

1 [ページ設定]をクリック

[ページ設定] ダイアログボックスが表示された

2 [ページ]タブをクリック

3 [拡大/縮小]に数値を入力

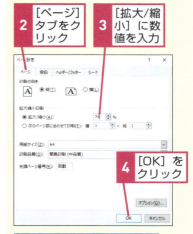

4 [OK] をクリック

設定した倍率で印刷される

Point
表の大きさや向きに合わせて用紙の向きを調整する

Excelでは、印刷する表の大きさやプリンターの種類にかかわらず、はじめは用紙の向きが縦になっています。作成した表が1ページに収まらない場合、はみ出した部分は次のページに印刷されます。用紙の向きは、縦か横かを選択できるので、表の形に合わせて設定してください。ただし、1ページ目は横、2ページ目は縦というように、1枚のワークシートに縦横の向きが混在した設定にはできません。

レッスン **42**

用紙の中央に表を印刷するには

余白

Excel・レッスン㊶では、用紙の向きを変えましたが、表が用紙の左端に寄ってしまっています。ここでは、表を用紙の左右中央に印刷する方法を解説します。

キーワード

印刷プレビュー	p.483
ダイアログボックス	p.491
余白	p.497

レッスンで使う練習用ファイル
余白.xlsx

ショートカットキー

Ctrl + P ………… [印刷] の画面の表示

① 余白の設定項目を表示する

Excel・レッスン㊵を参考に [印刷] の画面を表示しておく

左右の余白の幅を同じにして、表全体を用紙の中央に配置する

1 [標準の余白] をクリック

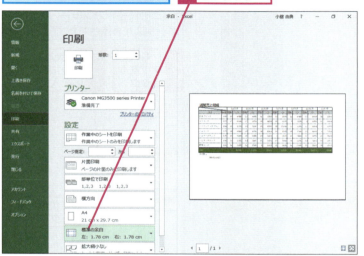

HINT!
表を上下中央に印刷するには

手順3で [垂直] をクリックしてチェックマークを付けると、上下方向が中央になります。[水平] [垂直] ともにチェックマークが付いていると、表は用紙のちょうど真ん中に印刷されます。

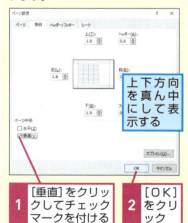

上下方向を真ん中にして表示する

1 [垂直] をクリックしてチェックマークを付ける

2 [OK] をクリック

② [ページ設定] ダイアログボックスを表示する

余白の設定項目が表示された

1 [ユーザー設定の余白] をクリック

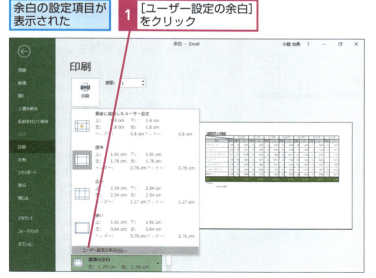

 間違った場合は？

手順3の後で設定の間違いに気が付いたときは、もう一度 [ページ設定] ダイアログボックスを表示して設定し直してください。

342

③ 余白を設定する

［ページ設定］ダイアログボックスが表示された

1 ［余白］タブをクリック

ここでは、用紙の中央に表が印刷されるように設定する

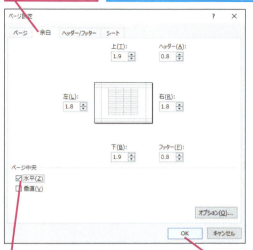

2 ［水平］をクリックしてチェックマークを付ける

3 ［OK］をクリック

④ 余白を設定できた

左右の余白の幅が同じになり、表全体が用紙の中央に配置された

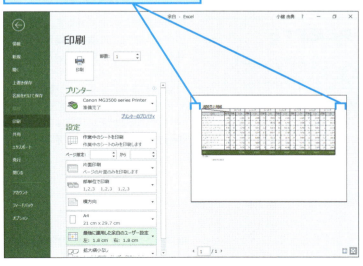

HINT!
余白を数値で調整するには

余白を細かく指定したいときは、［ページ設定］ダイアログボックスの［余白］タブにある［上］［下］［左］［右］に、数値を入力します。

HINT!
ドラッグ操作で余白を調整するには

［印刷］の画面右下の［余白の表示］ボタンをクリックすると、余白の位置を示す線と余白ハンドルが表示されます。線をドラッグすると、画面で確認しながら余白の大きさを設定できます。余白ハンドルの表示を消すには、もう一度［余白の表示］ボタンをクリックしましょう。

1 ［余白の表示］をクリック

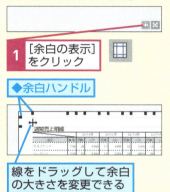

◆余白ハンドル

線をドラッグして余白の大きさを変更できる

Point
ワンクリックでページの中央に印刷できる

このレッスンの表は、A4横の用紙に対して表の大きさがやや小さく、左側に寄っています。そんなときは、［ページ設定］ダイアログボックスの［余白］タブで余白を調整しましょう。［ページ中央］の項目にチェックマークを付けるだけで、表が自動で用紙の中央に印刷されます。このレッスンでは［水平］にだけチェックマークを付けましたが、［垂直］にもチェックマークを付ければ、縦方向も用紙の中央に配置されます。

レッスン 43 ページ下部にページ数を表示するには

ヘッダー/フッター

ページ番号や作成日などの情報は、通常ではページの上下にある余白に印刷します。ここではフッターを使い、ページの下部にページ番号を設定してみましょう。

1 フッターを選択する

用紙の下部（フッター）にページ数が印刷されるように設定する

Excel・レッスン㊵を参考に[印刷]の画面を表示しておく

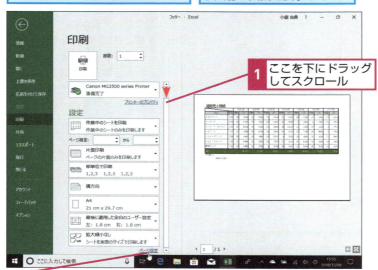

1 ここを下にドラッグしてスクロール

2 [ページ設定]をクリック

2 セル範囲の文字をまとめて中央に配置する

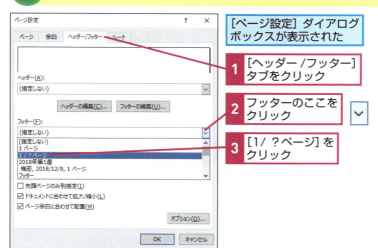

[ページ設定]ダイアログボックスが表示された

1 [ヘッダー/フッター]タブをクリック

2 フッターのここをクリック

3 [1/？ページ]をクリック

キーワード

印刷プレビュー	p.483
ダイアログボックス	p.491
フッター	p.495
ヘッダー	p.496

レッスンで使う練習用ファイル
フッター.xlsx

ショートカットキー

Ctrl + P ………… [印刷]の画面の表示

HINT!

ヘッダーとフッターって何？

ページの上部余白の領域を「ヘッダー」、下部余白の領域を「フッター」と言います。Excelではヘッダーやフッターを利用して、ファイル名やページ番号、ブックの作成日、画像などを挿入できます。ヘッダーとフッターは特別な領域になっていて、3ページのブックなら「1/3ページ」「2/3ページ」「3/3ページ」といった情報を簡単に印刷できます。すべてのページで同じ位置に情報を印刷できるので、ページ数が多いときに利用しましょう。ヘッダーやフッターに表示する項目は［ページ設定］ダイアログボックスで設定できますが、利用頻度が多い項目はあらかじめExcelに用意されています。

 間違った場合は？

間違った内容をフッターに設定してしてしまったときは、再度手順1から操作をやり直して、［フッター］の項目から正しい内容を選び直します。

用途に合わせて印刷する　Excel・第6章

3 [ページ設定] ダイアログボックスを閉じる

「1/？ページ」が選択された

1 [OK]をクリック

4 フッターを確認する

フッターにページ数が表示された　　◆フッター

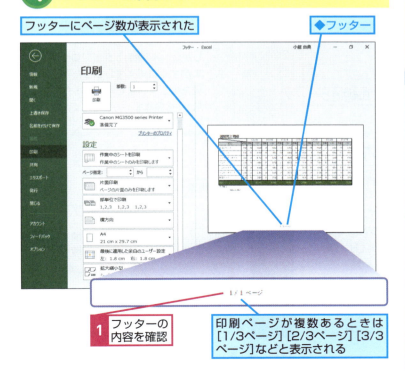

1 フッターの内容を確認

印刷ページが複数あるときは[1/3ページ][2/3ページ][3/3ページ]などと表示される

HINT!

オリジナルのヘッダーやフッターを挿入できる

手順2で表示した[ページ設定]ダイアログボックスの[ヘッダー/フッター]タブにある[ヘッダーの編集]ボタンや[フッターの編集]ボタンをクリックすれば、オリジナルのヘッダーやフッターを作成できます。ヘッダーやフッターの挿入位置を[左側][中央部][右側]から選択して、配置する要素のボタンをクリックすれば、選択した位置に日付や時刻、ファイル名などを挿入できます。

[ファイルパスの挿入]をクリックすれば、保存先のフォルダーとブック名を印刷できる

[日付の挿入]をクリックすれば、ブックを開いている日付を印刷できる

Point

複数ページに同じ情報を表示できる

フッターに文字や図形を入力すると、2ページ目や3ページ目にも同じ内容が自動的に表示されます。手順2では、フッターに[1/?ページ]という項目を表示するように設定したので、自動的に全体のページ数が認識され、フッターに「現在のページ数/全体のページ数」の情報が表示されました。用途に応じてヘッダーやフッターに日付や時刻、ファイル名、ページ数などを表示しておくと、自分でセルに情報を入力しなくて済みます。複数ページにわたるときは、このレッスンを参考にしてヘッダーやフッターを設定しましょう。

レッスン **44**

ブックを印刷するには

印刷

レイアウトが整ったら、実際にプリンターで印刷してみましょう。接続してあるプリンターが使用できる状態になっていることを確認してから、印刷を実行します。

1 印刷の設定を確認する

Excel・レッスン⑩を参考に[印刷]の画面を表示しておく

1 [作業中のシートを印刷]が選択されていることを確認

2 印刷部数を確認

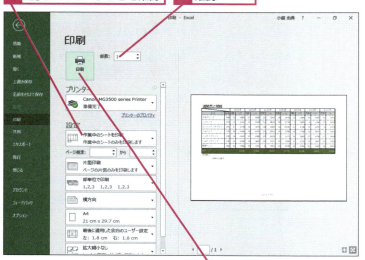

3 [印刷]をクリック

キーワード

印刷プレビュー	p.483
ダイアログボックス	p.491
フッター	p.495
ヘッダー	p.496

 レッスンで使う練習用ファイル
印刷.xlsx

ショートカットキー

[Ctrl]+[P]……………[印刷]の画面の表示

 間違った場合は？

手順1で間違ったページ設定のまま[印刷]ボタンをクリックしてしまったときは、手順2で表示される[印刷中]ダイアログボックスの[キャンセル]ボタンをクリックします。しかし、[印刷中]ダイアログボックスがすぐに消えてしまったときは印刷を中止できません。あらためて手順1から操作をやり直してください。

テクニック ページを指定して印刷する

印刷ページが複数あるときは、右の手順で特定のページを印刷できます。[ページ指定]に印刷を開始するページ番号と終了するページ番号を設定して、印刷範囲を指定します。また、各ページを1ページだけ印刷したいときは、[ページ指定]を[1]から[1]、[2]から[2]、[3]から[3]などと設定しましょう。

[印刷]の画面を表示しておく

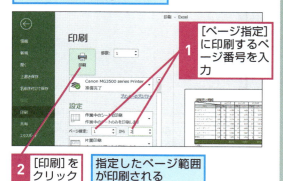

1 [ページ指定]に印刷するページ番号を入力

2 [印刷]をクリック

指定したページ範囲が印刷される

❷ ブックが印刷された

[印刷中]ダイアログボックス が表示された

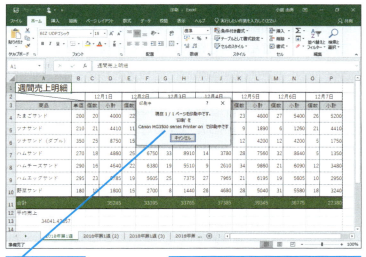

印刷の状況が表示された

印刷データが小さい場合、[印刷中] ダイアログボックスがすぐに消える

ブックが印刷された

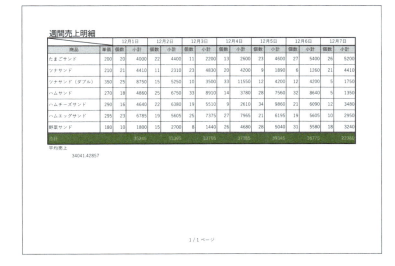

HINT!

カラープリンターなのに カラーで印刷できないときは

カラープリンターを使っているのにカラーで印刷できない場合は、Excel・レッスン㊷を参考に[ページ設定]ダイアログボックスを表示し、[シート]タブにある[白黒印刷]にチェックマークが付いていないかを確認してください。カラーインクを節約するといった特別なことがなければ、通常はこのチェックマークははずしておきましょう。

[ページ設定]ダイアログボックスを表示しておく

1 [シート]タブをクリック

2 [白黒印刷]をクリックしてチェックマークをはずす

Point

設定をよく見直して 印刷を実行しよう

このレッスンでは、ワークシートをプリンターで印刷する方法を紹介しました。[印刷]の画面で[印刷]ボタンをクリックするまで、印刷の設定は何度でもやり直しができます。設定に自信がないときは、Excel・レッスン㊵以降の内容を読み返して設定項目を見直してみましょう。また、設定が正しくてもプリンターの準備ができていないこともあります。用紙やインクが用意されているかを事前に確認してください。

この章のまとめ

●印刷前にはプレビューで確認しておこう

作成した表の印刷も、Excelでは簡単にできます。この章では、実際にプリンターで印刷する前に画面で印刷イメージを確認する方法や、目的に合ったさまざまなページの設定方法を紹介しました。特に何も設定しなくても、Excelが表に合わせて最適な値を設定するので、すぐに印刷を実行できますが、印刷する前に必ず思った通りに印刷されるかどうかを確認しておきましょう。出来上がった表がパソコンの画面に収まっているからといって、印刷する用紙の1ページに収まるとは限りません。何も確認しないで印刷すると、表の右端がページからはみ出して2ページに分かれてしまったり、画面上のワークシートでは正しく表示されているのに、文字が正しく印刷されなかったりすることがあります。用紙を無駄にしてしまうことになるので、印刷前に画面で印刷結果を確認することを忘れないでください。

印刷設定と印刷結果の確認

印刷を実行する前に印刷設定や印刷結果を確認し、必要に応じて用紙の向きや拡大・縮小を設定する

練習問題

1

練習用ファイルの［第6章_練習問題.xlsx］を開き、右のように用紙の向きを横に設定してください。

●ヒント：［印刷］の画面で用紙の向きを変更できます。

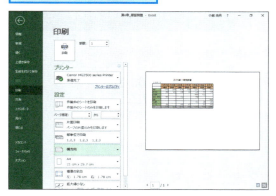

サンプルファイルを開いて用紙の向きを横に設定する

2

余白の下端に、ユーザー名とページ数、日付が印刷されるようにしてください。

●ヒント：ページの下端にユーザー名やページ数、日付を印刷するには、フッターを利用します。

用紙の下に日付などが自動的に印刷されるようにする

答えは次のページ

解答

1

1 [ファイル]タブをクリック

2 [印刷]をクリック

[情報]の画面が表示された

標準では、用紙は縦向きに設定されています。[ファイル]タブから[印刷]をクリックして印刷結果を確認し、用紙の向きが意図する向きと違っていたときは、設定を変えましょう。

3 [縦方向]をクリック

4 [横方向]をクリック

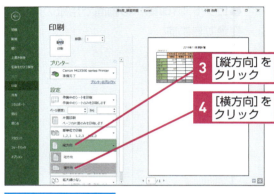

用紙が横向きになる

2

[印刷]の画面を表示しておく

1 [ページ設定]をクリック

[ページ設定]ダイアログボックスを表示して、フッターを設定しましょう。項目の一覧から選択するだけで、自動的にフッターが設定されます。

[ページ設定]ダイアログボックスが表示された

2 [ヘッダー/フッター]タブをクリック

3 フッターのここをクリック

4 [ユーザー名、ページ数、日付]をクリック

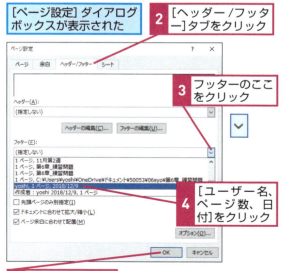

5 [OK]をクリック

Excel

第 7 章

表をさらに
見やすく整える

この章では、セルに入力されているデータの見せ方を変える表示形式と、セルの書式を使いこなすテクニックを紹介します。例えば、同じ数字でも金額や比率など、データの内容は異なります。適切な表示形式を設定することで、データがより分かりやすくなります。

●この章の内容
- ❹❺ 書式を利用して表を整えよう ……………………………………… 352
- ❹❻ 金額の形式で表示するには …………………………………………… 354
- ❹❼ ％で表示するには ……………………………………………………… 356
- ❹❽ ユーザー定義書式を設定するには ………………………………… 358
- ❹❾ 設定済みの書式をほかのセルでも使うには …………………… 360
- ❺⓪ 条件によって書式を変更するには ………………………………… 362
- ❺❶ セルの値の変化をバーや矢印で表すには ……………………… 364
- ❺❷ セルの中にグラフを表示するには ………………………………… 366
- ❺❸ 条件付き書式を素早く設定するには ……………………………… 368

レッスン

45 書式を利用して表を整えよう

表示形式

このレッスンでは、データの表示形式とセルの書式について概要を解説します。同じデータでも表示形式と書式によって、表示内容が変わってきます。

データの表示形式

データを表示するときは、適切な表示形式を選択することが大切です。特に数値の場合、セルの値が金額を表すこともあれば割合を表すこともあるなど、数字の意味が異なる場合が多々あります。例えば値が「金額」の場合は、値に「,」（カンマ）や「¥」のような通貨記号を付けることで、データが金額を表していることがはっきりします。また、値が「割合」を表しているのであれば、「%」（パーセント）や小数点以下の値を表示するといいでしょう。

キーワード	
アイコンセット	p.482
条件付き書式	p.488
書式	p.488
書式のコピー	p.488
スパークライン	p.489
通貨表示形式	p.492
データバー	p.492
パーセントスタイル	p.493
表示形式	p.494
ユーザー定義書式	p.497

表をさらに見やすく整える Excel・第7章

データに「,」や「¥」の通貨記号を付けて、金額であることを分かりやすくする
→Excel・レッスン❹❻

データをパーセントで表示する
→Excel・レッスン❹❼

	A	B	C	D	E	F	G	H
1	タカセ電器 2018年第2四半期AV機器売上							
2					(単位：千円)		2018/12/10	
3		7月	8月	9月	四半期合計	平均	構成比	
4	テレビ（42型以下）	¥8,331	¥2,977	¥4,302	¥15,610	¥5,203	18.99%	
5	テレビ（42～50型）	¥16,785	¥10,012	¥7,628	¥34,425	¥11,475	41.89%	
6	テレビ（50型以上）	¥14,325	¥6,437	¥5,543	¥26,305	¥8,768	32.01%	
7	テレビ計	¥39,441	¥19,426	¥17,473	¥76,340	¥25,447	92.89%	
8	Bluetoothスピーカー	¥716	¥1,188	¥1,435	¥3,339	¥1,113	4.06%	
9	Bluetoothヘッドフォン	¥905	¥609	¥994	¥2,508	¥836	3.05%	
10	オーディオ計	¥1,621	¥1,797	¥2,429	¥5,847	¥1,949	7.11%	
11	合計	¥41,062	¥21,223	¥19,902	¥82,187	¥27,396	100.00%	
12								
13								
14								

小数点以下の数字の表示けた数を変更する
→Excel・レッスン❹❼

352 できる

視覚的要素の挿入

セルの表示形式は、Excelにあらかじめ用意されている形式以外にも、ユーザーが自由に設定できる、[ユーザー定義書式]があります。また、セルに設定されている書式は、簡単にコピーできるので、設定した書式をほかのセルにも簡単に適用することも可能です。条件付き書式の利用方法をマスターして、データを分析しやすくする方法を覚えましょう。

HINT!
表示形式はデータの内容に合わせよう

見ためは同じように見えても、セルに入力されているデータの内容が異なる場合があります。特に数値の場合は、金額を表していることもあれば、商品の個数を表していることもあります。単に数値だけを表示するのではなく、内容に合わせて適切な表示形式を選択しましょう。

45 表示形式

Excelに用意されている書式をカスタマイズして、オリジナルの表示形式を作成する →Excel・レッスン㊽

セルの書式をコピーして、ほかのセルへ貼り付けられる →Excel・レッスン㊾

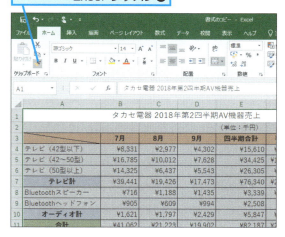

条件を設定して、条件に応じた書式をセルに設定する →Excel・レッスン㊿

セルの値の変化をバーやアイコンで表示する →Excel・レッスン51

セルの中に小さいグラフを表示する →Excel・レッスン52

複数のセルの書式を一度に設定する →Excel・レッスン53

レッスン 46 金額の形式で表示するには

通貨表示形式

数値を通貨表示形式で表示すると、先頭に「¥」の記号が付き、3けたごとの「,」（カンマ）が表示されます。金額が入力されたセルを通貨表示形式にしてみましょう。

1 セル範囲を選択する

「¥」の記号と、けた区切りの「,」（カンマ）を表示するセル範囲を選択する

1 セルB4にマウスポインターを合わせる
2 セルF11までドラッグ

キーワード

桁区切りスタイル	p.486
セルの書式設定	p.490
通貨表示形式	p.492
表示形式	p.494

レッスンで使う練習用ファイル
通貨表示形式.xlsx

間違った場合は？

表示形式の指定を間違ったときは、クイックアクセスツールバーの［元に戻す］ボタン（）をクリックして、正しい表示形式を設定し直します。

テクニック 負の数の表示形式を変更する

セルの表示形式を［数値］や［通貨表示形式］に変更したときには、負の値になったときの表示形式を設定できます。まず、表示形式を変更するセルを選択してから、以下の手順で［セルの書式設定］ダイアログボックスの［表示形式］タブを開きます。次に、［負の数の表示形式］にある一覧から、表示形式を選びましょう。

表示形式を変更するセルを選択しておく

1 ［ホーム］タブをクリック
2 ［数値］のここをクリック

［セルの書式設定］ダイアログボックスが表示された

3 ［表示形式］タブをクリック

ここで負の数の表示形式を設定できる

② 通貨表示形式を設定する

- セルB4～F11が選択された
- 選択したセル範囲に通貨表示形式を設定する

1. [ホーム]タブをクリック
2. [通貨表示形式]をクリック

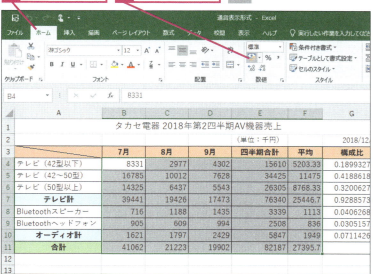

③ 通貨表示形式を設定するセルの選択を解除する

- 選択したセル範囲の数値に「¥」と3けたごとの区切りの「,」が付いた
- 「¥」や「,」が付いてもデータそのものはかわらない

- セルA1をクリックしてセルの選択を解除する
1. セルA1をクリック

HINT!

[桁区切りスタイル]ボタンで数値をカンマで区切れる

「¥」を付けずに位取りの「,」(カンマ)だけを表示させるには、セル範囲を選択して以下の手順で操作します。

- 「,」(カンマ)を付けるセル範囲を選択しておく

1. [ホーム]タブをクリック

2. [桁区切りスタイル]をクリック

- 3けた以上の数字に「,」(カンマ)が付いた

Point

通貨表示形式は複数の書式が一度に設定される

セルの表示形式を通貨表示形式に設定すると、自動的に数値の先頭に「¥」の記号が付いて、位取りの「,」(カンマ)が表示されます。さらに、標準では小数点以下が四捨五入されるようになります。このように表示形式を[通貨表示形式]にすると、一度にいろいろな設定ができるので、個別に書式を設定する必要がなくて便利です。[ホーム]タブの[数値]の □ をクリックして[セルの書式設定]ダイアログボックスの[表示形式]タブを開けば、数値が負(マイナス)のときの表示形式も指定できます。

レッスン 47

％で表示するには

パーセントスタイル

構成比などの比率のデータは、小数よりもパーセント形式で表示した方が分かりやすくなります。ここでは、小数のデータをパーセント形式で表示してみましょう。

1 セル範囲を選択する

%を付けるセル範囲を選択する

1 セルG4にマウスポインターを合わせる

2 セルG11までドラッグ

2 パーセントスタイルを設定する

セルG4〜G11が選択された

1 ［ホーム］タブをクリック

2 ［パーセントスタイル］をクリック

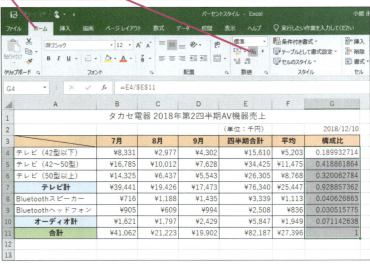

キーワード

クイックアクセスツールバー	p.485
クリア	p.486
書式	p.488
セル範囲	p.490
パーセントスタイル	p.493
表示形式	p.494

📄 **レッスンで使う練習用ファイル**
パーセントスタイル.xlsx

HINT!

「％」を付けて入力するとパーセントスタイルになる

数値に「％」を付けて入力すると、セルの表示形式が自動的にパーセントスタイルに設定されます。このときセルの値は入力した数値の百分の一の値になるので、小数で入力せずそのままの数値を入力します。例えば、35パーセントの値は「35％」と入力することで、「35％」のパーセントスタイルで表示され、セルには「0.35」という値が保存されます。

セルに「35％」と入力すると、自動的にパーセントスタイルが設定される

⚠️ **間違った場合は？**

表示形式を変えるセルを間違ったときは、クイックアクセスツールバーの［元に戻す］ボタン（）をクリックすると、元の表示形式に戻ります。

表をさらに見やすく整える Excel・第7章

356 できる

③ パーセントスタイルが設定された

選択したセル範囲の数値に「%」が付いた

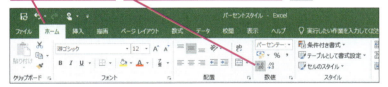

④ 小数点以下の値を表示する

選択したセルが小数点以下2けたまで表示されるように設定する

1 [ホーム]タブをクリック
2 [小数点以下の表示桁数を増やす]を2回クリック

⑤ 小数点以下の値が表示できた

選択したセル範囲の値が小数点以下2けたまで表示された

セルA1をクリックしてセルの選択を解除する

1 セルA1をクリック

HINT!
書式を元に戻すには

[ホーム]タブの[クリア]ボタン（ ）をクリックして表示される一覧から[書式のクリア]をクリックすると、セルに設定した書式を標準の状態に戻せます。書式をクリアしても、セルのデータそのものは変わりません。「35％」と表示されているセルの書式をクリアして標準の設定に戻すと「0.35」と表示されます。

HINT!
Excelの有効けた数は15けた

有効けた数とは入力できるデータのけた数ではなく、値として保持できる数値のけた数です。例えば有効けた数が3けたで数値が「1234」だと、保持できるのは3けたなのでデータは「1230」となります。同様に少数の「0.0001234」は「0.000123」となります。つまり有効けた数とは、数値として保存できる内容のけた数のことで、Excelでは15けたまで扱えるようになっています。

Point
パーセントスタイルで比率が見やすくなる

構成比や粗利益率などの比率を計算すると、ほとんどの結果は小数になってしまいます。小数は、けた区切りの「,」を付けても見やすくならない上、比率を表す値のため「kg」から「g」、あるいは「m」から「cm」のように単位を替えることもできません。比率の値は、パーセントスタイルで表示すると見やすくなります。表示形式にパーセントスタイルを設定すると、小数点以下の値が四捨五入されて表示されます。なお、Excelで取り扱える数値は、15けたまでとなっています。

レッスン 48 ユーザー定義書式を設定するには

ユーザー定義書式

このレッスンでは、ユーザーが自由に表示形式を設定できる［ユーザー定義書式］の使い方を解説します。オリジナルの表示形式をセルに設定してみましょう。

1 セルを選択する

日付の表示形式を変更するセルを選択する

1 セルG2をクリック

キーワード
| 表示形式 | p.494 |

レッスンで使う練習用ファイル
ユーザー定義書式.xlsx

HINT!

セルのデータを削除しても書式は残る

データを削除しても書式をクリアしない限り、セルに設定した書式は消えません。下の表は、セルC1に「=A1*B1」の数式を入力しています。いったんセルB1のデータを削除しても、パーセントスタイルの書式は残っています。セルB1に「50」と入力すると、パーセントスタイルの書式が適用されるので、セルC1の計算結果は「100×50」の「5000」とならず「50」となります。

1 セルB1をクリック

セルにパーセントスタイルが設定されている

2 Delete キーを押す

セルの内容が削除される

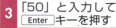

3 「50」と入力して Enter キーを押す

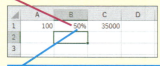

自動的にパーセントスタイルで表示された

2 ［セルの書式設定］ダイアログボックスを表示する

選択したセルが「更新日：12月1日」と表示されるように設定する

1 ［ホーム］タブをクリック

2 ［数値］のここをクリック

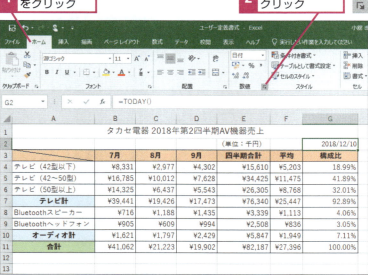

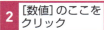

358 できる

③ ユーザー定義書式を選択する

[セルの書式設定] ダイアログボックスが表示された

日付の前に「更新日：」と表示する表示形式を設定する

1 [表示形式] タブをクリック

[サンプル] に選択する表示形式の結果が表示される

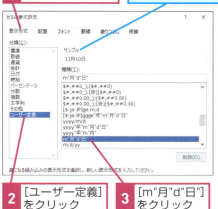

2 [ユーザー定義] をクリック

3 [m"月"d"日"] をクリック

4 ここに「更新日：」と入力

5 [OK] をクリック

④ 日付の表示形式が変更された

日付の表示形式が「更新日：12月1日」に変わった

セルA1をクリックしてセルの選択を解除する

1 セルA1をクリック

HINT!
「yyyy」や「mm」って何？

[ユーザー定義書式] に表示される「yyyy」や「mm」は日付用の表示形式コードで、組み合わせて日付を表現できます。半角の「/」（スラッシュ）や「.」（ドット）、「-」（マイナス）は、そのまま入力しますが、「年」「月」「日」などの文字は「"」（ダブルクォーテーション）で囲むのが一般的です。

●主な日付用の表示形式コード

対象	コード	表示結果
元号	g	M、T、S、H
	gg	明、大、昭、平
	ggg	明治、大正、昭和、平成
和暦	e	1～99
	ee	01～99
西暦	yy	00～99
	yyyy	1900～9999
月	m	1～12
	mm	01～12
	mmm	Jan～Dec
日	d	1～31
	dd	01～31
	ddd	Sun～Sat
曜日	aaa	日～土
	aaaa	日曜日～土曜日

 間違った場合は？

手順3のセルの表示形式で選択する種類を間違えたときは、もう一度、手順2から操作をやり直します。

Point
ユーザー定義書式で独自の表示形式を設定する

Excelには、データの種類に応じて、さまざまな表示形式が用意されています。このレッスンで解説したようにユーザー書式を使えば、独自の表示形式を作れます。このユーザー定義書式は、「表示形式コード」を組み合わせて作成しますが、慣れるまでは、[ユーザー定義] の [種類] の一覧にある、既存のユーザー定義書式を参考に作成するといいでしょう。

レッスン 49 設定済みの書式をほかのセルでも使うには

書式のコピー／貼り付け

第3四半期の売上表に下期と同じ書式を設定してみましょう。Excelでは「書式」だけをコピーできるので、別のセルに同じ書式を設定し直す手間が省けます。

① コピー元のセル範囲を選択する

1 セルA1にマウスポインターを合わせる

2 セルG11までドラッグ

② 書式をコピーする

セルA1～G11が選択された

1 [ホーム]タブをクリック

2 [書式のコピー/貼り付け]をクリック

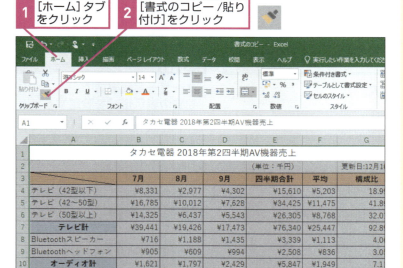

キーワード

書式	p.488
書式のコピー	p.488

 レッスンで使う練習用ファイル
書式のコピー .xlsx

HINT!
行や列単位でも書式はコピーできる

このレッスンでは、セルA1～G11の書式をコピーしますが、行や列単位でも書式をコピーできます。行や列の単位で書式をコピーすれば、コピー元の行の高さや列の幅をそのまま適用できます。

HINT!
書式を繰り返し貼り付けるには

[書式のコピー/貼り付け]ボタン（）をダブルクリックすると、コピーした書式を繰り返し貼り付けられます。同じ書式をいくつも貼り付けたいときに便利です。書式の貼り付けを終了するときは、もう一度[書式のコピー/貼り付け]ボタン（）をクリックするか、Esc キーを押します。

1 [書式のコピー/貼り付け]をダブルクリック

マウスポインターがこの形のときは、書式を続けてコピーできる

表をさらに見やすく整える Excel・第7章

3 コピー先のセルを選択する

マウスポインターの形が変わった　コピー先のセル範囲を選択する

1 セルA13にマウスポインターを合わせる

2 セルG23までドラッグ

4 セルの選択を解除する

セルA13〜G23に書式をコピーできた

セルA13をクリックしてセルの選択を解除する

1 セルA13をクリック

HINT!

セルの結合もコピーされる

書式のコピー元に結合されたセルがあった場合は、貼り付け先でも同じ位置のセルが結合されます。逆に、書式のコピー元には結合セルがなく、貼り付け先に結合セルがあった場合には、貼り付け先のセルの結合は解除されてしまうので注意してください。

標準が設定されているセルの書式をコピーしておく

1 結合していないセルの書式をコピー

2 結合されたセルをクリック

書式が貼り付けられ、結合が解除された

間違った場合は？

コピー元を間違って［書式のコピー/貼り付け］ボタン（）をクリックしてしまったときは、Escキーを押せば、コピー前の状態に戻ります。

Point

セルの内容と書式はそれぞれ独立している

セルに入力されているデータの表示形式や文字のフォント、セルの色、罫線など見栄えを変えるための設定を、Excelでは「書式」として管理しています。［セルの書式設定］ダイアログボックスで設定できるものはすべて「書式」となり、セルに入力されている値とは別に、書式の設定情報が保存されています。［書式のコピー/貼り付け］ボタンを使うと、セルに保存されている書式の設定情報だけがコピーされます。

レッスン 50 条件によって書式を変更するには

条件付き書式

セルの値や数式の計算結果を条件に、セルの書式を自動的に変えられます。ここでは構成比が10％以下のとき、そのセルを「赤の背景と文字」で表示します。

1 セル範囲を選択する

構成比のセルを選択する

1 セルG4にマウスポインターを合わせる

2 セルG11までドラッグ

2 ［指定の値より小さい］ダイアログボックスを表示する

セルG4～G11が選択された

選択したセル範囲に条件付き書式を設定する

1 ［ホーム］タブをクリック
2 ［条件付き書式］をクリック
3 ［セルの強調表示ルール］にマウスポインターを合わせる
4 ［指定の値より小さい］をクリック

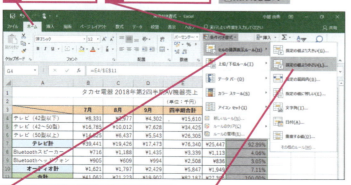

動画で見る
詳細は3ページへ

キーワード
条件付き書式	p.488
絶対参照	p.489

レッスンで使う練習用ファイル
条件付き書式.xlsx

HINT!
条件付き書式はコピーできる

条件付き書式も書式の1つなので、［書式のコピー/貼り付け］ボタン（）でコピーができます。ただコピー元の書式が全部コピーされるので注意してください。また、条件にセル参照を使っているときには正しく動作しないことがあるので注意が必要です。

HINT!
条件付き書式の条件にはセル参照も設定できる

手順3で設定する条件にはセル参照を使って、セルの値を設定することができます。標準では絶対参照になりますが、相対参照や複合参照にもできます。ただし、設定によっては正しく参照できなくなるので注意してください。

間違った場合は？

条件付き書式の設定を間違ったときは、手順2を参考に［ルールのクリア］にマウスポインターを合わせて［選択したセルからルールをクリア］をクリックして操作をやり直します。

③ 条件の値を入力する

[指定の値より小さい] ダイアログボックスが表示された

ここでは「10%以下」という条件を設定する

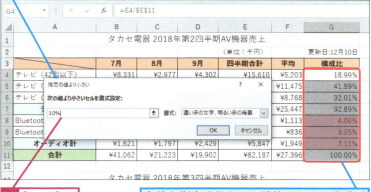

1 [10%] と入力

条件を指定すると、一時的にセルの書式が変わり、設定後の状態を確認できる

④ 条件に合った書式を設定する

セルG4～G11で10%より値が低いセルの背景と文字に色を付ける

1 [OK] をクリック

⑤ 条件付き書式が適用できた

条件付き書式が適用され、売上金額が10%以下のセルと数値に色が付いた

すべての商品の中で、「Bluetoothスピーカー」と「Bluetoothヘッドフォン」の売上比率が全体の10%以下で、その合計も10%以下であることが分かる

セルA1をクリックしてセルの選択を解除する

1 セルA1をクリック

HINT!
条件付き書式を解除するには

条件付き書式を解除するときは、条件付き書式を設定したセル範囲を選択して、以下の手順で操作します。ワークシートにあるすべての条件付き書式を解除するには、[シート全体からルールをクリア] をクリックしましょう。

1 [ホーム] タブをクリック

2 [条件付き書式] をクリック

3 [ルールのクリア] をクリック

[選択したセルからルールをクリア] を選択すると、選択済みのセル範囲の条件付き書式が解除される

Point
条件付き書式で表が読みやすくなる

どんなに見やすい表でも、データの変化を読み取るのは容易ではありません。条件付き書式を使えば、セルの値や数式の計算結果によってセルの書式を変更できます。データの変化を視覚的に表現できるので、表がとても読みやすくなります。

条件付き書式を活用すれば、売り上げの上位10項目や、平均より売り上げが大きいかがひと目で分かるようになります。集計表などに条件付き書式を設定して、データを見やすくしましょう。なお、条件付き書式の設定によってデータが消えてしまったり、削除されてしまうことはありません。

レッスン 51 セルの値の変化をバーや矢印で表すには

データバー、アイコンセット

条件付き書式の「データバー」を使うと、ほかのセルとの相対的な値がセルの背景にバーとして表示されるので、グラフを利用せずに表を簡単に視覚化できます。

1 セル範囲を選択する

ここでは、テレビの売上金額が入力されたセルに数値の大きさを表すデータバーを設定する

1. セルB4にマウスポインターを合わせる
2. セルD6までドラッグ

2 データバーを設定する

セルB4〜D6が選択された

1. [条件付き書式]をクリック
2. [データバー]にマウスポインターを合わせる
3. [オレンジのデータバー]をクリック

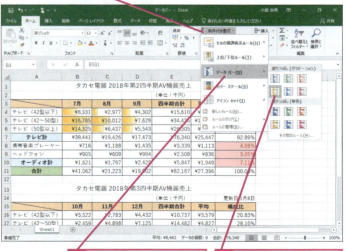

キーワード

アイコンセット	p.482
条件付き書式	p.488
データバー	p.492
ワークシート	p.498

レッスンで使う練習用ファイル
データバー.xlsx

HINT!

「データバー」や「アイコンセット」って何？

条件付き書式で設定できる「データバー」や「アイコンセット」とは、セル内に表示できる棒グラフや小さいアイコンのことです。手順1ではセルB4〜D6を選択しますが、選択したセル範囲の値によって表示が変わります。データバーは、選択範囲内にあるセルの値の大きさを、バーの長さで相対的に表します。アイコンセットは、選択範囲の値を3つから5つに区分してアイコンで表します。なお、データバーやアイコンセットの標準設定では、「選択したセル範囲での相対的な大小の差」が表示されます。表全体のデータを比較した結果ではないことに注意してください。

 間違った場合は？

条件付き書式の設定を間違ったときは、[ホーム]タブの[条件付き書式]ボタンの一覧にある[ルールのクリア]にマウスポインターを合わせて[選択したセルからルールをクリア]をクリックします。再度手順1から操作をやり直してください。

表をさらに見やすく整える Excel・第7章

3 小計行のセルを選択する

セルB4〜D6のセルにデータバーが設定された

続けて、テレビの売上合計が求められたセルに数値の大きさを表すアイコンセットを設定する

1 セルB7にマウスポインターを合わせる
2 セルD7までドラッグ

4 アイコンセットを設定する

セルB7〜D7が選択された
1 [条件付き書式]をクリック

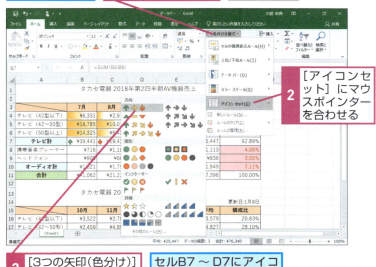

2 [アイコンセット]にマウスポインターを合わせる
3 [3つの矢印（色分け）]をクリック
セルB7〜D7にアイコンセットが設定される

HINT!
ワークシートにあるすべての条件付き書式を確認するには

[ホーム]タブの[条件付き書式]ボタンをクリックして、[ルールの管理]を選択し、[条件付き書式ルールの管理]ダイアログボックスを表示します。[書式ルールの表示]で[このワークシート]を選択すると、ワークシートに設定されているすべての条件付き書式が表示されます。

1 [書式ルールの表示]のここをクリックして[このワークシート]を選択

ワークシートに設定されているすべての条件付き書式が表示された

Point
データバーで数値の違いが見えてくる

「データバー」や「アイコンセット」を使うとセルの値の変化や違いを簡単に表せます。表に並んでいるデータがより視覚化され、変化のパターンがはっきりすることで、データの例外的な部分を発見しやすくなります。グラフに頼っていた「データの視覚化」が、表の中でも表現できるようになり、数値の大小を読み取りやすくなります。ただし、データバーやアイコンセットは、選択したセル範囲の中での大小を表していることに注意してください。また、このレッスンの練習用ファイルで表全体にデータバーを設定するときは、セルB4〜D6をまず選択し、次に[Ctrl]キーを押しながらセルB8〜D9を選択してから、手順2の操作を行ってください。

レッスン **52**

セルの中にグラフを表示するには
スパークライン

スパークラインとは、折れ線や縦棒などで数値の変化をセルに表示できる小さなグラフです。グラフ化するデータ範囲を選んでから操作するのがポイントです。

1 [スパークラインの作成]ダイアログボックスを表示する

- セルB4～D10を選択しておく
- 1 [挿入]タブをクリック
- 2 [折れ線]をクリック

2 スパークラインを表示するセルを選択する

- [スパークラインの作成]ダイアログボックスが表示された
- 1 選択したセル範囲が入力されていることを確認
- 2 印刷部[場所の範囲]のここをクリック数を確認
- 3 セルE4をクリック
- 4 セルE10までドラッグ
- スパークラインを表示するセルをドラッグする
- 5 ここをクリック

キーワード

グラフ	p.486
スパークライン	p.489
絶対参照	p.489

レッスンで使う練習用ファイル
スパークライン.xlsx

HINT!

データ範囲を変更するには

作成済みのスパークラインのデータ範囲を変更するには、[データの編集]ボタンをクリックします。[スパークラインの編集]ダイアログボックスが表示されるので、手順2を参考にデータ範囲を指定し直します。

- スパークラインを挿入したセル範囲をドラッグしておく
- 1 [スパークラインツール]の[デザイン]タブをクリック

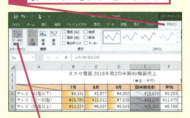

- 2 [データの編集]をクリック
- セルをドラッグしてデータ範囲を選択し直す

⚠ 間違った場合は？

手順1で間違って[グラフ]にある[折れ線]ボタンをクリックしてしまったときは、いったん操作を取り消して[スパークライン]にある[折れ線]ボタンをクリックし直します。

③ スパークラインの場所を確定する

スパークラインを表示する
セルが設定された

スパークラインを表示するセル
範囲は、絶対参照で表示される

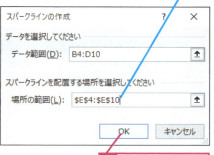

1 [OK]をクリック

④ スパークラインが表示された

セルE4～E10にスパー
クラインが表示された

セルA1をクリックして
セルの選択を解除する

1 セルA1を
クリック

HINT!

スパークラインのデザインを変更するには

セル内の文字や背景色が邪魔になっ
て、スパークラインが見にくいとき
は、デザインを変更してみましょう。
スパークラインが表示されているセ
ルを選択すると、[スパークライン
ツール]が表示されます。[スタイル]
や［スパークライン］の一覧で、ス
パークラインの色やデザインを変更
できます。

［スパークラインツール］に
ある［デザイン］タブを使え
ば、色や見ためを変更できる

Point

行単位のグラフが手軽に作れる

スパークラインは、売り上げなどの
時系列で推移するデータの表示に向
いています。1行単位でデータの推
移を確認できるので、複数のグラフ
を作る手間も省けます。このレッス
ンでは、合計を表示する列に重ねる
ようにスパークラインを表示しまし
たが、スパークラインだけを表示す
る列を用意してもいいでしょう。ス
パークラインを表示する列の幅を広
げておけば、スパークラインのサイ
ズを大きくできます。

レッスン **53**

条件付き書式を素早く設定するには
クイック分析

データが入力されたセル範囲をドラッグすると［クイック分析］ボタンが表示されます。このボタンは、選択したデータによって設定できる項目が変わります。

1 ［クイック分析ツール］を表示する

- セルB8〜D9に青いデータバーを挿入する
- **1** セルB8にマウスポインターを合わせる
- **2** セルD9までドラッグ

- ［クイック分析］が表示された
- **3** ［クイック分析］をクリック
- ◆クイック分析

2 設定項目を選択する

- ［クイック分析ツール］が表示された
- ここでは［書式設定］ツールにある［データバー］を選択する
- **1** ［データバー］をクリック

▶キーワード

アイコンセット	p.482
［クイック分析］ボタン	p.485
クリア	p.486
条件付き書式	p.488
書式	p.488
データバー	p.492

📄 レッスンで使う練習用ファイル
クイック分析.xlsx

HINT!

複数のセルを選択すると［クイック分析］ボタンが表示される

データが入力されているセル範囲を選択すると、右下に［クイック分析］ボタンが表示されます。表示されたボタンをクリックすると、［クイック分析ツール］が表示され、［書式］［グラフ］［合計］［テーブル］［スパークライン］のツールを選択できます。それぞれのツールには、さまざまなオプションが用意されています。

- ［クイック分析］をクリックすると、［クイック分析ツール］が表示される

⚠ **間違った場合は？**

手順2で間違った書式を設定してしまった場合は、手順1から操作して書式を選択し直しましょう。

3 同様に［クイック分析ツール］を表示する

セルB8～D9にデータバーが設定された

［オーディオ計］と［合計］にアイコンセットを挿入する

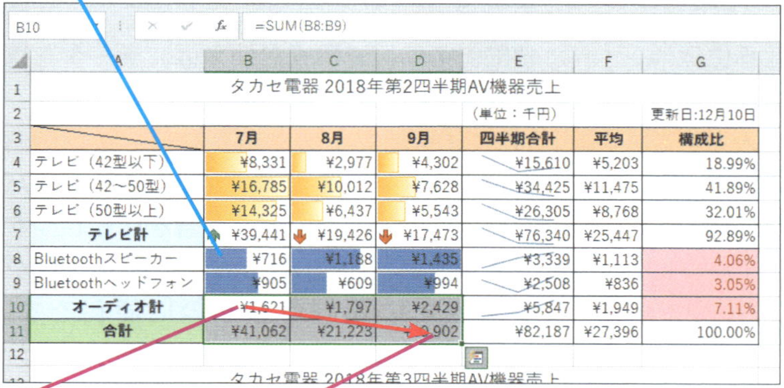

1 セルB10～D11をドラッグして選択

2 ［クイック分析］をクリック

4 同様に設定する条件付き書式を選択する

［クイック分析ツール］が表示された

1 ［アイコン］をクリック

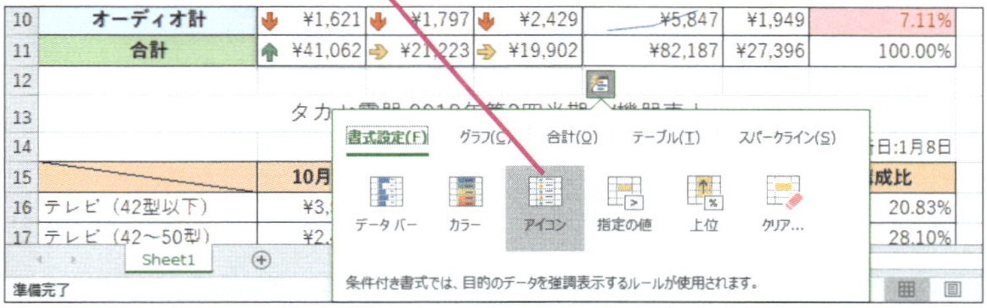

5 セル範囲に条件付き書式が設定された

セルB10～D11にアイコンセットが設定された

セルA1をクリックしてセルの選択を解除する

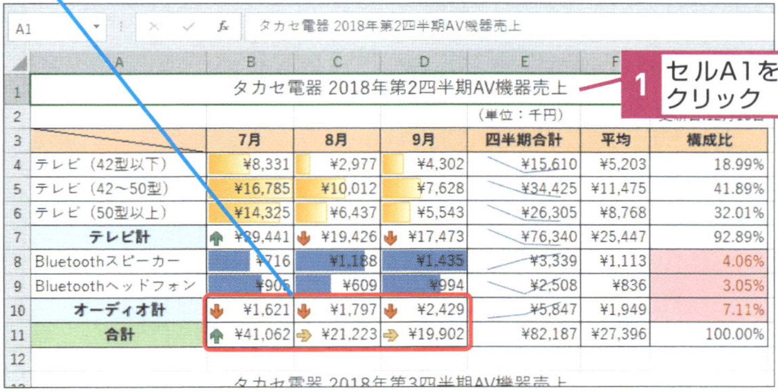

1 セルA1をクリック

HINT! 書式をクリアするには

［クイック分析ツール］の［書式］ツールにある［クリア］ボタンをクリックすると、選択範囲に設定されている条件付き書式がクリアされます。また、この［書式のクリア］ボタンでは、［ホーム］タブの［条件付き書式］で設定した書式もクリアされます。

［書式設定］ツールを表示しておく

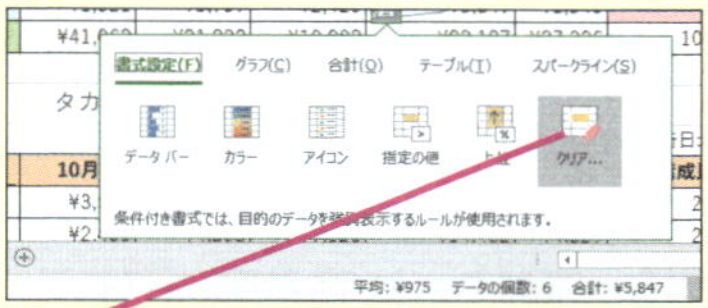

1 ［クリア］をクリック

HINT! 書式を後から変更するには

［データバー］や［アイコンセット］は同じセル範囲に複数設定できます。別の書式を設定し直すときは、上のHINT!を参考にいったん書式をクリアしましょう。

Point データ分析に便利な機能をすぐに利用できる

［クイック分析］ボタンをクリックすると、選択したセル範囲に応じて利用できる機能が表示されます。［書式］［グラフ］［合計］［スパークライン］から項目を選ぶだけで条件付き書式の設定やグラフの作成、合計の計算を素早く実行できます。しかも項目にマウスポインターを合わせるだけで、操作結果が表示されるので、項目の選択に迷いません。このレッスンでは、Excel・レッスン(51)で解説したデータバーとアイコンセットをセル範囲に設定しましたが、リボンを利用するのが面倒というときに利用してもいいでしょう。

この章のまとめ

●表示形式でデータを把握しやすくなる

この章では、書式を変更して表をさらに見やすくする方法を紹介しました。その中でもセルの表示形式が重要です。データを入力して合計や構成比を求めても、ほかの人がデータの内容をすぐに判断できるとは限りません。売上表や集計表を作成するときは、データに応じた適切な表示形式を設定することが大切です。

また、Excel・レッスン㊼で解説しているように、構成比や粗利益率など、比率の計算結果は小数が含まれます。小数のままではデータが見にくい上、割合がよく分かりません。必ずパーセントスタイルを設定して、数値に「%」を付けるようにしましょう。

さらに、条件付き書式を使えば、データを視覚的に表現できます。「売り上げのトップ10」や「平均以上の成績」など、特定の値の書式を変えて強調できるほか、「データバー」や「アイコンセット」で値を比較しやすくできます。「スパークライン」の小さなグラフも変化の傾向を表すのに便利です。Excel・レッスン㊽で紹介した「クイック分析ツール」を使えば、リボンからコマンドを探す手間を省け、直感的に操作できます。

表示形式や書式を変更しても、元のデータが変わってしまうことはないので、いろいろと試して、その効果を確認してみましょう。

**表示形式や書式で
表が見やすくなる**

データの内容に応じて表示形式や書式を適切に設定すると、表の内容が分かりやすくなる

A1		fx	タカセ電器 2018年第2四半期AV機器売上			
	A	B	C	D	E	F	G
1	タカセ電器 2018年第2四半期AV機器売上						
2				(単位：千円)		更新日:12月10日	
3		7月	8月	9月	四半期合計	平均	構成比
4	テレビ（42型以下）	¥8,331	¥2,977	¥4,302	¥15,610	¥5,203	18.99%
5	テレビ（42〜50型）	¥16,785	¥10,012	¥7,628	¥34,425	¥11,475	41.89%
6	テレビ（50型以上）	¥14,325	¥6,437	¥5,543	¥26,305	¥8,768	32.01%
7	テレビ計	¥39,441	¥19,426	¥17,473	¥76,340	¥25,447	92.89%
8	Bluetoothスピーカー	¥716	¥1,188	¥1,435	¥3,339	¥1,113	4.06%
9	Bluetoothヘッドフォン	¥905	¥609	¥994	¥2,508	¥836	3.05%
10	オーディオ計	¥1,621	¥1,797	¥2,429	¥5,847	¥1,949	7.11%
11	合計	¥41,062	¥21,223	¥19,902	¥82,187	¥27,396	100.00%
12							
13	タカセ電器 2018年第3四半期AV機器売上						
14				(単位：千円)		更新日:1月8日	
15		10月	11月	12月	四半期合計	平均	構成比
16	テレビ（42型以下）	¥3,522	¥2,783	¥4,432	¥10,737	¥3,579	20.83%
17	テレビ（42〜50型）	¥2,459	¥4,898	¥7,125	¥14,482	¥4,827	28.10%

練習問題

1

サンプルファイルの［第7章_練習問題.xlsx］を開き、セルB5～H12に「¥」とけた区切りの「,」を付けてください。

●ヒント ［通貨表示形式］ボタン（ ）で設定できます。

> セルB5～H12に「¥」と3けたごとの区切りの「,」を付ける

2

セルB5～H11のうち、平均以上の金額の文字色とセルの背景色を変更してください。

●ヒント ［条件付き書式］の［上位/下位ルール］から［平均より上］を選びます。

> 平均以上の金額の文字を赤くし、明るい赤の背景を付ける

答えは次のページ

解 答

1

1. セルB5にマウスポインターを合わせる
2. セルH12までドラッグ

セル範囲を選択して［通貨表示形式］ボタン（）をクリックするだけで、「¥」とけた区切りの「,」を同時に付けられます。

セルB5～H12に「¥」と「,」の表示形式が設定された

3. ［ホーム］タブをクリック
4. ［通貨表示形式］をクリック

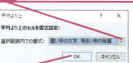

2

1. セルB5にマウスポインターを合わせる
2. セルH11までドラッグ

セル範囲を選択してから［平均より上］の条件付き書式を設定します。

7. ここをクリックして［濃い赤の文字、明るい赤の背景］を選択
8. ［OK］をクリック

平均以上の金額が入力されたセルの文字と背景色が赤くなった

3. ［ホーム］タブをクリック
4. ［条件付き書式］をクリック
5. ［上位/下位ルール］にマウスポインターを合わせる
6. ［平均より上］をクリック

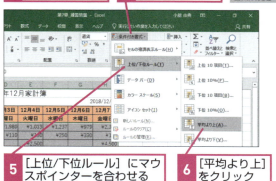

表をさらに見やすく整える Excel 第7章

372 できる

Excel

第8章

グラフを作成する

この章では、表のデータからグラフを作る方法について解説します。Excelでは、データが入力された表をクリックし、目的のグラフをボタンで選ぶだけで簡単にグラフを作れます。また本章では、より効果的なグラフにするためのさまざまな方法も紹介しています。

●この章の内容
- ⑤4 見やすいグラフを作成しよう ………………………………… 374
- ⑤5 グラフを作成するには ……………………………………… 376
- ⑤6 グラフの位置と大きさを変えるには ……………………… 378
- ⑤7 グラフの種類を変えるには ………………………………… 380
- ⑤8 グラフの体裁を整えるには ………………………………… 384
- ⑤9 目盛りの間隔を変えるには ………………………………… 388
- ⑥0 グラフ対象データの範囲を広げるには …………………… 390
- ⑥1 グラフを印刷するには ……………………………………… 392

レッスン 54 見やすいグラフを作成しよう

グラフ作成と書式設定

Excelは表のデータをグラフにするのも簡単です。より見栄えのするグラフにするための機能も豊富にあります。この章ではExcelのグラフ機能について解説します。

グラフの挿入と表示の変更

グラフを作成するには、データの入った表が必要です。基になる表が整っていれば、ボタンをクリックするだけで、カラフルなグラフを簡単に作成できます。また、グラフの挿入直後はサイズが小さいので、グラフの移動後にサイズを大きくしておきましょう。なお、電気料金に対して電気使用量の数値が小さ過ぎるため、青い折れ線のデータが読み取りにくくなっています。Excel・レッスン㊼では、「電気使用量専用の目盛り」を追加して、グラフの表示を変更します。

キーワード

グラフ	p.486
グラフエリア	p.486
グラフタイトル	p.486
[グラフツール]タブ	p.486
軸ラベル	p.488
第2軸	p.490
テーマ	p.492

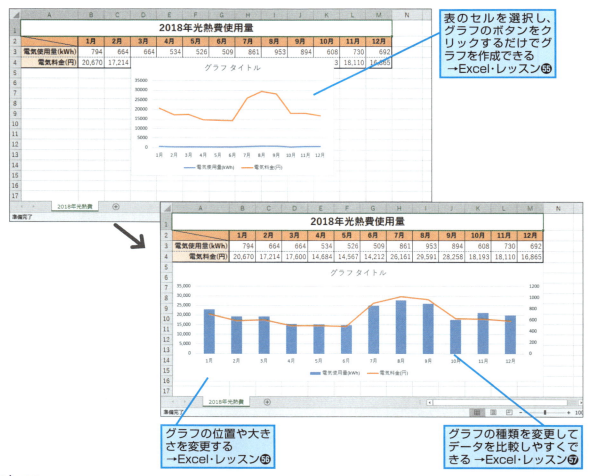

表のセルを選択し、グラフのボタンをクリックするだけでグラフを作成できる
→Excel・レッスン㊺

グラフの位置や大きさを変更する
→Excel・レッスン㊻

グラフの種類を変更してデータを比較しやすくできる →Excel・レッスン㊼

グラフを作成する Excel・第8章

HINT! データを視覚的に表現するグラフ

たくさんのデータを苦労して集計しても、数字が羅列されているだけの表では、いくら体裁を整えても読み取るのが大変です。そのようなときは、データをグラフにしてみましょう。データの変化を視覚的にとらえられるので、数字の変化が読み取りやすくなるほか、データを比較しやすくなります。表にまとめても、内容が分かりにくいときはグラフにすると効果的です。

グラフを見やすく整える

Excelにはグラフを見やすくする便利な機能が多数用意されています。この章では、グラフ全体のデザインを簡単に変更する機能や、目盛りの間隔を変更する機能を紹介します。グラフの表示方法を細かく調整して、グラフで伝えたい内容をはっきりさせる方法を覚えましょう。また、追加データが表に入力されていれば、項目をグラフに追加するのも簡単です。

目盛りの間隔を変更してデータの変化を分かりやすくする →Excel・レッスン(59)

作成したグラフに後からデータを追加する →Excel・レッスン(60)

2018年光熱費使用量

	1月	2月	3月	4月	5月	6月	7月	8月	9月	10月	11月	12月
電気使用量(kWh)	794	664	664	534	526	509	861	953	894	608	730	692
電気料金(円)	20,670	17,214	17,600	14,684	14,567	14,212	26,161	29,591	28,258	18,193	18,110	16,865
ガス料金(円)	9,383	7,623	9,160	6,429	5,239	6,122	5,777	5,317	7,396	7,462	7,587	9,200

グラフ全体のレイアウトを変更して、グラフの項目を表すラベルを入力する →Excel・レッスン(58)

グラフと表を一緒に印刷する →Excel・レッスン(61)

レッスン 55 グラフを作成するには

折れ線

グラフの作成は、表の作成とともにExcelの代表的な機能で、わずかな操作で簡単にグラフを作成できます。ここでは折れ線グラフの作成方法を紹介します。

1 セルを選択する

表の中のセルを選択しておくと、自動的にデータ範囲が選択される

1 セルA3をクリック

キーワード

グラフ	p.486
グラフエリア	p.486
[グラフツール] タブ	p.486
ダイアログボックス	p.491

レッスンで使う練習用ファイル
折れ線.xlsx

⚠ 間違った場合は？

作成したグラフの種類を間違ったときは、クイックアクセスツールバーの [元に戻す]（）ボタンをクリックしてから手順2の操作をやり直します。

✋ テクニック データに応じて最適なグラフを選べる

適切な種類のグラフを使ってデータを視覚化すると、値の変化を把握しやすくなります。以下の表を参考に、目的に合わせてグラフの種類を選びましょう。また、どのグラフを選んだらいいか分からないときは、[おすすめグラフ] ボタンをクリックしましょう。Excelがデータの内容に合わせて、最適なグラフを提案してくれます。[グラフの挿入] ダイアログボックスの [おすすめグラフ] タブに表示されるグラフをクリックして、データに合ったグラフの種類を選んでみましょう。

●主なグラフの種類と特徴

グラフの種類	特徴
棒グラフ	前年と今年の売り上げや、部門別の売り上げなど、複数の数値の大小を比較するのに向いている。全体の売り上げに対する部門の売り上げをまとめて、項目間の比較と推移を確認するようなときは、「積み上げグラフ」を利用する
折れ線グラフ	毎月の売り上げや、価格の変動など、時系列のデータの変動や推移を表すのに向いている
円グラフ	家計の中で食費や光熱費などが占める割合など、1つのデータ系列で各項目が占める割合を確認できる

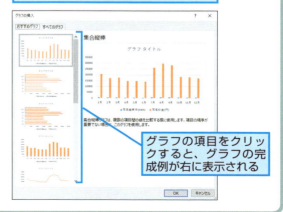

1 [挿入] タブをクリック
2 [おすすめグラフ] をクリック

[グラフの挿入] ダイアログボックスの [おすすめグラフ] タブが表示された

グラフの項目をクリックすると、グラフの完成例が右に表示される

② グラフを作成する

セルA3が選択された
ここでは[折れ線]を選択する

1 [挿入]タブをクリック
2 [折れ線/面グラフの挿入]をクリック
3 [折れ線]をクリック

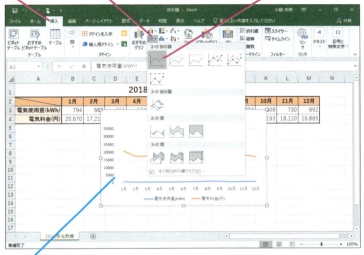

グラフの項目にマウスポインターを合わせると、一時的に挿入後の状態を確認できる

③ グラフが作成された

折れ線グラフが表示された
1 [グラフツール]の[デザイン]タブが表示されたことを確認
2 表を基に折れ線グラフが作成されたことを確認

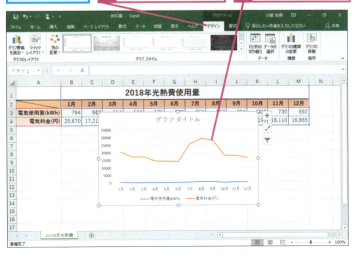

HINT!
グラフを消去するには

不要になったグラフを消去するには、[グラフエリア]と表示される位置をクリックし、グラフ全体を選択した状態にしてDeleteキーを押します。また、グラフを移動するときもグラフエリアを選択します。

1 [グラフエリア]と表示される位置をクリック

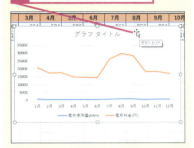

2 Deleteキーを押す

グラフが消去される

Point
自動的にデータ範囲が選択される

Excelでグラフを作るのはとても簡単です。グラフ化する表を選択してグラフの種類を選ぶだけで、後はExcelが自動的にデータ範囲を識別して、最適なグラフを作成してくれます。注意することは、グラフにする表を選択するときに、セルを1つだけ選択することです。2つ以上のセルを選択すると、その選択範囲のデータを基にしたグラフが作成されてしまいます。間違った範囲をドラッグして、意図しない結果のグラフができてしまったときは、上記のHINT!を参考にいったんグラフを削除してから、もう一度作り直してください。

55 折れ線

できる 377

レッスン
56 グラフの位置と大きさを変えるには
位置、サイズの変更

ワークシート上に作成したグラフは、大きさの変更や場所の移動が自由に行えます。中央に作成されたグラフを表の下に移動し、大きさを表に合わせてみましょう。

1 グラフエリアを選択する

グラフを移動するので、グラフ全体を選択する

1 [グラフエリア]と表示される位置をクリック

マウスポインターの形が変わった

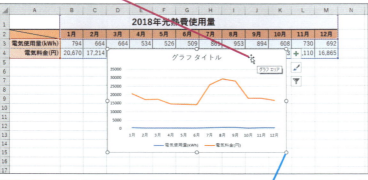

グラフが選択された

グラフの周囲に選択ハンドルが表示された

◆選択ハンドル

キーワード
グラフエリア	p.486
選択ハンドル	p.490

レッスンで使う練習用ファイル
グラフエリア.xlsx

HINT!
グラフエリアの横に表示されるボタンは何？

グラフエリアを選択すると、グラフの右上に3つのボタンが表示されます。[グラフ要素]ボタンはラベルやタイトルなどのグラフ要素を変更するときに使用します。[グラフスタイル]ボタンはグラフの外観や配色を変更するときに使用します。[グラフフィルター]ボタンは、グラフに表示するデータを抽出するときに使用します。

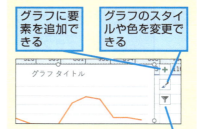

グラフに要素を追加できる

グラフのスタイルや色を変更できる

グラフの要素を削除できる

2 グラフを移動する

グラフの枠線がワークシートの左端に合う位置に移動する

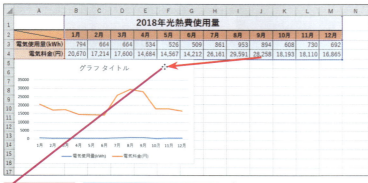

1 ここまでドラッグ

グラフの移動中はマウスポインターの形が変わる

HINT!
セルの枠線ぴったりにグラフを移動するには

手順2で Alt キーを押しながらドラッグすると、セルの枠線ぴったりにグラフを配置できます。

③ グラフを拡大する

| グラフを移動できた |
| 1 ［グラフエリア］と表示される位置をクリック |
| 選択ハンドルが表示された |

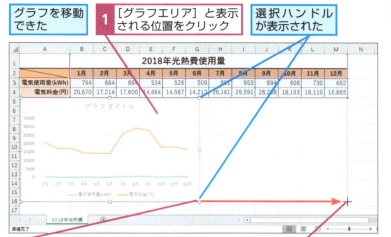

| 2 選択ハンドルにマウスポインターを合わせる |
| マウスポインターの形が変わった |
| 3 ここまでドラッグ |

ドラッグ中はマウスポインターの形が変わり、拡大範囲が線で表示される

④ グラフが拡大された

グラフが拡大されて見やすくなった

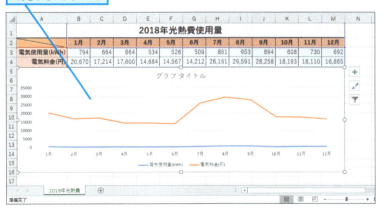

HINT!

縦横比を変えずにグラフの大きさを変えるには

グラフエリアの縦横の比率を保ったまま大きさを変えるには、[Shift]キーを押しながら四隅にある選択ハンドル（○）をドラッグします。

1 選択ハンドルにマウスポインターを合わせる

2 [Shift]キーを押した状態でここまでドラッグ

縦横比を保ったまま拡大される

⚠ 間違った場合は？

グラフを間違った大きさに変えてしまったときは、クイックアクセスツールバーの［元に戻す］ボタン（⤺）をクリックします。大きさが元に戻るので、もう一度、選択ハンドルをドラッグして直してください。

Point

グラフエリアをクリックするとグラフ全体を選択できる

グラフを移動したり大きさを変更したりするには、［グラフエリア］と表示される場所をクリックしてグラフ全体を選択します。「グラフ全体に関する操作をするときは、グラフエリアをクリックする」ということを覚えておきましょう。グラフ全体を選択するとグラフエリアの枠線が太くなり、四隅と縦横の辺の中央に選択ハンドルが表示されます。マウスポインターを選択ハンドルに合わせてドラッグすると、グラフの大きさを自由に変更できます。

56 位置、サイズの変更

レッスン 57 グラフの種類を変えるには

グラフの種類の変更

「電気料金」に対して「電気使用量」の数値が小さ過ぎてデータの関係性が分かりません。そこで、「電気使用量」を棒グラフに変更し、専用の目盛りを表示します。

グラフの種類の変更

1 系列を選択する

1. 青い折れ線にマウスポインターを合わせる
   [系列 "電気使用量(kWh)"]と表示された
2. そのままクリック

2 [グラフの種類の変更] ダイアログボックスを表示する

[電気使用量]の系列が選択された

1. [グラフツール]の[デザイン]タブをクリック
2. [グラフの種類の変更]をクリック

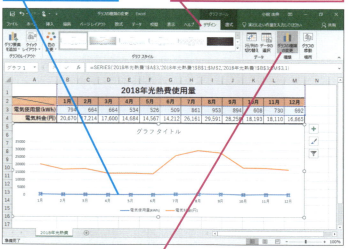

動画で見る 詳細は3ページへ

キーワード

クイックアクセスツールバー	p.485
グラフエリア	p.486
グラフタイトル	p.486
系列	p.486
軸ラベル	p.488
第2軸	p.490

📄 **レッスンで使う練習用ファイル**
グラフの種類の変更.xlsx

HINT!
[系列]や[要素]って何？

Excelのグラフには、[グラフタイトル]や[軸ラベル]など、さまざまな要素があり、個別に書式を設定できます。[系列]もグラフの要素の1つです。[系列]とは、グラフの凡例に表示される、関連するデータの集まりのことです。このレッスンで利用しているグラフでは、[電気料金]と[電気使用量]の2つの系列があります。[系列]に含まれる項目の1つ1つが[要素]です。円グラフ以外のグラフでは、1つのグラフに複数の系列を表示できます。

◆縦(値)軸　◆要素　◆系列

3 グラフの種類を変更する

[グラフの種類の変更]ダイアログボックスが表示された

グラフの種類を[集合縦棒]に変更する

1 [電気使用量(kWh)]のここをクリック

2 [集合縦棒]をクリック

ここをクリックしてチェックマークを付けると、手順5〜7で操作する第2軸を設定できる

3 [OK]をクリック

4 [電気使用量]が棒グラフに変わった

[電気使用量]の系列が[集合縦棒]に変更された

グラフの種類を変えても、元データの数値が小さ過ぎて、棒が短いままになっている

1 [電気使用量]の系列が選択されていることを確認

HINT!

グラフの基になるデータ範囲には枠線が表示される

[グラフエリア]や[プロットエリア]をクリックすると、そのグラフの基になっている表のデータ範囲に枠線が表示されます。また、[プロットエリア]の中に表示されている[要素]の1つをクリックすると、[要素]を含む[系列]のデータ範囲が枠線で囲まれます。表示される枠線によって、グラフに対応するデータ範囲を判断できます。

1 系列をクリック

	A	B	C	D
1				20
2		1月	2月	3月	4
3	電気使用量(kWh)	794	664	664
4	電気料金(円)	20,670	17,214	17,600	14,

クリックしたグラフの要素に対応したデータ範囲に枠線が表示された

間違った場合は？

手順4で、違う折れ線グラフが棒グラフに変わってしまった場合は、手順1で目的のグラフ以外を選択してしまったからです。クイックアクセスツールバーの[元に戻す]ボタン（↶）をクリックして、手順1からやり直します。

次のページに続く

57 グラフの種類の変更

できる 381

第2軸の設定

5 [データ系列の書式設定] 作業ウィンドウを表示する

[集合縦棒] に設定した [電気使用量] の系列を第2軸に設定する

1 [グラフツール]の[書式]タブをクリック

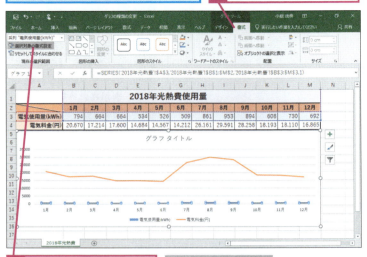

2 [選択対象の書式設定]をクリック

HINT!
第2軸って何？

値の範囲が大きく異なるデータ系列や、単位の違うデータを1つのグラフに表示するときに、同じ目盛り間隔ではグラフが分かりにくいときがあります。複数の異なる系列を、1つのグラフで表現したいときには、主軸となる縦軸の目盛間隔と異なる目盛りを使うための [第2軸] を使用しましょう。[第2軸]を利用すると、グラフが見やすくなります。

間違った場合は？

手順4でグラフエリアをクリックしてしまったときは、次ページのHINT!を参考に [系列 "電気使用量(kWh)"] という要素を選択してから手順5の操作を実行します。

テクニック 第2軸の軸ラベルを追加する

次のExcel・レッスン㊽では、グラフのレイアウトを変更して、グラフのタイトルと縦軸と横軸のラベルを追加しますが、第2軸の軸ラベルは自動的に追加されません。以下のように操作すれば、ラベルを追加できます。なお、[グラフ要素] ボタン（＋）をクリックし、[軸ラベル] - [第2横軸] とクリックしても構いません。

1 [グラフエリア]をクリック
2 [グラフツール] の [デザイン]タブをクリック
4 [軸ラベル]をクリック
5 [第2縦軸]をクリック

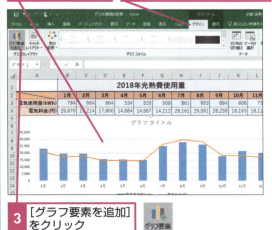

3 [グラフ要素を追加]をクリック

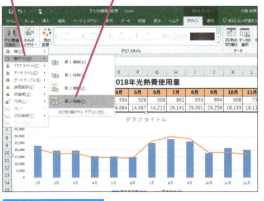

第2軸の軸ラベルが表示される

6 ［電気使用量］の系列に第2軸を設定する

［データ系列の書式設定］作業ウィンドウが表示された

1 ［系列のオプション］が選択されていることを確認

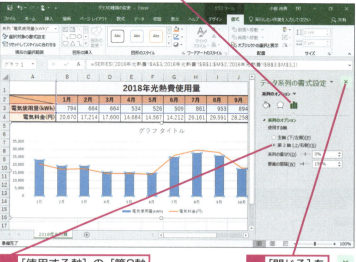

2 ［使用する軸］の［第2軸（上/右側）］をクリック

3 ［閉じる］をクリック

7 ［電気使用量］の系列に第2軸が設定された

［電気使用量］の棒が長くなり、データの変化や推移が分かりやすくなった

［電気使用量］の数値に合わせて「0」から「1200」の目盛りが表示された

HINT!

グラフ要素は一覧からも選択できる

手順1では、グラフ上の要素を直接クリックしましたが、一覧からも選択ができます。グラフ上の配置が隣接しているときや要素がクリックしにくいときは、以下の手順で操作しましょう。

1 ［グラフツール］の［書式］タブをクリック

2 ［グラフ要素］のここをクリック

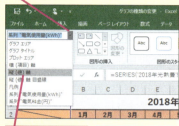

3 ［縦（値）軸］をクリック

グラフの要素が選択される

Point

データ系列ごとにグラフの種類を変えられる

電気の使用量と料金といった、単位が異なるデータを、1つのグラフにまとめると、区別が付かず分かりにくくなってしまいます。このレッスンでは、電気使用量を棒グラフに変更しました。Excelでは、1つのグラフに異なる種類のグラフを組み合わせることも簡単にできます。単位が異なるデータや、増加数と累計のように集計が異なるデータなど、同じグラフでデータが読み取りにくいときに効果的です。このレッスンで利用したデータは、単位が「kWh」と「円」で異なっており、数値の差が大きすぎて、データの因果関係が分かりにくくなっています。第2軸を使えば、異なる単位のデータを効果的にグラフ化できます。

レッスン 58 グラフの体裁を整えるには

クイックレイアウト

分かりやすくするため、グラフにタイトルや軸ラベルを追加してみましょう。用意されたパターンから選択するだけでグラフ全体の体裁を簡単に整えられます。

グラフのレイアウトの設定

1 グラフのレイアウトを表示する

グラフを選択して、グラフのレイアウトを設定する

1. [グラフエリア]をクリック
2. [グラフツール]の[デザイン]タブをクリック
3. [クイックレイアウト]をクリック

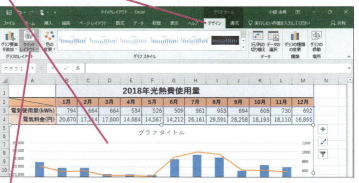

2 グラフのレイアウトを選択する

グラフのレイアウトの一覧が表示された

1. [レイアウト9]をクリック

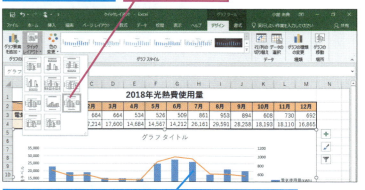

マウスポインターを合わせると、グラフのレイアウトが一時的に変更され、設定後の状態を確認できる

キーワード

グラフタイトル	p.486
作業ウィンドウ	p.487
軸ラベル	p.488
データラベル	p.492

レッスンで使う練習用ファイル
クイックレイアウト.xlsx

HINT!
グラフのレイアウトにはいろいろな種類がある

手順2では、グラフタイトルと軸ラベルが入ったレイアウトを選択していますが、グラフのレイアウトにはいろいろなパターンが用意されています。一覧の項目にマウスポインターを合わせると、一時的に結果を確認できるので、目的に合ったパターンが分からないときは、実際に見て確認してみましょう。ただし、選択するレイアウトによって、設定済みのグラフタイトルやラベルが削除されてしまうこともあります。

グラフのレイアウトを選択できる

グラフタイトルが削除されるレイアウトもある

グラフを作成する Excel・第8章

384 できる

グラフタイトルの入力

③ グラフタイトルの文字を削除する

[グラフタイトル]と[軸ラベル]が表示された

1. [グラフタイトル]を2回クリック
2. →キーを押してカーソルを一番右に移動
3. Back spaceキーで文字を削除

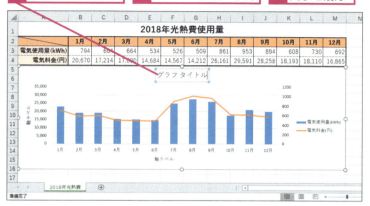

④ グラフタイトルを入力する

グラフタイトルに「2018年光熱費」と入力する

1. 「2018年光熱費」と入力
2. [グラフエリア]をクリック

HINT!

グラフタイトルの枠線の違いに注意しよう

手順3の操作1ではグラフタイトルを2回クリックしています。グラフの要素を1回クリックすると、要素の周りに選択中であることを表す枠線が表示されます。タイトルや軸ラベルが選択されている状態で、枠内をクリックすると、周囲の枠線が点線に変わってカーソルが表示されます。これは、ラベルのボックスが編集モードになっていることを表しています。

● グラフタイトルの選択状態

枠線が実線で表示される

● テキストが編集できる状態

内容を編集できるときは、枠線が点線となり、カーソルが表示される

⚠ 間違った場合は？

手順3の操作1でグラフタイトルをダブルクリックしてしまったときは、[グラフタイトルの書式設定] 作業ウィンドウが表示されます。[閉じる] ボタンをクリックしてから[グラフタイトルの書式設定]作業ウィンドウを閉じ、グラフタイトルの枠内をクリックしてカーソルを表示させましょう。

次のページに続く

軸ラベルの入力と設定

5 軸ラベルの文字を削除する

続けて軸ラベルのタイトルを変更する

1 [軸ラベル]を2回クリック

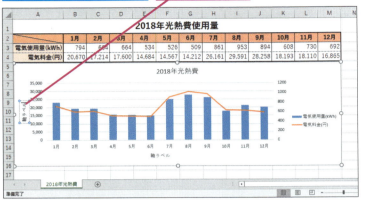

2 ↑キーを押して、カーソルを一番上に移動

3 Back spaceキーで文字を削除

6 軸ラベルを入力する

軸ラベルに「電気料金（円）」と入力する

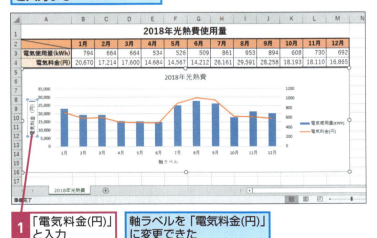

1 「電気料金(円)」と入力

軸ラベルを「電気料金(円)」に変更できた

HINT!

データラベルを表示するには

[グラフツール]の[デザイン]タブにある[グラフ要素を追加]から[データラベル]を選択すると、グラフ内の要素にデータの値（データラベル）を表示できます。グラフのみを印刷する場合などは、データラベルがある方がグラフが把握しやすくなります。

1 データラベルを表示する系列をクリック

2 [グラフツール]の[デザイン]タブをクリック

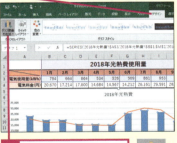

3 [グラフ要素を追加]をクリック

4 [データラベル]をクリック

5 [外側]をクリック

データラベルが棒グラフの外側に表示された

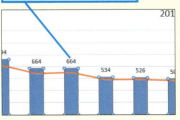

7 軸ラベルを縦書き表示にする

軸ラベルを縦書き表示にする

1. [グラフツール]の[書式]タブをクリック
2. [選択対象の書式設定]をクリック
3. [サイズとプロパティ]をクリック
4. [縦書き(半角文字含む)]をクリック
5. [閉じる]をクリック

8 軸ラベルが縦書き表示になった

軸ラベルが縦書きで表示された

手順5、6を参考に月の軸ラベルに「月額推移」と入力しておく

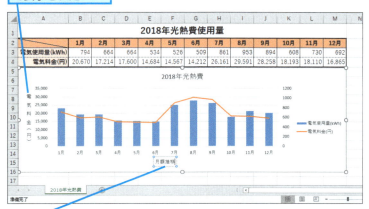

HINT!

グラフのデザインをまとめて変更するには

[グラフツール]の[デザイン]タブにある[グラフスタイル]を使えば、グラフの背景や系列など、さまざまなバリエーションからデザインを選べます。

1. [グラフエリア]をクリック
2. [グラフツール]の[デザイン]タブをクリック

3. [グラフスタイル]の[その他]をクリック

表示されたスタイルの一覧から好みのスタイルを選択できる

Point

グラフの体裁は用意されたレイアウトから選ぶと簡単

見栄えのするグラフを作るには、全体の体裁を整えておくことが大切です。Excelにはグラフの体裁を整えるために、さまざまなパターンのレイアウトが、あらかじめ用意されています。[デザイン]タブにある[グラフのレイアウト]から設定したいパターンを選択するだけで、グラフ全体の体裁が簡単に整えられます。レイアウトのパターンをクリックすれば、画面上のグラフが即座に変更されるので、1つずつ選択していき、最も適したものを探してみてもいいでしょう。

レッスン **59** 目盛りの間隔を変えるには
軸の書式設定

目盛りの間隔を変更すると、同じデータでも変化の度合いをより強調できます。縦軸の目盛りの設定を変えて、データの変化がより分かりやすいグラフにしましょう。

1 縦軸を選択する

グラフの左にある［電気料金］の目盛りの最大値と最小値を変更し、変動を読み取りやすくする

1 ［縦(値)軸］をクリック

2 ［軸の書式設定］作業ウィンドウを表示する

縦（値）軸が選択された

1 ［グラフツール］の［書式］タブをクリック

2 ［選択対象の書式設定］をクリック

キーワード
| 軸 | p.487 |
| 目盛 | p.497 |

 レッスンで使う練習用ファイル
軸の書式設定.xlsx

HINT!
目盛りの表示間隔を変えるには

グラフの軸に表示されている目盛りの間隔は、軸の［最小値］と［最大値］から自動的に設定されます。目盛りの間隔を変更するには、手順3の［軸の書式設定］作業ウィンドウの［主］に目盛りの間隔を入力します。

［軸の書式設定］作業ウィンドウを表示しておく

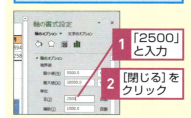

1 「2500」と入力

2 ［閉じる］をクリック

目盛り間隔が変更された

⚠ 間違った場合は？

手順3で入力する数値を間違ったときは、クイックアクセスツールバーの［元に戻す］ボタン（↺）をクリックして元の状態に戻し、もう一度手順1から設定し直してください。

3 目盛りの最小値と最大値を変更する

[軸の書式設定]作業ウィンドウが表示された

目盛りの最小値を5000、最大値を30000に設定する

1 [軸のオプション]をクリック

2 [最小値]に「5000」と入力

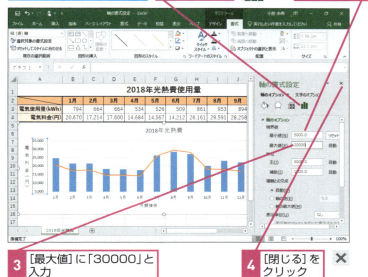

3 [最大値]に「30000」と入力

4 [閉じる]をクリック

4 目盛りの最小値と最大値が変更された

「電気料金」の目盛りの最大値と最小値が変更され、変動が読み取りやすくなった

HINT!

軸を反転するには

軸の目盛りを上下または左右反対にすることもできます。反転したい軸を選択して[軸の書式設定]作業ウィンドウを表示し、[軸のオプション]にある[軸を反転する]をクリックしてチェックマークを付けます。

反転したい軸をクリックして、[軸の書式設定]作業ウィンドウを表示しておく

1 [軸を反転する]をクリックしてチェックマークを付ける

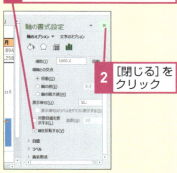

2 [閉じる]をクリック

Point

目盛りの間隔を変えて変動や差を分かりやすくしよう

グラフを作成すると、軸の目盛りが値に応じて自動的に設定されますが、このレッスンのグラフでは、縦軸の値が狭い範囲にまとまってしまい、変動が読み取りにくいグラフになっています。グラフエリアを縦方向に大きくすれば変動は分かりやすくなりますが、画面からはみ出してしまいます。このレッスンでは、値の変動する範囲に合わせて[最大値]と[最小値]の値を変えることで、グラフエリアの大きさはそのままで、[電気料金]の折れ線と[電気使用量]の棒グラフの上下変動を分かりやすく表示できました。このように軸の書式設定を変えるだけでも、分かりやすいグラフになります。

レッスン 60 グラフ対象データの範囲を広げるには

系列の追加

グラフに新しくデータを追加する場合でも、最初からグラフを作り直す必要はありません。グラフのデータ範囲を設定し直せば、グラフに自動的に反映できます。

キーワード

グラフエリア	p.486
系列	p.486

📄 **レッスンで使う練習用ファイル**
系列の追加.xlsx

1 グラフエリアを選択する

ここではグラフのデータ範囲を確認する

1 [グラフエリア]をクリック

HINT!

グラフのデータ範囲をまとめて修正するには

グラフのデータ範囲は「データソース」とも呼ばれます。グラフに設定したデザインやレイアウトを再利用したい場合、グラフをコピーしてからデータソースを修正するという活用方法が考えられます。以下のように操作して[データソースの選択]ダイアログボックスを表示し新しくグラフ化したいセル範囲をドラッグして指定し直します。

1 [グラフツール]の[デザイン]タブをクリック

2 [データの選択]をクリック

[データソースの選択]ダイアログボックスが表示された

[グラフデータの範囲]のここをクリックしてデータ範囲を指定し直せば、新しいグラフを作成できる

2 グラフのデータ範囲が選択された

グラフのデータ範囲のセルが青枠で囲まれた

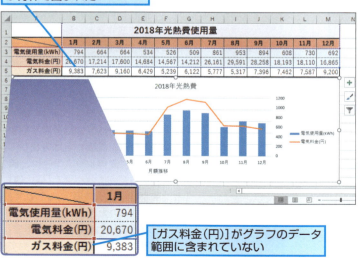

[ガス料金(円)]がグラフのデータ範囲に含まれていない

グラフを作成する Excel・第8章

③ データ範囲を広げる

[ガス料金（円）]をグラフの
データ範囲に含める

1 ここにマウスポインターを合わせる
マウスポインターの形が変わった

2 ここまでドラッグ

④ グラフに項目が追加された

[ガス料金（円）]がグラフのデータ範囲に追加された
[ガス料金（円）]のデータが灰色の折れ線で表示された

凡例に[ガス料金（円）]の項目が追加された

HINT!

グラフのデータ範囲を小さくするには

[グラフエリア]をクリックしてから元データのデータ範囲を小さくすると、グラフに表示されるデータも、範囲に合わせて変わります。

1 グラフエリアをクリック
2 枠をドラッグしてデータ範囲を再設定

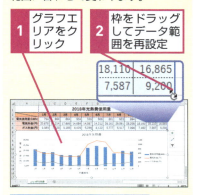

変更された範囲のデータがグラフに表示される

間違った場合は？

手順3で選択枠を広げるデータ範囲を間違ったときは、もう一度選択枠をドラッグして、正しいデータ範囲を選択し直しましょう。

Point

表とグラフはリンクしている

折れ線グラフの折れ線や棒グラフの棒のように、セルの値に対応してグラフに表示される図形のことを「データ要素」と言います。Excelのグラフは、セルの値とグラフのデータ要素が常にリンクしているので、セルの値を修正すると、それに対応するグラフのデータ要素の表示も自動的に変わります。
また、グラフエリアを選択すると、対応するグラフのデータ範囲にも選択枠が表示されます。選択枠の外にデータがある場合は、手順3のように表の選択枠を広げれば、簡単に新しいグラフを追加できます。

60 系列の追加

レッスン 61 グラフを印刷するには
グラフの印刷

出来上がったグラフを印刷してみましょう。Excelでは、表の印刷と同じようにグラフも簡単に印刷できます。印刷プレビューで確認してから印刷しましょう。

1 印刷対象を選択する

ここでは表とグラフを印刷する

1 セルA1をクリック

2 [ファイル]タブをクリック

キーワード	
印刷	p.483
グラフ	p.486
グラフエリア	p.486

 レッスンで使う練習用ファイル
グラフの印刷.xlsx

HINT!
グラフのみを印刷するには

このレッスンでは、ワークシート上のグラフと表をまとめて印刷しました。手順1でセルA1を選択したのは、表とグラフを一緒に印刷するためです。グラフのみを印刷するには、グラフを選択したまま印刷を実行します。[グラフエリア]をクリックして、[印刷]の画面を表示すると、印刷プレビューにグラフだけが表示されます。

[グラフエリア]をクリックして[印刷]の画面を表示すると、グラフのみが印刷プレビューに表示される

2 [印刷]の画面を表示する

[情報]の画面が表示された

1 [印刷]をクリック

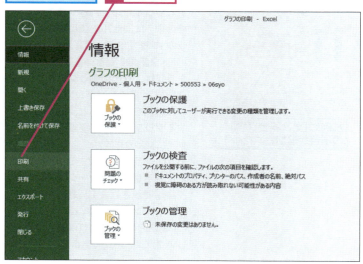

 間違った場合は？

手順2で[印刷]以外を選んでしまったときは、もう一度[印刷]をクリックし直しましょう。

③ 用紙の向きを変更する

[印刷]の画面が表示された
用紙の向きを横方向に設定する

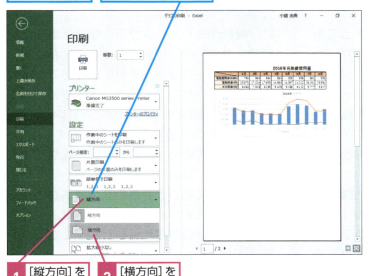

1 [縦方向]をクリック
2 [横方向]をクリック

④ 印刷を開始する

印刷の設定が完了したので、表とグラフを印刷する

1 [印刷]をクリック

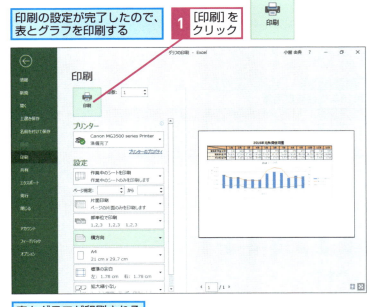

表とグラフが印刷される

HINT!

グラフ入りのワークシートを1ページに収めて印刷するには

表とグラフが1ページに収まらない場合、自動で縮小して印刷できます。手順3の画面で[拡大縮小なし]をクリックして、[シートを1ページに印刷]を選択すると、1ページに収まるように縮小されて印刷されます。なお、表やグラフのデータが実際に小さくなるわけではありません。

[印刷]の画面を表示しておく

1 [拡大縮小なし]をクリック

2 [シートを1ページに印刷]をクリック

1ページに収まるように表やグラフが縮小される

Point

グラフの印刷は表の印刷と同じ手順でできる

ワークシートに作成したグラフは、グラフを選択していない状態で印刷を行うと、表と同時にグラフが印刷されます。[グラフエリア]をクリックしてから印刷を行えば、簡単にグラフだけを印刷することができます。また、グラフを印刷するときも、事前に印刷プレビューで印刷結果を確認できるので、表示を確認して、用紙の向きや余白の設定などの調整が必要かどうかを印刷プレビューで確認しておきましょう。グラフだけを印刷するときは、自動で用紙に合わせてグラフが縮小、拡大されるので、用紙からはみ出てしまうようなことはありません。

この章のまとめ

●効果的で見やすいグラフを作ろう

どんなに体裁を整えて見やすい表を作っても数字データが並んでいるだけでは内容が伝わりにくいことがあります。そのようなときは、表のデータからグラフを作成すればデータを視覚的に表現できるので、より相手に伝わりやすくなります。この章では、グラフの作成方法やグラフレイアウトの変更方法などを紹介しました。

Excelでグラフを作成するのはとても簡単です。グラフにしたい表のセルをどこか1つクリックしておくだけで、Excelがグラフに必要なデータ範囲を自動的に選択してくれるので、後は作成したいグラフの種類を選ぶだけです。グラフのレイアウトやスタイルもあらかじめパターンが用意されているので、納得できるグラフができるまで、何回でも試せます。また、効果的なグラフができないときは、グラフ要素の書式設定を変えてみましょう。例えば、値の変化が小さいデータをグラフにしたときは、目盛りの最大値や最小値、目盛り間隔を変えることで値の変化をより強調できます。書式やレイアウトの設定をよく理解して、データの内容が伝わりやすくなるグラフに仕上げてみましょう。

見やすいグラフを作成する

グラフの種類や大きさを整えるだけでなく、意図通りに見えるように書式を整えて、効果的なグラフを作る

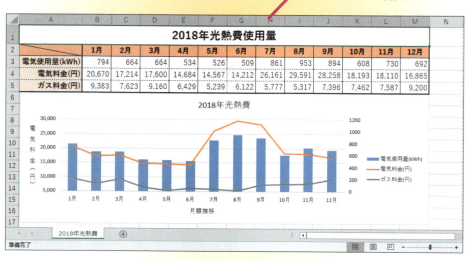

練習問題

1

練習用ファイルの［第8章_練習問題.xlsx］を開いて、「積み上げ縦棒」グラフを作成してください。

●ヒント：グラフの種類は［挿入］タブで選択します。

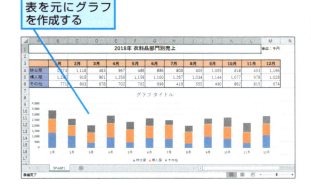

表を元にグラフを作成する

2

練習問題1で作成したグラフのレイアウトを［レイアウト8］にしてください。

●ヒント：［グラフエリア］をクリックすると［グラフツール］タブがリボンに表示されます。グラフのレイアウトを変更するには、［グラフツール］の［デザイン］タブを利用します。

グラフのレイアウトを変更する

答えは次のページ

解答

1

グラフにする表のデータ範囲内のセルをクリックし、[挿入] タブにある [縦棒/横棒グラフの挿入] ボタンをクリックしてグラフの種類を選びます。作成したグラフは、Excel・レッスン㊱を参考に、位置とサイズを調整します。

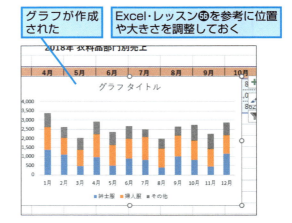

2

練習問題1で作成したグラフの [グラフエリア] をクリックして、[グラフツール] の [デザイン] タブにある [クイックレイアウト] で設定します。

Word & Excel

第1章

ファイルやフォルダーの操作を覚える

この章では、Wordの文書やExcelのブックをフォルダー内でコピーする方法やファイル名の変更、フォルダーの作成によるファイルの整理方法、フォルダーにあるアイコンを大きく表示する方法などを解説します。この章で紹介する方法をマスターすれば、効率よくファイルを管理できます。

●この章の内容
- ❶文書やブックをコピーするには ・・・・・・・・・・・・・・・・・・・・・・・・・・・・・・398
- ❷文書やブックの名前を変えるには ・・・・・・・・・・・・・・・・・・・・・・・・・・・・400
- ❸文書やブックを整理するには ・・・・・・・・・・・・・・・・・・・・・・・・・・・・・・・・402
- ❹フォルダーの内容を見やすくするには ・・・・・・・・・・・・・・・・・・・・・・406

レッスン **1**

文書やブックを
コピーするには

ファイルのコピー、貼り付け

フォルダーウィンドウでファイルをコピーすれば、いちいちWordやExcelを起動せずに新しいファイルを作成できます。ここでは文書を複製する方法を紹介します。

1 [ドキュメント]フォルダーを表示する

ここでは、作成済みのWordの文書をコピーする

Word・レッスン⑳を参考にフォルダーウィンドウを表示しておく

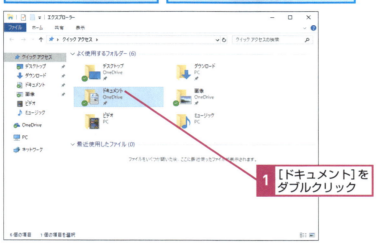

1 [ドキュメント]をダブルクリック

2 コピーするファイルを選択する

[ドキュメント]フォルダーの内容が表示された

1 コピーするファイルをクリックして選択

2 [リボンの展開]をクリック

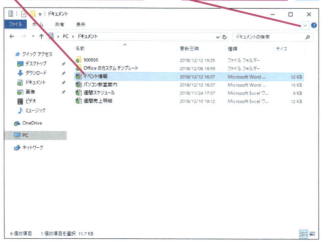

キーワード

コピー	p.487
ショートカットメニュー	p.488
貼り付け	p.494
フォルダー	p.495
リボン	p.498

HINT!

右クリックでもコピーできる

ショートカットメニューを使えば、素早くファイルのコピーや貼り付けができます。マウスの移動距離が少なくなるので、より簡単にファイルを複製できます。

1 ファイルを右クリック

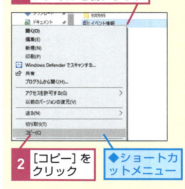

2 [コピー]をクリック

◆ショートカットメニュー

 間違った場合は？

間違ったファイルをコピーしてしまったときは、ファイルのアイコンをクリックして Delete キーを押します。また、貼り付け直後であれば Ctrl + Z キーを押して操作を取り消しましょう。

③ ファイルをコピーする

| 選択したファイルをコピーする | 1 [ホーム]タブをクリック | 2 [コピー]をクリック |

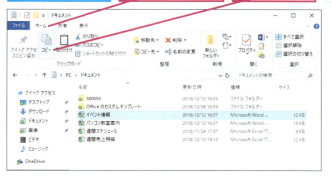

④ ファイルをコピーできた

1 [貼り付け]をクリック

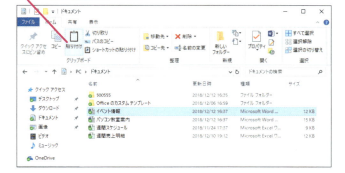

⑤ 入力を続ける

| ファイルがコピーされ、ファイル名の最後に「- コピー」という文字が追加された | [リボンの最小化]をクリックするとリボンが折り畳まれる |

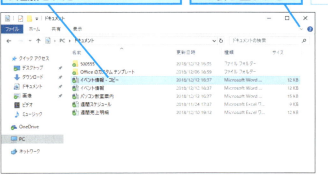

HINT!

ショートカットキーで素早く操作する

ファイルを素早くコピーしたい場合は、ショートカットキーを使うといいでしょう。Ctrl+Cキーで[コピー]、Ctrl+Vキーで[貼り付け]の操作になります。目的のファイルをクリックして選択したら、Ctrl+CキーとCtrl+Vキーを続けて押すと、いちいちメニューを開かなくてもファイルを複製できます。キーボードを利用したコピーは、最も手早い操作なので、慣れるととても便利です。

| 1 コピーするファイルをクリックして選択 | 2 Ctrlキー+Cキーを押す |

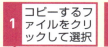

3 Ctrlキー+Vキーを押す

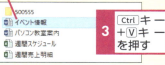

ファイルがコピーされた

Point

ファイルを複製して便利に再利用しよう

文書やブックなどのファイルは、Windowsに搭載されている「コピー」と「貼り付け」というファイルの編集機能を組み合わせて実行することで、まったく同じ内容の複製を作成できます。複製されたファイルには、基になったファイルと同一のデータが記録されているので、WordやExcelで開いて編集すれば、手早く簡単に新しいファイルとして使えます。あて先名だけを変えたり、今年の売り上げを基に来年の予算表を作ったりするなど、データを流用して効率よく再利用できます。

ファイルのコピー、貼り付け

レッスン 2

文書やブックの名前を変えるには

名前の変更

文書やブックの名前は、自由に変更できます。目的や内容が明確になるように名前を変更しておきましょう。このレッスンでは、複製したファイルの名前を変更します。

キーワード

ファイル	p.494
ブック	p.495
文書	p.496
リボン	p.498

ショートカットキー

- End ……… カーソルを末尾に移動
- F2 ……… 名前の変更
- Home ……… カーソルを先頭に移動

1 ファイル名を変更するファイルを選択する

ここでは、Word&Excel・レッスン❶でコピーしたファイルの名前を変更する

ファイル名が隠れているときは、ここを右にドラッグして幅を広げておく

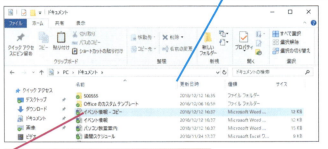

1 名前を変更するファイルをクリック

HINT!

ファイルの名前をもっと手早く変更するには

ファイルの選択後にファイル名の部分をクリックすると、ファイル名を変更できる状態になります。また、F2キーを押せば、すぐにファイル名を編集できる状態になります。

2 ファイル名を変更できる状態にする

選択したファイルの名前を変更する

1 [ホーム]タブをクリック

2 [名前の変更]をクリック

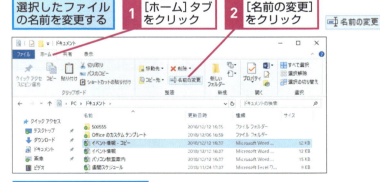

ファイル名を変更できる状態になった

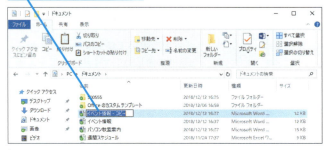

HINT!

ファイルの名前に利用できない文字がある

ファイルの名前には、利用できない文字があります。ファイルの名前を変更するときは、以下の表を参考にしてください。なお、利用できないのはいずれも半角英数字です。

記号	読み
¥	円マーク
/	スラッシュ
:	コロン
*	アスタリスク
?	クエスチョン
"	ダブルクォーテーション
><	不等記号
¦	パイプライン

③ ファイル名を変更する

| カーソルをファイル名の最後に移動する | **1** →キーを押してカーソルをファイル名の最後に移動 |

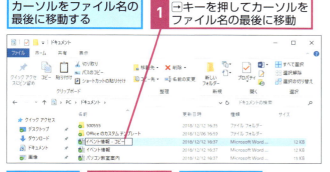

| 「‐コピー」を削除する | **2** Back space キーを6回押す | 「‐コピー」が削除された |

| ここではファイル名の最後に「修正版」と追加する | **3**「修正版」と入力 | **4** Enter キーを押す |

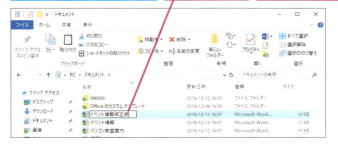

④ ファイル名を変更できた

| ファイル名を「イベント情報修正版」に変更できた |

HINT!
同じフォルダーに同じ名前のファイルは作れない

拡張子が別でない限り、同じフォルダーの中に同じ名前のファイルは作成できません。コピーしたファイルの［コピー］という部分だけを削除して、同じ名前に変更しようとすると、「ファイル名（1）」というような名前にするかどうかを確認するダイアログボックスが表示されます。

| ファイル名を変更するときは［はい］をクリックする |

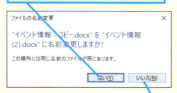

| ファイル名を付け直すときは［いいえ］をクリックする |

間違った場合は？

修正するファイル名を間違えたときは、確定する前であればEscキーで修正を中止できます。間違ったファイル名で確定してしまったときは、もう一度手順1から操作をやり直します。

Point
ファイル名を工夫して便利に使おう

WordやExcelで作成したファイルは、［名前の変更］ボタンを利用すれば、自由な名前に修正できます。ファイルの名前を編集して分かりやすくしておけば、ファイルを開かなくても内容が推測できます。また、名前の一部に「A01」などの通し番号や「20201001」などの年月日を入れておくと、ファイルが連続して表示されるので、整理や分類が容易になります。

レッスン
3 文書やブックを整理するには
新しいフォルダー

[ドキュメント]フォルダーなどに保存した文書やブックは、フォルダーを活用して整理できます。目的に応じてフォルダーを作成してファイルを移動しましょう。

フォルダーの作成

1 フォルダーを作成する

Word・レッスン⑳を参考に[ドキュメント]フォルダーを表示しておく

[ドキュメント]フォルダーの中に新しいフォルダーを作成する

1 [ホーム]タブをクリック
2 [新しいフォルダー]をクリック

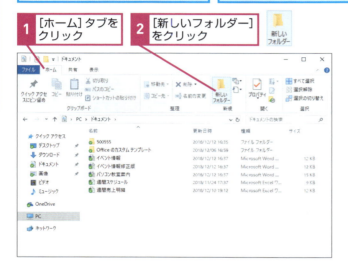

2 フォルダーが作成された

フォルダーが作成され、フォルダー名を変更できる状態になった

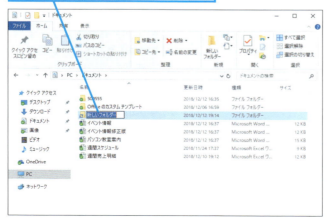

キーワード

ドラッグ	p.493
ファイル	p.494
フォルダー	p.495
リボン	p.498

ショートカットキー

F2 …………… 名前の変更
Ctrl + Shift + N
…… 新規フォルダーの作成
Ctrl + C ………… コピー
Ctrl + V ………… 貼り付け
Ctrl + X ………… 切り取り

HINT!

右クリックでもフォルダーを作成できる

フォルダーは、[ドキュメント]フォルダーの何もないところを右クリックして、ショートカットメニューの[新規作成]-[フォルダー]をクリックしても作成できます。画面の解像度が高く、広い画面で[新しいフォルダー]ボタンをクリックしにくいときに便利です。この操作は、デスクトップにフォルダーを作成するときにも役立ちます。

1 [ドキュメント]フォルダーの何もないところを右クリック

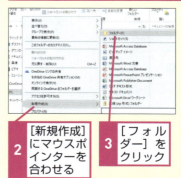

2 [新規作成]にマウスポインターを合わせる
3 [フォルダー]をクリック

③ フォルダーの名前を変更する

ここでは配布用の資料を整理するためのフォルダーを作る

1 「配布用」と入力
2 Enter キーを押す

④ フォルダーの名前を変更できた

「配布用」という新しいフォルダーを作成できた

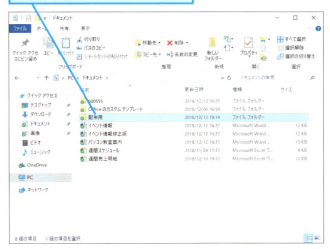

HINT!
フォルダー名に利用できない文字がある

フォルダー名は、「ABCD」や「1234」などの英数文字やひらがな、漢字、カタカナなどを利用できます。ただし、以下の表にある半角の記号はフォルダー名に利用できません。以下の記号をフォルダー名に利用したいときは、全角で入力しましょう。

●フォルダー名に利用できない文字

記号	読み
¥	円マーク
/	スラッシュ
:	コロン
*	アスタリスク
?	クエスチョン
"	ダブルクォーテーション
> <	不等記号
¦	パイプライン

間違った場合は？

フォルダーの名前を間違えたときは、F2キーを押してもう一度正しい名前に修正しましょう。

HINT!
よく使うフォルダーの履歴が表示される

Windows 10では、クイックアクセスという機能が標準で設定されています。フォルダーウィンドウの左側にあるナビゲーションウィンドウに、よく利用するフォルダーが自動で表示されます。

よく使うフォルダーがナビゲーションウィンドウに表示される

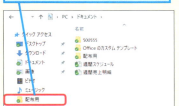

次のページに続く

ファイルの移動

5 フォルダーに移動するファイルを選択する

1 フォルダーに移動するファイルをクリック

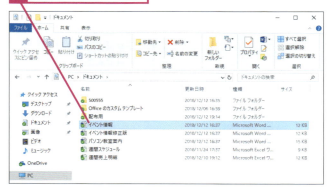

2 Ctrlキーを押しながらフォルダーに移動するファイルをクリック

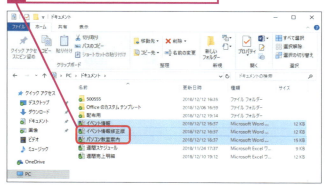

HINT!
複数のファイルを選択するには

選択したい複数のファイルが連続して並んでいる場合は、以下のように操作すると、複数のファイルを効率よく選択できます。手順5で紹介したCtrlキーを押しながらファイルを選択する方法より簡単に複数のファイルを選択できるので、ぜひ覚えておきましょう。

1 最初のファイルをクリック

2 Shiftキーを押しながら最後のファイルをクリック

複数のファイルを選択できた

HINT!
自動で並べ替えが実行される

ファイル名やフォルダー名を変更してから何か別の操作をしたり、ナビゲーションウィンドウの項目をクリックしたりすると、自動でフォルダーやファイルが名前順に並べ替えされます。

テクニック　ファイル名やファイルの内容を検索する

フォルダーに保存したファイルが見つからない場合は、フォルダーウィンドウの右上にある[検索ボックス]を使ってみましょう。キーワードを入力して検索すれば、該当するファイルが一覧で表示されます。ファイル名の一部やファイル内の文字も検索の対象になるので、あいまいなキーワードしか思い付かなくても大丈夫です。検索結果に表示されるファイルの保存場所や更新日時などを目安にして、検索結果の項目をクリックすれば、目的のファイルが開きます。

1 キーワードを入力　**2** Enterキーを押す

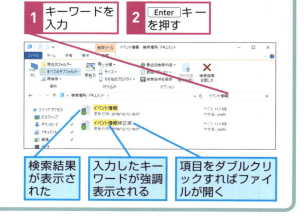

検索結果が表示された　入力したキーワードが強調表示される　項目をダブルクリックすればファイルが開く

⑥ フォルダーにファイルを移動する

1 ファイルにマウスポインターを合わせる

2 フォルダーの上までドラッグ

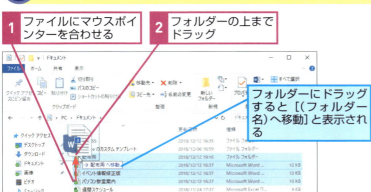

フォルダーにドラッグすると[(フォルダー名)へ移動]と表示される

⑦ 移動したファイルを確認する

ファイルがフォルダーに移動し、アイコンがなくなった

1 フォルダーをダブルクリック

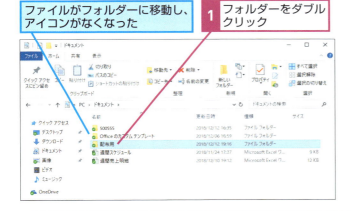

⑧ フォルダーの内容が表示された

[配布用]フォルダーの内容が表示された

移動したファイルが表示された

[(フォルダー名)に戻る]をクリックすると、直前に表示していたフォルダーに切り替わる

HINT!
ファイルを移動ではなくコピーするには

ファイルをマウスでドラッグするときに、Ctrlキーを押したままにしておくと、移動ではなくコピーできます。フォルダーをドラッグしたときに、表示が[(フォルダー名)へコピー]となっているか、よく確認してください。

1 ファイルにマウスポインターを合わせる

2 Ctrlキーを押しながらフォルダーの上までドラッグ

HINT!
フォルダーの表示を切り替えておくと便利

フォルダーの表示方法を変更してファイルのアイコンを大きくするとファイルの選択やドラッグ操作がしやすくなります。Word&Excel・レッスン❹を参考に、必要に応じてフォルダーの表示方法を変更しましょう。

Point
フォルダーを活用してファイルを整理しよう

フォルダーは、「ファイル」という書類を束ねる箱のような入れ物です。ファイルを効率よく分類して整理すれば、後から目的のファイルを探し出すのが容易になります。ファイル整理の基本はしまい込むことではなく、的確に分類して後から見つけやすくすることです。そのためには、フォルダーの名前に用途や目的、日時などを付け、その組み合わせを自分なりに工夫してみてください。用途や目的からファイルを探せるようにしましょう。

レッスン
4 フォルダーの内容を見やすくするには
レイアウト

フォルダーに表示されているファイルは、目的に応じて並べ方やアイコンの形を変えられます。表示を切り替えて、ファイルを探しやすくしてみましょう。

ファイルの並べ替え

1 ファイルを並べ替える

1 [名前]をクリック

2 ファイルの並び順が変わった

[名前]の並び順が降順に切り替わった

もう一度、クリックすると元の並び順に戻る

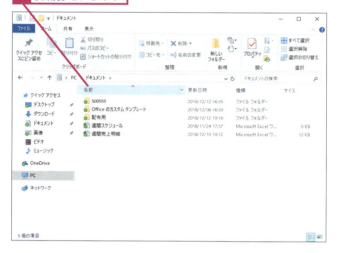

キーワード

アイコン	p.482
ファイル	p.494
フォルダー	p.495

HINT!

並べ替えができる項目には記号が表示される

フォルダー内のファイルは、名前や更新日時などを基準にして、昇順または降順で並べ替えられています。現在の表示が、どの項目を基準に並べ替えられているかは、項目名の右側にある △ や ▽ の表示で確かめられます。△ は昇順、▽ は降順で、その項目を基準に並べ替えて表示されていることを意味しています。なお、並べ替えの順序を変更するには、手順3と同じ操作で、フォルダーの表示方法を[詳細]にしておく必要があります。

●昇順に表示

更新日時で昇順にすると、更新日時の古い順に並ぶ

●降順に表示

更新日時で降順にすると、更新日時の新しい順に並ぶ

表示方法の切り替え

③ 表示方法を切り替える

ここでは、フォルダーの表示方法を[中アイコン]に変更する

1 [表示]タブをクリック
2 [詳細]をクリック

表示方法の一覧が表示された

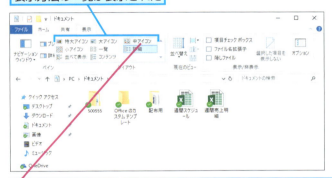

3 [中アイコン]をクリック

項目にマウスポインターを合わせると一時的に表示が変わり、設定後の状態を確認できる

④ 表示方法が切り替わった

表示方法が[中アイコン]に切り替わった

元の表示に戻すときは、[詳細]をクリックする

HINT!

ファイルを開かずに内容を確認できる

ファイルの内容は、プレビューウィンドウで確認できます。プレビューウィンドウを表示すれば、WordやExcelで作成されたファイルの内容を確認できます。

内容を確認するファイルを選択しておく

1 [表示]タブをクリック

2 [プレビューウィンドウ]をクリック

プレビューウィンドウにファイルの内容が表示される

Point

表示を切り替えてファイルを見やすくしよう

フォルダーの中にあるファイルを一覧で表示する場合、名前や日付、種類などを基準にして並べ替えると、目的のファイルを見つけやすくなります。フォルダーの表示方法を[詳細]にしておくと、ファイルの更新日時や種類、サイズを確認しやすくなります。また、アイコンを大きく表示すれば、どのファイルがWordやExcelで作られたものなのかが、ひと目で確認できるようになります。目的に応じて、ファイルの並べ替えや表示方法を切り替えましょう。

この章のまとめ

●手早く効率よく文書やブックを整理しよう

Windowsでのファイル操作を活用すると、WordやExcelを使わなくても、同じ内容で違う名前のファイルを手早く複製したり、表示の切り替えや並べ替えを使って、目的のファイルを探しやすくなります。
また、フォルダーを活用すれば、ファイルが増えたときでも目的別に分かりやすく分類できるので、必要な文書やブックがどこにあるのか、容易に見つけられるようになります。
さらに、ファイルの内容を確認できるプレビューウィンドウを利用すれば、ファイルを開かずに内容を確認できるので便利です。
ファイルやフォルダーの操作をマスターすれば、パソコンをより便利に使いこなせるようになります。

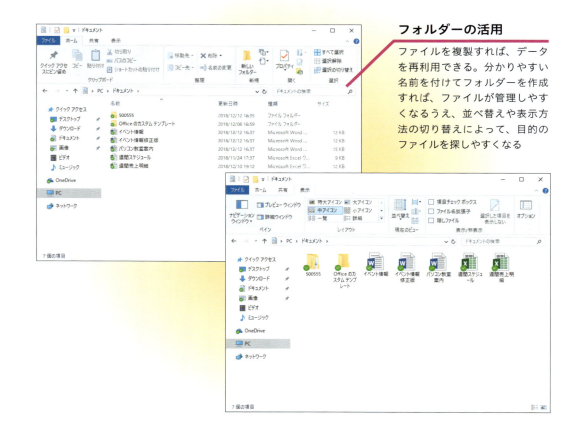

フォルダーの活用
ファイルを複製すれば、データを再利用できる。分かりやすい名前を付けてフォルダーを作成すれば、ファイルが管理しやすくなるうえ、並べ替えや表示方法の切り替えによって、目的のファイルを探しやすくなる

Word & Excel

第2章

Officeの機能を使いこなす

この章では、Excelの表やグラフ、パソコンの画面をコピーした画像データをWordの文書に貼り付ける方法を解説します。また、さまざまな環境で文書を閲覧できるようにするために、別のファイル形式で文書を保存する方法も紹介します。

●この章の内容

❺ ExcelのグラフをWord文書に貼り付けるには ·············· 410
❻ 地図を文書をブックに貼り付けるには ···················· 416
❼ 2つの文書やブックを並べて比較するには ················ 420
❽ よく使う機能をタブに登録するには ···················· 422
❾ よく使う機能のボタンを表示するには ···················· 426
❿ 文書やブックの安全性を高めるには ···················· 428
⓫ 文書やブックをPDF形式で保存するには ················· 432

レッスン 5

ExcelのグラフをWord文書に貼り付けるには

［クリップボード］作業ウィンドウ

Excelの表やグラフをWordの文書にコピーするには、Office専用のクリップボードを使いましょう。コピーするデータを確認しながら次々に貼り付けができます。

Excelの操作

1 Excelの［クリップボード］作業ウィンドウを表示する

ここでは、Excelで作成した表とグラフをWordに貼り付ける

コピー元のExcelファイルと貼り付け先のWord文書を開いておく

1 ［ホーム］タブをクリック
2 ［クリップボード］のここをクリック

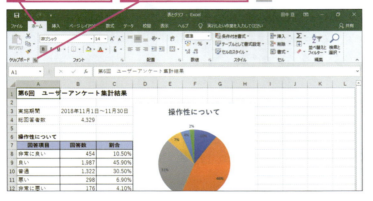

2 表を選択する

［クリップボード］作業ウィンドウが表示された

コピーする表のセル範囲を選択する

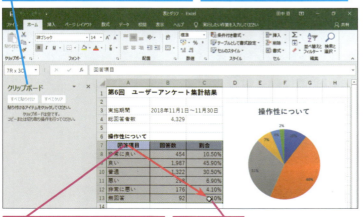

1 ここにマウスポインターを合わせる
2 ここまでドラッグ

キーワード

クリップボード	p.486
コピー	p.487
作業ウィンドウ	p.487
貼り付け	p.494

レッスンで使う練習用ファイル
クリップボード.docx
表とグラフ.xlsx

ショートカットキー

[Alt]＋[Tab] …………ウィンドウの切り替え
[Ctrl]＋[C]…コピー
[Ctrl]＋[V]…貼り付け

HINT!

クリップボードって何？

クリップボードとは、文字や数字、表、グラフなどのデータを一時的に記憶する機能です。クリップボードはWindowsにもありますが、Windowsのクリップボードはデータを1つしか記憶できません。Officeで利用できるクリップボードは、複数のデータをまとめて記憶できます。このOfficeのクリップボードを表示する場所が［クリップボード］作業ウィンドウです。Officeのクリップボードは、相互に連携しているので、ExcelでコピーしたデータをWordの文書に貼り付けられます。

間違った場合は？

間違ったデータをコピーしてしまったときは、次ページのHINT!を参考にしてクリップボードのデータを消去し、もう一度手順1から操作をやり直しましょう。

③ 表をコピーする

セル範囲が選択され、枠線が表示された

1 [コピー]をクリック

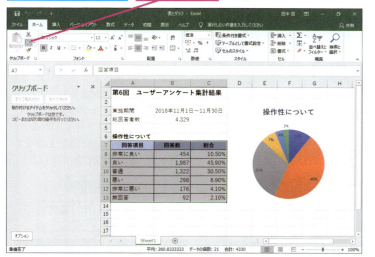

④ 表をコピーできた

表がコピーされ、点滅する点線が表示された

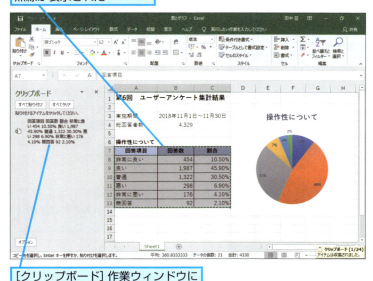

[クリップボード]作業ウィンドウにコピーした表のデータが表示された

HINT!

クリップボードのデータを削除するには

クリップボードに一時的に記憶されているデータは、自由に削除できます。間違ったデータをクリップボードに記憶させてしまったときなどは、貼り付け時の間違いを防ぐために削除しておくといいでしょう。

1 削除するデータのここをクリック

2 [削除]をクリック

クリップボードのデータがなくなり、[クリップボード]作業ウィンドウからも消えた

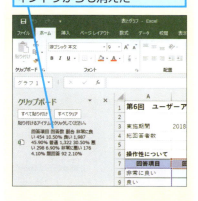

次のページに続く

できる | 411

⑤ グラフを選択する

続けてグラフをコピーする

1 コピーするグラフをクリック

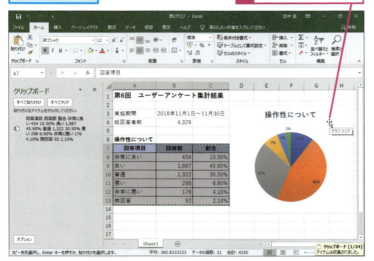

[グラフエリア]と表示される場所をクリックする

⑥ グラフをコピーする

コピーするグラフが選択された

グラフを選択すると、枠線とハンドルが表示される

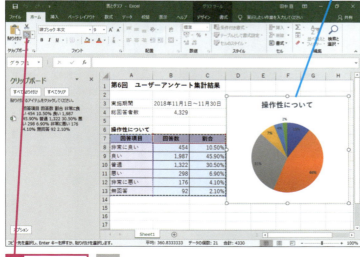

1 [コピー]をクリック

HINT!

グラフをコピーするときはクリックする場所に注意しよう

Excelのグラフを選択するときは、グラフをクリックする位置に注意しましょう。グラフ全体を正しくコピーするには、グラフにマウスポインターを合わせたときに、[グラフエリア]と表示される場所をクリックします。グラフの選択対象が分からなくなったときは、グラフをクリックすると表示される[グラフツール]の[書式]タブをクリックし、画面左上の[グラフ要素]の表示を確認しましょう。

グラフを選択しておく

1 [グラフツール]の[書式]タブをクリック

選択されているグラフの要素が表示される

HINT!

[クリップボード]作業ウィンドウのデータをすべて消去するには

Officeのクリップボードには24個までのデータを一時的に保存できます。それ以上コピーしたときは、古いものから順番に消去されます。[クリップボード]作業ウィンドウの[すべてクリア]ボタンをクリックすると、クリップボードのデータをすべて消去できます。

[すべてクリア]をクリックするとクリップボードのすべてのデータを消去できる

Wordの操作

7 Wordに切り替える

グラフがコピーされた

[クリップボード] 作業ウィンドウにコピーしたグラフの縮小画像が表示された

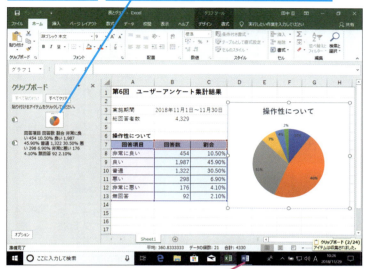

貼り付け先のWordの画面に切り替える

1 タスクバーにあるWordのボタンをクリック

8 Wordの [クリップボード] 作業ウィンドウを表示する

Wordの画面に切り替わった

1 [ホーム] タブをクリック

2 [クリップボード] のここをクリック

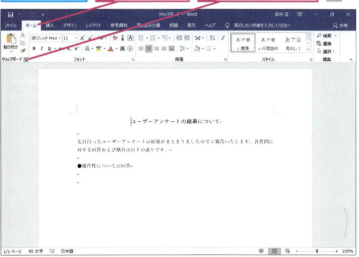

HINT!
画面を手早く切り替えるには

手順7でWordの画面に切り替える際、タスクバーのボタンをクリックして切り替えましたが、[Alt]+[Tab]キーを押すと、そのとき開いているウィンドウの中から、表示するウィンドウを選択できます。同時に複数のウィンドウを開いていて、画面を手早く切り替えたいときに便利です。

1 [Alt]キーを押しながら[Tab]キーを押す

開いているウィンドウやフォルダーが表示される

[Alt]キーを押したまま[Tab]キーを繰り返し押すと、画面が切り替わっていく

白い枠線が表示された状態で[Alt]キーを離すと、選択された画面が表示される

Wordの画面が表示された

[クリップボード] 作業ウィンドウ

次のページに続く

できる | 413

⑨ 表を貼り付ける

[クリップボード]作業ウィンドウが表示された	貼り付けるデータを[クリップボード]作業ウィンドウから選択する

貼り付ける場所にカーソルを表示する	**1** ここをクリックしてカーソルを表示

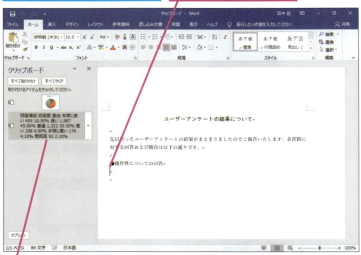

2 貼り付けるデータをクリック

⑩ グラフを貼り付ける

表が貼り付けられた	続けて、グラフを貼り付ける	**1** ここをクリックしてカーソルを表示

2 貼り付けるデータをクリック

HINT!

Excelで作成した表の書式を無効にするには

Excelの表のレイアウトや書式を無効にして、Wordで新規に書式を設定するには、表を貼り付けた直後に[貼り付けのオプション]ボタンをクリックし、[貼り付け先のテーマを使用してブックを埋め込む]をクリックしましょう。[貼り付けのオプション]ボタンは、ほかの操作を実行すると消えてしまいます。

1 [貼り付けのオプション]をクリック

2 [貼り付け先のテーマを使用しブックを埋め込む]をクリック

Excelで作成した表の書式が無効になる

HINT!

ExcelのブックとWordの文書に設定済みのテーマが異なるときは

Excelで作成した表と貼り付け先の文書で設定されているテーマが異なるときは、貼り付け元のブックに設定されていたテーマが表に設定されます。文書に設定したテーマで表の書式を統一するときは、上のHINT!を参考に、表のスタイルを設定し直しましょう。グラフでは、文書に設定されているテーマの書式に自動で置き換わります。

⚠ 間違った場合は？

間違った位置に貼り付けてしまったときは、クイックアクセスツールバーの[元に戻す]ボタン()をクリックして、手順9から操作をやり直しましょう。

⑪ グラフの貼り付け方法を変更する

Excelと同じ書式でグラフが貼り付けられた

ここでは、貼り付けたグラフを画像に変更する

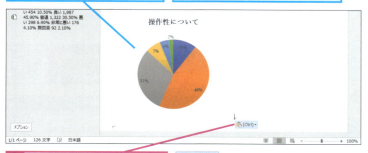

1 [貼り付けのオプション]をクリック

2 [図]をクリック

⑫ グラフの貼り付け方法が変更された

貼り付けられたグラフが画像に変わった

[閉じる]をクリックして、[クリップボード]作業ウィンドウを非表示にしておく

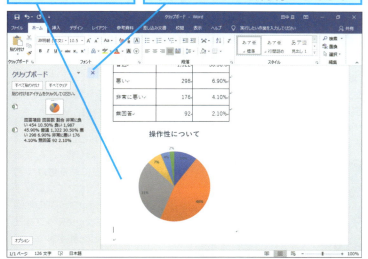

[閉じる]をクリックしてExcelを終了しておく

Word・レッスン⑱を参考に名前を付けて文書を保存しておく

HINT!
貼り付けたデータをExcelと連動させるには

Excelのグラフは、[貼り付け先テーマを使用しデータをリンク]という形式で貼り付けられます。そして「貼り付け先のWordの書式を適用して、Excelのデータと連動する」という設定で、Excelのデータを変更すると、Wordのグラフも自動的に更新されます。グラフを貼り付けた後、[貼り付けのオプション]ボタンをクリックして、[元の書式を保持しデータをリンク]を選ぶと、Excelで設定した書式のまま、Wordに貼り付けたグラフがExcelと連動します。

1 [貼り付けのオプション]をクリック

[貼り付け先テーマを使用しデータをリンク]か[元の書式を保持しデータをリンク]をクリックすると、データが連動する

Point
表やグラフはまとめてコピーすると便利

Officeに用意されているクリップボードは、コピーしたデータを連続して記憶し、何度でも貼り付けて使うことができます。また、このレッスンのように、Excelで作成した複数のデータをまとめてWordで使うときなどに活用できます。貼り付けたデータは[貼り付けのオプション]ボタンで貼り付け後に書式を変更できます。[クリップボード]作業ウィンドウを利用して、Excelの表やグラフのデータをWordにコピーし、説得力ある文書を作りましょう。

レッスン 6

地図を文書やブックに貼り付けるには
Bingマップ

スクリーンショットのキーを使うと、画面に表示されている情報を文書に貼り付けられます。ここでは、Webブラウザーに表示した地図を文書に挿入します。

スクリーンショットの撮影

① Bingマップで地図を検索する

| Microsoft Edgeを起動しておく | ここではBingマップのWebページを表示する |

▼Bingマップのページ
https://www.bing.com/maps/

| BingマップのWebページが表示された | 文書に貼り付ける地図を表示する |

2 ここに「秋葉原 UDX」と入力　　**3** [検索]をクリック

動画で見る
詳細は3ページへ

キーワード

Bing	p.481
Microsoft Edge	p.481
クリップボード	p.486
作業ウィンドウ	p.487
スクリーンショット	p.489

📄 レッスンで使う練習用ファイル
スクリーンショット.docx

⌨ ショートカットキー

[Alt]+[Print Screen]…アクティブウィンドウの画面をコピー

HINT!
好みのWebブラウザーを使おう

このレッスンでは、Windows 10に搭載されているMicrosoft Edgeで操作を紹介していますが、別のブラウザーを利用しても構いません。Internet ExplorerやGoogle Chromeなどを利用しても同様に操作ができます。

HINT!
どんな地図でも利用できる

スクリーンショットとしてクリップボードにコピーできれば、どんな画面でもWordの文書に貼り付けて利用できます。ここではマイクロソフトが提供しているBingマップの地図を利用しますが、Googleマップなどの地図サービスなどを利用しても構いません。

▼GoogleマップのWebページ
https://www.google.co.jp/maps/

テクニック　[⊞]キー+[Shift]キー+[S]キーで画面を切り取れる

2017年4月に公開されたWindows 10 Creators Update以降から、[⊞]キー+[Shift]キー+[S]キーで画面の領域を自由に切り取って貼り付けられます。画面の切り取りを実行すると、上部に[四角形クリップ]などのアイコンが表示されます。切り取り方法を選び、ドラッグして領域を選択します。画面が切り取られると、サムネイルとクリップボードに保存されたというメッセージが表示されます。

画面上部に切り取り用のアイコンが表示される

② 地図を縮小表示する

| 秋葉原UDXの場所が地図に表示された | 続いて地図の表示を縮小する | 1 [縮小]をクリック |

ここをクリックすると、地図の表示が広がる

③ スクリーンショットをコピーする

| 地図の表示が縮小された | 地図のスクリーンショットを画像としてコピーする | 1 Alt + PrintScreen キーを押す |

| 地図のスクリーンショットがコピーされた | [OneDrive]にスクリーンショットを保存するかを選択する画面が表示されたときは、[後で確認する]をクリックする |

HINT! どんな画面でもコピーできる

PrintScreen キーは、パソコンの画面に表示されているデータを画像としてコピーする機能です。手順3のように、Alt キーと組み合わせると、手前に表示されているウィンドウの画像データだけがコピーされます。PrintScreen キーを使うと、地図だけではなく、どんな画面でもWordの編集画面に貼り付けられます。ただし、動画やゲームアプリのプレイ画面などはコピーできない場合があります。なお、一部のノートパソコンでPrintScreen キーを利用するには、Alt キーとFn キーも一緒に押します。

HINT! 画面全体をコピーできる

Alt キーを使わずにPrintScreen キーだけを押すと、パソコンに表示されているすべての画面がコピーされます。なお、画面の解像度が高い場合、コピーした画像のデータがWordのクリップボードに表示されない場合があります。

HINT! 画像の著作権に注意しよう

Webページなどに掲載されている画像にはすべて著作権があります。インターネット上にあるデータだからといって、何でも自由に利用できるわけではありません。Webページに掲載されている画像を利用するときは、個人で利用する文書にとどめておきましょう。Webページによっては、画像の利用について規約を明記している場合もあり、自由にデータを利用できる場合と利用できない場合があるので、よく内容を確認しておきましょう。また、人物写真などを勝手に利用すると、肖像権の侵害となる場合もあります。

次のページに続く

スクリーンショットの挿入

④ スクリーンショットを挿入する

練習用ファイルを表示する

1 タスクバーにあるWordのボタンをクリック

2 「マップ」の下の改行の段落記号をクリック

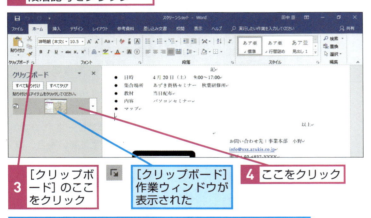

3 [クリップボード]のここをクリック

[クリップボード]作業ウィンドウが表示された

4 ここをクリック

[クリップボード]作業ウィンドウにコピーしたデータが表示されていないときは、[貼り付け]をクリックする

⑤ スクリーンショットが挿入された

スクリーンショットが挿入された

1 [閉じる]をクリック

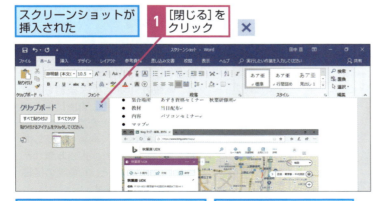

[クリップボード]作業ウィンドウが非表示になる

続いて画像の切り取りを実行する

HINT!

Wordの機能でスクリーンショットをコピーできる

Wordにもスクリーンショットをコピーして編集画面に挿入する機能が用意されています。この機能を使う場合には、あらかじめコピーしたいウィンドウを直前に開いておくようにしましょう。

コピーするウィンドウを開いてからWordの画面を表示する

1 [挿入]タブをクリック　**2** [スクリーンショット]をクリック

3 [画面の領域]をクリック

画面をドラッグすると、文書に画像が挿入される

HINT!

トリミングで切り取られた画像はどうなるの？

Word・レッスン㊿で紹介した画像のトリミングと同じく、手順6でトリミングする画像は、データとしてはそのまま残っています。そのため、手順7の状態でも[トリミング]ボタンをクリックすれば、切り取り範囲を変更できます。

⚠ 間違った場合は？

手順4で挿入するスクリーンショットの内容が間違っていたときは、画像をクリックして Delete キーを押し、画像を削除します。再度手順3から操作して正しいスクリーンショットをコピーしましょう。

418 できる

❻ 画像の切り取りを実行する

1 スクリーンショットをクリック

2 [図ツール]の[書式]タブをクリック

3 [トリミング]をクリック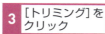

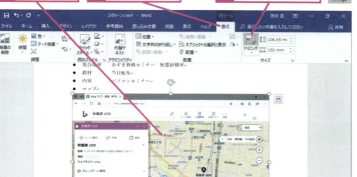

4 ここにマウスポインターを合わせる

マウスポインターの形が変わった

5 ここまでドラッグ

6 [トリミング]をクリック

❼ 画像が切り取られた

画像の一部が切り取られた

HINT!
画像の大きさを数値で指定するには

貼り付けた画像の大きさは、175ページのHINT!で紹介しているようにハンドルをドラッグして変更ができます。また、数値でも指定ができます。より詳細に画像のサイズを指定するには、[サイズ]の[図形の高さ]と[図形の幅]に数値を入力しましょう。

[図形の高さ]と[図形の幅]に数値を入力してサイズを変更できる

HINT!
自由な位置に移動するには配置方法を変更する

Word・レッスン㊾で解説したように、手順4で挿入した画像も[行内]という方法で配置されます。自由な位置に画像を移動できるようにするには、174ページや175ページを参考にして、画像の配置方法を変更しましょう。

Point
スクリーンショットを活用して文書に多彩な情報を盛り込む

地図をはじめ、インターネットではさまざまな情報を検索できます。スクリーンショットを活用して、検索した画面をWordの文書に貼り付けると、情報を分かりやすく伝えられます。ただし、インターネットには、著作権や肖像権で保護されている情報や画像もあります。そのため、情報は私的な利用にとどめるか、情報を提供しているWebサイトの利用規約などを確認して、許可された範囲で活用しましょう。

レッスン 7

2つの文書やブックを並べて比較するには

並べて比較

2つのブックを見比べて確認するとき、並べて表示すれば作業がはかどります。このレッスンでは、2つのブックを1画面に並べて表示する方法を解説します。

1 2つのブックを並べて表示する

[2018年光熱費.xlsx]と[2017年光熱費.xlsx]をそれぞれ表示しておく

1 [表示]タブをクリック
2 [並べて比較]をクリック

▶ **動画で見る** 詳細は3ページへ

キーワード
ブック	p.495
リボン	p.498

📄 **レッスンで使う練習用ファイル**
2018年光熱費.xlsx
2017年光熱費.xlsx

HINT!
ブックの表示中に別のブックを開くには

Excelが起動済みの場合は、以下の手順でブックを開いても構いません。[最近使ったアイテム]や[OneDrive]、[このPC]に表示された目的のブックを開きましょう。

1 [ファイル]タブをクリック
2 [開く]をクリック

[最近使ったブック]に履歴があれば、アイコンをクリックして開いてもいい

保存場所を選択してブックを開く

2 並べて表示されたことを確認する

2つのブックを並べて表示できた

Ctrl + F1 キーを押すとリボンを非表示にできる

1 ここを下にドラッグしてスクロール

2 2つのブックが並べて表示され、同時にスクロールすることを確認

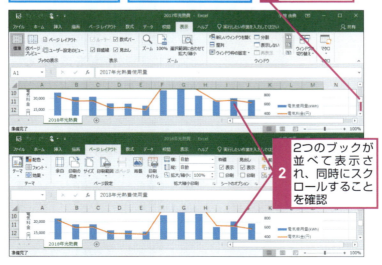

⚠️ **間違った場合は？**

手順1で[並べて比較]ボタンがクリックできないときは、ブックが複数開かれていません。Excel・レッスン⓯や上のHINT!を参考にして、比較するブックを開いておきます。

テクニック ブックを左右に並べて表示できる

［並べて比較］ボタンで2つのブックを並べると、標準では手順2の画面のように上下に並んで表示されます。ブックを左右に並べて表示するには、以下の手順を実行して［ウィンドウの整列］ダイアログボックスで設定を変更しましょう。上下の位置に戻すには［ウィンドウの位置を元に戻す］ボタン（ ）をクリックします。

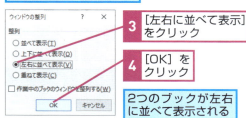

3 表示を元に戻す

1つのブックだけが表示された

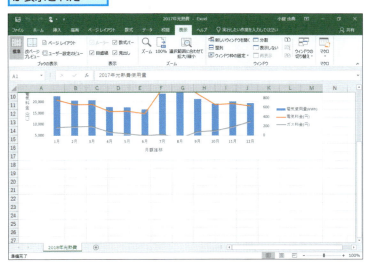

HINT!
リボンの機能でウィンドウを切り替えるには

複数のブックを開いているとき、タスクバーのボタンを使わずにExcelのウィンドウを切り替えられます。［表示］タブの［ウィンドウの切り替え］ボタンをクリックして、一覧からブックを選択しましょう。

Point
比較する表の体裁は同じにしておく

Excelは同時に複数のブックを開けます。複数のブックを開くと、ブックごとにExcelのウィンドウが開きます。［並べて比較］を使うと2つのウィンドウが1つの画面に並んで表示され、スクロールを同期してそれぞれのブックの内容を比較できます。ただし、表の体裁が大きく異なっていると、スクロールを同期しても、同じ位置を比較できません。比較する表は、同じ体裁にしておきましょう。また、まったく関連性のないブックの場合はあまり比較する意味がありません。

7 並べて比較

できる | 421

レッスン 8

よく使う機能をタブに登録するには
リボンのユーザー設定

自分がよく使う機能はリボンに追加しておくと便利です。タブを切り替える手間が省ける上、目的の機能がどこにあるか迷わないのでお薦めです。

キーワード
クイックアクセスツールバー	p.485
タブ	p.491

1 [Excelのオプション] ダイアログボックスを表示する

Excelを起動しておく

1 [ファイル] タブをクリック

2 [オプション] をクリック

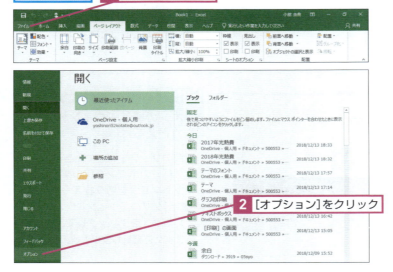

HINT!
[Excelのオプション] ダイアログボックスをすぐに表示するには

以下の手順を実行すれば、簡単に手順2の [Excelのオプション] ダイアログボックスを表示できます。なお、詳しい操作はWord&Excel・レッスン❾を参照してください。

1 [クイックアクセスツールバーのユーザー設定] をクリック

2 [その他のコマンド] をクリック

2 新しいタブを追加する

[Excelのオプション] ダイアログボックスが表示された

1 [リボンのユーザー設定] をクリック

2 [新しいタブ] をクリック

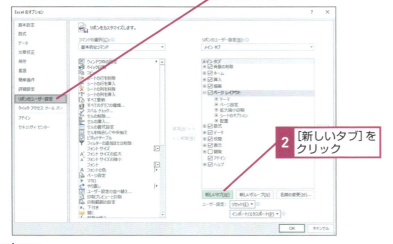

HINT!
リボンにどの機能を追加したらいいの？

まずは自分がExcelでよく使う機能を考えてみましょう。一般的に、印刷や画面表示に関する機能を利用することが多いかと思います。いつも使うボタンを1つのタブに集めておくだけでも作業の効率が上がるので、試してみてください。

3 タブの名前を変更する

新しいタブが追加された

1 [新しいタブ（ユーザー設定）]をクリック

2 [名前の変更]をクリック

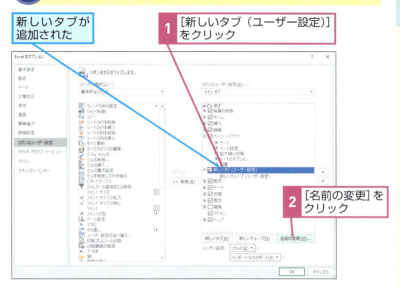

HINT!
既存のリボンにもボタンを追加できる

新しいタブを作成しなくても、既存のリボンにグループを追加すれば、新しいボタンを追加できます。自分が使いやすいようにカスタマイズするといいでしょう。

1 ボタンを追加するタブをクリック

2 [新しいグループ]をクリック

新しいグループが追加された

3 [名前の変更]をクリックしてグループ名を変更

手順5～8を参考に機能を追加できる

4 タブの名前を入力する

[名前の変更] ダイアログボックスが表示された

ここで入力した名前がタブに表示される

1 タブの名前を入力

2 [OK]をクリック

5 グループの名前を変更する

タブの名前が変更された

1 [新しいグループ（ユーザー設定）]をクリック

2 [名前の変更]をクリック

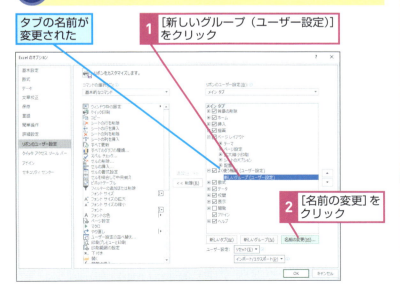

間違った場合は？

手順4で入力するタブの名前を間違えてしまったときは、もう一度［名前の変更］ボタンをクリックして、タブの名前を付け直します。

次のページに続く

6 グループ名を入力する

[名前の変更] ダイアログボックスが表示された

ここで入力した名前がグループ名に表示される

1 「印刷」と入力

2 [OK]をクリック

7 機能を追加する

グループ名が変更された

作成した[印刷]グループに機能を追加する

1 [印刷（ユーザー設定）]をクリック

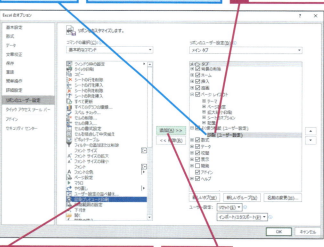

2 [印刷プレビューと印刷]をクリック

3 [追加]をクリック

HINT!
追加したタブを削除するには

追加したタブはいつでも削除できます。以下の手順を参考に削除してください。ただし、削除したタブは元に戻せないので注意しましょう。

1 追加したタブを右クリック

2 [削除]をクリック

追加したタブが削除された

3 [OK]をクリック

 間違った場合は？

手順7で間違った機能を追加してしまった場合は、[削除]ボタンをクリックして追加した機能を削除し、もう一度手順7の操作をやり直します。

❽ 機能の追加を完了する

機能が追加された

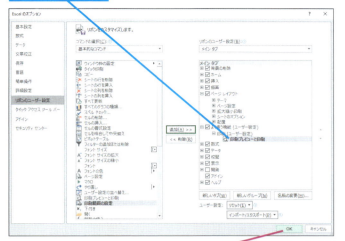

1 [OK]をクリック

❾ 新しく追加したタブを確認する

[Excelのオプション]ダイアログボックスが閉じた

手順4で設定した名前がタブに表示されている

1 [よく使う機能]タブをクリック

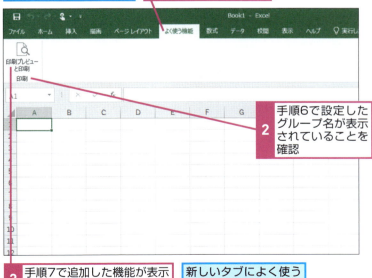

2 手順6で設定したグループ名が表示されていることを確認

3 手順7で追加した機能が表示されていることを確認

新しいタブによく使う機能を追加できた

HINT!
タブの順番を入れ替えるには

新しく作成するタブは、特に何も指定しないと[ホーム]タブの右側に追加されます。手順7や手順8の画面で、以下のように操作すれば、タブを挿入する位置を変更できます。

1 順番を入れ替えるタブ名をクリック

2 [下へ]をクリック

選択したタブが[挿入]タブの下(リボンでは[挿入]タブの右)に移動した

3 [OK]をクリック

Point
よく使う機能を追加して作業効率を上げよう

リボンには機能が目的別に分かるようにタブに分類されていて便利ですが、使いたい機能にたどり着くまでタブの切り替えが面倒なこともあります。また、いつも使う機能を自分専用のタブを作成してまとめておくと作業効率が上がります。このレッスンを参考に、タブに機能を追加すれば、素早く目的の操作を実行できるようになります。

8 リボンのユーザー設定

レッスン **9**

よく使う機能のボタンを登録するには
クイックアクセスツールバーのユーザー設定

使う機会の多いコマンドは、クイックアクセスツールバーに追加しておくと便利です。ここでは［印刷プレビュー（全画面表示）］のボタンを追加してみます。

① クイックアクセスツールバーに機能を追加する

ここでは、［印刷プレビュー（全画面表示）］のボタンが常に左上に表示されるように設定する

1 ［クイックアクセスツールバーのユーザー設定］をクリック

2 ［その他のコマンド］をクリック

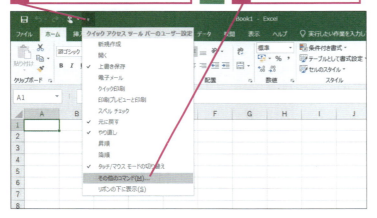

② 追加する機能のグループを選択する

［Excelのオプション］ダイアログボックスが表示された

1 ［コマンドの種類］のここをクリック

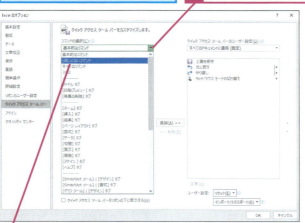

2 ［リボンにないコマンド］をクリック

▶キーワード

印刷プレビュー	p.483
クイックアクセスツールバー	p.485
リボン	p.498

HINT!
「クイックアクセスツールバー」って何？

リボンの上にコマンドボタンが並んでいる領域がクイックアクセスツールバーです。クイックアクセスツールバーには、選択されているリボンのタブとは関係なく、常に同じコマンドボタンが表示されます。このレッスンで解説しているように、よく利用する機能のボタンをここに配置しておくと、作業の効率があがります。

◆クイックアクセスツールバー

 間違った場合は？

手順3で追加する機能を間違ってしまった場合は、手順4の画面で［削除］ボタンをクリックして、手順2から操作をやり直してください。

3 追加する機能を選択する

リボンに表示されていない、Excelの機能が一覧で表示された

1 ここを下にドラッグしてスクロール

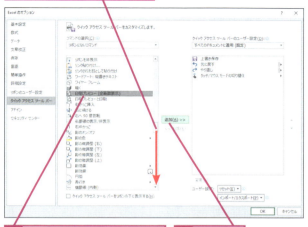

2 [印刷プレビュー（全画面表示）]をクリック

3 [追加]をクリック

4 機能の追加を確定する

追加した機能が右側に表示された

1 [OK]をクリック

5 クイックアクセスツールバーに機能が追加された

ボタンをクリックすると、その機能を実行できる

HINT!

リボンにない機能も追加できる

手順2の[Excelのオプション]ダイアログボックスの[コマンドの選択]では、追加機能を絞り込んで選択できます。[すべてのコマンド]を選択すれば、Excelで利用できるすべてのコマンドが表示されます。なお、コマンドは記号、数字、アルファベット、かな、漢字の順に表示されます。

1 [コマンドの種類]のここをクリックして[すべてのコマンド]を選択

Excelで利用できるすべての機能が表示された

Point

よく使う機能のボタンを追加しよう

クイックアクセスツールバーには、タブを切り替えても常に同じボタンが表示されます。そのため、よく使う機能のボタンを登録しておけば、いつでも素早くその機能を使用できます。このレッスンで解説しているようにクイックアクセスツールバーには簡単にボタンを追加できます。自分の作業スタイルに合わせて、頻繁に使う機能のボタンをクイックアクセスツールバーに追加しておきましょう。

レッスン 10

文書やブックの安全性を高めるには

文書の保護

作成したブックをほかの人に勝手に見られないように、保存時にパスワードを付けて暗号化できます。ここでは、ブックにパスワードを設定する方法を解説します。

ブックを暗号化

1 [ドキュメントの暗号化] ダイアログボックスを表示する

キーワード	
暗号化	p.483
保護	p.497

HINT!

そのほかのブックの保護方法

[ブックの保護]ボタンの一覧には、暗号化以外にもさまざまなブックを保護する項目が用意されています。知っていると便利なものをいくつか紹介します。

● ブックを保護する方法

保護方法	特徴
最終版にする	完成した表を最終版として保護して、不注意などで内容を書き換えられないようにブックを読み取り専用にする
現在のシートの保護	選択されているワークシートとロックされたセルの内容を保護し、セルの選択や書式設定などの操作を制限できる。特定のセルのみ入力を許可して、ほかのセルを保護できる
ブック構成の保護	ブックに含まれるワークシートの移動や削除・追加・コピーなどのブックの構成を変更する操作ができなくなる。ワークシートの保護と組み合わせることでブック全体の編集操作を制限できる

2 パスワードを入力する

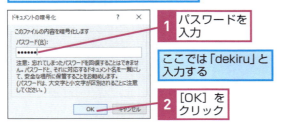

[ドキュメントの暗号化]ダイアログボックスが表示された

ここでは「dekiru」と入力する

間違った場合は？

手順2と手順3で入力したパスワードが違うと、[先に入力したパスワードと一致しません]というメッセージが表示されます。手順2で入力したパスワードを再度入力してください。パスワードを思い出せないときは、[キャンセル]ボタンをクリックし、最初から操作をやり直しましょう。

③ もう一度パスワードを入力する

確認のため、手順2で入力した
パスワードを再度入力する

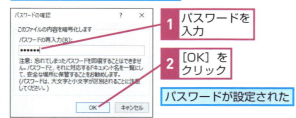

1 パスワードを入力
2 [OK]をクリック
パスワードが設定された

④ Excelを終了する

文書にパスワードが設定された
文書にパスワードを設定できたのでExcelを終了する
1 [閉じる]をクリック

ブックの保存を確認するメッセージが表示された
文書を保存する

2 [保存]をクリック
文書を暗号化できた

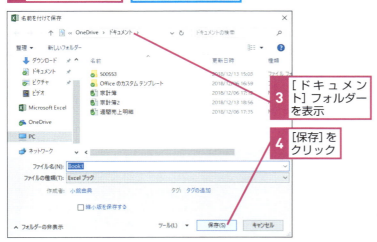

3 [ドキュメント]フォルダーを表示
4 [保存]をクリック

HINT!
パスワードを忘れないように気を付けよう

暗号化したブックを開くには、必ずパスワードが必要になります。設定したパスワードを後から調べる方法がないので、忘れないように注意してください。

HINT!
利用できる文字に注意する

パスワードには、半角の英文字（A～Z、a～z）、数字（0～9）と記号（「!」「$」「#」「%」など）が使えます。なお、英文字の大文字と小文字は区別されるので注意してください。入力中のパスワードは表示されないので、小文字のつもりで大文字を入力しないように、CapsLockキーの状態をよく確認しましょう。

HINT!
設定する文字数に注意する

パスワードには最長で255文字まで入力できますが、長すぎると間違いやすくなります。しかし、短いパスワードは推測されやすいので、6～7文字程度の長さにしましょう。英大文字、英小文字、数字、記号の4種類を組み合わせて、7文字以上にすれば、より強固なパスワードになります。

HINT!
他人に見られたくないときにパスワードを設定する

重要なブックは、パスワードを設定して保護しておきましょう。特にブックをメールに添付するときや、USBメモリーなどにコピーして持ち歩くときなどは、保護しておくことが大切です。パスワードで保護をしておけば、不測の事態にあったときでも、第三者に内容を見られることがないので安心です。

次のページに続く

暗号化したブックの表示

5 [ドキュメント]フォルダーを表示する

ブックを保存した[ドキュメント]フォルダーを表示する

1 [エクスプローラー]をクリック

エクスプローラーが起動した

2 [PC]をクリック

3 [ドキュメント]をダブルクリック

6 暗号化したブックを開く

ここでは、手順4で保存した暗号化を設定済みのファイルを開く

1 パスワードが設定されたファイルをダブルクリック

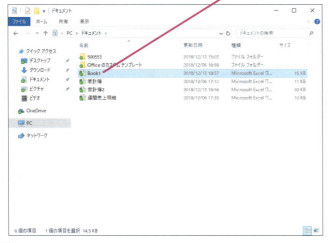

HINT!

パスワードを解除するには

暗号化されたブックのパスワードは、後から解除できます。パスワードを解除するブックを開いて、手順1を参考に[ドキュメントの暗号化]ダイアログボックスを開きます。[パスワード]欄のパスワードを削除して空欄にして[OK]ボタンをクリックすれば、パスワードが解除されます。

1 [ファイル]タブをクリック

2 [ブックの保護]をクリック

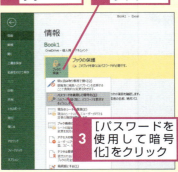

3 [パスワードを使用して暗号化]をクリック

[ドキュメントの暗号化]ダイアログボックスが表示された

4 パスワードの文字を削除

5 [OK]をクリック

パスワードが解除される

⚠ 間違った場合は？

手順7で入力したパスワードが間違っているというメッセージが表示されたときは、入力したパスワードの大文字や小文字を間違っていないか確認して、パスワードを入力し直します。パスワードは大文字と小文字を区別するので注意しましょう。

テクニック　ワークシートやブックの編集を制限できる

ブックを開いて編集した後に、ほかのユーザーによるワークシートやブックの編集を制限したいことがあるでしょう。そのようなときは、手順1の［ブックの保護］ボタンの一覧から［現在のシートの保護］や［ブック構成の保護］を選びます。セルの選択や書式の変更、行や列の挿入や削除、さらにワークシートの追加や削除などの操作を制限できます。

［情報］の画面を表示しておく

1 ［ブックの保護］をクリック

2 ［現在のシートの保護］をクリック

［シートの保護］ダイアログボックスが表示された

ほかのユーザーが編集できる機能を制限できる

7 パスワードを入力する

［パスワード］ダイアログボックスが表示された

ここではブックに設定済みの「dekiru」というパスワードを入力する

1 パスワードを入力

2 ［OK］をクリック

8 ブックが開いた

暗号化したブックを開くことができた

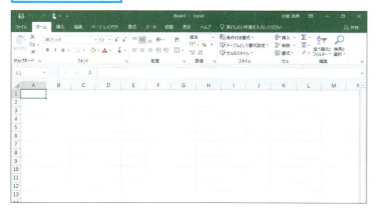

HINT!
パスワードを変更するには

パスワードを変更するときは、［ドキュメントの暗号化］ダイアログボックスで入力し直します。前ページのHINT!を参考に、［ドキュメントの暗号化］ダイアログボックスを開き、表示されたパスワードを削除してから新しいパスワードを入力します。

Point
パスワードを設定してブックを保護する

ブックにパスワードを設定して暗号化することで、第三者に内容を見られたり、編集されたりすることを防げます。ただし、設定したパスワードを後から確認する方法はありません。パスワードを解除するにも一度ブックを開く必要があるので、パスワードは絶対に忘れないようにしましょう。だからといって、パスワードを他人の目に付く場所に書き残しておいては、パスワードの意味がありません。日ごろから厳重に管理するように心がけましょう。

レッスン 11 文書やブックをPDF形式で保存するには

エクスポート

Wordを使っていない相手に文書の内容を見てもらうには、文書をPDF形式で保存するといいでしょう。PDFファイルなら、さまざまなアプリで閲覧できます。

1 [PDFまたはXPS形式で発行]ダイアログボックスを表示する

作成した文書をPDF形式で保存する

1 [ファイル]タブをクリック
2 [エクスポート]をクリック
3 [PDF/XPSドキュメントの作成]をクリック
4 [PDF/XPSの作成]をクリック

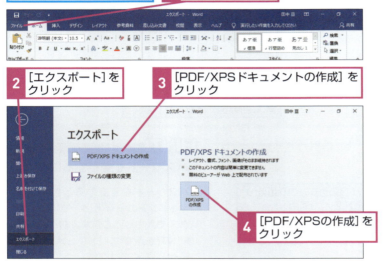

2 文書をPDF形式で保存する

[PDFまたはXPS形式で発行]ダイアログボックスが表示された

1 [ドキュメント]をクリック
2 [ファイルの種類]が[PDF]になっていることを確認
3 [発行後にファイルを開く]にチェックマークが付いていることを確認
4 [発行]をクリック

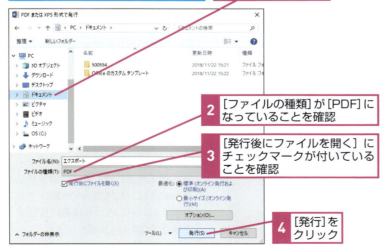

キーワード

PDF形式	p.482
ダイアログボックス	p.491

 レッスンで使う練習用ファイル
エクスポート.docx

HINT!
[名前を付けて保存]でもPDFで保存できる

[名前を付けて保存]ダイアログボックスでも、[ファイルの種類]で[PDF]を選べます。[PDF]を選ぶと手順2と同じ画面が表示されます。

HINT!
PDFを細かく設定できる

[PDFまたはXPS形式で発行]ダイアログボックスでは、[最適化]でファイルサイズを小さくするか、印刷の品質を高めるかを選択できます。また、手順2で[オプション]ボタンをクリックすると、PDFとして保存するページの範囲やパスワードによる暗号化などを設定できます。

[オプション]ダイアログボックスで、ページ範囲やパスワードなどを設定できる

③ PDFを確認する

標準の設定ではMicrosoft EdgeでPDFが表示される

1 ここを下にドラッグしてスクロール

④ PDFを閉じる

PDFを確認できた

1 [閉じる]をクリック

[Microsoft Edge]が終了し、PDFが閉じた

HINT!
PDF閲覧ソフトがあればすぐに開ける

Windows 10ではMicrosoft Edgeが手順3で起動します。Adobe Acrobat Reader DCのようなPDF閲覧ソフトをインストールしておくと、そちらが自動で起動します。

HINT!
PDF形式のファイルをWordで開ける

PDF形式のファイルをWordで開くと、文書に変換するかどうか確認するメッセージが表示されます。ここで［OK］ボタンをクリックすると、Wordの編集画面にPDFが編集できる文書として表示されます。ただし、すべてのPDFが編集できるわけではありません。

Point
PDFファイルならWordがなくても閲覧できる

PDF（Portable Document Format）は、アドビ システムズが開発した電子文書のファイル形式です。Microsoft Edgeのほかに、Adobe Acrobat Reader DCなどのPDF閲覧ソフトで閲覧できます。Wordがパソコンにインストールされていなくても、PDF閲覧ソフトがインストールされていれば、どんなパソコンでも閲覧できるので便利です。またパスワードによる暗号化も設定できるので、機密性の高い文書にも利用できます。

この章のまとめ

●データを有効に利用しよう

これまでの章では、Wordを利用してさまざまな文書を作成する方法を紹介してきました。この章では、ほかのソフトウェアで表示したり作成したりしたデータをWordの文書に貼り付ける方法を解説しています。説得力があり、ビジュアル性に富んだ文書を作るときにグラフや表は欠かせません。Excelがパソコンにインストールされていれば、Excelのデータを簡単にコピーして利用できます。Word&Excel・レッスン❻で解説したように、パソコンに表示された画面をコピーし、画像ファイルを文書に挿入するのもWordならお手のものです。また、数多くのユーザーが利用しているWordですが、すべてのユーザーがWord 2019やWord 2016、Word 2013、Word 2010を使っているとは限りません。そもそもパソコンにWordがインストールされていなければ、Wordで作成した文書を確認できません。Wordが使えない相手に確実に文書を読んでもらいたいときは、PDF形式で文書を保存する方法が役に立ちます。さまざまなアプリとデータをやりとりする方法を覚えれば、さらに効率よくデータを利用できるようになります。

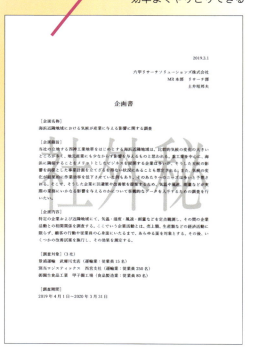

データの利用と変換

ほかのアプリのデータを利用する方法と、Wordの文書をほかのアプリで利用できるようにする方法を覚えれば、データを効率よくやりとりできる

練習問題

1

Excelで［rensyu9.xlsx］を開き、新しいWord文書にグラフをコピーしましょう。Excelでデータを変更したとき、Wordの文書に貼り付けたグラフのデータが更新されるように設定します。

●ヒント：Excelでデータを変更して、Wordの文書に貼り付けたグラフが自動的に更新されるようにするには、［貼り付けのオプション］ボタンで設定します。

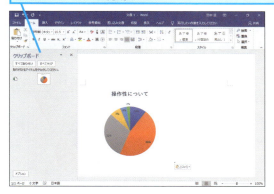

グラフのコピーや貼り付けには、［クリップボード］作業ウィンドウを利用する

2

［rensyu9.doc］を開き、互換性を保持したまま［Word文書］形式で文書を保存してみましょう。

●ヒント：［名前を付けて保存］ダイアログボックスで設定を変更します。

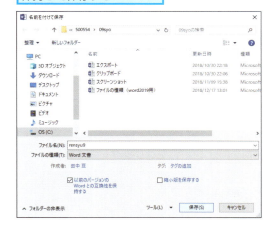

ここでは、文書の互換性を保持して保存する

答えは次のページ

解　答

1

[rensyu9.xlsx]を開き、Wordの新規文書を表示しておく

1 [ホーム]タブをクリック
2 [クリップボード]のここをクリック
3 [グラフエリア]をクリック
4 [コピー]をクリック

貼り付け先のWordの画面に切り替える

5 タスクバーにあるWordのボタンをクリック

コピーするデータを画面で確認して貼り付けを行うには、[クリップボード]作業ウィンドウを利用します。グラフの貼り付け直後に[貼り付けのオプション]ボタンを忘れずにクリックしましょう。

Word&Excel・レッスン❺を参考に、[クリップボード]作業ウィンドウを表示しておく

6 グラフを貼り付ける場所をクリック
7 貼り付けるデータをクリック
8 [貼り付けのオプション]をクリック
9 [元の書式を保持しデータをリンク]をクリック

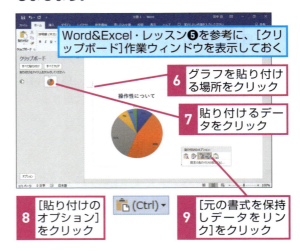

2

[rensyu9.doc]を開いておく

1 [ファイル]タブをクリック
2 [名前を付けて保存]をクリック
3 [このPC]をクリック
4 [参照]をクリック

文書の互換性を保持して保存し直すには、[以前のバージョンのWordとの互換性を保持する]にチェックマークを付けて保存します。

5 [ファイルの種類]をクリックして[Word文書]を選択
6 [以前のバージョンのWordとの互換性を保持する]をクリックしてチェックマークを付ける
7 [保存]をクリック

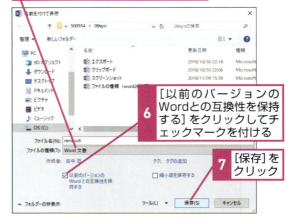

Word & Excel

第3章

WordとExcelを
クラウドで使いこなす

OneDriveとは、誰でも無料で使える、マイクロソフトのクラウドサービスです。WindowsやOfficeといったマイクロソフト製品との親和性が高いので、Wordからとてもスムーズに利用できます。この章では、OneDriveを使ってWordの文書をスマートフォンで閲覧したり、複数の人と共有したりする方法について解説します。

●この章の内容

⑫ 文書やブックをクラウドで活用しよう ……………………438
⑬ 文書やブックをOneDriveに保存するには ……………440
⑭ OneDriveに保存した文書やブックを開くには…………442
⑮ ブラウザーを使って文書やブックを開くには …………444
⑯ スマートフォンを使って文書やブックを開くには………446
⑰ 文書やブックを共有するには ……………………………450
⑱ 共有された文書やブックを開くには ……………………454
⑲ 共有された文書やブックを編集するには ………………456

レッスン 12 文書やブックをクラウドで活用しよう

クラウドの仕組み

OneDriveを使うと、インターネット経由で複数の人とファイルを共有できます。OneDriveは、パソコンだけでなく、スマートフォンやタブレットでも利用できます。

クラウドって何？

クラウドとは、インターネット経由で利用できるさまざまなサービスの総称や形態のことです。WebメールやSNS（ソーシャルネットワーキングサービス）などもクラウドサービスの一種です。この章で解説するOneDriveとは、ファイルをインターネット経由で共有できるクラウドサービスです。OneDriveに文書を保存すると、スマートフォンからアプリで編集できるようになります。また、共有を設定するだけで、複数の人が同時に同じ文書を閲覧したり編集できるようになります。

▶キーワード	
Excel Online	p.481
Microsoft Edge	p.481
Microsoftアカウント	p.481
Office.com	p.481
OneDrive	p.482
Word Online	p.482
共有	p.485
クラウド	p.486
ファイル	p.494

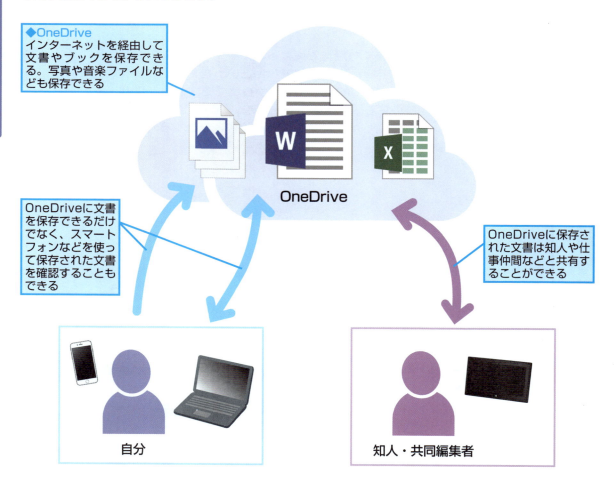

MicrosoftアカウントとOneDrive

OneDriveを使うためには、Microsoftアカウントを取得する必要があります。取得は無料でできます。すでに取得済みの場合は、すぐにOneDriveの利用が可能です。また、Windows 10にMicrosoftアカウントでサインインしているときは、そのアカウントがそのままWord 2019とOneDriveで利用できます。

OneDriveを開く4つの方法

MicrosoftアカウントでOneDriveを開くには、下の画面にある4つの方法があります。なお、インターネット上で提供されているサービスを利用するとき、登録済みのIDやパスワードを入力してサービスを利用可能な状態にすることを「サインイン」や「ログイン」と呼びます。事前にサインインを実行しておけば、すぐにOneDriveを開けます。

HINT!
Microsoftアカウントって何？

Microsoftアカウントとは、マイクロソフトが提供するサービスを利用するための専用のIDとパスワードのことです。IDは「○△□●◇@outlook.jp」や「○△□●◇@hotmail.co.jp」などのメールアドレスになっており、マイクロソフトが提供するメールサービスやアプリを利用できます。

●Wordから開く

[開く]の画面で[OneDrive]をクリックする

●エクスプローラーから開く

エクスプローラーを起動して[OneDrive]をクリックする

●Webブラウザーから開く

Microsoft EdgeなどのWebブラウザーでOneDriveのWebページを表示する

●スマートフォンやタブレットから開く

モバイルアプリを使って表示する

レッスン
13 文書やブックをOneDriveに保存するには

OneDriveへの保存

Microsoftアカウントでサインインが完了していれば、WordからOneDriveにすぐ文書を保存できます。パソコンの中に保存するのと同じ感覚で使えます。

1 [名前を付けて保存]ダイアログボックスを表示する

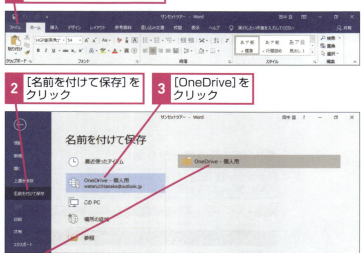

キーワード

Microsoftアカウント	p.481
OneDrive	p.482

レッスンで使う練習用ファイル
サンセットツアー.docx

HINT!
OneDriveを利用できないときは

手順1の操作4でOneDriveを選択できないときは、インターネットへの接続を確認しましょう。

HINT!
OneDriveに保存済みの文書はオフラインでも編集ができる

OneDriveに保存した文書は、インターネット上の領域（クラウド）に保管されます。パソコンとOneDriveの同期設定がされていれば、インターネットに接続していなくてもフォルダーウィンドウの[OneDrive]からファイルを開いて編集ができます。編集した文書は、パソコンがインターネットに接続されたとき、自動でパソコンとOneDriveの間で同期が行われ、ファイルの内容が同じになります。

2 保存するOneDriveのフォルダーを選択する

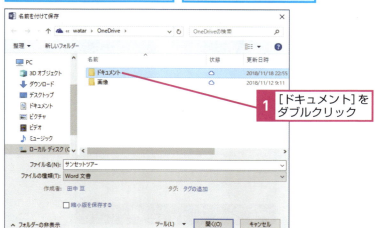

 間違った場合は？

手順2で保存するフォルダーを間違って選択したときは、左上の[戻る]ボタン（←）で前の画面に戻り、正しいフォルダーを選び直しましょう。

③ ファイルを保存する

OneDriveの［ドキュメント］
フォルダーが表示された

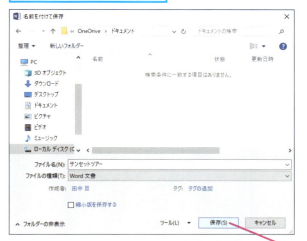

1 ［保存］をクリック

④ OneDriveに保存された

OneDriveに文書が
アップロードされる

アップロード中は、［OneDriveにアップロード
しています］というメッセージが表示される

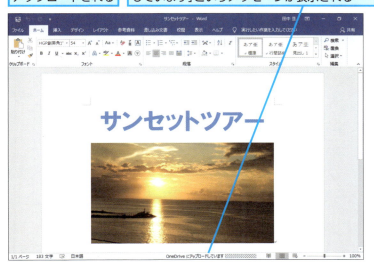

文書がOneDriveに
保存された

アップロードが完了すると
メッセージが消える

HINT!

OneDriveで利用できる容量とは

OneDriveの容量は、5GBまでは無料で利用できます。それ以上の容量を利用するときは、以下の料金で使用容量を増やせます（2018年12月現在）。また、Office 365 SoloやOneDrive for Businessに加入するとOneDriveのストレージが1 TB追加されます。

●OneDriveのプラン

容量	価格
5 GB	無料
50 GB	249円／月
1 TB	1,274円／月※ 12,744円／年

※Office 365 Soloで利用できるOffice 365サービスを含む

Point

OneDriveで文書の利便性と安全性が高まる

OneDriveを利用すると、Wordの文書をクラウドに保存できます。OneDriveに保存された文書は、専用のアプリを使ってスマートフォンやタブレットから編集できるようになります。また、Wordをインストールしていないパソコンからでも、Webブラウザーを使って、閲覧や編集もできます。そして、OneDriveに文書を保存しておけば、もしもパソコンが壊れてしまったとしても、クラウドで安全に保管されているので、文書を失う心配がなくなります。

レッスン 14

OneDriveに保存した文書やブックを開くには
OneDriveから開く

WordからOneDriveに保存した文書は、パソコンに保存した文書と同じように、インターネットを経由してクラウドから開いて編集できます。

1 [開く]の画面を表示する

Word・レッスン❷を参考にWordを起動しておく

1 [他の文書を開く]をクリック

 動画で見る 詳細は3ページへ

▶キーワード

| OneDrive | p.482 |

HINT!
フォルダーウィンドウからOneDriveのファイルを開くには

OneDriveに保存された文書は、Wordだけではなくフォルダーウィンドウからも開けます。フォルダーウィンドウでもOneDriveのフォルダーにファイルをアップロードできますが、パソコンの容量に余裕があるときは、コピーをしてからアップロードしましょう。

Word・レッスン⓴を参考にフォルダーウィンドウを表示しておく

1 [OneDrive]をクリック

2 OneDriveのフォルダーを開く

[開く]の画面が表示された

1 [OneDrive]をクリック
2 [ドキュメント]をクリック

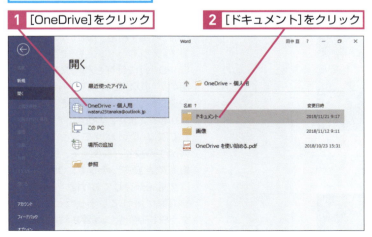

2 [ドキュメント]をダブルクリック

保存されたファイルが表示された

③ OneDriveにあるファイルを表示する

OneDriveの[ドキュメント]にフォルダーに あるファイルが表示された

1 ファイルをダブルクリック

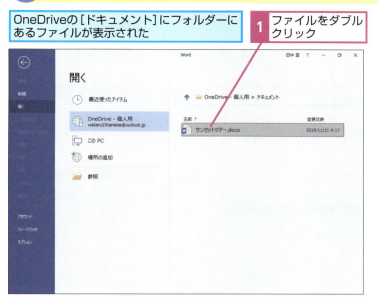

④ OneDriveにあるファイルが表示された

編集画面にファイルが表示された

HINT!
OneDriveを通知領域から表示するには

通知領域にあるOneDriveのアイコンを使うと、アップロードの状況などを確認できます。また、OneDriveの状況を確認する画面から、OneDriveのフォルダーも開けます。また[その他]から[オンラインで表示]をクリックすると、Webブラウザーで表示できます。

1 [隠れているインジケーターを表示します]をクリック

2 [OneDrive]をクリック

OneDriveとの同期状況が表示された

3 [フォルダーを開く]をクリック

フォルダーウィンドウにOneDriveのフォルダーが表示される

Point
クラウドを意識せずに自由に操作できる

WordやWindowsでは、OneDriveというクラウドにある文書の保管場所が、パソコンのフォルダーの一部であるかのように操作できるようになっています。そのため、保存や読み込みなどの操作は、通常の文書と同様です。OneDriveから開いた文書も、Wordで保存を実行すれば、クラウドにある文書が更新されます。

レッスン 15

ブラウザーを使って文書やブックを開くには

Word Online

OneDriveに保存された文書は、Wordだけではなく Webブラウザーで閲覧や編集ができます。Wordが入っていないパソコンでも、この方法で文書を利用できます。

① OneDriveのWebページを表示する

Microsoft Edgeを起動しておく	▼OneDriveのWebページ https://onedrive.live.com/

1 ここにOneDriveのURLを入力

2 Enter キーを押す

キーワード

Microsoft Edge	p.481
Microsoftアカウント	p.481
Word Online	p.482

HINT!
サインインの画面が表示されたときは

OneDriveのWebページを開こうとすると、サインインの画面が表示されることがあります。そのときは、OneDriveを利用しているMicrosoftアカウントでサインインしてください。Windows 10/8.1でWindowsのサインインをMicrosoftアカウントで行っているときは、OneDriveも同じアカウントでサインインできます。

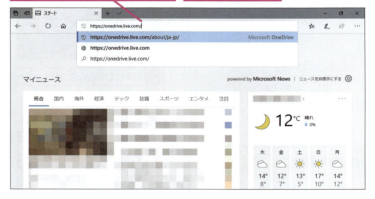

② OneDriveのフォルダーを開く

OneDriveのWebページが表示された	ここでは、Word&Excel・レッスン⑬でOneDriveの[ドキュメント]フォルダーに保存した文書を開く

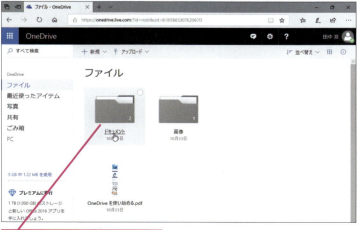

1 [ドキュメント]をクリック

1 [サインイン]をクリック

2 Microsoftアカウントのメールアドレスを入力

3 [次へ]をクリック

4 パスワードを入力

5 [サインイン]をクリック

③ ファイルを表示する

［ドキュメント］フォルダーに あるファイルが表示された

1 ファイルをクリック

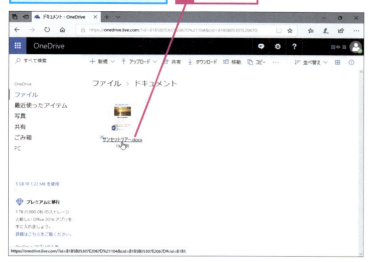

④ OneDriveにあるファイルが表示された

Word Onlineが起動し、新しいタブにファイルが表示された

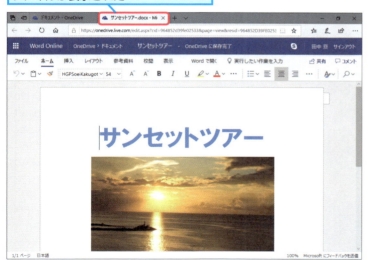

OneDriveのフォルダー一覧を表示するには、画面左上の［OneDrive］をクリックする

文書を閉じるときは、タブの右にある［タブを閉じる］ボタンをクリックするか、Webブラウザーを終了する

HINT!
Word Onlineで使える機能

Word Onlineでは、文章の編集や装飾に図形の挿入など、Wordの基本的な機能が利用できます。また、変更履歴や一部の校正機能も用意されています。ただし、高度な編集機能は利用できません。Word Onlineを利用した文書の編集方法については、Word&Excel・レッスン⑲で解説しています。

HINT!
Webブラウザーで文書を開くメリットを知ろう

このレッスンで紹介したように、OneDriveにある文書は、OSやパソコンの違いを問わずWebブラウザーで内容を確認できます。OneDriveのWebページでは、OneDriveにあるすべてのファイルやフォルダーを表示できます。

 間違った場合は？

手順3では1つのファイルしか表示されていませんが、複数あるファイルから別のファイルを選んでしまったときは、手順4で［OneDrive］をクリックし、正しいファイルを選び直しましょう。

Point
クラウド活用の基本はWebブラウザー

OneDriveはWebブラウザーで利用できるクラウドサービスです。OSやアプリに依存しないので、多くの人がWordの文書をクラウドで共有して便利に活用できます。

レッスン 16

スマートフォンを使って文書やブックを開くには

モバイルアプリ

OneDriveに保存した文書は、パソコンだけではなくスマートフォンやタブレットからも利用できます。iPhoneやiPad、Android端末で文書の確認や編集ができます。

1 [Word] アプリを起動する

付録2を参考にスマートフォンに [Word] アプリをインストールしておく

1 [Word]をタップ

2 保存場所の一覧を表示する

[Word] アプリが起動した

1 [開く]をタップ

キーワード

OneDrive	p.481
フォルダー	p.495
リボン	p.498

HINT!

OneDriveに新しい文書を作成して保存できる

[Word] アプリを使えば、新しい文書を作って、OneDriveに保存できます。外出先で思い付いたメモやアイデアをスマートフォンなどで作成して、後からパソコンのWordで開いて清書する、といった使い方もできます。新しい文書を作成するには、手順2で [白紙の文書] をタップしましょう。

HINT!

サインインしないとOneDriveの文書を開けない

iPhoneの場合、[Word] アプリで作成した文書はiPhoneかOneDriveに保存できます。しかし、Microsoftアカウントでサインインしないと、文書をOneDriveに保存できません。もちろん、OneDriveに保存済みの文書も開けません。付録2でサインインを実行していないときは、手順2で [設定] をタップしてから [サインイン] をタップし、Microsoftアカウントのメールアドレスとパスワードを入力してサインインを実行します。

③ OneDriveのフォルダーを開く

[場所]の画面が表示された

1 [OneDrive]をタップ

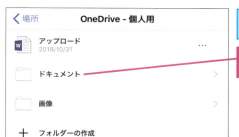

OneDriveのフォルダーが表示された

2 [ドキュメント]をタップ

④ ファイルを表示する

[ドキュメント]の画面が表示された

1 表示するファイルをタップ

HINT!
Androidスマートフォンやタブレットでも利用できる

iPhone以外のAndroidを搭載したスマートフォンやタブレットでも、OneDriveの文書を利用できます。画面の表示はiPhone用の［Word］アプリとは異なりますが、利用できる基本的な機能は同じです。

Androidスマートフォンで［Word］アプリを起動しておく

1 [開く]をタップ

[OneDrive]をタップすると、OneDriveのフォルダーが表示される

 間違った場合は？

手順3で間違ったフォルダーをタップしてしまったときは、手順4の左上に表示されている［戻る］をタップしましょう。

次のページに続く

⑤ OneDriveにある保存したファイルが表示された

OneDriveに保存された
ファイルが表示された

HINT!
表示される内容には違いがある

スマートフォンの画面は、パソコンよりも狭いので、表示される文書の内容には細かい部分で違いがあります。画面では文字が1行に収まっていなくても、パソコンで表示すれば正しいレイアウトになります。

HINT!
最新バージョンのアプリを使おう

［Word］アプリは、不定期にアップデートされます。iPhoneであればホーム画面の［App Store］をタップして、最新バージョンにアップデートしましょう。アプリのアップデートは無料ですが、容量が大きい場合、Wi-Fi接続でないとアップデートできません。

 間違った場合は？

間違った文書を開いてしまったときは、その文書を閉じて、正しい文書を開き直しましょう。

テクニック 外出先でも文書を編集できる

モバイルアプリでは、文書の閲覧だけではなく、簡単な編集もできます。画面が狭いので、正確なレイアウトは確認できませんが、文字の修正や装飾などを修正できます。パソコンで作りかけの文書をOneDriveに保存しておいて、移動中や出張先などでモバイルアプリを使い、文章を推敲したり気になる個所にメモを追加したりすると便利です。

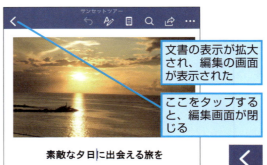

1 ここをタップ

文書の表示が拡大され、編集の画面が表示された

ここをタップすると、編集画面が閉じる

❻ ファイルを閉じる

ここではそのまま
文書を閉じる

1 ここをタップ

❼ ファイルが閉じた

ファイルが閉じ、
[ドキュメント]の
画面が表示された

HINT!
タブを表示するには

[Word]アプリでタブを表示するには、手順5で をタップします。画面の下半分に[ホーム]が表示され、書式やフォントの変更などを実行できます。別のタブを表示するには、[ホーム]の右にある をタップして[挿入]や[レイアウト]タブに切り替えましょう。なお、右に表示される ▼ をタップするとタブが非表示になります。

前ページのテクニックを参考に
編集の画面を表示しておく

1 ここをタップ

リボンのメニューが表示された

ここをタップすると、
タブを切り替えられる

ここをタップすると、
タブが非表示になる

Point
文書をスマートフォンと連携すると便利

OneDriveを利用すると、このレッスンのように文書をスマートフォンで確認したり、簡単な編集ができるようになります。OneDriveを経由して、Wordで保存した文書をスマートフォンで確認したり、スマートフォンで作成した下書きをWordで清書したり、といった使い分けもできるので便利です。

レッスン 17 文書やブックを共有するには

共有

OneDriveに保存した文書は、共有を設定すると、自分だけではなくほかの人が文書を閲覧したり編集できるようになります。Wordから文書を共有してみましょう。

1 [共有] 作業ウィンドウを表示する

Word&Excel・レッスン⑭を参考に、OneDriveに保存した文書をWordで開いておく

① [共有] をクリック

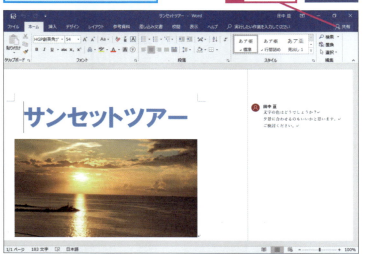

2 共有相手のメールアドレスを入力する

[ユーザーの招待] に共有相手のメールアドレスを入力する

① 共有相手のメールアドレスを入力

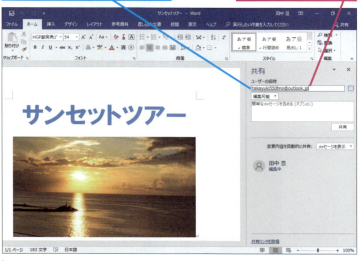

▶キーワード

OneDrive	p.482
共有	p.485
作業ウィンドウ	p.487
フォルダー	p.495

HINT!

共有するリンクをメールで送るには

Wordを使わずに、OneDriveの共有リンクをメールで相手に送りたいときは、[共有リンクを取得]で、URLを作成します。複数の人たちにまとめてリンクを知らせるときに使うと、便利です。

① [共有リンクを取得] をクリック

[編集リンクの作成] をクリックすると、相手が文書を編集できる共有リンクが作成される

[表示のみのリンクの作成] をクリックすると、相手が文書の表示のみが可能な共有リンクが作成される

[コピー] をクリックしてメールの本文などに貼り付ける

テクニック　Webブラウザーを使って文書を共有する

OneDriveをWebブラウザーで開いているときも、文書に共有を設定できます。複数の文書をまとめて共有したいときや、Wordが使えないパソコンで共有リンクを相手に送りたいときなどに利用すると便利です。また、Webブラウザーから共有リンクを指定すると、文書ごとだけではなく、フォルダー単位でも共有を設定できます。文書が多いときなどは、フォルダーを共有するといいでしょう。

Word&Excel・レッスン⓯を参考にWebブラウザーでOneDriveのWebページを表示しておく

1 共有する文書の右上にマウスポインターを合わせる

['（ファイル名）'の共有]の画面が表示された

4 [メール]をクリック

2 そのままクリックしてチェックマークを付ける

3 [共有]をクリック

5 共有相手のメールアドレスを入力

6 共有相手に送るメッセージを入力

7 [共有]をクリック

共有がブロックされたときは、[ご自身のアカウント情報を確認]をクリックし、携帯電話のメールアドレスを入力してから確認コードを入力する

③ 文書を共有する

共有相手のメールアドレスが入力された

1 共有相手に送るメッセージを入力

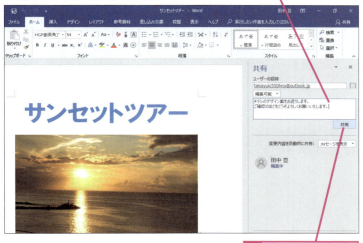

2 [共有]をクリック

HINT!
共有する文書の権限を設定するには

文書の共有設定は、標準で共有リンクを受け取った相手も文書を編集できるようになっています。もしも、閲覧だけを許可するには、以下の手順で、[表示可能]に設定しておきましょう。

1 ここをクリック

[表示可能]をクリックすると、共有相手は文書を編集できない

次のページに続く

17 共有

できる　451

④ 文書の共有が完了した

共有相手が表示され、
文書が共有された

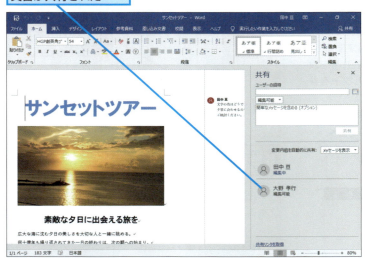

⑤ [共有]作業ウィンドウを閉じる

1　[閉じる]をクリック

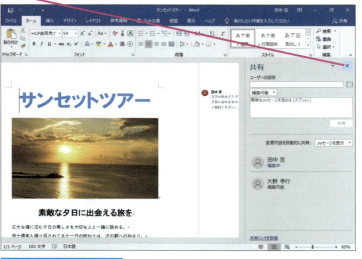

[共有]の画面が閉じる

HINT!
共有を解除するには

共有を解除したいときは、手順4の画面で削除したい相手を右クリックし、[ユーザーの削除]を選びます。

1　削除するユーザーの名前を右クリック

2　[ユーザーの削除]をクリック

間違った場合は？

共有する相手を間違えたときは、HINT!を参考にしてメールを送った相手との共有を解除しましょう。

Point
共有を使えば共同作業が便利になる

OneDriveに保存した文書は、共有したい相手にメールを送るだけで、複数のメンバーで、閲覧したり編集したりすることができます。メールを受け取った相手は、その文面にあるリンク先を開くだけで、WebブラウザーなどからOneDriveの文書を共有できます。ただし、OneDriveによる共有は、リンク先を知っている誰もが文書を閲覧できるようになるので注意しましょう。文書は限られた人だけと共有し、相手には文書の取り扱いや公開の可否を伝えるようにしましょう。

テクニック OneDriveのフォルダーを活用すると便利

WebブラウザーでOneDriveを開くと、フォルダーを作成して、そこに文書をまとめて保存できます。フォルダーに保存された文書は、フォルダーに共有を設定するだけで、すべての文書が共有できるようになります。複数の人たちで、多くの文書を相互に編集し合って作業するときは、あらかじめ共有を設定したフォルダーを用意しておいて、そこに文書を保存して利用すると便利です。なお、手順4の画面で[編集を許可する]のチェックマークを外すと、メールを受け取った相手はフォルダー内のファイルを編集できなくなります。共同で編集するときは、チェックマークを付けたままにしておきます。

1 新しいフォルダーを作成する

Word&Excel・レッスン⓯を参考に、OneDriveのWebページを表示しておく

1 [新規]をクリック
2 [フォルダー]をクリック

2 フォルダー名を付ける

フォルダー名の入力画面が表示された

1 フォルダー名を入力
2 [作成]をクリック

3 フォルダーを共有する

作成したフォルダーを共有する

1 ここをクリックしてチェックマークを付ける
2 [共有]をクリック

4 フォルダーの共有の連絡方法を選択する

ここではメールで連絡する

1 [メール]をクリック

5 あて先とメッセージを入力する

1 共有相手のメールアドレスを入力
2 共有相手に送るメッセージを入力
3 [共有]をクリック

6 共有の設定が完了した

フォルダーに共有のアイコンが表示される

1 ここをクリックしてチェックマークを付ける

ここをクリックして[アクセス許可の管理]をクリックすると、共有相手の名前や設定が確認できる

レッスン
18 共有された文書やブックを開くには
共有された文書

このレッスンでは、編集可能の状態でOneDriveの文書を共有し、共有先に自分が指定された例で共有ファイルを表示する方法を紹介します。

1 [メール] アプリを起動する

ここでは、田中さんが共有した文書を大野さんが開く例で操作を解説する

ここでは、Windows 10の[メール]アプリを利用する

[スタート]メニューを表示しておく

1 [メール]をクリック

▶キーワード

Excel Online	p.481
Microsoft Edge	p.481
Microsoftアカウント	p.481
OneDrive	p.482
Word Online	p.482
共有	p.485

HINT!
普段利用しているメールで受信できる

手順1ではWindows 10の[メール]アプリを利用していますが、OneDriveから届く共有通知メールは、Microsoftアカウントから発信されたメールを受信できるメールソフトやWebメールであれば、何を利用しても構いません。メールの環境によっては、送信者のメールアドレスがMicrosoftアカウントの場合、セキュリティ対策でブロックされる場合があります。うまく受信できない場合には、システム管理者などに確認してみましょう。

2 [メール] アプリが起動した

文書の共有に関するメールが田中さんから届いた

HINT!
Wordがなくても閲覧できる

OneDriveで共有されたWord文書は、使っているパソコンにWordがインストールされていなくても、Webブラウザーで表示できます。

 間違った場合は？

間違ってほかのメールを開いてしまったときには、左側の一覧から、正しいメールをクリックしましょう。

③ 共有された文書を表示する

通知メールに表示されているリンクをクリックして、OneDrive上の共有された文書を表示する

1 [OneDriveで表示]をクリック

④ 共有された文書が表示された

| Microsoft Edgeが起動し、OneDrive上に共有されている文書が表示された | Microsoft Edgeの起動と同時にWord Onlineが表示される |

次のレッスンで引き続き操作するので、このまま表示しておく

HINT!

Webブラウザーでファイルをダウンロードするには

手順4ではWord Onlineで文書ファイルが表示されます。以下の手順を実行すれば、パソコンの[ダウンロード]フォルダーに文書ファイルをダウンロードできます。

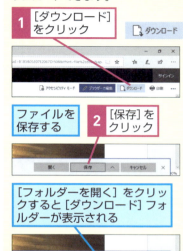

1 [ダウンロード]をクリック

ファイルを保存する **2** [保存]をクリック

[フォルダーを開く]をクリックすると[ダウンロード]フォルダーが表示される

[ダウンロードの表示]をクリックすると[ダウンロード]ウィンドウが表示される

Point

共有された文書はWebブラウザー上で閲覧できる

OneDriveで共有された文書は、Word Onlineにより、Webブラウザーで内容を表示できます。Windows以外のパソコンを使っていたり、パソコンにWordがインストールされていなかったりする場合でも、OneDriveを活用すれば文書を閲覧できます。また、Webブラウザーによる文書の閲覧では、Microsoftアカウントは不要です。リンク先さえ知っていれば、誰でも閲覧できます。

レッスン 19

共有された文書やブックを編集するには

Word Onlineで編集

OneDriveで共有された文書は、Webブラウザーで閲覧や編集ができます。また、パソコンにWordがインストールされていれば、Wordでも編集できます。

1 Microsoftアカウントでサインインする

Word&Excel・レッスン⓲を参考に、共有された文書をWebブラウザーで表示しておく

1 [サインイン] をクリック

動画で見る
詳細は3ページへ

▶ キーワード

Microsoftアカウント	p.481
OneDrive	p.482
Word Online	p.482

HINT!
なぜサインインするの？

Webブラウザーによる編集では、手順1のようにサインインしなくても、作業できます。しかし、サインインしておくと、編集内容やコメントなどに、作業者のアカウントが表示されます。そのため、共同で編集するときには、サインインしておいた方がいいでしょう。

2 Word Onlineの編集画面を表示する

WebブラウザーでOneDriveにサインインできた

共有された文書を編集するために、Word Onlineの編集画面を表示する

1 [文書の編集] をクリック

2 [ブラウザーで編集] をクリック

 間違った場合は？

Wordがインストールされていないパソコンの場合、手順2で [Wordで編集] をクリックしてしまうと、「このms-wordを開くには新しいアプリが必要です」というメッセージが画面に表示されます。メッセージ以外の画面をクリックしてください。次に「すべて完了しました。タブを閉じることができます。」というメッセージが画面に表示されるので、[閉じる] ボタンをクリックして手順2から操作をやり直しましょう。Wordがインストールされているパソコンで [Wordで編集] をクリックしたときは、[閉じる] ボタンをクリックして、操作をやり直します。

③ 文書の入力されたコメントを表示する

| Word Onlineの編集画面が表示された | コメントのアイコンが表示された | |

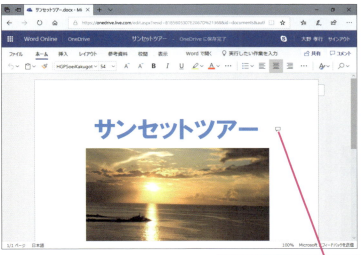

1 コメントのアイコンをクリック

④ コメントの一覧が表示された

| [コメント]の画面が表示された | 文書に入力されたコメントの詳細が表示された |

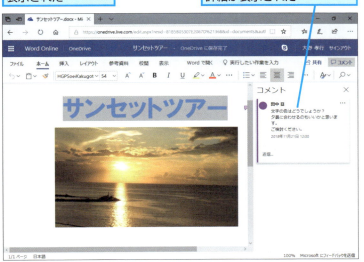

HINT!
Wordを起動して編集することもできる

パソコンにWordがインストールされていれば、手順2の操作2で[Wordで編集]をクリックするか、手順3で[Wordで開く]を選び、確認の画面で[はい]ボタンをクリックすると、Wordで文書を編集できるようになります。

HINT!
Wordがインストールされていないパソコンで[Wordで開く]をクリックしたときは

Wordがインストールされていないパソコンの場合、手順3で[Wordで開く]をクリックすると、アプリの関連付けに関する画面が表示されます。[ストアでアプリを探す]を選んで[OK]ボタンをクリックすると、Microsoft Storeで、Office 365 soloとWordのアプリが表示されます。どちらかのアプリを契約してインストールしなければ、パソコンでWordの文書を開くことはできません。

[Word Mobile]アプリをインストールしないときは、下の画面以外をクリックして閉じておく

1 [Wordで開く]をクリック

次のページに続く

⑤ 文書を修正する

| コメントの指示に合わせて文書を編集する | 1 ここをクリック | カーソルが表示され、文書が編集できるようになった |

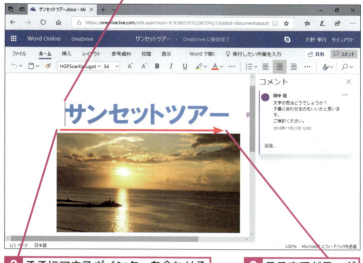

| 2 ここにマウスポインターを合わせる | 3 ここまでドラッグ |

HINT!
Word Onlineの機能は進化する

WebブラウザーでWebで利用するWord Onlineは、クラウドサービスです。マイクロソフトは不定期に機能や性能を改善しているため、利用できる編集機能が増える場合があります。

間違った場合は？
手順6で違う色を選んでしまったときは、あらためて正しい色を選び直しましょう。

テクニック 共有された文書をパソコンに保存する

共有された文書は、その複製をパソコンにダウンロードできます。[名前を付けて保存]の画面では、Wordで編集できる文書のほかに、PDFに変換してダウンロードできます。
共同作業が完了した文書のバックアップや、保管用としてPDFを保存したいときに利用すると便利です。456ページの手順2で[その他]ボタン（…）をクリックし、[ダウンロード]や[PDFとしてダウンロード]をクリックしても同様に操作できます。

| 1 [ファイル]をクリック |

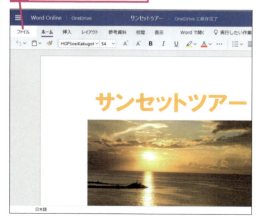

| 2 [名前を付けて保存]をクリック | [名前を付けて保存]の画面が表示された |

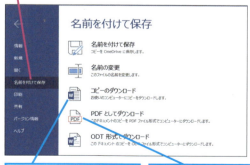

| [コピーのダウンロード]をクリックすると、文書のコピーをパソコンにダウンロードできる | [PDFとしてダウンロード]をクリックすると、文書をPDFにしてダウンロードできる |

6 修正を実行する

文字が選択された

ここでは選択した文字の色を [オレンジ] に変更する

1 [フォントの色] の ここをクリック

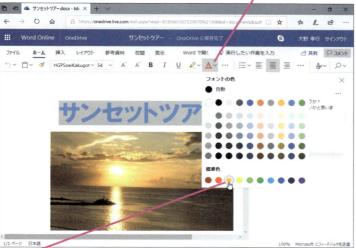

2 [オレンジ] をクリック

7 コメントの返信画面を表示する

選択した文字の色が変更された

文字の色を変更したことをコメントの返信に入力する

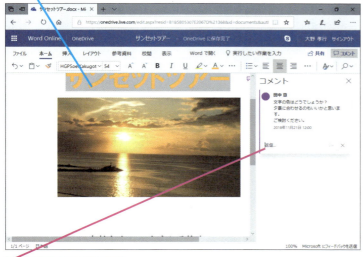

1 [返信] をクリック

HINT!
新しいコメントを入力することもできる

Word Onlineによる編集では、文字だけではなくコメントも追加できます。新しいコメントを追加したいときは、あらかじめカーソルを挿入する位置に移動してから、コメントを挿入します。

[校閲] タブの [新しいコメント] をクリックすると、コメントの入力画面が表示される

HINT!
修正内容を戻すには

編集などの作業を間違えたときは、[元に戻す] でやり直しできます。また、Word Onlineは、作業した内容が自動的に保存されるので、最後に修正を加えた人の編集結果が、常に最新の文書としてOneDriveに残っています。

1 [元に戻す] を クリック

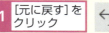

編集した内容が取り消される

次のページに続く

19 Word Onlineで編集

できる 459

⑧ 返信のコメントを入力する

コメントの返信画面が表示された

1 返信のコメントを入力

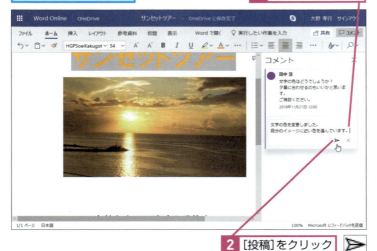

2 [投稿]をクリック

HINT!

ほかのユーザーの状況が分かる

複数の人が同時にOneDriveの同じ文書を編集していると、誰がアクセスしているかが表示されます。相手のカーソルの位置や編集した内容もリアルタイムで表示されるので、離れた場所にいるユーザー同士でも、便利に共同で作業できます。

同時に編集しているユーザーが表示される

👉 テクニック　Skypeでチャットしながら編集できる

同じファイルを複数の共有メンバーで同時に編集しているときは、⑤アイコンをクリックして、チャットの画面を表示できます。チャットを活用すると、編集している文書を見ながらメンバー全員が情報をテキストでやりとりできるので、修正作業がはかどります。

共有メンバーが同時に編集しているときは「(ユーザー名)も編集中です」と表示される

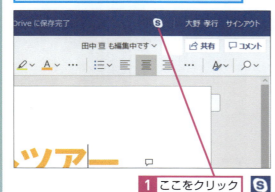

1 ここをクリック ⑤

[チャット]ウィンドウが表示された　　会話しながらファイルを編集できる

編集結果をリアルタイムで確認できる

⑨ 文書を閉じる

コメントに返信できた

1 [閉じる]をクリック

コメントの一覧が閉じた

2 [閉じる]をクリック

Webブラウザーが閉じる

HINT!
保存の状態を確認するには

Word Onlineで編集した内容が、確実にOneDriveに保存されたかどうかを確かめたいときは、以下のように[OneDriveに保存完了]になったかどうかを確認しましょう。

ファイルの保存中は[保存中...]と表示される

ファイルの保存が完了すると[OneDriveに保存完了]と表示される

Point
文書の共有は共同作業に便利

OneDriveの文書は、複数の人たちが同時に開いて編集しても、常に最後の更新内容を反映するので、誰もが最新の文書を確認できます。メールに文書を添付して複数のコピーを配布してしまうと、バラバラに加えられた修正を1つの文書に反映させるのが大変です。OneDriveの共有を使えば、1つの文書を全員で同時に編集できるので、共同で文書を完成させたいときに使うと便利です。

19 Word Onlineで編集

461

この章のまとめ

● OneDriveで、Wordの活用の幅がさらに広がる

この章では、OneDriveというマイクロソフトのクラウドサービスに、Wordで作成した文書を直接保存する方法を紹介しました。OneDriveに保存した文書は、Wordがインストールされていないパソコンでも、Webブラウザーで閲覧や編集ができます。また、文書を共有して、複数の人との間でコメントを挿入してやりとりするなどの共同作業も簡単に行えます。

OneDriveを利用すれば、サーバーやファイル共有のシステムなどを構築しなくても、柔軟に文書を複数の人と共有できます。また、OneDriveに保存した文書は、パソコンはもちろん、スマートフォンやタブレットなどでも閲覧できるので便利です。ほかの人と文書を共有して作業するときにOneDriveを活用してみましょう。

文書が手軽に共有できる
OneDriveを使えば、簡単な操作で文書を共有して、複数のメンバーで文書の閲覧や編集ができる

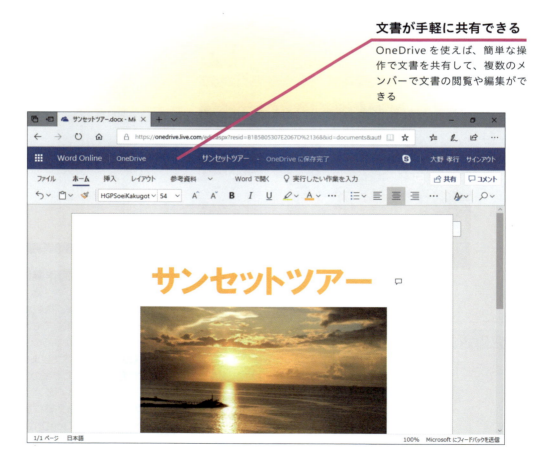

練習問題

1

[名前を付けて保存]ダイアログボックスでOneDrive に「共同作業用フォルダー」という名前のフォルダーを作成して、Wordの文書を保存してみましょう。

●ヒント：[名前を付けて保存]ダイアログボックスにある[新しいフォルダー]ボタンをクリックすると、新しいフォルダーを作成できます。

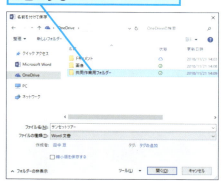

新しいフォルダーにファイルをコピーする

2

練習問題1でOneDriveに保存したファイルをWord Online で編集して、画像に[図のスタイル]の[角丸四角形、反射付き]を設定してみましょう。

●ヒント：[文書の編集]ボタンの[Word Onlineで編集]を選択すると、Word Onlineの編集画面が表示されます。画像をクリックして選択すれば[図ツール]の[書式]タブが表示されます。

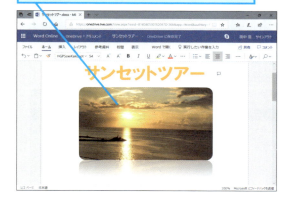

[図のスタイル]を[角丸四角形、反射付き]に設定する

答えは次のページ

解 答

1

[名前を付けて保存] ダイアログボックスを表示しておく

1 [新しいフォルダー]をクリック

OneDriveを開いて、新しいフォルダーを作成したら、[共同作業用フォルダー] という名前を入力します。
それから [共同作業用フォルダー] を開いて、[保存] ボタンをクリックします。

新しいフォルダーが作成された

2 フォルダー名を入力

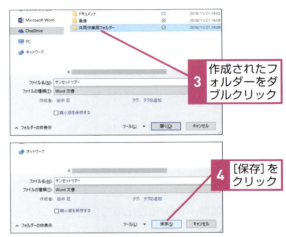

3 作成されたフォルダーをダブルクリック

4 [保存]をクリック

2

Word&Excel・レッスン⓯を参考に、文書をWebブラウザーで表示しておく

1 画像をクリック

画像を選択すると、[画像]タブが表示される

WebブラウザーでOneDriveにある文書を開き、[文書の編集] ボタンの [ブラウザーで編集] をクリックして、Word Onlineの編集画面を表示します。画像をクリックすると [画像] タブが表示されるので、[図のスタイル] にある [角丸四角形、反射付き] をクリックしましょう。

2 [画像]タブをクリック

3 [図のスタイル]のここをクリック

4 [角丸四角形、反射付き]をクリック

付録 1

Excel Onlineのアンケートを利用してみよう

Excel Onlineでは、Excel 2019にはないアンケートの作成と集計の機能があります。この機能を使えばアンケートの入力フォームが簡単に作成できます。作成したアンケートはリンクをメールなどで送ってアンケートに回答してもらうことができます。

1 アンケートの作成画面を表示する

OneDriveのWebページを表示しておく

1 [新規]をクリック
2 [Excelアンケート]をクリック

HINT!
質問の回答方法はさまざまな形式が指定できる

アンケートの回答方法は自由に回答を記入する以外に、あらかじめ用意した選択肢から選ぶ形式にもできます。このほか回答を日付や時刻、数値に限定したり、「はい/いいえ」の選択などさまざまな形式が用意されています。また、回答を必須にして、入力しないとアンケートの送信ができないようにすることもできます。

HINT!
データはテーブルに入力される

作成したアンケートに入力されたデータは、Excel Online上でワークシートのテーブルに自動的に集計されます。初期状態ではアンケートを作成した順に「アンケート1.xlsx」のように番号が付いたブックが作成され、入力データが保存されます。

2 アンケートを作成する

アンケートの作成画面が表示された

1 ここにタイトルを入力
2 ここに説明を入力

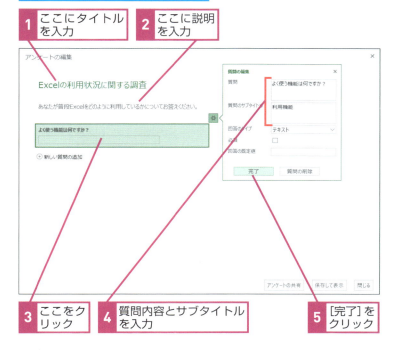

3 ここをクリック
4 質問内容とサブタイトルを入力
5 [完了]をクリック

次のページに続く

できる 465

3 アンケートを共有する

[新しい質問の追加]をクリックして質問事項を追加しておく

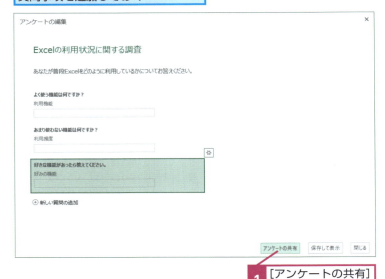

1 [アンケートの共有]をクリック

4 アンケートが共有された

リンクが作成された
アンケートが共有できるようになった

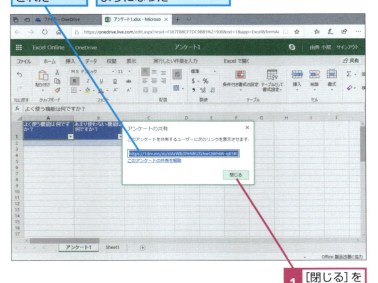

1 [閉じる]をクリック

HINT!
質問の順番は変えられる

アンケートを作成していて質問の順番を変えたくなることがあると思います。作成した質問はいつでも順番を変えることができます。作成済みの質問にマウスポインターを合わせてドラッグすれば順番を変えることができます。

HINT!
作成したアンケートを確認するには

作成したアンケートを共有する前に入力フォームのイメージを確認することができます。手順3で[保存して表示]ボタンをクリックすると、作成したアンケートを表示して確認できます。思い通りの内容になっているか確認してから共有するようにしましょう。

HINT!
作成後にアンケートを修正するには

手順3でアンケートを作成した後でもアンケートを修正することができます。アンケートを修正するには、Excel Online上で修正したいアンケートのブックを開いて[挿入]タブの[アンケート]にある[アンケートの編集]をクリックします。[アンケートの編集]ウィンドウが開き、アンケートの修正ができます。

付録 2 Officeのモバイルアプリをインストールするには

iOSやAndroidを搭載したスマートフォンやタブレットでは、マイクロソフトが提供している［Word］アプリを使うと、OneDriveに保存している文書を利用できます。ここではiPhoneを例に、［Word］アプリをインストールする方法を紹介します。

アプリのインストール

1 ［App Store］を起動する

ホーム画面を表示しておく

1 ［App Store］をタップ

2 アプリの検索画面を表示する

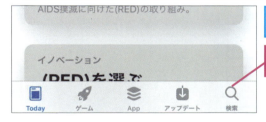

［App Store］が起動した

1 ［検索］をタップ

3 アプリを検索する

検索画面が表示された

1 ［検索］をタップ

HINT!
Androidスマートフォンやタブレットで利用するには

Androidを搭載したスマートフォンやタブレットでは、471ページで解説している方法で［Word］アプリをインストールして利用します。

HINT!
アプリを簡単にインストールするには

ここではアプリを検索してインストールする手順を解説していますが、以下のQRコードを読み取ってインストールすることもできます。

●iPhone/iPad

●Android

次のページに続く

④ アプリの検索を実行する

検索ボックスに文字を入力できるようになった

1 「word」と入力

2 [検索]をタップ

⑤ アプリが検索された

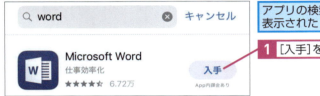

アプリの検索結果が表示された

1 [入手]をタップ

⑥ アプリをインストールする

ボタンの表示が[インストール]に変わった

1 [インストール]をタップ

[Apple IDでサインイン]の画面が表示された場合は、Apple IDのパスワードを入力して［サインイン］をタップする

アプリのインストールが開始された

⑦ アプリがインストールされた

アプリのインストールが完了し、ボタンの表示が[開く]に変わった

HINT!

iPadでも[Word]アプリを利用できる

[Word] アプリはiPadでも利用できます。iPadでのインストールも、iPhoneと同じようにApp Storeを使って[Word]アプリを入手します。

HINT!

インストールしておくと便利なアプリ

[Word] アプリのほかにも、スマートフォンやタブレットでオフィス文書を便利に操作できるアプリがあります。クラウドに保存したファイルを管理できる「Microsoft OneDrive」や、ドキュメントやホワイトボードの画像をスキャンする「Microsoft Office Lens - PDF Scanner」などをインストールしておくと便利でしょう。

アプリの初期設定

8 アプリを起動する

ホーム画面を表示しておく

1 [Word]をタップ

9 サインインを実行する

サインインの画面が表示された

1 [メールまたは電話番号]をタップ

10 メールアドレスを入力する

1 Microsoftアカウントのメールアドレスを入力

2 [次へ]をタップ

11 パスワードを入力する

入力したMicrosoftアカウントが表示された

1 パスワードを入力

2 [サインイン]をタップ

HINT!
サインインして利用しよう

[Word]アプリは、Microsoftアカウントがなくても、インストールして利用できます。しかし、Microsoftアカウントでサインインしていないと、OneDriveに保存されている文書は利用できません。OneDriveを利用するためには、パソコンで使っているMicrosoftアカウントでサインインしましょう。

HINT!
[Word]アプリの品質向上とは

[Word]アプリをはじめて起動すると「品質向上にご協力ください」と表示され、エラーレポートを送信する許可を求めてきます。確認画面で「はい」を選ぶと、エラーレポートがマイクロソフトに自動的に送信されるようになります。送信は匿名で行われるので、個人情報が漏れる心配はありません。[Word]アプリの品質を向上させたいと思うのであれば、「はい」を選びます。

⚠ 間違った場合は？

手順11で入力したMicrosoftアカウントが表示されず、サインインできないときは、手順10で入力するMicrosoftアカウントをもう一度確認してから入力し直しましょう。

次のページに続く

⑫ [品質向上にご協力ください]の画面が表示される

[品質向上にご協力ください]の画面が表示された

1 [はい]をタップ

HINT!
タブレット版の画面はスマートフォン版と異なる

スマートフォンとタブレットでは、[Word]アプリの画面に少し違いがあります。例えば、メニューの並ぶ位置やタブの表示など、画面の広いタブレットの方が、よりパソコンに近い表示になります。

⑬ 通知の設定をする

通知の設定画面が表示された

1 [後で]をタップ

HINT!
ファイルの共有をすぐに知りたいときは

手順13で[通知を有効にする]を選ぶと、Wordの文書が共有されたときに、スマートフォンの通知画面にメッセージが表示されます。文書の共有をすぐに知りたいときには、通知を有効にしておきましょう。

14 サインインが完了した

[準備が完了しました]の画面が表示された

1 [作成および編集]をタップ

15 アプリの初期設定が完了した

[Word]の初期設定が完了し、[新規]の画面が表示された

HINT!

Androidスマートフォンでアプリをインストールするには

Androidを搭載したスマートフォンやタブレットに[Word]アプリをインストールするには、GoogleのPlayストアを利用します。[Word]アプリを起動すると、サインインの画面が表示されるので、iPhoneの例を参考にMicrsoftアカウントでサインインしましょう。

1 [Playストア]をタップ

2 検索ボックスをタップ　**3** 「word」と入力

4 ここをタップ

検索結果が表示された

5 [Microsoft Word]をタップ

6 [インストール]をタップ

付録3 Office 365リボン対応表

Office 365 SoloのWordやExcelを利用しているユーザーは、このリボン対応表で、Word 2019やExcel 2019との違いを把握しておくと、本書の解説をスムーズに理解できます。

Wordの各リボンの違い

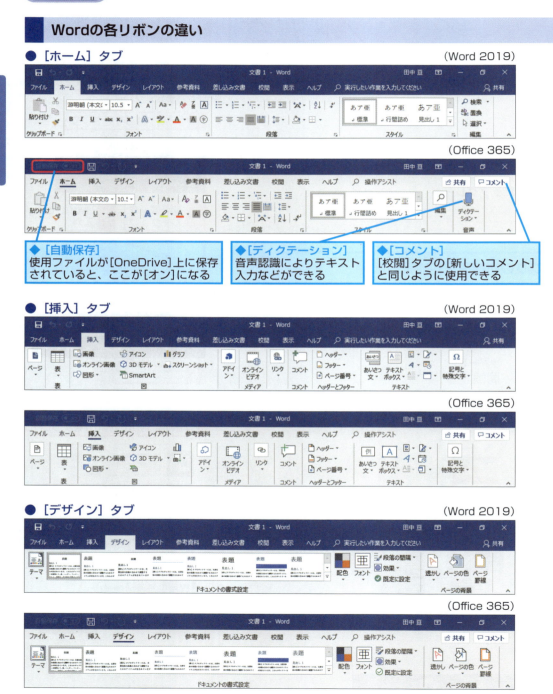

● ［レイアウト］タブ (Word 2019)

(Office 365)

● ［参考資料］タブ (Word 2019)

(Office 365)

● ［差し込み文書］タブ (Word 2019)

(Office 365)

次のページに続く

● ［校閲］タブ (Word 2019)

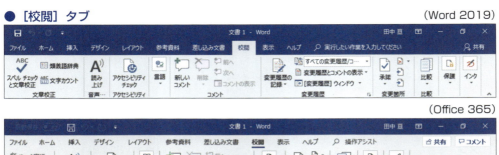

(Office 365)

● ［表示］タブ (Word 2019)

(Office 365)

Excelの各リボンの違い

● ［ホーム］タブ (Excel 2019)

(Office 365)

◆ ［自動保存］
使用ファイルが［OneDrive］上に保存されていると、ここが［オン］になる

● [挿入] タブ (Excel 2019)

(Office 365)

● [描画] タブ (Excel 2019)

(Office 365)

● [ページレイアウト] タブ (Excel 2019)

(Office 365)

● [数式] タブ

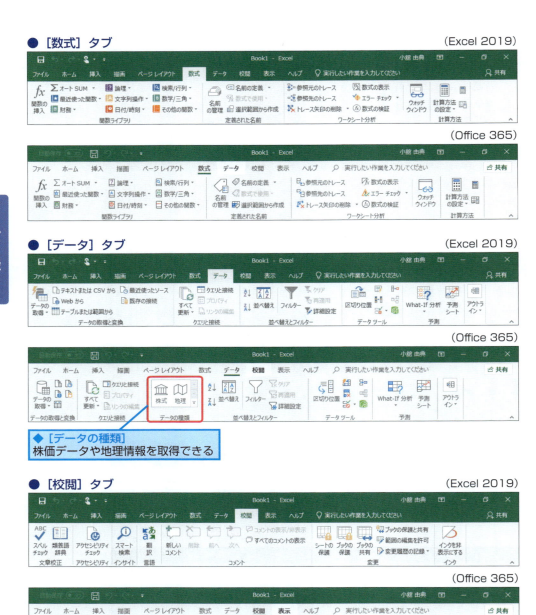

● [データ] タブ

◆ [データの種類]
株価データや地理情報を取得できる

● [校閲] タブ

● [表示] タブ

(Excel 2019)

(Office 365)

Office 365はアイコンが新しくなる

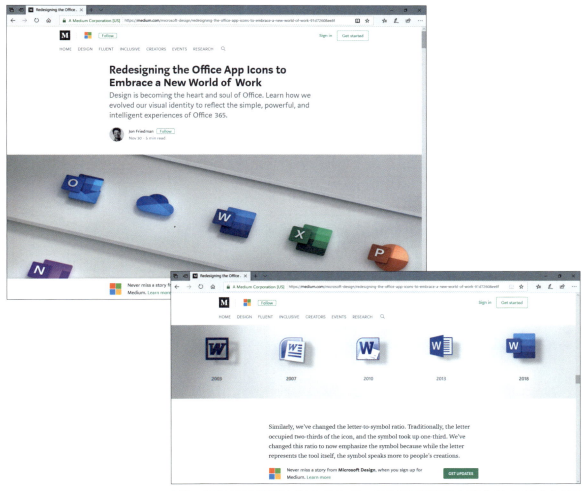

Officeのアプリを表現するアイコンは、これまで頭文字のデザインで構成されてきました。現在のアイコンのデザインは、2013年から使われてきており、Office 2013/2016/2019で共通しています。そして、Office 365 からは、アイコンが新しくなることが予定されています。

付録 4 ファイルの拡張子を表示するには

Windowsの標準設定では、ファイルの種類を表す「.xlsx」や「.xls」などの拡張子は表示されません。Office 2019を使ってOffice 2003で作られた古い形式のファイルを扱う場合、拡張子が表示されていると区別しやすくなります。

拡張子でファイルを判別しやすくなる

拡張子を表示する

拡張子を表示するように設定する

Excel・レッスン⑳を参考に、フォルダーウィンドウを表示しておく

1 [表示]タブをクリック

2 [ファイル名拡張子]をクリックしてチェックマークを付ける

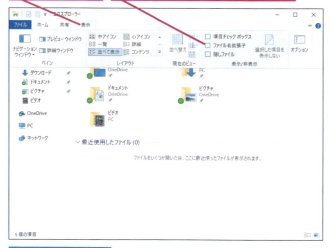

拡張子が表示されるようになる

HINT!
エクスプローラー上でブックの内容を確認できる

[表示]タブにある[プレビューウィンドウ]をクリックすると、エクスプローラーにプレビューウィンドウが表示されます。プレビューウィンドウには、クリックして選択されたファイルの内容が表示されます。Excelのブックを選択すると、ブックの内容が表示されるので、Excelを起動せずに内容を確認できて便利です。

◆プレビューウィンドウ
ブックの内容が表示される

付録 5 ショートカットキー一覧

さまざまな操作を特定の組み合わせで実行できるキーのことをショートカットキーと言います。ショートカットキーを利用すれば、WordやExcel、Windowsの操作を効率化できます。

●Office共通のショートカットキー

ファイルの操作

[印刷]画面の表示	Ctrl + P
ウィンドウを閉じる	Ctrl + F4 ／ Ctrl + W
ウィンドウを開く	Ctrl + F12 ／ Ctrl + O
上書き保存	Shift + F12 ／ Ctrl + S
名前を付けて保存	F12
新規作成	Ctrl + N

編集画面の操作

1画面スクロール	PgDn（下）／ PgUp（上）／ Alt + PgDn（右）／ Alt + PgUp（左）／
下線の設定／解除	Ctrl + U ／ Ctrl + 4
行頭へ移動	Home
[検索]の表示	Shift + F5 ／ Ctrl + F
最後のセルへ移動	Ctrl + End
斜体の設定／解除	Ctrl + I ／ Ctrl + 3
[ジャンプ]ダイアログボックスの表示	Ctrl + G ／ F5
すべて選択	Ctrl + A
選択範囲を1画面拡張	Shift + PgDn（下）／ Shift + PgUp（上）
選択範囲を切り取り	Ctrl + X
選択範囲をコピー	Ctrl + C
先頭へ移動	Ctrl + Home
[置換]タブの表示	Ctrl + H
直前操作の繰り返し	F4 ／ Ctrl + Y
直前操作の取り消し	Ctrl + Z
貼り付け	Ctrl + V
太字の設定／解除	Ctrl + B ／ Ctrl + 2

文字の入力

カーソルの左側にある文字を削除	Back space
入力の取り消し	Esc
文字を全角英数に変換	F9
文字を全角カタカナに変換	F7
文字を半角英数に変換	F10
文字を半角に変換	F8
文字をひらがなに変換	F6

●Wordのショートカットキー

表の操作

行内の次のセルへ移動	Tab
行内の前のセルへ	Shift + Tab
行内の先頭のセルへ	Alt + Home
上へ移動	Alt + Shift + ↑
下へ移動	Alt + Shift + ↓

画面表示の操作

アウトライン表示	Alt + Ctrl + O
印刷レイアウト表示	Alt + Ctrl + P
下書き表示	Alt + Ctrl + N

書式とスタイル

一括オートフォーマットの実行	Alt + Ctrl + K
一重下線	Ctrl + U
大文字／小文字の反転	Shift + F3
書式のコピー	Ctrl + Shift + C
書式の貼り付け	Ctrl + Shift + V
中央揃え	Ctrl + E
二重下線	Ctrl + Shift + D
左インデントの解除	Ctrl + Shift + M
左インデントの設定	Ctrl + M
左揃え	Ctrl + L
フォントサイズの1ポイント拡大	Ctrl +]
フォントサイズの1ポイント縮小	Ctrl + [
[フォント]ダイアログボックスの表示	Ctrl + D / Ctrl + Shift + P / Ctrl + Shift + F
右揃え	Ctrl + R
両端揃え	Ctrl + J

●Excelのショートカットキー

行や列の操作

行全体を選択	Shift + space
行の非表示	Ctrl + 9（テンキー不可）
行や列のグループ化を解除	Alt + Shift + ←
[グループ化]ダイアログボックスの表示	Alt + Shift + →
列全体を選択	Ctrl + space
列の非表示	Ctrl + 0（テンキー不可）

付録

できる | 479

セルの書式設定

罫線の削除	Ctrl + Shift + _
[時刻] スタイルを設定	Ctrl + Shift + @
[セルの書式設定] ダイアログボックスの表示	Ctrl + 1 （テンキー不可）
[外枠] 罫線を設定	Ctrl + Shift + 6
[通貨] スタイルを設定	Ctrl + Shift + 4
取り消し線の設定／解除	Ctrl + 5 （テンキー不可）
[日付] スタイルを設定	Ctrl + Shift + 3
標準書式を設定	Ctrl + Shift + ~
[パーセント] スタイルを設定	Ctrl + Shift + 5

数式の入力と編集

1つ上のセルの値をアクティブセルへコピー	Ctrl + Shift + "
1つ上のセルの数式をアクティブセルへコピー	Ctrl + Shift + '
SUM関数を挿入	Alt + Shift + -
アクティブセルと同じ値を選択範囲に一括入力	Ctrl + Enter
[関数の挿入] ダイアログボックスの表示	Shift + F3
[関数の引数] ダイアログボックスの表示	（関数の入力後に） Ctrl + A
[クイック分析] の表示	Ctrl + Q
現在の時刻を挿入	Ctrl + :
現在の日付を挿入	Ctrl + ;
コメントの挿入／編集	Shift + F2
数式を配列数式として入力	Ctrl + Shift + Enter
セル内で改行	Alt + Enter
選択範囲のセルを削除	Ctrl + -
選択範囲の方向へセルをコピー	Ctrl + D （下） / Ctrl + R （右）
相対／絶対／複合参照の切り替え	F4
開いているブックの再計算	F9
編集・入力モードの切り替え	F2

ワークシートの操作

新規グラフシートの挿入	F11 / Alt + F1
新規ワークシートの挿入	Shift + F11 / Alt + Shift + F1
ワークシートの挿入	Alt + Shift + F1
ワークシートを移動	Ctrl + Page Down （右） / Ctrl + Page Up （左）
ワークシートを分割している場合、ウィンドウ枠を移動	F6 （次） / Shift + F6 （前）

●Windowsのショートカットキー

Windows 全般の操作

アドレスバーの選択	Alt + D
エクスプローラーを表示	⊞ + E
仮想デスクトップの新規作成	⊞ + Ctrl + D
仮想デスクトップを閉じる	⊞ + Ctrl + F4
共有チャームの表示	⊞ + H
現在の操作の取り消し	Esc
コマンドのクイックリンクの表示	⊞ + X
コンピューターの簡単操作センター	⊞ + U
ショートカットメニューの表示	Shift + F10
新規タスクビュー	⊞ + Tab
ズームイン／ズームアウト	⊞ + + / ⊞ + -
[スタート] メニューの表示	⊞ / Ctrl + Esc
セカンドスクリーンの表示	⊞ + P
接続チャームの表示	⊞ + K
[設定] の画面の表示	⊞ + I
設定の検索	⊞ + W
タスクバーのボタンを選択	⊞ + T
デスクトップの表示	⊞ + D
名前の変更	F2
表示の更新	F5 / Ctrl + R
ファイルの検索	⊞ + F / F3
[ファイル名を指定して実行] の画面を表示	⊞ + R
ロック画面の表示	⊞ + L

デスクトップでの操作

ウィンドウをすべて最小化	⊞ + M
ウィンドウの切り替え	Alt + Tab
ウィンドウの最小化	⊞ + ↓
ウィンドウの最大化	⊞ + ↑
ウィンドウを上下に拡大	⊞ + Shift + ↑
画面の右側にウィンドウを固定	⊞ + →
画面の左側にウィンドウを固定	⊞ + ←
最小化したウィンドウの復元	⊞ + Shift + M
作業中のウィンドウ以外をすべて最小化	⊞ + Home
リボンの表示／非表示	Ctrl + F1

用語集

マークはWordに対応した用語、マークはExcelに対応した用語、マークがないものはWordとExcel両方に対応した用語であることを示します。

#DIV/0!
数式で「0」で割り算をしたときに表示されるエラーメッセージ。参照先のセルが空の場合でも同じエラーが表示される。
→エラー、数式、セル

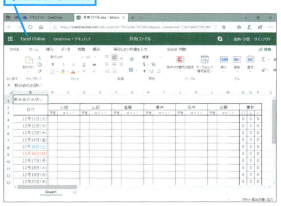

AVERAGE関数
引数で指定された数値やセル範囲の平均を求める関数。[ホーム] タブや [数式] タブにある [オートSUM] ボタンをクリックすると、自動で入力することもできる。
→オートSUM、関数、数式、タブ、引数

Bing（ビング）
マイクロソフトが提供している検索サービス。[画像] や [動画] などのカテゴリーからも目的の情報を検索できる。Windows 10では、[スタート] メニューの検索ボックスにBing.comの情報が表示される。
→検索

Excel Online（エクセル オンライン）
OneDrive上に保存されたブックをWebブラウザー上で編集できる無料のオンラインアプリ。パソコンにExcelがインストールされていなくても利用できる。
→OneDrive、インストール、ブック

Microsoft Edge（マイクロソフトエッジ）
マイクロソフトが提供するWindows 10用の新しいWebブラウザー。表示しているWebページにキーボードやマウスで直接書き込みをしてメモを残すことができる。

Microsoft Office（マイクロソフト オフィス）
マイクロソフトが開発しているオフィス統合ソフトウェア。WordやExcel、PowerPoint、Outlookなどがセットになったパッケージ版が販売されている。

Microsoftアカウント（マイクロソフトアカウント）
OneDriveなど、マイクロソフトが提供するさまざまなオンラインサービスを利用するときに必要な認証用のユーザーID。以前は「Windows Live ID」と呼ばれていた。Microsoftアカウントは無料で取得できる。
→OneDrive

Num Lock（ナムロック）
ノートパソコンなどの文字キーの一部を数字キーに切り替えるためのキー。ノートパソコンでキーを押すと、専用のキーで数字を入力できる。キーボードのテンキーを押しても数字が入力できないときは、キーを押して、[Num Lock] のランプを点灯させる。
→テンキー

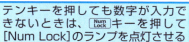
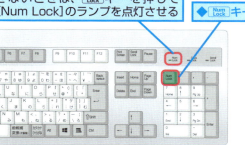

Office.com（オフィスドットコム）
マイクロソフトが運営しているOffice製品の公式サイト。Officeに関するサポート情報や製品情報を確認できる。WordやExcelの画面からOffice.comにあるテンプレートを無料でダウンロードできる。
→テンプレート

▼Office.comのWebページ
https://www.office.com

OneDrive（ワンドライブ）

マイクロソフトが無料で提供しているオンラインストレージサービスのこと。Word文書やExcelブック、画像データなどをインターネット経由で保存して、ほかのユーザーと共有できる。Microsoftアカウントを新規登録すると、標準で5GBの保存容量が用意される。
→Microsoftアカウント、共有、ブック、文書、保存

PDF形式（ピィーディーエフケイシキ）

「Portable Document Format」の略で、アドビシステムズによって開発された電子文書のファイル形式。WordやExcelのファイルをPDF形式で保存すれば、さまざまな環境でデータを確認できる。Word 2019ではPDF形式のファイルをWordの文書に変換できる。ただし、複雑なレイアウトの場合、正しく読み込めない場合やレイアウトが崩れる場合がある。
→ファイル、ブック、文書

SUM関数（サムカンスウ）

引数で指定された数値やセル範囲の合計を求める関数。[ホーム]タブにある[合計]ボタンや[数式]タブにある[オートSUM]ボタンをクリックすると、自動で入力できる。
→オートSUM、関数、数式、セル範囲、引数

Windows Update（ウィンドウズ アップデート）

Windowsを最新の状態にするためのオンラインサービス。インターネットに接続された状態であれば、OSの不具合を解消するプログラムやセキュリティに関する更新プログラムなど、重要な更新が自動的に行われる。

Word Online（ワード オンライン）

Microsoft EdgeやInternet Explorer、Google ChromeなどのWebブラウザーでWordの文書を編集できるツール。自分がOneDriveに保存したWord文書や他人と共有しているWord文書をWebブラウザーで編集できる。
→Microsoft Edge、OneDrive、文書

アイコン

「絵文字」の意味。ファイルやフォルダー、ショートカットなどを画像で表したもの。アイコンをダブルクリックするとソフトウェアやフォルダーが開く。Office 2019では、人物やパソコンなどのアイコンとして挿入できる
→ソフトウェア、ダブルクリック、ファイル、フォルダー

Office 2019では500以上のアイコンを文書に挿入できる

アイコンセット

セルの値の大小を示すアイコンを表示する機能。選択範囲の値を3つから5つに区分して、アイコンの形や色、方向で値の大小を把握できる。同様に値の大小や推移をセルに表示できる機能に、データバーとスパークラインがある。
→アイコン、スパークライン、セル、データバー

アクティブセル

ワークシートで、入力や修正などの処理対象になっているセル。アクティブセルはワークシートに1つだけあり、緑色の太枠で表示される。アクティブセルのセル番号は、Excelの画面左上にある名前ボックスに表示される。名前ボックスに「B2」などと入力してもアクティブセルを移動できる。
→セル、ワークシート

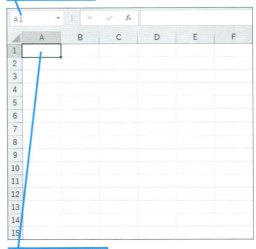

アップデート

ソフトウェアなどを最新の状態に更新すること。マイクロソフトの製品は、Windows Updateを実行して最新の更新プログラムをダウンロードできる。
→Windows Update、ソフトウェア

アンインストール
ソフトウェアをパソコンから削除して使えなくすること。アンインストールを実行するには、コントロールパネルの［プログラムのアンインストール］をクリックする。アンインストールしたソフトウェアをもう一度使うときは、再インストールを行う必要がある。
→インストール、ソフトウェア

暗号化
文書やブックの保存時にパスワードを設定し、パスワードを知らないユーザーが文書やブックを開けないようにする機能。
→ブック、文書

印刷
ワークシートやグラフ、文書などを、プリンターを使って紙に出力する機能。［印刷］の画面で印刷結果や印刷対象のデータを確認してから印刷を実行する。
→グラフ、プリンター、文書、ワークシート

印刷プレビュー
［印刷］の画面で印刷結果を表示する機能。表示を拡大して余白や印刷範囲などを確認できる。Excelの場合、編集画面で問題がなくても、セルの文字や数字が印刷されないケースを印刷プレビューで確認できる。
→印刷、セル、余白

インストール
ハードウェアやソフトウェアをパソコンで使えるように組み込むこと。「OfficeプリインストールPC」といった名前で「Office Home&Business」や「Office Personal」がすぐにインストールできるパソコンも多い。インストールによって、パソコンにソフトウェアの実行ファイルや設定ファイルが組み込まれる。
→ソフトウェア

インデント
字下げして文字の配置を変更する機能。Wordでインデントが設定されていると、ルーラーにインデントマーカーが表示される。インデントマーカーには、段落全体の字下げを設定する［左インデント］、段落の終わりの位置を上げて幅を狭くする［右インデント］、段落の1行目の字下げを設定する［1行目のインデント］、箇条書きの項目などのように段落の2行目を1行目よりも字下げする［ぶら下げインデント］がある。Excelでは、［インデントを増やす］ボタンや［インデントを減らす］ボタンでセル内の文字位置を変更できる。
→行、セル、段落、ルーラー

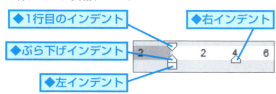

ウィザード
選択肢を手順に従って選ぶだけで、複雑な設定やインストール作業などを簡単に実行できる画面のこと。
→インストール

上書き保存
保存済みのファイルを、現在編集しているファイルで置き換える保存方法のこと。上書き保存を実行すると、古いファイルの内容は消えてしまう。［名前を付けて保存］の機能を使えば、元のファイルを残しておける。
→名前を付けて保存、ファイル、保存

閲覧モード
Wordで画面いっぱいに文書を表示できる表示モード。パソコンの画面解像度やウィンドウサイズに合わせて表示倍率が変わる。タッチ操作ができるパソコンなら、指先の操作でページの移動や表示の拡大ができる。
→表示モード、文書

エラー
正しくない数式を入力したときや、間違った操作を行ったときの状態。エラーが発生すると、セルやダイアログボックスにエラーメッセージが表示される。
→数式、セル、ダイアログボックス

演算子
数式の中で使う、計算などの処理の種類を指定する記号のこと。ExcelやWordで利用できる演算子には、算術演算子、比較演算子、文字列演算子、参照演算子の4種類がある。例えば、数学の四則演算に使う「＋」「－」「×」「÷」が算術演算子。コンピューターでは「＋」「-」「*」「/」で表す。
→数式

オートSUM（オートサム）

数値が入力されたセル範囲を自動で選択し、合計を求める機能。［数式］タブにある［オートSUM］ボタンのプルダウンメニューで平均などの関数も入力できる。
→関数、数式、セル範囲

オートコレクト

Wordに登録されている文字が入力されたとき、自動で文字を追加したり、文字や書式を自動で置き換えたりする機能の総称。オートコレクトの機能が有効のときに「前略」と入力すると「草々」という結語が自動で入力されて、文字の配置が変わる。
→結語、書式

［オートコレクトのオプション］ボタン

オートコレクトの一部の機能が実行されたときに表示されるボタンのこと。［オートコレクトのオプション］ボタンをクリックすると、設定された操作の取り消しやオートコレクト機能を無効に設定できる。
→オートコレクト

オートコンプリート

セルに文字を入力していて、同じ列のセルに入力済みの文字と先頭が一致すると、自動的に同じ文字が表示される機能。
→セル、列

オートフィル

アクティブセルのフィルハンドル（■）をドラッグして連続データと見なされる日付や曜日を入力できる機能。連続データと見なされない場合はフィルハンドルをドラッグしたセルまで同じデータがコピーされる。
→アクティブセル、コピー、セル、ドラッグ、
　フィルハンドル

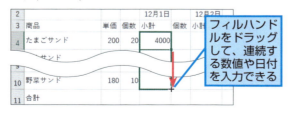

オブジェクト

文書やワークシートに挿入できる文字以外の要素。図形やグラフ、写真、ワードアートなどはすべてオブジェクト。
→グラフ、図形、文書、ワークシート、ワードアート

オンライン画像

インターネット上にあるイラストや画像などを文書やブックに挿入できるボタン。Bingで検索されたWebページなどにあるデータを挿入できる。
→Bing、検索、ブック、文書

カーソル

入力位置を示す印のこと。文書やセル、テキストボックスに文字が入力できる状態になっているとき、点滅する縦棒（｜）が表示される。
→セル、テキストボックス、文書

改行

［Enter］キーを押して行を改めること。Wordでは、改行された位置に改行の段落記号（↵）が表示される。
→段落

改ページプレビュー

印刷範囲が青い線で表示されるExcelの画面表示モード。青い枠線や点線をドラッグして印刷するページ範囲や改ページの位置を設定できる。
→印刷、表示モード

確定

キーボードから文字を入力した文字を変換するとき、［Enter］キーを押して、変換内容を決定する操作。

カスタマイズ

ユーザーが、ソフトウェアを使いやすくするために画面やメニュー、ウィンドウなどに変更を加えること。WordとExcelのタブやクイックアクセスツールバーにボタンを追加することもカスタマイズの1つ。
→クイックアクセスツールバー、ソフトウェア

下線
文字の下に線を表示する機能。[下線]ボタンを1回クリックすると、文字に下線が表示される。下線を設定した文字を選択して、もう一度[下線]ボタンをクリックすると、文字に表示されていた下線が消える。

かな入力
文字キーの右側に刻印されているひらがなのキーを押して、文字を入力する方法。

関数
計算方法が定義してある命令の数式。関数を使えば、複雑な計算や手間のかかる計算を簡単に実行できる。例えば、計算に必要なセル範囲の数値などを与えると、その計算結果が表示される。セルA1～A30までの合計を求める場合、「A1+A2+……+A30」と記述するのはとても手間がかかるが、SUM関数なら「=SUM(A1:A30)」と入力するだけで同じ結果が得られる。
→SUM関数、セル範囲

記号
ひらがなや漢字、数字とは別に、数式や箇条書きなどで利用する文字。WordやExcelで利用できる代表的な記号には、「●」「☆」「※」「§」などがある。

行
文字が横1列に表示される基準。Excelではワークシートの横方向へのセルの並び。Excel 2019のワークシートには、横に16,384個のセルが並んでいる。
→セル、ワークシート、列

行間
行と行の間。Wordでは、1行目の文字の上端から2行目の文字の上端までの範囲を指す。行間を狭くすると1ページの中で入力できる文字の量が増える。行間を広げると1ページの中で入力できる文字の量が減る。行間を適切に設定すると、文章が読みやすくなる。
→行

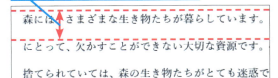

行頭文字
箇条書きなどの文章を入力したときに、項目の左端に表示する記号などの文字のこと。Wordでは、「●」や「◆」などの記号だけではなく、「1.」「2.」「3.」や「①」「②」「③」などの段落番号なども行頭文字に利用できる。
→段落、段落番号

行番号
ワークシートで行の位置を表す数字。「1」から「1,048,576」までの行番号がある。Excelでは上から3行目、左から2列目の位置を「セルB3」と表す。
→行、セル、列、ワークシート

共有
複数の人でファイルやフォルダーを閲覧・編集できるようにすること。ファイルを共有することで共同作業が行え、フォルダーを共有すればファイルの受け渡しができる。OneDriveにあるファイルやフォルダーは、簡単な操作で共有が可能。
→OneDrive、ファイル、フォルダー

切り取り
選択した文字やセルのデータ、図形などを、クリップボードに一時的に記憶する操作。貼り付けを実行すると、記憶された文字やセルのデータ、図形などが削除される。
→クリップボード、図形、セル、貼り付け

クイックアクセスツールバー
リボンの上にあるツールバー。標準では[上書き保存][元に戻す][やり直し]の3つのボタンが表示される。日常的によく使うボタンを追加できる。
→上書き保存、元に戻す、リボン

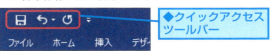

[クイック分析]ボタン
セル範囲を選択したときに右下に表示されるボタン。選択したデータに応じて条件付き書式やグラフ、合計などの項目が表示される。
→グラフ、条件付き書式、セル範囲

クラウド

クラウドコンピューティングの略で、インターネット上で提供されるさまざまなサービスの総称や形態のこと。Webブラウザー上で利用するメールサービスやストレージサービスなど、さまざまなサービスを利用できる。マイクロソフトが提供する「OneDrive」もクラウドを利用したサービスの1つ。
→OneDrive

グラフ

表のデータを視覚的に分かりやすく表現した図。Excelでは、表のデータを棒グラフや円グラフ、折れ線グラフなど、さまざまな種類のグラフにできる。

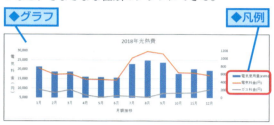

グラフエリア

グラフが表示されている領域のこと。グラフエリアには、グラフの図形や軸、タイトル、凡例など、グラフ全体のすべての要素が含まれる。グラフ全体を移動したり、コピーしたりするときは必ず［グラフエリア］と表示される位置をクリックする。
→グラフ、コピー、図形、軸

グラフタイトル

グラフエリアに表示されるグラフの題名。何を表しているグラフなのかが分かるように、グラフの上などの目立つ位置に表示する。
→グラフ、グラフエリア

［グラフツール］タブ

グラフ操作に関する［デザイン］［書式］の2つのタブが集まったリボンのタブグループ。グラフエリアをクリックしたとき、リボンに表示される。
→グラフ、グラフエリア、リボン

クリア

書式やセルの値、数式などを消す操作。［ホーム］タブにある［クリア］ボタンの一覧から消す内容を選択できる。データの値や書式のみを消す、すべて消すなど、目的に応じて利用できる。例えば、数値が入力されているセルに書式が設定されている場合、書式のみを消すことができる。
→書式、数式、セル

クリップボード

コピーや切り取りを行った内容が一時的に記憶される場所のこと。Officeのクリップボードには24個まで一時的にデータを記憶でき、Officeソフトウェア間でデータをやりとりできる。WordやExcelで［クリップボード］作業ウィンドウを表示すると、クリップボードに記憶されたデータを確認できるが、ファイルサイズが大きいスクリーンショットは表示されない。
→切り取り、コピー、作業ウィンドウ、スクリーンショット

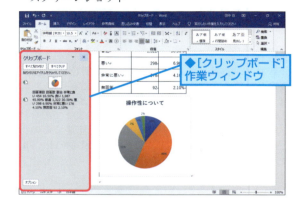

罫線

セルや表の周囲などを縦横に区切る線のこと。Wordでは、ドラッグで描ける罫線や［表］ボタンで挿入できる表の罫線、文字や段落を囲む罫線、ページの外周に引くページ罫線がある。
→セル、段落、ドラッグ、ページ罫線

系列

グラフの凡例に表示されている、方向付けされた関連するデータの集まり。棒グラフでは、1つ1つの棒が系列となる。
→グラフ

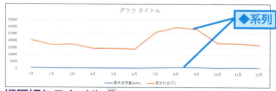

桁区切りスタイル

数値を3けたごとに「,」（カンマ）を付けて位取りをする表示形式。「¥」などの通貨記号は付かない。
→表示形式

結語
あいさつなどの文章で結びの言葉として使われる用語のこと。「拝啓」に対する「敬具」や「前略」と「草々」のように、結語は頭語と対で使われる。

検索
キーワードや条件を指定して、キーワードや条件と同じデータや関連するデータを探すこと。ダイアログボックスや作業ウィンドウなどで検索ができる。
→作業ウィンドウ、ダイアログボックス

校正
文章などに間違いがないかを見直すための作業。Wordには、スペルチェックや文章校正などの機能が用意されており、見直しの作業を軽減できる。

コピー
選択したデータや図形などをクリップボードに一時的に保存する操作。切り取りと違い、貼り付け後も元の内容は残る。
→切り取り、クリップボード、図形、貼り付け

コメント
文字やセルにメモ書きをするための機能。Excelでは、各セルに1つずつ挿入できる。Wordでは、該当個所に対して注釈やメモを文書の欄外に残せる。
→セル、文書

最近使ったアイテム
［開く］の画面に表示される一覧のこと。過去に保存した文書やブックが表示される。
→アイコン、ブック、文書

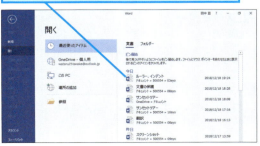

最小化
ウィンドウを非表示にして、ソフトウェアやフォルダーのボタンだけをタスクバーに表示すること。
→ソフトウェア、タスクバー、フォルダー

再変換
一度確定した文字を確定前の状態に戻し、変換し直す機能。再変換するには文字をドラッグして選択するか、文字の前後にカーソルを移動して、変換キーを押す。
→カーソル、確定、ドラッグ

作業ウィンドウ
WordやExcelで特定の作業を行うときに、画面の右や左側に表示されるさまざまな作業をするためのウィンドウ。［クリップボード］作業ウィンドウなどがある。
→クリップボード

シート見出し
ワークシートの名前を表示するタブ。ワークシートが複数あるときに、クリックでワークシートの表示を切り替えられる。シート見出しをダブルクリックすれば、ワークシートの名前を変更できる。
→ワークシート

軸
グラフの値を示す領域のこと。通常グラフには縦軸と横軸がある。
→グラフ

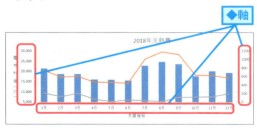

軸ラベル
グラフの縦軸や横軸の内容を明記する領域。
→グラフ、軸

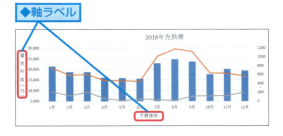

終了
WordやExcelなど、ソフトウェアで編集作業を終えて、画面を閉じる作業のこと。文書やブックを1つだけ開いているときに画面右上にある［閉じる］ボタン（×）をクリックすると、WordやExcelが終了する。
→ソフトウェア、ブック、文書

ショートカットキー
特定の機能や操作を実行できるキーのこと。例えば、Ctrlキーを押しながらCキーを押すと、コピーを実行できる。ショートカットキーを使えば、メニュー項目やボタンなどをクリックする手間が省ける。
→コピー

ショートカットメニュー
右クリックすると表示されるメニューのこと。右クリックする位置によって表示されるメニューの内容が異なる。コンテキストメニューとも呼ばれる。

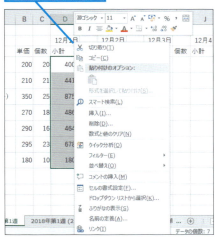

条件付き書式
条件によってセルの書式を変えることができる機能。数値の大小や上位、下位、日付などの条件によってセルを目立たせられる。
→書式、セル

書式
フォントの種類やフォントサイズ、色、下線などの飾り、配置などのこと。Excelでセルの文字や表、グラフなどに設定できる装飾も書式の1つ。文字のサイズや太さ、塗りつぶしの色、フォントなどもすべて書式に含まれる。
→下線、グラフ、セル、フォント、フォントサイズ

書式のクリア
Wordの文字列やExcelのセルに設定されている書式のみを削除する機能。Excelの場合、セルに入力されているデータは削除されない。
→クリア、書式、セル

書式のコピー
文字やセルに設定されている書式をほかの文字にコピーする機能。書式のコピーを活用すれば、フォントの種類やフォントサイズを簡単にほかの文字やセルに適用できる。図形でも書式のコピーを利用できる。
→コピー、書式、図形、セル、フォント、
　フォントサイズ

シリアル値
Excelで日付や時刻を管理する値のこと。1900年1月1日を「1」として、それ以降の日付や時刻を連続する数値で表す。時刻は小数点以下の値で管理している。例えばセルに「1/24」と入力すると、「2019年1月24日の日付」と判断し、「43489」というシリアル値で管理する。
→セル

ズームスライダー
表示画面の拡大・縮小をマウスでドラッグして調整できるスライダー。ステータスバーの右端にある。
→ドラッグ、ステータスバー

数式
計算をするためにセルに入力する計算式のこと。最初に等号の「＝」を付けて入力する。
→セル、等号

数式バー
アクティブセルに入力されている数式が表示される領域。セルに文字や数値が入力されているときは、同じデータが表示される。数式やデータの入力もできる。
→アクティブセル、数式、セル

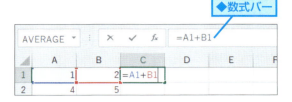
◆数式バー

スクリーンショット
Windowsの画面を画像データ化したもの。[Print Screen]キーを押すと、画面イメージがコピーされる。サイズが大きい場合、［クリップボード］作業ウィンドウには表示されない。また、WordやExcelで［挿入］タブの［スクリーンショット］を選ぶと、任意の領域を選んで画像イメージを挿入できる。
→クリップボード、作業ウィンドウ

スクロール
表示画面を上下左右に動かすこと。スクロールバーを上下左右にスクロールすることで見えていない部分を表示できる。
→スクロールバー

スクロールバー
ウィンドウの右端や下端にあるバーのこと。スクロールバーを上下や左右にドラッグすれば、ウィンドウ内の隠れている部分を表示できる。
→スクロール、ドラッグ

◆スクロールバー

図形
WordやExcelにあらかじめ用意されている図のこと。［挿入］タブの［図形］ボタンをクリックすると表示される一覧で図形を選び、画面上をクリックするかドラッグして挿入する。テキストボックスやワードアートも図形の一種。
→テキストボックス、ドラッグ、ワードアート

スタート画面
WordやExcelを起動したとき、最初に表示される画面。WordやExcelのスタート画面では、新しく文書やブックを作成したり、Office.comにあるテンプレートをダウンロードしたりすることができる。
→Office.com、テンプレート、ブック、文書

◆Excel 2019のスタート画面

スタイル
よく使う書式をひとまとめにしたもの。スタイルを使うと、複数の書式や装飾を一度の操作で設定できる。また、オリジナルの書式を保存して、後から再利用できる。
→書式、保存

ステータスバー
WordやExcelの画面下端にある領域のこと。現在の状態や、表示モードの切り替えボタン、表示画面の拡大や縮小ができるズームスライダーが配置されている。
→ズームスライダー、表示モード

スパークライン
セルの中に表示できる小さなグラフ。数値だけでは分かりにくいデータの変化を簡単に表現できる。
→グラフ、セル

スペース
[space]キーを押すと入力される空白のこと。空白には全角と半角があり、入力モードが［ひらがな］なら全角、［半角英数］なら半角の空白が挿入される。
→全角、入力モード、半角

絶対参照
セルの参照方法の1つで、常に特定のセルを参照する方法。セル参照の列番号と行番号の前に「$」の記号を付けて、「$A$1」のように表記する。
→行番号、セル、セル参照、列番号

◆絶対参照
「A」と「1」の前にそれぞれ「$」を入れるとセルを絶対参照で参照できる

用語集

セル
表の中の1コマ。Wordでは、罫線で区切られた表の中にあるマス目の1つ1つのこと。Excelではワークシートにある1つ1つのマス目。Excelでデータや数式を入力する場所。
→罫線、数式、ワークシート

セル参照
数式でほかのセルを参照して計算するときにデータのあるセルの位置を表すこと。通常、列番号のアルファベットと行番号の数字を組み合わせる。
→行番号、数式、セル、列番号

セルの結合
複数のセルをまとめて大きな1つのセルにすること。Excelで複数のセルにそれぞれデータが入力されている場合は、セル範囲の左上以外のデータを削除していいか、セルの結合時に確認のメッセージが表示される。
→セル、セル範囲

セルの書式設定
セルやセルにあるデータの表示方法を指定するもの。セル内のデータの見せ方や、表示するフォントの種類、フォントサイズ、セルの塗りつぶし色や罫線、配置などを設定できる。
→罫線、セル、フォント、フォントサイズ

セルのスタイル
背景色や文字の色、フォントなどが組み合わされた書式の一覧を表示できるボタン。一覧から選ぶだけでセルの書式を簡単に設定できる。ただし、個別に設定していた書式は消えてしまう。
→書式、スタイル、セル、フォント

セル範囲
「セルB2〜D2」や「(B2:D2)」のように、「複数のセルを含む範囲」をセル範囲と呼ぶ。計算式や関数の中でセル範囲を指定すると、その範囲に入力されているデータを指定したことになる。
→関数、セル

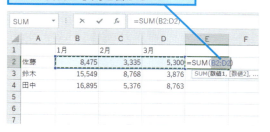

セル範囲の選択で、「B2+C2+D2」という計算の手間を省ける

全角
文字の種類で、日本語の文書で基準となる1文字分の幅の文字のこと。Wordで「1文字分」といったときには、全角1文字を指す。半角の文字は全角の半分の幅となる。
→半角、文書

選択ハンドル
グラフや図形の枠の四隅にあるサイズや形を変えるためのつまみ。いくつかの小さな点や四角で表示される。
→グラフ、図形

操作アシスト
WordやExcelの操作コマンドを入力すると、該当するコマンドの一覧がメニューに表示される機能。リボンのタブから検索することなく素早くコマンドを選択できる。「表」や「罫線」「印刷」といった短いキーワードを入力するといい。
→リボン

相対参照
セルの参照方法の1つで、セル参照が入力されているセルを起点として、相対的な位置のセルを参照する方法。相対参照で指定されている数式や関数を別のセルにコピーすると、コピー先のセルを起点としたセル参照に自動的に書き換わる。セルの参照先を固定したいときは絶対参照や複合参照を利用する。
→関数、コピー、数式、絶対参照、セル、セル参照、複合参照

促音
「っ」で表す、詰まる音のこと。

ソフトウェア
コンピューターを何かの目的のために動かすプログラムのこと。コンピューターなどの物理的な機械装置の総称であるハードウェアに対し、OSやプログラム、アプリなどのことを総称してソフトウェアと呼ぶ。

第2軸
1つのグラフで2つの異なる単位のデータを一緒に表示するときに、主となる軸と反対側にある軸。
→グラフ、軸

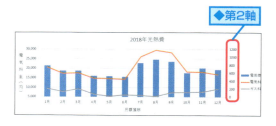

◆第2軸

ダイアログボックス
複数の設定項目をまとめて実行するためのウィンドウのこと。画面を通して利用者と対話（dialog）する利用方法から、ダイアログボックスと呼ばれる。

◆ダイアログボックス

タイトルバー
WordやExcel、フォルダーウィンドウの上端にあるバーのこと。Wordでは「文書1」「文書2」、Excelでは「Book1」「Book2」などのファイル名が表示される。
→ファイル、文書

タイル
Windows 10の［スタート］メニューやWindows 8.1のスタート画面に表示される四角いボタンの総称。タッチパネルを利用したときに、指でタップしやすい形となっている。

◆タイル

濁音
「が」「ざ」など、濁点（「゛」）を付けて表す濁った音のこと。

タスクバー
デスクトップの下部に表示されている領域のこと。タスクバーには、起動中のソフトウェアがボタンで表示される。タスクバーに表示されたボタンでファイルやソフトウェアの切り替えができる。
→ソフトウェア、デスクトップ、ファイル

タッチモード
画面を指先などで直接触れるタッチ操作用の表示モード。タッチモードにするとタッチ操作がしやすくなるように、リボンにある項目の間隔が広くなる。一方、通常の表示モードのことを「マウスモード」という。
→リボン

タッチモードに切り替えると、ボタンが大きくなってタッチ操作がしやすくなる

縦書き
文字を原稿用紙のように編集画面の右上から左下に記述することを縦書きと呼ぶ。縦書きを利用するには、文書全体を縦書きに設定するか、縦書きテキストボックスを使う。
→縦書きテキストボックス、テキストボックス、文書

縦書きテキストボックス
編集画面の任意の位置に縦書きの文字を表示するためのテキストボックス。
→縦書き、テキストボックス

タブ
[Tab]キーを押して入力する、特殊な空白のこと。[Tab]キーを押すと、Wordでは、初期設定で全角4文字分の空白が挿入される。［タブとリーダー］ダイアログボックスを利用すれば、タブを利用した空白に「……」などのリーダー線を表示できる。
→全角、ダイアログボックス、リーダー線

ダブルクリック
マウスのボタンを素早く2回続けて押す操作。

段組み
新聞のように、段落を複数の段に区切る組み方。
→段落

段落
文章の単位の1つで、Wordでは、行頭から改行の段落記号（↵）が入力されている部分を指す。
→改行

段落番号
箇条書きの項目に連番を自動的に挿入する機能。段落番号を設定すると、「1.」「2.」「3.」などの連番が表示される。番号の表示が不要になったときには、[Backspace]キーで削除できる。

用語集

できる | 491

置換
文書やブック、ワークシートの中にある特定の文字を検索し、指定した文字に置き換えること。
→検索、ブック、文書、ワークシート

長音
「ー」で表す、長く伸ばして発音する音。

通貨表示形式
セルの数値データを金額として表示する表示形式。設定すると、通貨記号と位取りの「,」(カンマ)が付く。データに小数点以下の値があると、小数点以下が四捨五入して表示されるが、セル内のデータは変わらない。
→セル、表示形式

データバー
セルの中に値の大きさに合わせたバーを表示する機能。選択範囲にあるセルの値を相対的なバーの長さで表す。
→セル

データベース
関連する同じ項目を持ったデータの集まり。Excelではテーブルとして管理する。1行目は列見出しとして項目を入力して書式を設定する、空の行を入れずにデータを入力するなどのルールがある。
→行、書式、テーブル、列

データラベル
グラフのデータ要素に表示する説明書き。グラフのデータ系列を素早く識別できるようにするために、データ要素の値や系列名、項目名を表示できる。
→グラフ、系列

◆データラベル

テーブル
Excelで並べ替えや条件による集計と抽出ができる専用の表のこと。連続した行と列にデータを入力する。
→行、列

◆テーブル

テーマ
フォントや配色、図形の効果などの書式をまとめて変更できる機能。フォントや配色を統一感のあるデザインに設定できる。テーマを変更すると、文書やブック全体の書式も変更される。
→書式、図形、フォント、ブック、文書

◆テーマ

テキストボックス
文字を入力するための図形。カーソルやセルの位置に依存せず、文書やワークシート内の自由な位置に文字を入力できる。
→カーソル、図形、セル、文書、ワークシート

デスクトップ
Windowsの起動時に最初に表示される領域のこと。Word 2019やExcel 2019では、ほとんどの操作をデスクトップ上で行う。

テンキー
キーボードの右側にある数字などを入力するためのキー。ノートパソコンにはテンキーがない場合が多い。

◆テンキー

テンプレート
文書やブックのひな形のこと。書式や例文などが設定されており、必要な部分を書き換えるだけで完成する。WordやExcelの起動直後に表示されるスタート画面か、[ファイル]タブの[新規]をクリックすると表示される[新規]の画面からテンプレートを開ける。
→書式、スタート画面、ファイル、ブック、文書

インターネットに接続していれば、キーワードを入力してテンプレートを検索できる

等号
「=」の記号のこと。セルの先頭にあるときは代入演算子となり、続いて入力する内容が数式と判断される。数式の途中にあると、等号の両辺が等しいかを判断する論理演算子となる。
→演算子、セル、数式

特殊文字
文書やセルに入力できる特殊な記号や絵文字、ギリシャ文字、ラテン文字などの総称。「☎」や「♨」などの文字を文書に入力できるが、ほかのパソコンでは正しく表示されない場合がある。
→記号、セル、文書

ドラッグ
左ボタンを押したままマウスを移動して、目的の場所で左ボタンを離すこと。セル範囲の選択やオートフィル、グラフやテキストボックスのハンドルを動かすときはドラッグで操作する。
→オートフィル、グラフ、セル範囲、テキストボックス、ハンドル

トリミング
写真などの不要な部分を切り抜いて、一部分だけを表示させる機能のこと。WordやExcelでは、画像の不要な部分を非表示にできるが、画像そのものは切り取られない。[トリミング]ボタンをクリックして、ハンドルをドラッグすれば、後から切り取り範囲を変更できる。
→切り取り、ドラッグ、ハンドル

名前を付けて保存
新しい名前を付けてファイルに保存すること。既存のファイルを編集しているときに別の名前を付けて保存すれば、以前のファイルはそのまま残る。
→ファイル、保存

日本語入力システム
ひらがなやカタカナ、漢字などの日本語を入力するためのソフトウェア。Word 2019やExcel 2019では、Windowsに付属するMicrosoft IMEを利用する。
→ソフトウェア

入力モード
日本語入力システムを利用するときの入力文字種の設定。入力モードによって文字キーを押したときに入力される文字の種類が決まる。入力モードには、[ひらがな][全角カタカナ][全角英数][半角カタカナ][半角英数]がある。[半角/全角]キーを押すと、[ひらがな]と[半角英数]の入力モードを切り替えられる。
→全角、日本語入力システム、半角

パーセントスタイル
セルの値をパーセンテージ(%)で表示する表示形式。設定すると、数値が100倍されて「%」が付く。
→セル、表示形式

用語集

はがき宛名面印刷ウィザード
はがきのあて名印刷に必要な編集レイアウトやあて名データの入力を補佐してくれる機能。必要な作業手順を選択すれば、はがきのあて名面を簡単に作成できる。
→ウィザード

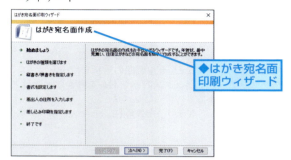
◆はがき宛名面印刷ウィザード

撥音
「ん」で表す、はねる音のこと。

貼り付け
文字や数式、図形などをコピーして別な場所に表示する機能。クリップボードに一時的に記憶されたデータを貼り付けできる。
→クリップボード、コピー、数式、図形、貼り付け

[貼り付けのオプション] ボタン
コピーした文字や数式、オブジェクトを貼り付けた直後に表示されるボタン。文字を貼り付けた後に[貼り付けのオプション]ボタンをクリックして一覧から項目を選べば、貼り付けた後に文字の書式を変更できる。
→オブジェクト、コピー、書式、貼り付け

半角
英数字、カタカナ、記号などからなる、漢字（全角文字）の半分の幅の文字のこと。
→記号、全角

半濁音
「ぱ」「ぴ」など、「゜」が付く音のこと。

ハンドル
画像や図形、テキストボックスなどのオブジェクトを操作するためのつまみのこと。オブジェクトのサイズを変更できる選択ハンドルや回転に利用する回転ハンドルなどがある。
→オブジェクト、図形、選択ハンドル、
　テキストボックス

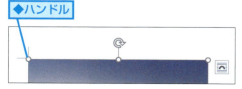
◆ハンドル

引数
関数で計算するために必要な値のこと。特定のセルやセル範囲が引数として利用される。関数の種類によって必要な引数は異なる。NOW関数など、一部の関数では引数は不要だが、「()」は必要。
→関数、セル、セル範囲

表示形式
セルに入力したデータをセルに表示する見せ方のこと。表示形式を変えてもセルの内容は変わらない。例えば、数値「1234」を通貨表示形式に設定すると「¥1,234」と表示されるが、セルの内容そのものは「1234」のまま変わらない。
→セル、通貨表示形式

表示モード
編集画面の表示方法。Wordでは目的に応じて、[閲覧モード][印刷レイアウト][Webレイアウト][アウトライン][下書き]の表示モードを切り替えて文字の入力や文書の編集ができる。Excelでは、[標準][改ページプレビュー][ページレイアウト]などの表示方法がある。また、ズームスライダーの左にあるボタンでも表示を切り替えられえる。
→閲覧モード、改ページプレビュー、ズームスライダー、
　文書

[表] ボタン
編集画面に罫線で囲まれた表を挿入する機能。[表]ボタンを利用すると、行数と列数を指定して表を挿入できる。
→行、罫線、列

ファイル
ハードディスクなどに保存できるまとまった1つのデータの集まり。Wordで作成した文書やExcelで作成したブックの1つ1つが、ファイルとして保存される。
→ブック、文書、保存

ファンクションキー
キーボードの上段に並んでいる F1 ～ F12 までの刻印があるキー。利用するソフトウェアによって、キーの役割や機能が変化する。
→ソフトウェア

フィールド
文書内に「コード」と呼ばれる数式を埋めこむことで、日付やファイル名を自動的に表示したり、合計などの計算結果を表示したりする機能。ヘッダーやフッターに挿入したページ番号なども、フィールドで作成されている。
→数式、ファイル、フッター、文書、ページ番号、
　ヘッダー

フィールドコード

文書内で情報を自動表示するために、フィールドに記述されている数式（コード）。初期設定では、フィールドにはフィールドコードの実行結果が表示されるが、フィールドを右クリックして［フィールドコードの表示/非表示］を選択すれば、フィールドコードの内容を表示できる。

→フィールド、文書

フィルター

テーブルやデータ範囲から特定の条件に合ったデータを抽出する機能。列見出しがある表で［データ］タブの［フィルター］ボタンをクリックすると、列見出しにフィルターボタン（▼）が表示される。フィルターボタンをクリックすると、列内のデータを基準にしてデータを並べ替えられるほか、数値や文字、色などを条件にしてデータを抽出できる。表をテーブルに変換したときもフィルターが有効になり、列見出しにフィルターボタンが表示される。

→テーブル、列

列見出しのフィルターボタンでデータの抽出や並べ替えができる

フィルハンドル

アクティブセルの右下に表示される小さな緑色の四角。マウスポインターをフィルハンドルに合わせてドラッグすると、連続データや数式のコピーができる。

→アクティブセル、コピー、数式、ドラッグ、マウスポインター

◆フィルハンドル

フォルダー

ファイルを分類したり整理するための入れ物。ファイルと同じように名前を付けて管理する。

→ファイル

◆フォルダー

フォント

パソコンやソフトウェアで表示や印刷に使える書体のこと。WordやExcelでは、Windowsにインストールされているフォントとofficeに付属しているフォントを利用できる。同じ文字でもフォントを変えることで文字の印象を変更できる。Word 2019で新しい文書を作成したときは［游明朝］というフォントが、Excel 2019で新しいブックを作成したときは［游ゴシック］という文字がそれぞれ設定される。

→印刷、インストール、ソフトウェア、ブック、文書

フォントサイズ

編集画面に表示される文字の大きさ。WordやExcelでは、フォントサイズを「ポイント」という単位で管理している。初期設定でWordは10.5ポイント、Excelは11ポイントにフォントサイズが設定されている。

→ポイント

複合参照

セル参照で、行または列のどちらかが絶対参照で、もう一方が相対参照のセル参照のこと。「A$1」のように絶対参照になっている側にだけ「$」の記号が付く。

→行、絶対参照、セル参照、相対参照、列

行列のどちらかが片方が相対参照、もう一方が絶対参照なのが複合参照

H$13　行のみ絶対参照

$H13　列のみ絶対参照

ブック

Excelで作成するファイルや保存したファイルの呼び名。複数のワークシートを作成し、1つのファイルでワークシートを管理することを1冊の本を束ねるように見立てたことから、ブックと呼ばれている。

→ファイル、保存、ワークシート

フッター

ページ下部の余白にある特別な領域。ページ番号やページ数、日付、ファイル名などを入力できる。複数のページがあるときにページ数を入力すれば、自動で「1」や「2」などのページ数が余白に印刷される。

→ファイル、ページ番号、余白

太字
文字を太く表示する機能のこと。［ホーム］タブの［太字］ボタンや Ctrl + B キーで設定できる。

フラッシュフィル
入力したデータの規則性を認識して、自動でデータが入力される機能。データの入力中に隣接するセル範囲との関係性が認識されると、残りの入力セルに自動的にデータが入力される。
→セル、セル範囲

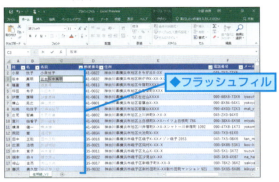

◆フラッシュフィル

プリンター
データを紙に出力する印刷装置のこと。文書やワークシートの内容を紙に出力するときに必要となる。
→印刷、文書、ワークシート

プレビュー
操作結果を事前に閲覧できる機能。WordやExcelには、印刷プレビューや、リアルタイムプレビューがある。
→印刷プレビュー、リアルタイムプレビュー

文書
Wordやメモ帳、ワードパッドなどのソフトウェアで作成したデータのこと。文書作成ソフトによって扱えるデータが異なる。
→ソフトウェア

ページ罫線
ページの外周部分に引くことができる罫線。主にページの外周を装飾するために使用する。［線種とページ罫線と網かけの設定］ダイアログボックスで、線種や色、太さ、絵柄などを指定できる。
→罫線、ダイアログボックス

ページ数
文書やブックの総ページ数のこと。WordやExcelでは、ヘッダーやフッターを利用してページ数を挿入できる。
→ブック、フッター、文書、ヘッダー

ページ番号
文書やブックの中の何ページ目かのこと。WordやExcelでは、ヘッダーやフッターを利用して文書にページ番号を挿入できる。
→ブック、フッター、文書、ヘッダー

ページレイアウトビュー
Excelの画面表示モードの1つ。［表示］タブの［ページレイアウト］ボタンをクリックすると表示される。紙に印刷したときのイメージで表示され、余白にヘッダーやフッターが表示されるのが特徴。ヘッダーやフッターの挿入時にもページレイアウトビューで表示される。
→印刷、表示モード、フッター、ヘッダー、余白

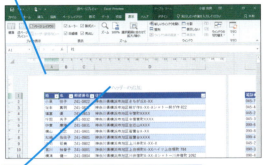

◆ページレイアウトビュー

［ヘッダーの追加］をクリックすると、ヘッダーの内容を編集できる

ヘッダー
ページ上部の余白にある特別な領域。フッターと同じく、ページ番号やページ数などを入力できる。ファイルが保存されているフォルダー名やファイルの名前を入力すると便利。
→ファイル、フォルダー、ブック、フッター、余白

◆ヘッダー

変更履歴
文書に対して行った文字や画像の挿入、削除、書式変更などの内容を記録する機能。変更内容は1つずつ承諾または却下できるため、主に文書の編集や校正作業に使用する。
→校正、書式、文書

編集記号

改行の段落記号（↵）やスペース、タブ、改ページなど、印刷はされないが、その部分に何らかの設定がされていることを編集画面に表示する記号。
→印刷、改行、記号、スペース、タブ、段落

編集モード

セルに入力済みのデータを修正できる状態のこと。セルをダブルクリックするか、F2キーを押すと、編集モードに切り替わる。
→セル、ダブルクリック

ポイント

WordやExcelでフォントサイズを指定する数値の単位。
→フォント、フォントサイズ

保護

誤ってデータの書き換えや削除が行われないようにブックや文書の編集などの操作を禁止すること。
→ブック、文書

保存

編集しているデータをファイルとして記録する操作のこと。文書やブックに名前を付けて保存しておけば、後からファイルを開いて編集や印刷ができる。
→印刷、ファイル、ブック、文書

マウスポインター

操作する対象を指し示すもの。マウスの動きに合わせて画面上を移動する。操作対象や画面の表示位置によってマウスポインターの形が変わる。

目盛

Excelでグラフの値を読み取るために縦軸や横軸に表示される印。グラフの作成時に自動的に設定された目盛りの間隔や単位は、後から変更できる。
→グラフ、軸

文字列の折り返し

写真や図形などのオブジェクトと文字の配置を変更するWordの機能。Wordの文書に写真を挿入すると［行内］という方法で写真が配置される。文字列の折り返しの設定を変更すれば、オブジェクトと文字の配置を変更できる。
→オブジェクト、図形、文書

元に戻す

すでに実行した機能を取り消して、処理を行う前の状態に戻す操作のこと。クイックアクセスツールバーにある［元に戻す］ボタンの▼をクリックすれば、元に戻せる操作の一覧が表示される。
→クイックアクセスツールバー

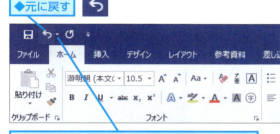

◆元に戻す

ここをクリックすると、過去に実行した操作の一覧を確認して操作を1つずつ元に戻せる

ユーザー定義書式

ユーザーが独自に定義できる表示形式。表示形式の設定に必要な記号を組み合わせて、日付や時間、数値、金額などのデータを任意の表示形式に変更できる。
→表示形式

拗音

「ゃ」「ゅ」「ょ」で表す、文字の後に続く半母音。

余白

ワークシートや文書、グラフを紙に印刷するとき、印刷範囲の周囲にある何も印刷されない白い領域のことを指す。余白を狭くすれば、1ページの文書内に入力できる文字数が多くなる。ヘッダーやフッターを利用すれば、余白に文字や画像を挿入できる。
→グラフ、フッター、文書、ヘッダー、ワークシート

ライセンス認証

マイクロソフトがソフトウェアの不正コピー防止のために導入している仕組み。Officeのインストール時などに実行する。インターネットに接続されていれば、プロダクトキーを入力するだけでライセンス認証が完了する。
→インストール、ソフトウェア

リーダー線

タブを挿入した空白部分に表示できる「……」などの線のこと。［タブとリーダー］ダイアログボックスで線種を設定できる。
→ダイアログボックス、タブ

用語集

リアルタイムプレビュー

フォントの種類やスタイル、テーマなどの項目にマウスポインターを合わせると、一時的に操作結果が表示される機能。操作を確定する前に、どのような結果になるかを確認できる。
→スタイル、テーマ、フォント、マウスポインター

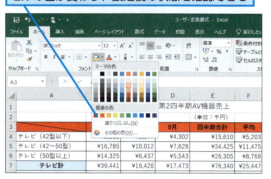

色にマウスポインターを合わせると、一時的にセルの色が変わり、設定後の状態を確認できる

リサイズ

文書やブックに挿入した画像や図形などのサイズを再調整する作業のこと。リサイズを行うときには、画像や図形などに表示されているハンドルをマウスでドラッグする。
→図形、ドラッグ、ハンドル、ブック、文書

リボン

WordやExcelを操作するボタンを一連のタブに整理して表示した領域。作業の種類別に分類されたタブごとに機能のボタンや項目が表示される。

両端揃え

文字を1行の幅で均等にそろえて表示する配置方法。[左揃え]では、すべての文字が左側に配置されるが、[両端揃え]では、文字数によって文字と文字の間に空白ができることがある。
→行

履歴

これまでに開いた文書やブックを表示する機能のこと。[開く]の画面の[最近使ったアイテム]に表示される。
→最近使ったアイテム、ブック、文書

ルーラー

Wordで編集画面の上や左に表示できる、定規のような目盛りのこと。ルーラーを見れば文字数やインデント、タブの位置などを確認できる。Excelでは、ページレイアウトビューで利用できる。
→インデント、タブ、ページレイアウトビュー

列

縦方向へのセルの並び。Excel 2019では、縦に1,048,576個のセルが並んでいる。
→セル

列番号

ワークシート内で列の位置を表すアルファベット。1列目を「A」で表し、「Z」の次は「AA」「AB」と増える。Excelのワークシートには、「A」から「XFD」までの列番号がある。左から2列目、上から3行目の位置をExcelでは「セルB3」と表す。
→列、ワークシート

ローマ字入力

ローマ字で日本語を入力する方法。KキーとAキーで「か」、Aキーで「あ」など、ローマ字の「読み」に該当する文字キーを押して、文字を入力する。

ワークシート

Excelで作業を行うための場所。1つのワークシートには、16,384列×1,048,576行のセルがある。パソコンの画面には、巨大なワークシートのごく一部だけが表示されている。
→セル

ワードアート

影や縁取りなどの立体的な装飾があらかじめ設定された文字のこと。テキストボックスと同じように、文書やワークシートの好きな位置に配置できる。テキストボックスや図形のようにさまざまな書式や効果を設定でき、文字の内容や文字の書式は何度でも変更できる。
→書式、図形、テキストボックス、文書、ワークシート

索引

記号・数字

#	231, 340
#DIV/0!	288, 481
3Dモデル	105
3Dモデルツール	105
3Dモデルのリセット	105

アルファベット

Adobe Acrobat Reader DC	433
Android	447, 467
App Store	467
AVERAGE関数	300, 303, 481
Bing	416, 481
BIZ UDフォント	95
COUNT関数	303
Excel	155, 185
画面構成	222
起動	218
終了	221
デスクトップから起動	221
ライセンス認証	219
Excel Online	481
アンケート	465
Google Chrome	416
IME	43
IMEパッド	76
Internet Explorer	416
iPad	446, 468
iPhone	446, 467
MAX関数	303
Microsoft Edge	416, 444, 481
Microsoft IME	47, 54
Microsoft Office	481
Microsoftアカウント	35, 39, 218, 439, 469, 481
MIN関数	303
mm	359
NOW関数	303
Num Lock	481
Office 2019	10
Office 365 Solo	10, 472
Office.com	481
OneDrive	39, 438, 482
アップロード	441
クラウド	78
サインイン	444
タスクバー	443
開く	442
フォルダーウィンドウ	442
保存	78, 440
容量	441

PDF	432
PDF形式	482
ROUNDDOWN関数	303
ROUNDUP関数	303
ROUND関数	303
Skype	460
SmartArt	33
SUM関数	303, 482
TODAY関数	303
Windows Update	482
Word	
App Store	467
Wordのオプション	69
画面構成	38
起動	34
クリップボード	410
再開	107
サインイン	35
終了	37
初期設定	35
スタート画面	35
スマートフォン	446, 467
タスクバーにピン留めする	36
タッチパネル	37
表示モード	85
モバイルアプリ	448
Word Online	444, 482
ダウンロード	455
名前を付けて保存	458
ブラウザーで編集	456
Wordのオプション	69
yyyy	359

ア

アート効果	177
アイコン	9, 100, 482
回転	102
カテゴリー	101
塗りつぶし	102
アイコンセット	364, 482
アウトライン	33
アクティブセル	225, 482
アップデート	482
アップロード	441
アルファベット	72
アンインストール	483
アンケート	465
暗号化	483

できる **499**

移動
　カーソル……………………… 62
　写真…………………………… 175
　文字…………………………… 124
　ワードアート………………… 167
印刷………………… 108, 180, 483
　［印刷］の画面……………… 336
　拡大…………………………… 341
　グラフ………………………… 392
　縮小…………………………… 341
　ブック………………………… 346
　フッター……………………… 344
　ヘッダー……………………… 344
　向き…………………………… 340
　余白…………………………… 342
［印刷］の画面……………………… 336
印刷の向き…………………………… 208
印刷範囲……………………………… 109
印刷プレビュー…………… 337, 483
　###…………………………… 340
　カラーで表示………………… 339
印刷プレビューと印刷…………… 426
インストール……………… 467, 483
インデント………………… 98, 483
ウィザード………………… 161, 483
ウイルス……………………………… 30
上に行を挿入……………………… 142
上書き保存……………… 78, 106, 483
　クイックアクセスツールバー… 276
　ブック………………………… 276
エクスプローラー………………… 86
エクスポート……………………… 432
閲覧モード………………………… 483
エラー………………………… 288, 483
演算子……………………………… 483
オートSUM……………………… 484
オートコレクト…………… 66, 484
　設定…………………………… 69
　文の先頭文字を大文字にする… 72
［オートコレクトのオプション］ボタン… 484
オートコンプリート……… 242, 484
　無効…………………………… 243
オートフィル……………………… 484
オートフィルオプション………… 241
大文字……………………… 72, 82
オブジェクト……………………… 484
オブジェクトの配置……………… 103
折れ線……………………………… 376
オンライン画像…………… 174, 484

カ

カーソル……………………………… 484
　移動…………………………… 62
　入力モード…………………… 48
改行………………………… 62, 484
解除
　共有…………………………… 452
　条件付き書式………………… 363
解像度……………………… 38, 222
回転
　アイコン……………………… 102
　図形…………………………… 102
ガイド……………………………… 167
改ページ…………………………… 63
改ページプレビュー……………… 484
拡大………………………… 39, 262
確定………………… 51, 55, 484
　漢字…………………………… 57
箇条書き…………………………… 96
カスタマイズ……………………… 484
下線………………………… 92, 485
カタカナ…………………………… 58
かな入力…………………… 46, 485
　漢字…………………………… 56
　記号…………………………… 54
　切り替え……………………… 46
　句読点………………………… 65
　数字…………………………… 54
　長音…………………………… 58
　ひらがな……………………… 54
　拗音…………………………… 60
漢字………………………………… 56
　確定…………………………… 57
　検索…………………………… 76
　再変換………………………… 67
　変換候補……………………… 57
漢字変換…………………………… 236
関数………………………… 154, 485
　AVERAGE関数…… 300, 303, 481
　COUNT関数………………… 303
　MAX関数……………………… 303
　NOW関数……………………… 303
　ROUNDDOWN関数………… 303
　ROUNDUP関数……………… 303
　ROUND関数………………… 303
　SUM関数……………… 303, 482
　TODAY関数………………… 303
　検索…………………………… 301
キーボード………………………… 44

500 できる

記号 —————————————— 50, 74, 485
　　記号と特殊文字 ……………………… 77
　　ハイフン ………………………………… 58
　　マイナス記号 …………………………… 58
記号と特殊文字 ——————————— 77
起動 ———————————————— 34, 218
行 ————————————— 131, 137, 485
　　高さ ………………………………… 268
　　挿入 ………………………………… 256
行間 ———————————————————— 485
行頭文字 ————————————————— 485
行番号 —————————————— 222, 485
共有
　　Webブラウザー ……………………… 451
　　解除 ………………………………… 452
　　開く ………………………………… 454
　　フォルダー …………………………… 453
　　ブック ………………………………… 450
　　メール ………………………………… 450
共有リンクを取得 ——————————— 450
切り取り ————————————— 124, 485
クイックアクセスツールバー —— 38, 426, 485
　　上書き保存 …………………………… 107
　　コマンド ……………………………… 426
　　元に戻す ……………………………… 85
クイックスタイル ——————————— 164
クイック分析 —————————————— 368
［クイック分析］ボタン ————— 368, 485
クイックレイアウト ——————————— 384
句読点 —————————————————— 65
クラウド ———————————— 78, 438, 486
　　仕組み ………………………………… 438
グラフ —————————————— 410, 486
　　位置 ………………………………… 378
　　印刷 ………………………………… 392
　　折れ線 ………………………………… 376
　　クイックレイアウト ………………… 384
　　系列 ………………………………… 380
　　系列の追加 …………………………… 390
　　サイズの変更 ………………………… 379
　　軸の書式設定 ………………………… 388
　　縦横比 ………………………………… 379
　　種類 ………………………………… 380
　　消去 ………………………………… 377
　　第2軸 ………………………………… 382
　　データラベル ………………………… 386
　　目盛り ………………………………… 388
　　要素 ………………………………… 380
グラフエリア —————————————— 486
グラフタイトル ————————— 385, 486

クリア —————————————————— 486
グリッド線 ———————————————— 146
クリップアート —————————————— 9
クリップボード —————— 122, 410, 486
　　削除 ………………………………… 411
　　すべてクリア ………………………… 412
計算式 —————————————————— 152
　　関数 ………………………………… 154
　　四則演算 ……………………………… 154
罫線 ——————————— 130, 320, 486
　　色 …………………………………… 149
　　色の変更 ……………………………… 325
　　罫線なし ……………………………… 150
　　罫線を引く …………………………… 132
　　削除 ………………………………… 321
　　鎖線 ………………………………… 133
　　種類 ………………………………… 148
　　段落罫線 ……………………………… 193
　　点線 ………………………………… 133
　　波線 ………………………………… 133
　　太さ ………………………………… 148
　　ページ罫線 …………………………… 206
　　ペンの色 ……………………………… 149
罫線を引く ———————————— 132, 134
系列 ——————————————— 380, 486
桁区切りスタイル ————————— 355, 486
けた数 —————————————————— 302
結語 ——————————————— 66, 487
原稿用紙 ————————————————— 33
言語バー ————————————— 46, 220
　　単語の登録 …………………………… 69
　　入力モード …………………………… 47
　　変換モード …………………………… 47
　　ローマ字入力/かな入力 …………… 48
検索 ——————————— 86, 301, 487
　　漢字 ………………………………… 76
　　関数 ………………………………… 301
　　ファイル ……………………………… 254
　　文書 ………………………………… 86
　　文字 ………………………………… 121
検索と置換 ———————————— 118, 128
　　検索オプション ……………………… 120
　　書式 ………………………………… 120
合計 ——————————————————— 296
校正 ——————————————— 33, 487
このPC —————————————————— 78

索引

できる｜501

コピー————————122, 487
　グラフ……………………410
　ショートカットキー……………123
　数式……………………286
　セル……………………258
　列……………………260
　ワークシート……………274
誤変換————————————54
コメント————————457, 487

サ

最近使ったアイテム————————487
最小化————————————487
再変換————————67, 236, 487
サインイン————————35, 39, 444
作業ウィンドウ————410, 450, 487
削除
　行……………………134, 143
　クリップボード……………411
　罫線……………………144, 321
　セル……………………134, 270
　タブ……………………424
　段区切り……………………210
　段落記号……………………62
　入力……………………234
　パスワード……………………430
　表全体……………………134
　文字……………………49, 53, 234
　列……………………134, 143
サムネイル————————————173
シート見出し————————272, 487
　色を付ける……………………275
子音————————————50
軸————————————487
軸ラベル————————————488
時刻
　オートフィル……………………240
　入力……………………239
字下げ————————————98
写真————————160, 172
　アート効果……………………177
　移動……………………175
　図形に合わせてトリミング………176
　トリミング……………176, 178
　背景の削除……………………179
　配置……………………174
斜線————————————328
斜体————————————92
終了————————37, 221, 488
縮小————————————39

ショートカットキー————479, 488
　コピー……………………123
　貼り付け……………………123
ショートカットメニュー————115, 144, 488
条件付き書式————————362, 488
　解除……………………363
　確認……………………365
　クイック分析……………………368
　コピー……………………362
初期設定————————————35
書式————————————115, 488
　コピー……………………360
　書式のコピー /貼り付け……………194
　スタイルの作成……………………196
　すべての書式をクリア……………116
　貼り付け……………………360
　ユーザー定義書式……………………358
書式のクリア————————————488
書式のコピー————————194, 360, 488
書式のコピー /貼り付け————————194, 214
書式を結合————————————123
書体————————————95
シリアル値————————————488
ズーム
　選択した範囲……………………263
　倍率……………………262
ズームスライダー————38, 222, 488
数字————————————50
数式————————————488
　コピー……………………286
数式バー————————222, 489
スクリーンショット————————418, 489
スクロール————————————489
スクロールバー————38, 222, 489
図形————————————489
　オブジェクトの配置……………………103
　回転……………………102
　重なり……………………104
　上下中央揃え……………………103
　背面へ移動……………………104
　ハンドル……………………101
　フリーハンド……………………103
スタート画面————35, 489
　最近使ったアイテム……………………87
　他の文書を開く……………………87
[スタート] メニュー————————34
スタイル————————————489
図ツール————————————174
　トリミング……………………176
　背景の削除……………………179

ステータスバー	38, 222, 489
集計結果	285
スパークライン	366, 489
デザイン	367
範囲	366
スペース	489
スペースキー	44
すべての書式をクリア	116
すべて置換	119
スマートフォン	
ブックを開く	446
モバイルアプリ	467
絶対参照	290, 489
切り替え	292
セル	131, 222, 490
色	316
計算式	152
罫線	320
結合	147
結合の解除	318, 328
コピー	258
削除	270
座標	152
書式設定	324
セルの結合	158
セルを結合して中央揃え	318
選択	137
挿入	270
中央揃え	137
入力	136
塗りつぶし	151
セル参照	284, 490
エラー	288
修正	299
絶対参照	290
セルのスタイル	490
セルの結合	318, 490
セルの書式設定	490
セルを結合して中央揃え	318
全角	70, 490
選択ハンドル	378, 490
操作アシスト	222, 490
相対参照	290, 490
挿入	
3Dモデル	105
アイコン	9, 100
オンライン画像	174
画像	172
記号と特殊文字	77
行	142, 256

空白	75
写真	172
スクリーンショット	406
図形	100
セル	270
縦書きテキストボックス	168
タブ	96
段落番号	112
テキストボックス	168
表	138
ファイル名	204
フッター	203
ページ罫線	207
ヘッダー	202
列	256
ワークシート	274
ワードアート	164
挿入オプション	257
促音	60, 490
ソフトウェア	33, 490

タ

第2軸	382, 490
軸ラベル	382
ダイアログボックス	79, 491
タイトルバー	38, 222, 491
タイル	491
ダウンロード	10, 30
テンプレート	35
濁音	55, 491
タスクバー	35, 43, 86, 491
タッチパネル	37
タッチモード	491
縦書き	165, 208, 491
縦書きテキストボックス	491
タブ	96, 198, 491
入れ替え	425
間隔	97
削除	424
縦線	200
小数点揃え	200
中央揃え	200
左揃え	200
右揃え	200
タブとリーダー	200, 214
ダブルクリック	491
タブレット	37
段区切り	192
段組み	190, 192, 212, 491
段組みの詳細設定	199

できる **503**

単語の登録	69
段落	214, 491
タブとリーダー	200
段落記号	98
段落記号	62, 98
段落罫線	193
段落番号	112, 491
置換	118, 492
すべて置換	119
中央揃え	89, 112, 312
セル	137
長音	58, 492
通貨表示形式	354, 492
データバー	364, 492
データベース	492
データラベル	386, 492
テーブル	492
テーマ	93, 492
テーマの色	93
テキストのみ保持	123
テキストボックス	168, 493
中央揃え	170
枠線なし	171
デスクトップ	493
テンキー	44, 493
テンプレート	33, 35, 493
スタート画面	219
頭語	66, 68
等号	282, 493
ドキュメントの暗号化	428
［ドキュメント］フォルダー	79
特殊文字	493
ドラッグ	493
トリミング	176, 178, 418, 493

ナ

名前ボックス	230
名前を付けて保存	78, 246, 493
OneDrive	440
並べて比較	420
二重取り消し線	94
日本語入力システム	43, 493
入力	
／	238
アルファベット	72
英字	50
英文字	72
オートコンプリート	242
オートフィル	240
大文字	72, 82

改行	62
確定	51, 55
カタカナ	58
漢字	56
記号	50, 54, 74
キャンセル	230
空白	75
句読点	65
元号	71
再変換	236
削除	234
時刻	239
修正	232
数字	50, 54, 70
セル	136
濁音	55
長音	58
日本語	46
撥音	64
半角英数	72
半角数字	70
半濁音	55, 494
日付	70, 238
ひらがな	48, 52
拗音	60
ローマ字入力	48
入力方式	
かな入力	46, 52
ローマ字入力	46, 48
入力モード	46, 230, 493
切り替え方法	47
半角英数	47, 48, 70
ひらがな	47, 48, 52
マウスで切り替え	237
塗りつぶし	102
塗りつぶしの色	316

ハ

パーセントスタイル	356, 493
背景の削除	179
ハイパーリンク	73
ハイパーリンクの削除	73
ハイフン	58
背面へ移動	104
はがき	160, 162
はがき宛名面印刷ウィザード	161, 180, 494
白紙の文書	36
パスワード	428
PDF	432
削除	430

パスワードを使用して暗号化	428
撥音	64, 494
貼り付け	122, 494
貼り付けのオプション	
再表示	125
書式を結合	125
図	415
元の書式を保持しデータをリンク	415
[貼り付けのオプション] ボタン	123, 125, 494
半角	70, 494
半角英数	70
半濁音	55, 494
ハンドル	101, 102, 494
テキストボックス	169
引数	283, 494
左インデント	99
左揃え	88
日付	238
表	
行	131
行数	138
行の高さ	141
グリッド線	146
削除	134
セル	131
挿入	138
高さを揃える	135
幅を揃える	134
表のスタイル	150
表のプロパティ	144
文字列の幅に合わせる	138
列	131
列数	138
列の幅	140
描画ツール	166
表示形式	153, 352, 494
%	356
通貨表示形式	354
負の数	354
表示モード	85, 494
標準の色	93
表ツール	134
デザイン	150
レイアウト	144
表の削除	134
表のスタイル	150
表の挿入	138
表のプロパティ	144
[表] ボタン	494

開く	
OneDrive	442
共有	454
ブック	254
文書	86
ファイル	86, 115, 494
拡張子	478
検索	254
ファイルの種類	79, 432
ファイル形式	79
ファイル名	79
ファンクションキー	59, 494
フィールド	494
フィールドコード	153, 154, 495
フィルター	495
フィルハンドル	225, 495
フォルダー	30, 115, 254, 453, 495
フォルダーウィンドウ	86, 442
フォント	60, 94, 310, 495
英文	94
ワードアート	165
和文	94
フォントサイズ	90, 310, 495
フォントサイズの拡大	91
フォントサイズの縮小	91
フォントの色	93
複合参照	495
フチなし印刷	163
ブック	224, 495
PDFで保存	432
Webブラウザーから開く	444
印刷	346
上書き保存	276
共有	450
スマートフォンから開く	446
並べて比較	420
開く	254
ファイルの種類	432
ブックの保護	428
古いバージョンで保存	436
編集の制限	431
保存	246
履歴から開く	255
ブックの保護	428
フッター	202, 344, 495
太字	92, 496
フラッシュフィル	496
プリインストール	10
プリンター	32, 108, 496
プレビュー	496

プレビューウィンドウ	173, 478
文書	496
印刷	108
上書き保存	106
共有	450
検索	86
再利用	114
作成	36
書式	115
ダウンロード	455
縦書き	208
名前の変更	115
パスワード	428
表	130
開く	86
ブラウザーで編集	456
文書の保護	428
編集の制限	431
保存	42, 78
読み取り専用	428
文書の保護	428
文節	57
平均	300
ページ罫線	206, 496
ページ数	496
ページ設定	162, 188
ページ番号	496
ページレイアウトビュー	496
ヘッダー	344, 496
ヘッダー /フッターツール	204
ヘッダーとフッターを閉じる	205
ヘッダーの編集	202
変換候補	
一覧	67
意味	66
記号	74
変換モード	47
変更履歴	496
編集画面	38
編集記号	192, 497
編集モード	232, 497
母音	50
ポイント	91, 497
傍点	94
保護	428, 497
保護ビュー	30
保存	78, 440, 497
OneDrive	440
ブック	246
古いバージョン	436

マ

マイナス記号	58
マウスポインター	225, 497
右クリック	
ショートカットメニュー	115
書式のコピー /貼り付け	194
ミニツールバー	90
右揃え	88, 112
ミニツールバー	90, 194
目盛	388, 497
モード	
切り替え	232
ステータスバー	232
入力モード	230
編集モード	232
文字	
移動	124
色	93, 316
拡大	91
下線	92
切り取り	124
均等割り付け	315
検索	121
検索と置換	118
コピー	122, 128
削除	49, 53
字下げ	315
斜体	92
縮小	91
種類	310
書体	95
縦書き	165, 323
置換	118
中央揃え	89, 312
テーマの色	93
入力	48
配置	88
貼り付け	122, 125, 128
左揃え	88
標準の色	93
フォントサイズ	311
フォントサイズの拡大	91
フォントサイズの縮小	91
フォントの色	93
太字	92
ポイント	91
右揃え	88
文字の網かけ	92
文字列の方向	165, 208
両端揃え	88

文字キー	44
文字列の折り返し	103, 174, 497
文字列の方向	208
元に戻す	85, 497
元の書式を保持	123

ヤ

ユーザー設定の余白	162
ユーザー定義書式	358, 497
ユーザー名	38, 222
游ゴシック	60
游ゴシックLight	95
游明朝	60, 95
拗音	60, 497
用紙サイズ	162
要素	380
予測入力	51, 56
余白	162, 342, 497
読み取り専用	428

ラ

ライセンス認証	219, 497
リーダー線	200, 497
リアルタイムプレビュー	91, 310, 498
リサイズ	498
リボン	38, 222, 498
Excel 2019	472
Office 365 Solo	472
Word 2019	472
タブ	39
非表示	223
ボタンの追加	423
リボンのユーザー設定	422
リボンを折りたたむ	39
リボンを折りたたむ	39
リミックス3D	105
両端揃え	88, 498
履歴	498
ルーラー	98, 132, 498
文字数	199
列	131, 498
コピー	260
選択	137
挿入	256
幅	264
列番号	222, 498
ローマ字入力	46, 47, 50, 498
英字	50
漢字	56
記号	50

句読点	65
子音	50
数字	50
促音	60
長音	58
撥音	64
ひらがな	50, 52
母音	50
拗音	60
ローマ字変換表	50

ワ

ワークシート	225
コピー	274
ズーム	262
挿入	274
名前を付ける	272
編集の制限	431
ワードアート	33, 188, 498
移動	167
クイックスタイル	164
フォント	165
フォントサイズ	166
文字の効果	166

できるサポートのご案内

できるシリーズの書籍の記載内容に関する質問を下記の方法で受け付けております。

電話 | **FAX** | **インターネット** | **封書によるお問い合わせ**

質問の際は以下の情報をお知らせください

① 書籍名・ページ
② 書籍の裏表紙にある**書籍サポート番号**
③ お名前　④ 電話番号
⑤ 質問内容（なるべく詳細に）
⑥ ご使用のパソコンメーカー、機種名、使用OS
⑦ ご住所　⑧ FAX番号　⑨ メールアドレス

※電話の場合、上記の①～⑤をお聞きします。
　FAXやインターネット、封書での問い合わせについては、各サポートの欄をご覧ください。

※**裏表紙にサポート番号が記載されていない書籍は、サポート対象外です。なにとぞご了承ください。**

回答ができないケースについて（下記のような質問にはお答えしかねますので、あらかじめご了承ください。）

- 書籍の記載内容の範囲を超える質問
  書籍に記載していない操作や機能、ご自分で作成されたデータの扱いなどについてはお答えできない場合があります。
- できるサポート対象外書籍に対する質問
- ハードウェアやソフトウェアの不具合に対する質問
  書籍に記載している動作環境と異なる場合、適切なサポートができない場合があります。
- インターネットやメールの接続設定に関する質問
  プロバイダーや通信事業者、サービスを提供している団体に問い合わせください。

サービスの範囲と内容の変更について

- 該当書籍の奥付に記載されている初版発行日から3年が経過した場合、もしくは該当書籍で紹介している製品やサービスについて提供会社によるサポートが終了した場合は、ご質問にお答えしかねる場合があります。
- なお、都合により「できるサポート」のサービス内容の変更や「できるサポート」のサービスを終了させていただく場合があります。あらかじめご了承ください。

電話サポート　0570-000-078　（月～金 10:00～18:00、土・日・祝休み）

- **対象書籍をお手元に用意**いただき、**書籍名**と**書籍サポート番号**、**ページ数**、**レッスン番号**をオペレーターにお知らせください。確認のため、お客さまのお名前と電話番号も確認させていただく場合があります
- サポートセンターの対応品質向上のため、通話を録音させていただくことをご了承ください
- 多くの方からの質問を受け付けられるよう、1回の質問受付時間はおよそ15分までとさせていただきます
- 質問内容によっては、その場ですぐに回答できない場合があることをご了承ください
  ※本サービスは無料ですが、**通話料はお客さま負担**となります。あらかじめご了承ください
  ※午前中や休日明けは、お問い合わせが混み合う場合があります

FAXサポート　0570-000-079　（24時間受付・回答は2営業日以内）

- 必ず上記①～⑧までの情報をご記入ください。メールアドレスをお持ちの場合は、メールアドレスも記入してください
  （A4の用紙サイズを推奨いたします。記入漏れがある場合、お答えしかねる場合がありますので、ご注意ください）
- 質問の内容によっては、折り返しオペレーターからご連絡をする場合もございます。あらかじめご了承ください
- FAX用質問用紙を用意しております。下記のWebページからダウンロードしてお使いください
  https://book.impress.co.jp/support/dekiru/

インターネットサポート　https://book.impress.co.jp/support/dekiru/　（24時間受付・回答は2営業日以内）

- 上記のWebページにある「できるサポートお問い合わせフォーム」に項目をご記入ください
- お問い合わせの返信メールが届かない場合、迷惑メールフォルダーに仕分けされていないかをご確認ください

封書によるお問い合わせ
（郵便事情によって、回答に数日かかる場合があります）

〒101-0051
東京都千代田区神田神保町一丁目105番地
株式会社インプレス できるサポート質問受付係

- 必ず上記①～⑦までの情報をご記入ください。FAXやメールアドレスをお持ちの場合は、ご記入をお願いいたします
  （記入漏れがある場合、お答えしかねる場合がありますので、ご注意ください）
- 質問の内容によっては、折り返しオペレーターからご連絡をする場合もございます。あらかじめご了承ください

本書を読み終えた方へ
できるシリーズのご案内

シリーズ7000万部突破
売上No.1ベストセラー
※1:当社調べ ※2:大手書店チェーン調べ

Office 関連書籍

できるWord 2019
Office 2019/Office 365両対応

田中亘&
できるシリーズ編集部
定価:本体1,180円+税

文字を中心とした文書はもちろん、表や写真を使った文書の作り方も丁寧に解説。はがき印刷にも対応しています。翻訳機能など最新機能も解説!

できるExcel 2019
Office 2019/Office 365両対応

小舘由典&
できるシリーズ編集部
定価:本体1,180円+税

Excelの基本を丁寧に解説。よく使う数式や関数はもちろん、グラフやテーブルなども解説。知っておきたい一通りの使い方が効率よく分かります。

できるPowerPoint 2019
Office 2019/Office 365両対応

井上香緒里&
できるシリーズ編集部
定価:本体1,180円+税

見やすい資料の作り方と伝わるプレゼンの手法が身に付く、PowerPoint入門書の決定版! PowerPoint 2019の最新機能も詳説。

Windows 関連書籍

できるWindows 10 改訂4版
特別版小冊子付き

法林岳之・一ヶ谷兼乃・清水理史&
できるシリーズ編集部
定価:本体1,000円+税

生まれ変わったWindows 10の新機能と便利な操作をくまなく紹介。詳しい用語集とQ&A、無料電話サポート付きで困ったときでも安心!

できるWindows 10
パーフェクトブック 困った!&便利ワザ大全 改訂4版

広野忠敏&
できるシリーズ編集部
定価:本体1,480円+税

Windows 10の基本操作から最新機能、便利ワザまで詳細に解説。ワザ&キーワード合計971の圧倒的な情報量で、知りたいことがすべて分かる!

できるポケット スッキリ解決 仕事に差がつくパソコン最速テクニック

清水理史&
できるシリーズ編集部
定価:本体1,000円+税

仕事や生活で役立つ便利&時短ワザを紹介! メニューを快適に使う方法や作業効率を上げる方法のほか、注目の新機能の使い方がわかる。

できるゼロからはじめる パソコン超入門
ウィンドウズ 10対応

法林岳之&
できるシリーズ編集部
定価:本体1,000円+税

大きな画面と文字でウィンドウズ 10の操作を丁寧に解説。メールのやりとりや印刷、写真の取り込み方法をすぐにマスターできる!

読者アンケートにご協力ください！

https://book.impress.co.jp/books/1118101128

このたびは「できるシリーズ」をご購入いただき、ありがとうございます。
本書はWebサイトにおいて皆さまのご意見・ご感想を承っております。
気になったことやお気に召さなかった点、役に立った点など、
皆さまからのご意見・ご感想をお聞かせいただき、
今後の商品企画・制作に生かしていきたいと考えています。
お手数ですが以下の方法で読者アンケートにご回答ください。
ご協力いただいた方には抽選で毎月プレゼントをお送りします！

※プレゼントの内容については、「CLUB Impress」のWebサイト
（https://book.impress.co.jp/）をご確認ください。

ご意見・ご感想をお聞かせください！

1 URLを入力して[Enter]キーを押す

2 [アンケートに答える]をクリック

※Webサイトのデザインやレイアウトは変更になる場合があります。

◆会員登録がお済みの方
会員IDと会員パスワードを入力して、
[ログインする]をクリックする

◆会員登録をされていない方
[こちら]をクリックして会員規約に同意して
からメールアドレスや希望のパスワードを入
力し、登録確認メールのURLをクリックする

本書のご感想をぜひお寄せください　https://book.impress.co.jp/books/1118101128

「アンケートに答える」をクリックしてアンケートにご協力ください。アンケート回答者の
中から、抽選で**商品券（1万円分）**や**図書カード（1,000円分）**などを毎月プレゼント。
当選は賞品の発送をもって代えさせていただきます。はじめての方は、「CLUB
Impress」へご登録（無料）いただく必要があります。

読者登録サービス　CLUB IMPRESS　登録カンタン費用も無料！
アンケートやレビューでプレゼントが当たる！

 本書の内容に関するお問い合わせは、無料電話サポートサービス「できるサポート」
をご利用ください。詳しくは508ページをご覧ください。

画面表示の便利技

ファイルを開かずに内容を確認したい

A プレビューウィンドウを利用すれば、中身を確認できます。

エクスプローラーには、アプリを起動しなくても文書ファイルや写真の内容などを表示する「プレビュー」機能が備わっています。プレビュー機能は、プレビューウィンドウを表示することで利用できます。

1 エクスプローラーを起動します。

2 ＜表示＞をクリックし、

3 ＜プレビューウィンドウ＞をクリックします。

4 ファイルをクリックすると、

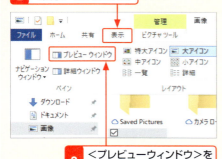

5 ファイルの内容をプレビューで確認できます。

通知を表示する時間を変えたい

A 「設定」の＜簡単操作＞→＜ディスプレイ＞で表示時間を選べます。

画面の右下に表示される各アプリからの通知は、通常、5秒で消えるように設定されています。通知が表示されている時間が短いと感じるときは、通知を表示する長さを変更しましょう。通知を表示する時間は、5秒から最大5分まで設定できます。

1 「設定」を起動し、＜簡単操作＞をクリックします。

2 ＜ディスプレイ＞をクリックし、

3 画面をスクロールします。

4 「通知を表示する長さ」の＜5秒＞をクリックし、

5 通知を表示したい時間をクリックします。

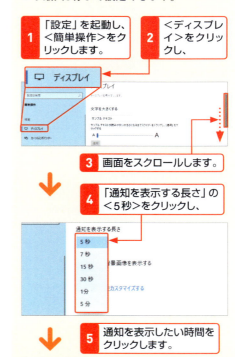

6 通知を表示する時間が変更されます。

1

画面表示の便利技

Q03 アイコンの大きさを変えたい

A 「右クリック」すると表示されるメニューから変更できます。

デスクトップのアイコンは、大中小の3種類から大きさを選択できるほか、マウス操作で任意の大きさに変更できます。また、エクスプローラーに表示されるファイルやフォルダーのアイコンは、特大、大中小、一覧、詳細の6種類から選択できます。

● デスクトップアイコンのサイズを変更する

1 デスクトップのアイコンがない場所を右クリックすると、

2 メニューが表示されるので、<表示>をポイントし、

3 アイコンのサイズ(ここでは<大アイコン>)をクリックします。

4 アイコンのサイズが変更されます。

● マウスのホイールでアイコンサイズを変更する

1 デスクトップ上にポインターがあることを確認し(タスクバーは除く)、

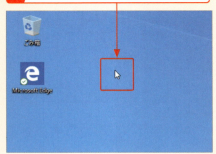

2 Ctrlキーを押しながら、マウスのホイールを上に回すと、

3 アイコンが大きくなります。

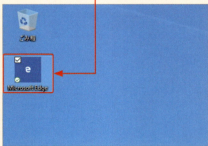

4 Ctrlキーを押しながら、マウスのホイールを下に回すと、

5 アイコンが小さくなります。

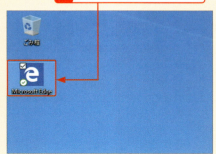

画面表示の便利技

● エクスプローラーのアイコンサイズを変更する

1 エクスプローラーを起動し、アイコンサイズを表示したいフォルダーを表示しておきます。

2 画面右側のファイルやフォルダーがない場所で右クリックすると、

3 メニューが表示されるので、＜表示＞をポイントし、

4 アイコンのサイズ（ここでは＜大アイコン＞）をクリックします。

5 アイコンのサイズが変更されます。

Q04 ディスプレイの明るさを変更したい

A アクションセンターでディスプレイの明るさを調整できます。

ノートパソコンの内蔵ディスプレイやディスプレイ一体型のパソコンのディスプレイは、アクションセンターで任意の明るさに調整できます。この機能は、デスクトップ用のディスプレイでは使用できない点に注意してください。

1 🖥をクリックし、

2 ＜展開＞をクリックします。

3 ■をドラッグしてディスプレイの明るさを調整します。

3

画面表示の便利技

Q05 文字やアプリの表示サイズを大きくしたい

A <簡単操作>の<ディスプレイ>で表示サイズを変更できます。

Windows 10では、文字（テキスト）の表示サイズを変更したり、アプリと文字の両方の表示サイズをまとめて大きくしたりできます。

● 文字のみを大きくする

1. 「設定」を起動し、<簡単操作>をクリックします。
2. <ディスプレイ>をクリックし、
3. 「文字を大きくする」の┃をドラッグして文字の拡大率を調整します。

4. <適用>をクリックします。
5. 設定が適用され、文字が大きくなります。

● 全体を大きくする

1. 「設定」を起動し、<簡単操作>をクリックします。
2. <ディスプレイ>をクリックし、

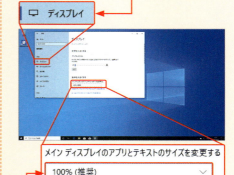

3. 「メインディスプレイのアプリとテキストのサイズを変更する」のドロップダウンリストをクリックして、

4. 拡大率（ここでは<150%>）をクリックします。

5. 設定が適用され、全体が大きくなります。

画面表示の便利技

Q06 画面の特定の部分を拡大表示したい

A 拡大鏡を利用すると、特定の部分を拡大表示できます。

拡大鏡は、画面の一部分を拡大表示してくれる虫眼鏡のような機能です。この機能を使用すると、画面内の特定の部分を拡大表示できます。表示倍率は、100％～1600％の範囲の中から100％刻みで設定できます。

1 「設定」を起動し、＜簡単操作＞をクリックします。

2 ＜拡大鏡＞をクリックし、

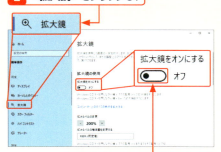

3 「拡大鏡をオンにする」の ⬤をクリックして、 にします。

4 拡大鏡が起動し、画面全体が拡大表示（初期値では「200％」）されます。

5 拡大表示したいウィンドウをクリックします。

6 選択したウィンドウが前面に表示されます。

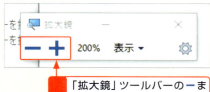

7 「拡大鏡」ツールバーの－または＋（ここでは＜＋＞）をクリックすると、拡大率（ここでは「300％」）を設定できます。

8 拡大率（ここでは「300％」）が変更されます。＜表示＞をクリックし、

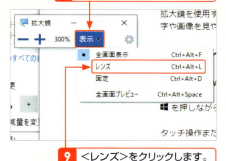

9 ＜レンズ＞をクリックします。

10 一部を拡大してみることができます。マウスポインターを動かすと、拡大表示する場所を変更できます。

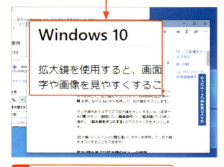

11 ⊞＋Esc キーを押すと、拡大鏡を終了できます。

5

画面表示の便利技

Q 07 文字の見やすさを調整したい

A 「ClearTypeテキストの調整」を使って調整します。

文字がかすれていたり、薄かったりして見にくいときは、「ClearTypeテキストの調整」を行うと、文字の濃さや太さを調整して見やすくできます。この調整は、管理者権限のユーザーで行う必要があります。

1 「設定」を起動し、＜個人用設定＞をクリックします。

2 ＜フォント＞をクリックし、

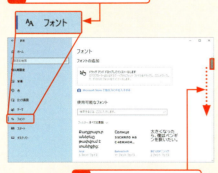

3 画面を下にスクロールします。

4 ＜ClearTypeテキストの調整＞をクリックします。

5 「ClearTypeテキストチューナー」が表示されます。

6 ＜次へ＞をクリックします。

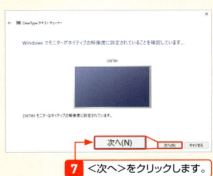

7 ＜次へ＞をクリックします。

8 現在の選択されている設定が青枠で囲まれています。見やすいと思うテキストサンプルをクリックし、

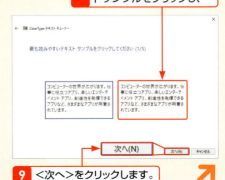

9 ＜次へ＞をクリックします。

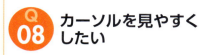

Q08 カーソルを見やすくしたい

A <簡単操作>の<カーソルとポインター>でカーソルの太さを調整できます。

文字入力時に表示されるカーソル（点滅する縦棒）の太さを調整すると、カーソルの位置を見つけやすくできます。好みの太さに調整してみましょう。

1 「設定」を起動し、<簡単操作>をクリックします。

2 <カーソルとポインター>をクリックします。

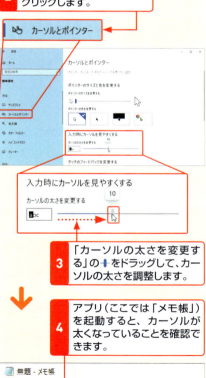

3 「カーソルの太さを変更する」の ｜ をドラッグして、カーソルの太さを調整します。

4 アプリ（ここでは「メモ帳」）を起動すると、カーソルが太くなっていることを確認できます。

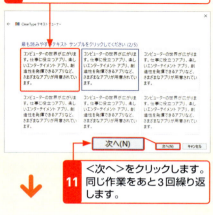

10 読みやすいテキストサンプルの選択画面が再度表示されます。見やすいと思うテキストテンプルをクリックし、

11 <次へ>をクリックします。同じ作業をあと3回繰り返します。

12 <完了>をクリックします。

13 設定が完了し、設定が反映されます。

基本操作の便利技

Q09 マウスポインターを操作しやすくしたい

A <簡単操作>の<カーソルとポインター>で色や大きさを変更できます。

Windows 10では、マウスポインターの色や大きさを変更できます。マウスポインターが見にくいときは、マウスポインターの表示サイズを大きくしたり、判別しやすい色に変更してみましょう。

● マウスポインターの大きさを変更する

1 「設定」を起動し、<簡単操作>をクリックします。

2 <カーソルとポインター>をクリックし、

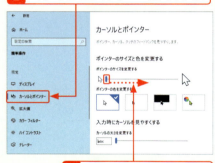

3 「ポインターのサイズを変更する」の ▌ をドラッグしてスライドさせると、

4 マウスポインターの大きさが変わるので、それを目安に大きさを調整します。

● マウスポインターの色を変更する

1 「設定」を起動し、<簡単操作>をクリックします。

2 <カーソルとポインター>をクリックし、

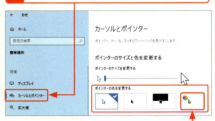

3 「ポインターの色を変更する」の中から目的の色をクリックします。

4 をクリックしたときは、ポインターに使用したい色をクリックすると、

5 選択した色がポインターの色として設定されます。

8

基本操作の便利技

Q10 マウスの操作を自分好みに変えたい

A ＜デバイス＞の＜マウス＞で、詳細な設定を行えます。

マウスのクリックに使用するボタンを右手用から左手用に変えたり、ホイールを回したときのスクロールの行数を変更したり、といったマウスの操作に関する詳細な設定は、＜デバイス＞の＜マウス＞で行います。

● 基本的な設定を行う

1 「設定」を起動し、＜デバイス＞をクリックします。

2 ＜マウス＞をクリックします。

主に使用するボタンを切り替えます。右を選択すると、左手用に変更できます。

ホイールでスクロールの量を「複数行ずつ」または「1画面ずつ」の中から選択します。

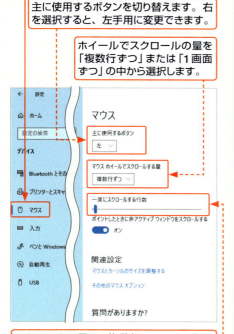

スクロールの量に＜複数行ずつ＞を選択したときは、スクロールする行数を設定できます。

● より詳細な設定を行う

1 「設定」を起動し、＜デバイス＞をクリックします。

2 ＜マウス＞をクリックします。

3 ＜その他のマウスオプション＞をクリックします。

4 「ボタン」タブでは、ボタンの切り替えやダブルクリックの速度を調整できます。

5 ＜ポインターオプション＞をクリックします。

6 「ポインターオプション」タブでは、ポインターの移動速度や軌跡の表示、ダイアログボックスが表示されたときにマウスポインターを既定のボタンの上に自動移動させるなどの設定を行えます。

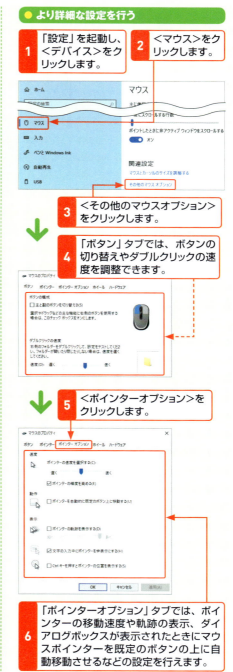

9

基本操作の便利技

タッチパッドの操作を自分好みに変えたい

A ＜デバイス＞の＜タッチパッド＞で、詳細な設定ができます。

タッチパッド使用時のカーソルの移動速度や感度、スクロールやズームなどの複数の指を使用した操作の詳細な設定は、＜デバイス＞の＜タッチパッド＞で行います。なお、どのような設定ができるかは、パソコンに備わっているタッチパッドの性能によって異なります。

1 「設定」を起動し、＜デバイス＞をクリックします。

2 ＜タッチパッド＞をクリックします。

3 「お使いのPCには高精度タッチパッドが用意されています」と表示されているときは、2本指や3本指による操作など、さまざまな設定が行えます。

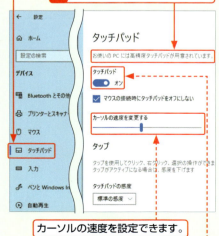

カーソルの速度を設定できます。

タッチパッドのオン／オフを切り替えられます。

● タップ

タップでは、タッチパッドをタップしたときの感度やタップ時の動作などに関する設定ができます。

● スクロールとズーム

スクロールとズームでは、2本指によるスクロールを行うかどうか、スクロール時の方向／ピンチ操作によるズームを行うかなどの設定ができます。

● 3本指ジェスチャ

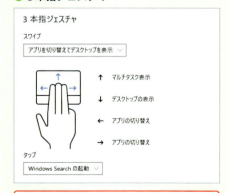

3本指ジェスチャでは、3本指による操作に関する設定ができます。

基本操作の便利技

Q12 アプリを指定してファイルを開きたい

A ファイルを右クリックして、メニューから使用するアプリを指定できます。

ファイルをダブルクリックしたときに、意図しないアプリが起動してしまうときは、そのファイルを読み込むアプリをユーザーが指定することで目的のアプリを起動できます。たとえば、閲覧と編集でアプリを使い分けたいときなどに、この方法は利用できます。

1 開きたいファイルを右クリックしてメニューが表示されたら、

2 ＜プログラムから開く＞をポイントし、

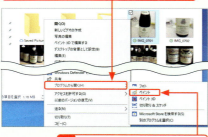

3 起動したいアプリ（ここでは＜ペイント＞）をクリックします。

4 手順3で選択したアプリでファイルが表示されます。

● 目的のアプリが一覧にない場合

左の手順3で表示したメニューの中に起動したいアプリがなかった場合は、＜別のプログラムを選択＞をクリックして、起動するアプリの候補を探すことができます。

1 手順3で、＜別のプログラムを選択＞をクリックします。

2 「このファイルを開く...」画面が表示されます。＜その他のアプリ＞をクリックします。

3 さらに多くのアプリの候補が表示されます。

11

基本操作の便利技

Q13 既定のアプリを変更したい

A ファイルのプロパティからアプリを変更できます。

いろいろなアプリをインストールすると、ファイルをダブルクリックしたときに起動する「既定のアプリ」の設定が変更され、意図したアプリが起動しないようになってしまう場合があります。そのような場合は、ファイルに関連付けられているアプリの変更を行います。

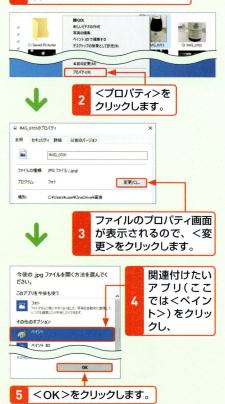

1. 関連付けを変更したいファイルを右クリックし、
2. <プロパティ>をクリックします。
3. ファイルのプロパティ画面が表示されるので、<変更>をクリックします。
4. 関連付けたいアプリ(ここでは<ペイント>)をクリックし、
5. <OK>をクリックします。

Q14 ゴミ箱を経由することなくファイルを削除したい

A ごみ箱のプロパティ画面で設定を変更できます。

ファイルの削除を行うとそのファイルはいったんごみ箱内に保存され、「ごみ箱を空にする」ことによって実際の削除が行われます。この操作が煩わしいときは、ごみ箱を経由することなく、すぐに削除できるように設定できます。

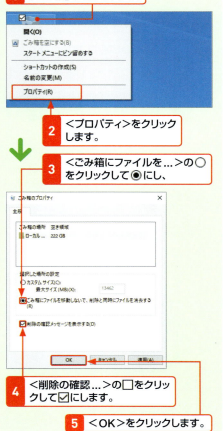

1. 「ごみ箱」を右クリックし、
2. <プロパティ>をクリックします。
3. <ごみ箱にファイルを...>の○をクリックして◉にし、
4. <削除の確認...>の□をクリックして☑にします。
5. <OK>をクリックします。

基本操作の便利技

Q15 よく使うフォルダーをデスクトップに表示したい

A フォルダーのショートカットを作成します。

頻繁に使用するフォルダーのショートカットをデスクトップに作成しておくと、目的のフォルダーをかんたんにエクスプローラーで開けます。

1 ショートカットを作成したいフォルダーを右クリックすると、

2 メニューが表示されるので、＜送る＞をポイントし、

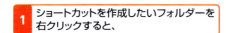

3 ＜デスクトップ（ショートカットを作成）＞をクリックします。

4 フォルダーのショートカットがデスクトップに作成されます。

Q16 デスクトップに表示するアイコンを追加したい

A ＜個人用設定＞の＜テーマ＞にある＜デスクトップアイコンの設定＞から行えます。

「デスクトップアイコンの設定」を使用すると、「コントロールパネル」や「ネットワーク」「ユーザーのファイル」「コンピューター」などのアイコンをデスクトップに表示できます。

1 「設定」を起動し、＜個人用設定＞をクリックします。

2 ＜テーマ＞をクリックし、

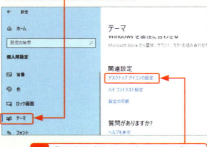

3 「関連設定」の＜デスクトップアイコンの設定＞をクリックします。

4 表示したいアイコンの□をクリックして、☑にし、

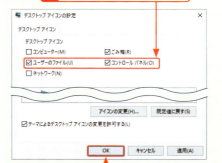

5 ＜OK＞をクリックすると、選択したアイコンがデスクトップに表示されます。

13

整理整頓の便利技

ウィンドウを好みのサイズに変更したい

A スナップ機能を使用すると、ウィンドウをきれいに並べられます。

スナップ機能は、ウィンドウを画面の端に合わせて移動させて、リサイズを行ってくれる機能です。この機能を活用すると、ウィンドウを画面内にきれいに並べて表示したり、ウィンドウの幅を変更することなく、画面の高さを最大にしたり、すばやく画面の半分に表示したりといったことが行えます。

● 幅を変えることなく高さを最大にする

1 ウィンドウの上端または下端にマウスポインターを移動させ、マウスポインターの形状が ↕ になったら、

2 画面の上端または下端いっぱいまでドラッグし、

3 薄い枠が表示されたら、左ボタンを離します。

4 ウィンドウの幅を変更することなく、高さが最大になります。

● 画面の4分の1のサイズにする

1 タイトルバーを画面の四隅までドラッグして、

2 薄い枠が表示されたら、左ボタンを離します。

3 ウィンドウが画面の4分の1のサイズで表示されます。

整理整頓の便利技

● 画面の2分の1のサイズにする

1 タイトルバーを画面の左端または右端までドラッグして、

2 薄い枠が表示されたら、左ボタンを離します。

3 ウィンドウが画面の右半分または左半分に表示されます。

4 複数のウィンドウを開いている場合は、残った画面半分に起動中のアプリが表示されます。

5 アプリをクリックすると、

6 手順5でクリックしたアプリが、残った画面半分に表示されます。

手順5でアプリ以外の部分をクリックすると、残った画面半分にはデスクトップが表示されます。

● タスクバーからウィンドウを並べ替える

1 タスクバーを右クリックすると、メニューが表示されるので、

2 ＜ウィンドウを上下に並べて表示＞または＜ウィンドウを左右に並べて表示＞（ここでは＜ウィンドウを上下に並べて表示＞）をクリックします。

3 開いていたウィンドウが自動的に並べて表示されます。

最小化されていたウィンドウは並べ替えの対象になりません。

4 タスクバーを右クリックしてメニューが表示されたら、＜重ねて表示＞をクリックします。

5 開いているウィンドウが重なって表示されます。

15

整理整頓の便利技

Q18 不要なファイルが自動で削除されるようにしたい

A 「ストレージセンサー」を利用します。

「ストレージセンサー」は、アプリが利用する一時ファイルやごみ箱に溜まったファイルなどを定期的に削除できます。この機能を利用すると、不要なファイルがストレージ内に溜まることを抑制できます。ストレージセンサーは、＜システム＞の＜ストレージ＞で設定できます。

1 「設定」を起動し、＜システム＞をクリックします。

2 ＜ストレージ＞をクリックし、

3 ＜ストレージセンサー＞の○をクリックして●にします。

4 ＜ストレージセンサーを構成するか、今すぐ実行する＞をクリックします。

5 「一時ファイル」で削除に関するルールを設定できます。

6 ここをクリックすると、

7 ストレージセンサーを実行するタイミングを設定できます。

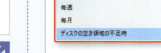

16

● アプリ&ファイル検索の便利技

アプリを探したい

A 検索を利用してアプリを探します。

タスクバーにある検索ボックスを使用すると、インストールされているアプリを検索できます。インストールされているアプリの数が多くなると、アプリが見つけにくくなります。そのようなときは、検索を活用しましょう。

1 タスクバーの検索ボックスをクリックし、

2 アプリ名（ここでは＜メモ帳＞）を入力すると、

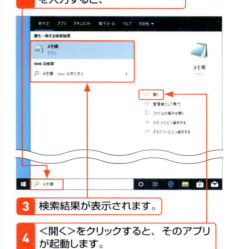

3 検索結果が表示されます。

4 ＜開く＞をクリックすると、そのアプリが起動します。

アプリを「頭文字」から探したい

A ＜スタート＞メニューのアプリ一覧で頭文字をクリックします。

＜スタート＞メニューのタイルに表示されていないアプリは、アプリ名の「頭文字」から探せます。インストールされているアプリが増え、＜スタート＞メニューからアプリを見つけにくくなったときは、「頭文字」から探してみましょう。

1 ＜スタート＞ボタンをクリックし、

2 アプリ一覧で頭文字（ここでは＜F＞）をクリックします。

3 頭文字のリストが表示されます。

4 探しているアプリの頭文字（ここでは＜X＞）をクリックすると、

5 その頭文字のアプリがアプリ一覧の一番上に表示されます。

17

アプリ&ファイル検索の便利技

Q21 条件を指定してファイルを検索したい

A エクスプローラーやタスクバーから行えます。

エクスプローラーは、「検索」タブを使用することで、ファイルの更新日やファイルの分類、サイズなどから検索条件を指定できます。また、タスクバーの検索ボックスは、通常＜すべて＞を検索対象としていますが、＜アプリ＞や＜ドキュメント＞、＜電子メール＞、＜ウェブ＞など検索対象を変更できます。

● エクスプローラーで検索する

エクスプローラーの「検索」タブは、エクスプローラーの検索ボックスで検索を行うと表示されます。また、使用しているWindowsによっては、検索ボックスをクリックするだけで表示される場合があります。ここでは、＜検索＞タブで絞り込み検索を行う方法を例に、検索条件の設定方法を解説します。

● アプリ&ファイル検索の便利技

● 検索ボックスで検索する

検索ボックスを利用した検索は、検索対象が通常、＜すべて＞に設定されており、Webやパソコン内のファイル、アプリなど広範囲に及んでいるため、数多くの検索結果が表示されます。目的の検索結果が得られないときは、検索対象をアプリやドキュメント、ウェブなどに変更して絞り込みを行ってみましょう。

1 検索ボックスにキーワード（ここでは「メモ」）を入力すると、

2 検索結果が表示されます。

3 ＜ドキュメント＞をクリックすると、

4 PDFやOfficeファイル、テキストファイルなどドキュメントのみが表示されます。

5 ＜ウェブ＞をクリックすると、

6 Webの検索キーワードの候補と、入力したキーワードの検索結果が表示されます。

7 検索結果の＜すべて＞＜画像＞＜動画＞をクリックすると、指定した条件で絞り込みを行えます。

8 ＜その他＞をクリックし、

9 検索対象（ここでは＜フォルダー＞）をクリックすると、

10 キーワードに該当するフォルダーが表示されます。

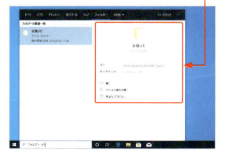

19

文字&記号入力の便利技

Q22 単語を辞書に登録したい

A 「単語の登録」画面で単語登録を行えます。

通知領域の入力モードアイコン（**A**や**あ**など）の右クリックメニューから単語を辞書に登録できます。たとえば、人名などのように目的の変換候補が表示されにくいものや長い単語を短い読みで変換したい場合などに単語を登録しておくと便利です。

● 単語を登録する

1 通知領域の**A**や**あ**を右クリックし、

2 メニューが表示されたら、＜単語の登録＞をクリックします。

3 登録したい単語（ここでは「技術評論社」）を入力し、

4 よみ（ここでは「ぎひょう」）を入力します。

5 ＜登録＞をクリックします。複数の単語を登録したいときは、手順**3**からの作業を繰り返します。

6 単語の登録が終わったら、＜閉じる＞をクリックします。

● 登録した単語を削除する

1 通知領域の**A**や**あ**を右クリックし、

2 メニューが表示されたら、＜ユーザー辞書ツール＞をクリックします。

3 削除したい単語をクリックし、

4 ＜編集＞をクリックして、

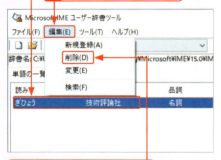

5 ＜削除＞をクリックします。

6 ダイアログボックスが表示されるので＜はい＞をクリックすると、選択した単語が削除されます。

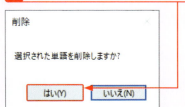

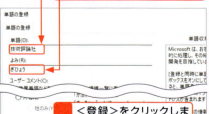

文字&記号入力の便利技

Q23 記号の入力方法を知りたい

A 記号の「読み」を入力することで変換できます。

キーボードのキーで入力できない記号は、記号の読みを入力することで変換できます。たとえば、▲や■などは「さんかく」「しかく」と入力すると、変換できます。また、読み方がわからない記号の場合は、「きごう」と入力すると、変換候補にさまざまな記号が表示されます。なお、記号によっては、Windowsでしか正常に表示できないものがあります。記号を使用するときは、注意してください。

1 記号の読み（ここでは＜さんかく＞）を入力すると、

2 変換候補にその記号が表示されます。

3 読みに＜きごう＞と入力すると、

4 さまざまな記号が変換候補に表示されます。

Q24 特殊記号を入力したい

A 特殊記号はIMEパッドの文字一覧や読み方で入力できます。

単位や通貨などの特殊記号は、IMEパッドの「文字一覧」から入力できます。ただし、この方法で入力する特殊記号は、Windows以外の環境では、正常に表示できない場合があるので注意してください。また、使用頻度の高い平方メートルなどの単位記号は、読みを入力することで変換できます。

1 通知領域の A や あ を右クリックし、

2 メニューが表示されたら、＜IMEパッド＞をクリックします。

3 IMEパッドが表示されます。をクリックし、

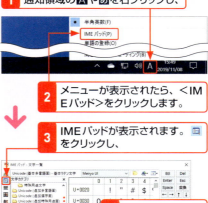

4 画面をスクロールして、

5 ＜シフトJIS＞をクリックします。

6 ＜単位記号＞をクリックすると、

7 単位記号の一覧が表示されるので、目的の記号をクリックすると、その記号が入力されます。

Q25 画面を画像にして保存したい

A 画面保存用のショートカットキーを使用するか、アプリを使用します。

パソコン画面の画像は、パソコンやアプリに問題が発生したときの問い合わせに使用されるなど、さまざまな用途があります。パソコン画面を画像として保存するには、ショートカットキーを使用する方法と、Windows標準の「切り取り&スケッチ」アプリを使用する方法があります。

● ショートカットキーを使用する

1 保存したい画面を表示し、

2 ⊞キーを押しながら PrintScreen キーを押します。

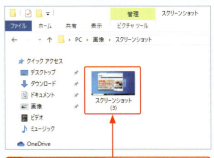

3 エクスプローラーで<ピクチャ>または<画像>フォルダー内の<スクリーンショット>フォルダーを開くと、画面が画像として保存されていることを確認できます。

●「切り取り&スケッチ」アプリを使用する

「切り取り&スケッチ」アプリは、使用中のアプリのウィンドウのみの画像やデスクトップ全体の画像、任意のサイズの画像に保存できます。

1 保存したい画面を表示し、

2 <スタート>ボタンをクリックして、

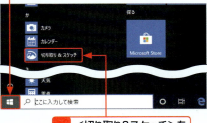

3 <切り取り&スケッチ>をクリックします。

4 <新規>をクリックします。

5 画像の切り取りモードになります。

6 画像の切り取り方法をクリックして選択します。

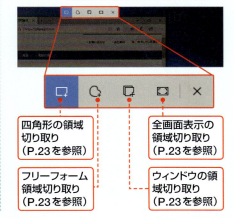

四角形の領域切り取り（P.23を参照）

全画面表示の領域切り取り（P.23を参照）

フリーフォーム領域切り取り（P.23を参照）

ウィンドウの領域切り取り（P.23を参照）

● 画面キャプチャーの便利技

● 範囲を指定して取り込む

1 P.22手順 6 で 🔲 または 🔘 を選択したときは、保存したい領域をドラッグして指定すると、

ドラッグ

2 指定範囲が画像として取り込まれます。

● ウィンドウを取り込む

1 P.22手順 6 で 🔲 を選択したときは、取り込みたいウィンドウをクリックすると、

2 指定したウィンドウが画像として取り込まれます。

● 全画面を取り込む

1 P.22手順 6 で 🔲 を選択したときは、デスクトップ全体が画像として取り込まれます。

● 取り込んだ画像を保存する

1 🔲 をクリックします。

2 ファイル名を入力し、

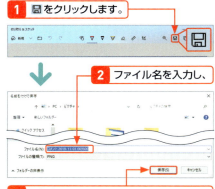

3 ＜保存＞をクリックすると、取り込んだ画像を保存できます。

23

スリープ設定の便利技

Q26 スリープ時間を変更して、パスワードを不要にしたい

A <電源とスリープ><サインインオプション>それぞれから設定できます。

● スリープ状態に入るまでの時間を変更する

スリープ状態に入るまでの時間は、<システム>の<電源とスリープ>で設定します。デスクトップパソコンの場合は、電源接続時のみの設定が行えます。ノートパソコンの場合は、電源接続時とバッテリー使用時の場合で別々に設定を行えます。

1 「設定」を起動し、<システム>をクリックします。

2 <電源とスリープ>をクリックし、

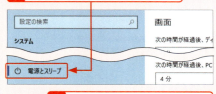

3 <スリープ>の「次の時間が…(バッテリー駆動時)」または「次の時間が…(電源に接続時)」の時間をクリックします。

4 メニューが表示されるので、スリープ状態になるまでの時間をクリックします。

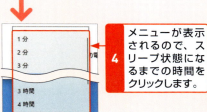

● スリープ解除時のパスワード入力を不要にする

スリープ解除時にパスワード入力を求めるかどうかの設定は、<サインインオプション>の<サインインを求める>で行います。ここで、<ロックしない>を設定すると、スリープ解除時にパスワード入力を求めないように設定できます。この設定は、管理者アカウントでサインインしているときのみ行えます。第三者にパソコンの操作を再開されてしまう危険性があるので、この設定は自宅で利用するパソコンにのみ行ってください。

1 「設定」を起動し、<アカウント>をクリックします。

2 <サインインオプション>をクリックし、

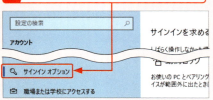

3 「サインインを求める」のここをクリックし、

4 サインインを求めるまでの時間(ここでは<ロックしない>)をクリックします。

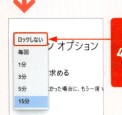

■著者

田中 亘（たなか わたる）

「できるWord 6.0」（1994年発刊）を執筆して以来、できるシリーズのWord書籍を執筆してきた。ソフトウェア以外にも、PC関連の周辺機器やスマートフォンにも精通し、解説や評論を行っている。

小舘由典（こたて よしのり）

株式会社イワイシステム開発部に所属。ExcelやAccessを使ったパソコン向けの業務アプリケーション開発から、UNIX系データベース構築まで幅広く手がける。できるシリーズのExcel関連書籍を長年執筆している。表計算ソフトとの出会いは、1983年にExcelの元祖となるMultiplanに触れたとき。以来Excelとは、1985年発売のMac用初代Excelから現在までの付き合い。主な著書に『できるExcel VBAプログラミング入門 仕事がサクサク進む自動化プログラミングが作れる本』『できるExcel&PowerPoint 仕事で役立つ集計・プレゼンの基礎が身に付く本 Windows 10/8.1/7対応』『できるExcelマクロ&VBA 作業の効率化&スピードアップに役立つ本 2016/2013/2010/2007対応』『できるポケットExcelマクロ&VBA基本マスターブック 2016/2013/2010/2007対応』『できるWord&Excel2016 Windows 10/8.1/7対応』（共著）（以上、インプレス）などがある。

STAFF

本文オリジナルデザイン	川戸明子
シリーズロゴデザイン	山岡デザイン事務所<yamaoka@mail.yama.co.jp>
カバーデザイン	株式会社ドリームデザイン
カバーモデル写真	PIXTA
本文写真	若林直樹（STUDIO海童）
本文イメージイラスト	廣島 潤
本文イラスト	松原ふみこ・福地祐子
DTP制作	町田有美・田中麻衣子
編集協力	荻上 徹
	今井 孝
デザイン制作室	今津幸弘<imazu@impress.co.jp>
	鈴木 薫<suzu-kao@impress.co.jp>
制作担当デスク	柏倉真理子<kasiwa-m@impress.co.jp>
編集制作	高木大地
デスク	小野孝行<ono-t@impress.co.jp>
編集長	藤原泰之<fujiwara@impress.co.jp>
オリジナルコンセプト	山下憲治

本書は、できるサポート対応書籍です。本書の内容に関するご質問は、508ページに記載しております「できるサポートのご案内」をよくお読みのうえ、お問い合わせください。
なお、本書発行後に仕様が変更されたハードウェア、ソフトウェア、サービスの内容などに関するご質問にはお答えできない場合があります。該当書籍の奥付に記載されている初版発行日から3年が経過した場合、もしくは該当書籍で紹介している製品やサービスについて提供会社によるサポートが終了した場合は、ご質問にお答えしかねる場合があります。また、以下のご質問にはお答えできませんのでご了承ください。
・書籍に掲載している手順以外のご質問
・ハードウェア、ソフトウェア、サービス自体の不具合に関するご質問
・本書で紹介していないツールの使い方や操作に関するご質問
本書の利用によって生じる直接的または間接的被害について、著者ならびに弊社では一切の責任を負いかねます。あらかじめご了承ください。

■落丁・乱丁本などの問い合わせ先
TEL　03-6837-5016　FAX　03-6837-5023
service@impress.co.jp
受付時間　10:00～12:00　／　13:00～17:30
　　　　　（土日・祝祭日を除く）
●古書店で購入されたものについてはお取り替えできません。

■書店／販売店の窓口
株式会社インプレス 受注センター
TEL　048-449-8040　FAX　048-449-8041

株式会社インプレス 出版営業部
TEL　03-6837-4635

できるWord & Excel 2019
（ワード アンド エクセル）

Office 2019/Office 365両対応
（オフィス　2019／オフィス　365りょうたいおう）

2019年1月21日　初版発行

著　者　田中　亘・小舘由典＆できるシリーズ編集部
（たなか　わたる　こ たてよしのり アンド　へんしゅうぶ）

発行人　小川 亨

編集人　高橋隆志

発行所　株式会社インプレス
　　　　〒101-0051　東京都千代田区神田神保町一丁目105番地
　　　　ホームページ　https://book.impress.co.jp/

本書は著作権法上の保護を受けています。本書の一部あるいは全部について（ソフトウェア及びプログラムを含む）、株式会社インプレスから文書による許諾を得ずに、いかなる方法においても無断で複写、複製することは禁じられています。

Copyright © 2019 YUNTO Corporation, Yoshinori Kotate and Impress Corporation.
All rights reserved.

印刷所　図書印刷株式会社

ISBN978-4-295-00555-1　C3055

Printed in Japan